최신
특수주조

구민사
Technology Computer

머리말

최근의 전자, 통신, 자동차, 항공산업 등 산업 사회의 눈부신 발전 뒤에는 지금까지는 사용되지 않았던 새로운 재료의 개발이 있었기 때문이다. 이러한 산업의 발전과 더불어 환경, 에너지 문제가 심각하게 대두되고 있는 이 시대에 새롭게 주목받고 있는 것이 신소재 산업이다. 따라서 새로운 재료의 개발과 이를 통한 산업구조의 변화는 삶의 질을 변화시키고 나아가 국가 경쟁력을 선도하는 핵심 기술이 되기도 한다. 이러한 중요성 때문에 선진국은 그들이 개발한 기술을 독점하고자 기술이전을 회피하고 있으며 이에 따라 개발도상국들은 해외의존도가 심화되고 국가 경쟁력을 낮추는 요인이 되고 있는 실정이다.

새로운 소재를 개발하고 생산하기 위해서는 새로운 기술이 요구된다. 즉, 새로운 재료를 개발하고, 합성하며, 제조할 수 있는 제조프로세스가 요구되는 것이다. 지금까지 새로운 제조프로세스를 개발하기 위해 많은 노력들이 진행되어 왔고 또 앞으로도 개발되리라 의심치 않는다. 이를 위해서는 먼저 기존의 많은 제조프로세스를 아는 것이 기본이라고 생각되며 이러한 제조프로세스 중 응고, 주조를 통한 여러 가지 제조공정을 "특수주조"라 하여 엮어 보았다.

이 책의 저술 목적은 응고성형기술을 공부하는 학생들이나 관련 기술자들에게 여러 가지 제조프로세스에 대한 개념, 원리 등을 소개하는데 있으며 이 책에서 소개하는 내용을 보다 잘 이해하고 이를 응용할 수 있도록 여러 가지 실용적인 예를 가능한 많이 다루려 하였다.

기존의 여러가지 주조이론 및 제조프로세스에 대하여 자세히 다루고 있는 서적들이 많이 있다. 한편, 새로운 제조프로세스에 대한 내용은 교재마다 아주 간략하게 언급되거나 많은 연구 논문에 부분적으로 실려있는 실정이다. 언젠가 이러한 내용들을 모두 정리하여 교재로 만들고자 하면서 차일 피일 미루어만 오다가, 부족하지만 일단은 시작을 해야 된다는 생각으로 기존의 여러 훌륭한 서적들과 연구논문들을 참고하여 책을 펴냈다. 이러한 선배님들의 많은 수고를 바탕으로 책을 펴내는 것이 송구스러운 마음뿐이나 누군가에 의해 더 알차고 훌륭한 전문서적으로 거듭 발전해 나갈 수 있기를 바라는 마음으로 대신하고자 한다.

본서가 응고성형기술에 관한 과목을 공부하는 학생들이나 산업현장에서 근무하는 기술자들에게 조금이라도 도움이 되기를 바라면서 독자 여러분의 많은 관심과 성원을 기대하는 바이다. 끝으로 본서를 출판하는데 있어서 많은 수고를 한 출판사 편집부 여러분에게 사의를 표하는 바이다.

저자 씀

제 1 장

제1장 다이캐스팅

제 2 장

제2장 단결정 제조법

제 3 장

제3장 금속기 복합재료(MMC) 제조법

제 4 장

제4장 반용융체 주조법

제 5 장

제5장 발포금속의 제조

제 6 장

분사주조법

제 7 장

연속주조

제 8 장

제8장 고압주조법 : 용탕단조법 (squeeze casting)

제 9 장

제9장 원심주조

제 10 장

제10장 스핀캐스팅 (수직축 회전식 주조기)

제11장

제11장 일방향응고법

제12장

제12장 저압주조법

제13장 진공주조

제14장

제14장 초급냉응고법

최신특수주조

제 1 장

다이캐스팅

1.1 다이캐스팅의 개요

금속을 녹여서 일정한 모양의 제품을 얻기 위해서는 녹은 금속을 채워서 응고시킬 주형이 필요하다. 주형은 모래를 쓰는 사형(砂型)과 금형(金型)의 두 가지로 대별할 수 있다. 이 중 사형은 1회밖에 사용할 수가 없고 금형은 반복 사용이 가능한데, 이 때문에 주조에서 금형의 사용량은 증가하고 있는 추세이다. 금형을 사용하여 주물을 얻는 것을 통상 금형주조라고 칭하며, 금형주조는 중력금형주조(gravity die casting), 저압주조(low pressure die casting)와 고압다이캐스팅(high pressure die casting)으로 구분되는데, 우리가 다이캐스팅이라 부르는 것은 이 중 세 번째인 고압다이캐스팅을 말한다. 즉 다이캐스팅은 금형을 사용해서 용융금속을 금형 중에 고압력을 가하여 주조하는 방법이다. 용융금속을 소재별로 보면 Sn, Pb, Zn, Mg, Al, Cu 등을 들 수 있다. 이 금속들을 주조기에 부착한 금형에 압입주조하는 대량생산방식의 주조방법이다.

다이캐스팅은 생산 자동화율이 높고, 생산속도가 빠르기 때문에 양산시의 제조원가 절감, 치수정도, 주물표면의 미려함, 주물의 경량박육화 등의 양산성과 고품질을 겸비하고 있어서 각종 기계류 및 장식용 부품의 제조에 널리 쓰이고 있다.

다이캐스팅기술의 3대 요소는 주조설비, 주조기술, 금형으로, 특히 자동차 및 각종기계 부품의 경량화를 위한 필수기술이며 전자제품의 부품 등 고품질, 고정밀도 제품에 대한 요구 증대 때문에, 제반 주조방법 중 근년 연간 신장률이 가장 높은 기술로 주목받고 있다.

1.2 다이캐스팅의 특징

1. 타 제조방법과의 비교

금속가공법은 다이캐스팅 이외에도 금형주조, 사형주조, 단조, 프레스가공, 기계가공, 압출성형 등이 있으며, 다이캐스팅과 제조방법이 비슷하며 부분적으로 경쟁관계에 있는 플라스틱 사출 성형법이 있다. 각각의 제조방법은 고유의 장점을 가지고 있으므로 부품의 재료, 제조법을 결정할 때에는 생산속도, 부품의 형상, 크기, 강도, 내압성, 기밀성 등의 기계적 성질, 치수정도, 외관, 가격 등이 고려되어야 한다.

다이캐스팅과 타 공법의 이점을 비교해 보면 다음과 같이 요약할 수 있다.

다이캐스팅의 이점	금형주물의 이점
• 빠르게 주조가 가능하다. • 인건비가 저렴하다. • 1개당 단가가 싸다. • 치수 정도가 높다. • 주물표면이 깨끗하다. • 박육화가 가능하다.	• 형상이 간단한 것이 많으므로 금형비가 저렴하다. • 주조재질이 다양하다. • 주조시 공기의 혼입이 적다.

다이캐스팅의 이점	사형주물의 이점
• 빠르게 주조가 가능하다. • 인건비가 저렴하다. • 2차가공이 불필요하다. • 치수정도가 높다. • 주물표면이 깨끗하다. • 박육화가 가능하다. • 인서트의 이용이 용이하다.	• 소량생산에는 경제적이다. • 다이캐스팅으로는 불가능한 형상제조가 가능하다. • 대형물의 제조가 가능하다. • 다이캐스팅으로는 불가능한 철계 사용이 가능하다.

다이캐스팅의 이점	단조품의 이점
• 단조로 불가능한 형상 가능 • 기계가공 공수가 적다. • 치수정도가 높다. • 박육화가 가능하다.	• 다이캐스팅보다 고밀도, 고강도의 제품을 얻는다. • 다이캐스팅으로는 불가능한 철계의 사용이 가능하다. • 대형 후육제품의 제조가 가능하다.

다이캐스팅의 이점	프레스가공품의 이점
• 프레스로 불가능한 형상 가능 • 스크랩의 이용이 가능하다. • 조립가공 공수가 절감된다. • 조립시 부품수의 절감이 가능하다. • 금형, 치공구대가 저렴하다.	• 단순형상이면 다이캐스팅보다 생산속도가 빠르다. • 다이캐스팅으로는 불가능한 강재 사용이 가능하다. • 다이캐스팅보다 중량을 가볍게 할 수 있다.

다이캐스팅의 이점	기계가공품의 이점
• 복잡형상을 한 공정으로 제조할 수 있다. • 가공에 의한 절삭분의 발생이 적다. • 복잡형상이라도 생산속도가 빠르다.	• 다이캐스팅보다 고밀도, 고강도의 제품을 얻는다. • 다이캐스팅으로는 불가능한 철계의 사용이 가능하다. • 대형 후육제품의 제조가 가능하다.

다이캐스팅의 이점	압출형재의 이점
• 압출로는 불가능한 형상 가능 • 박육품 가능 • 2차가공이 적다.	• 금형비가 저렴하다. • 제조원가가 비교적 저렴하다. • 간단한 표면처리로 내식성이 우수하다.

다이캐스팅의 이점	플라스틱 성형품의 이점
• 강도가 크다. • 박육화가 가능하다. • 내열성이 좋고 타지 않는다. • 고급품의 이미지가 있다. • 치수 안정성이 우수하다.	• 원료대가 저렴하다. • 착색 또는 투명화가 가능하다. • 탄성이 크다. • 경량이다. • 마무리 비용이 저렴하다.

2. 다이캐스팅의 공정

다이캐스팅은 정밀한 금형에 용탕합금을 고온에서 압입해서 치수정도가 높고 표면이 깨끗한 주물을 단시간 내에 대량으로 생산하는 방식이다. 다이캐스팅은 수주에서부터 주조방안 및 금형제작, 용해, 주조, 후처리, 출하 등의 공정으로 구성되는데, 주조공정은 그림 1-1과 같이 금형의 청소에서 주물의 꺼냄까지의 1사이클(그림 1-1에서 5번부터 12번까지)로 이루어지며 1사이클의 소요시간은 주물의 크기에 따라서 다르나 4초~120초 정도이다. 따라서 1시간에 1대의 기계로 30~1000개의 주물을 얻을 수 있는 높은 생산성을 자랑한다.

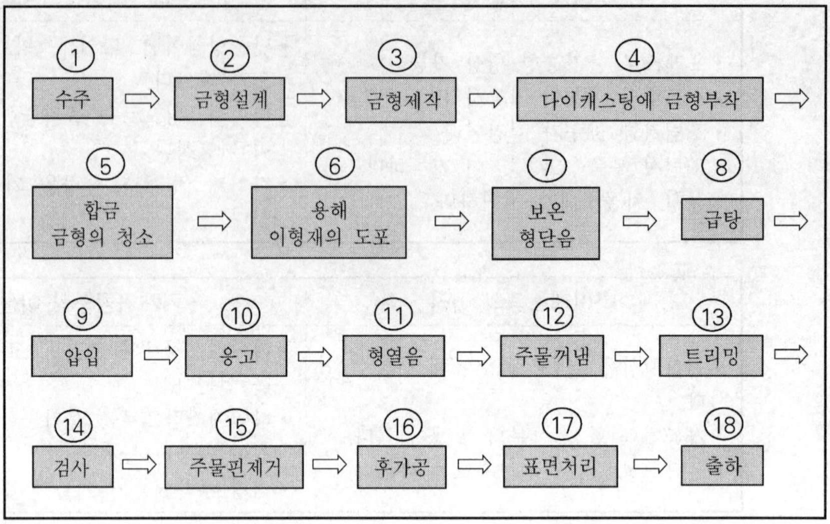

그림 1-1 다이캐스팅의 공정도

3. 다이캐스팅 제품의 특성

일반적인 다이캐스팅은 고압력 및 고속으로 용탕을 금형 캐비티에 주입하므로 제품형상이 복잡하고 두께가 얇은 것도 치수 정밀도가 양호한 주물을 대량으로 생산할 수가 있다. 냉각속도가 빨라 결정입도가 미세하므로 열처리하지 않아도 사형주물품의 2배정도 높은 강도를 갖는 제품을 제조할 수가 있으나 내부에 기공(blow hole, pin hole) 등 가스결함이 존재하고 두꺼운 제품 내부에는 수축공(shrinkage cavity)이 생기므로 열처리시에 내부결함들이 제품표면으로 확산되기 때문에 열처리는 불가능하다.

다이캐스팅 제품의 특성은 입자크기 및 양상, 기포 및 수축공 결함, 각 원소 첨가에 의한 기계가공성 등 여러 가지 요인에 따라 영향을 받는다.

다이캐스트법으로 주조된 주물의 특징은 다음과 같다.

① 주물표면이 평활, 미려하여 일반적으로 표면조도는 12S 이하가 된다. 또 치수정도가 매우 높으며 길이의 치수허용차는 표 1-1과 같다.

② 금형에 의해 압입된 용탕이 급랭하므로 그 결정입도가 작고 강도가 높은 주물이 만들어진다.

③ 고압으로 압입하므로 살두께가 얇은 주물을 제조할 수 있고 재료비가 경감되어서 생산코스트가 저하한다.

④ 정밀도가 높으므로 가공공수를 절감할 수가 있다.

⑤ 코어를 사용해서 복잡한 형상의 주물을 주조할 수 있으나 주형이 강제이므로 언더커트가 있는 주물의 주조는 곤란하다.

표 1-1 다이캐스트 길이의 치수허용차

중요하지 않은 부분의 치수허용차(일반허용차)

제품의 길이		Zn합금	Al합금	Mg합금	Cu합금
25mm 이하의 기준허용차		±0.25	±0.25	±0.25	±0.36
25mm 이상일 때마다 가해지는 허용차	25mm 이상 300mm 이하	±0.04	±0.05	±0.05	±0.08
	300mm 이상인 것	±0.025	±0.025	±0.025	–

중요부분의 치수허용차(정밀허용차)±

제품의 길이		Zn합금	Al합금	Mg합금	Cu합금
25mm 이하의 기준허용차		±0.08	±0.10	±0.10	±0.18
25mm 이상일 때마다 가해지는 허용차	25mm 이상 300mm 이하	±0.025	±0.04	±0.04	±0.05
	300mm 이상인 것	±0.025	±0.025	±0.025	–

4. 다이캐스트 주조기의 특성

주조기는 금형을 개폐하는 기구와 실린더와 피스톤으로 되어 있는 사출기구로 구성되어 있다. 보통 유압으로 작용되며 형체력으로 용량을 나타내는데, 사출력은 이것의 10~20% 정도로 보면 된다.

주조시 용탕에 걸리는 압력의 변화를 보면 피스톤이 움직이기 시작하면 먼저 약간의 저항력에 의한 압력이 걸리고, 용탕이 탕도에 들어와서 형내에 용탕이 들어가기 까지는 저항력보다는 높은 압력이 걸리지만 그다지 큰 압력이 걸리지는 않는다. 용탕이 형내에 분출되는 시간은 대개 0.2초 이내의 짧은 시간이다. 그러나 피스톤이 스트로크 마지막에 도달하면 갑자기 큰 압력이 걸리고, 곧이어 압력은 떨어지면서 형내의 용탕이 응고할 때까지 미리 설정된 압력을 유지하게 된다. 주조기는 용탕이 형내에 들어갈 때의 압력이 일정해야만 용탕이 일정하게 충진될 수가 있으며, 스트로크 마지막에 갑자기 올라가는 압력은 낮을수록 좋은 품질의 제품을 얻을 수가 있다. 또 갑자기 압력이 올라가는 시간이 짧을수록 좋은 주조기이다. 다이캐스팅은 극히 짧은 시간에 급냉되어 제품이 만들어지므로 주조기의 조건이 약간만 변동이 와도 제품에 수축공이 생기거나 표면에 늘어붙는 불량이 생길 가능성이 많은 제조법이다.

이와 같은 **다이캐스트법의 특징**을 본다면 일반적으로 다음과 같은 것을 들 수 있다.

① 충전시간이 매우 짧다(0.02~0.7초)

② 고속으로 충전한다(탕구사출속도 2~100m/s정도)

③ 고압을 주물에 건다(70~2000kg/cm^2)

④ 정밀한 금형을 사용하고 냉각속도가 빠르다.

⑤ 다이캐스트기를 사용하고 생산속도가 빠르다.

1.3 다이캐스트법의 분류

1. 다이캐스팅의 역사

다이캐스트법의 기원은 명확히 알려져 있지 않으나 그 주조방식으로 보아 초기에는 총탄 또는 활자의 제조를 목적으로 하여 주조기가 만들어 진 것이다. 활자주조의 역사에 의하면 처음 활자주조용의 다이캐스트기가 발명된 것은 1838년 미국의 Bruce에 의해 제작된 활자주조기로 거슬러 올라간다. 그 후 Sturgiss, Peluze, Dusenbury에 의해서 개조되었다. 이와 같은 기계는 수동플런저로 용탕을 가압하여 금형에 압입하는 핫챔버방식의 매우 단순한 것이다. 1905년경 H.H.Doehler에 의해서 플런저로 압입하는 핫챔버식의 다이캐스트기가 발명되었으며(그림 1-2) 이것이 다이캐스트머신의 기본 구조를 이루는 기계로 되었다.

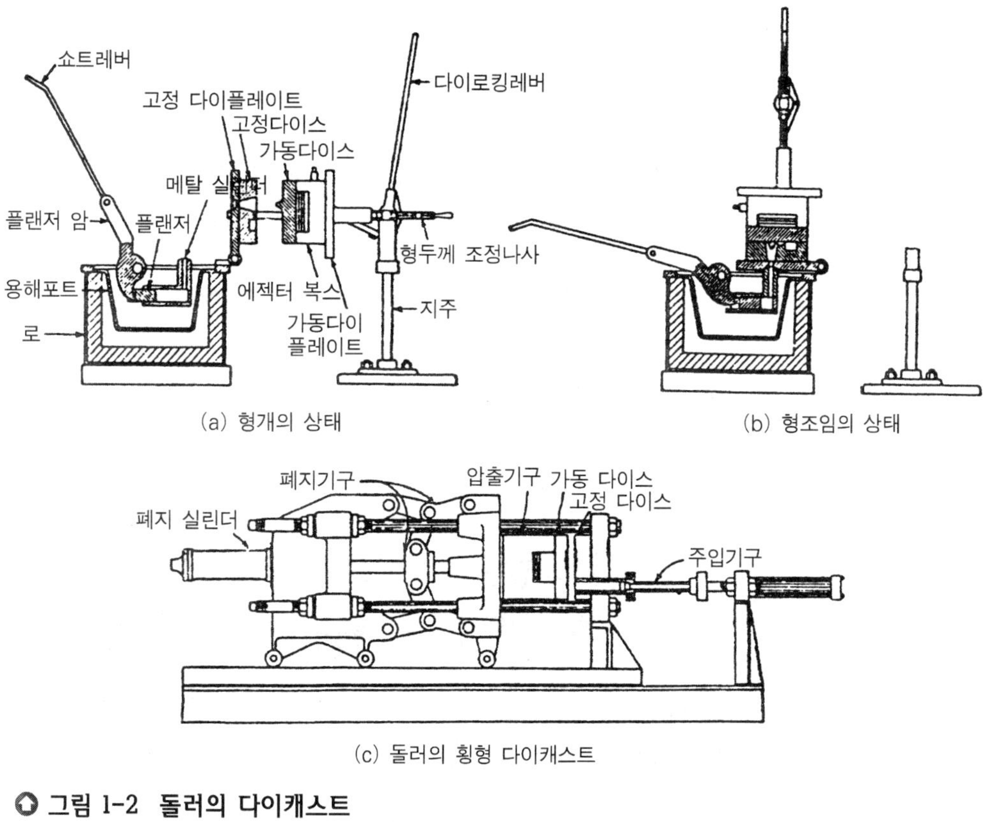

그림 1-2 돌러의 다이캐스트

한편 이와 같은 플런저 압입식의 핫챔버주조기와 병행하여 용탕의 탕면에 직접 공기압을 걸어서 압입하는 방법이 1907~1910년 경에 Van Wagner에 의해서 개발되어 Al합금의 주조에 사용되었다. 많은 개량이 행하여져서 1915년 구수넥이 이동하여 일정량의 용탕을 퍼내서 금형의 스프루 위치에 옮긴 후 용탕면에 공압(空壓)을 걸어서 주조하는 이동 구스넥식 공압핫챔버기가 개발되었다. 이런 기계에는 Acme, Doehler, Madison Kipp社 등의 것이 있으며 이와 같은 기계는 제 2차 세계대전 전후 까지 사용되었다. 또 플런저압입식의 핫챔버기도 역시 제 2차 세계대전 전후 까지 사용되었다.

이상의 주조기는 초기의 다이캐스트기라 할 수 있다. 그 후 Sn합금 등의 주조를 위해서 플런저압입식 핫챔버기는 구스넥이 항상 용탕속에 잠겨서 노즐이 금형에 고착하고 있는 그림 1-3과 같은 형식의 핫챔버기가 되어 공압식기계, 수압식기계로 발전하여 제2차 세계대전 후는 유압식의 전기제어방식의 기계가 되어 오늘날의 다이캐스트기로 되었다.

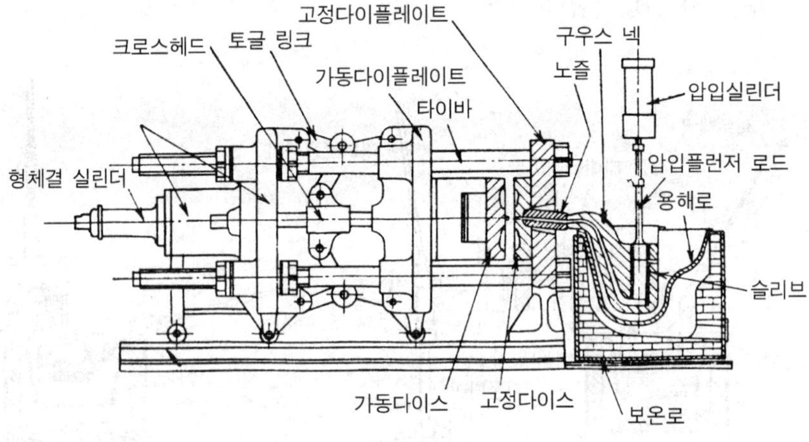

그림 1-3 핫챔버 다이캐스트기의 일례

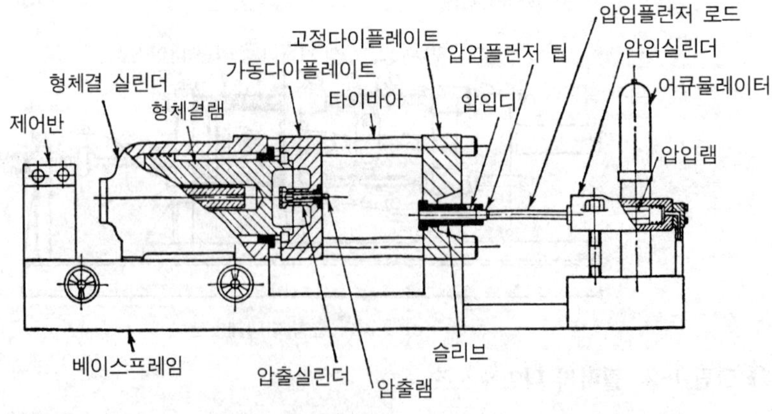

그림 1-4 콜드챔버 다이캐스트기의 일례

Al합금 등의 비교적 높은 용융점의 합금의 주조로서는 그 후 콜드챔버기의 개발로 되어 있는 셈인데 Joseph Polax에 의해 1926년 콜드챔버식인 Polax 다이캐스트기가 발명되었으며(그림 1-5) 또 1929년 독일 Eckert사에서 제작된 수압식입형 다이캐스트기가 개발되었다. 그 후 이런 것이 미대륙에서 발달하여 Reed-Prentice기 등의 수압기로서 오늘날의 콜드챔버기에 가까운 다이캐스트기가 되어 역시 제 2차 세계대전 후 유압기로서 발달된 것이다.

그림 1-5 폴락다이캐스트머신(900번)

2. 다이캐스트 주조기의 분류

다이캐스트기는 가압실, 압입방향, 형체결방식, 동력원에 의하여 분류된다. 현재 쓰이고 있는 대부분은 압입방향이 횡형, 형체결 방식은 토글방식, 동력원은 유압식이다. 가압실 구분으로는 냉가압실방식(cold chamber machine)과 열가압실방식(hot chamber machine)으로 나누어지는데, 두 방식의 기본적인 차이는 용탕보온로가 기계에 직접 연결되어 있는가 아닌가에 있다. 즉, 열가압방식은 보온로가 기계에 붙어 있는 것이고(그림 1-6), 냉가압실방식은 보온로가 기계와 따로 있는 방식이다.(그림 1-7). 두 방식의 사용은 주조재질에 따라서 구분되는데, 융점이 낮은 아연합금은 열가압방식으로, 융점이 높은 알루미늄합금, 동합금은 냉가압실방식으로 주조되며, 마그네슘합금은 두 방식 모두에 의하여 주조되고 있다. 그림 1-8과 그림 1-9에 열가압실과 냉가압실방식 기계의 작동상황을 나타낸다.

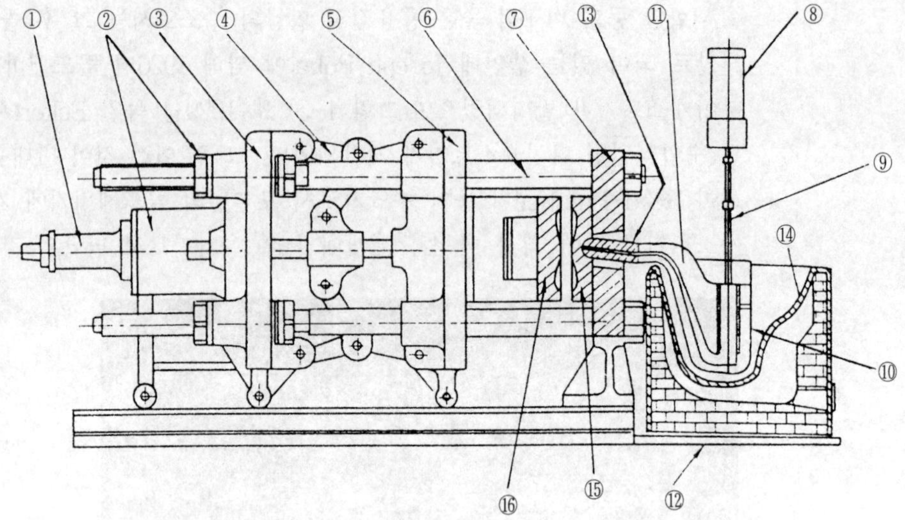

① 형체결 실린더 ② 크레브(crab) ③ 크로스헤드(cross head)
④ toggle-link ⑤ 가동금형고정판 ⑥ machine bar
⑦ 고정금형고정판 ⑧ 압입실린더 ⑨ 압입플런저
⑩ 슬리브(sleeve) ⑪ 가압실(goose neck) ⑫ 보온로
⑬ 노즐 ⑭ 도가니 ⑮ 고정금형
⑯ 가동금형

그림 1-6 열가압방식(핫쳄버) 다이캐스트기의 구조

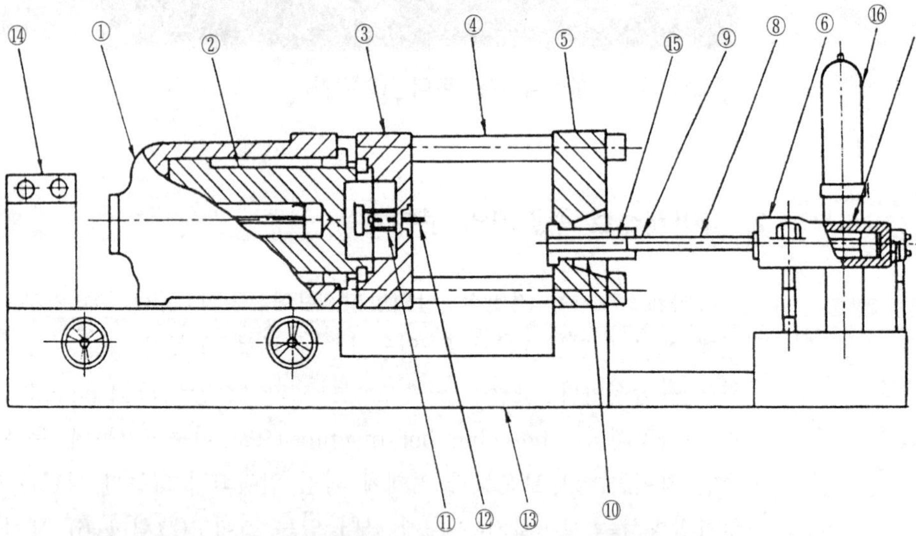

① 형체결 실린더 ② 형체결 암(arm) ③ 가동금형고정판
④ machine-bar ⑤ 고정금형고정판 ⑥ 압입실린더
⑦ 압입 암(arm) ⑧ 압입플런저 로드 ⑨ 압입플런저
⑩ 슬리브 ⑪ 압출실린더 ⑫ 압출 암
⑬ 베드(bed) ⑭ 제어판 ⑮ 주입구
⑯ 어큐뮬레이터

그림 1-7 냉간가압방식(콜드쳄버) 다이캐스트기의 구조

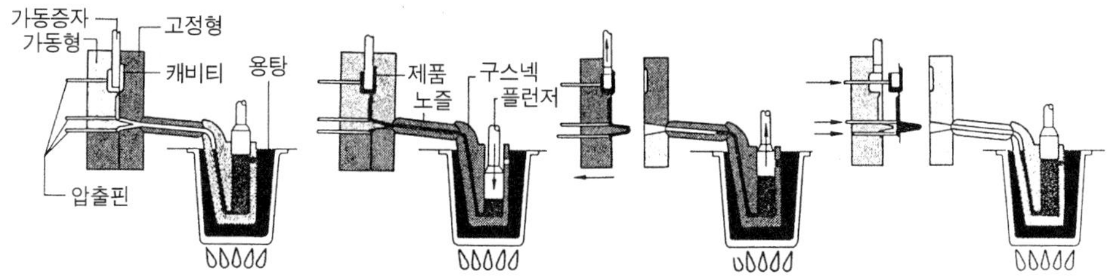

① 가압실에 용탕이 흘러 들어간다. ② 금형 내에 압입한다. ③ 가동형을 연다. ④ 제품을 밀어낸다.

그림 1-8 열가압실방식 다이캐스트기의 작동 상황

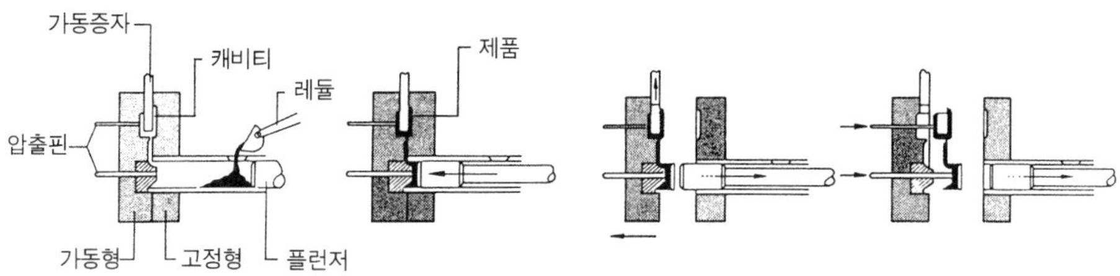

① 용탕을 가압실에 넣는다. ② 금형 내에 압입한다. ③ 가동형을 연다. ④ 제품을 밀어낸다.

그림 1-9 냉가압실방식 다이캐스트기의 작동 상황

일반적으로 다이캐스트기는 가압방식, 사용동력, 형체결방식 등에 따라서 다음과 같이 분류되어진다.

(1) 가압방식에 의한 분류

① 열가압실식 다이캐스트기(hot chamber diecasting) : 용탕보온로가 기계에 직접 연결되어 있어, 용탕을 압입하는 메탈슬리브가 용탕 등에 의해 항상 가열되고 있는 주조기이다.

② 냉가압실식 다이캐스트기(cold chamber diecasting) : 용탕보온로가 기계와는 따로 설치되어 있는 주조기이다.

(2) 사용동력에 의한 분류

① 수동식 다이캐스트기 : 형교축, 압입 모두 인력을 이용하는 기계이다. 초기의 기계에서는 형체결 또는 압입의 어느 하나를 전동기에 의해 캠을 움직이는 것, 공압, 스프링 등을 사용하는 것도 있다.

② 공압식 다이캐스트기 : 압축공기를 이용해서 형체결, 압입실린더 등을 움

직이는 것이며 현재는 전기제어식인 것이 많다.

③ 액압식 다이캐스트기 : 수압을 이용하는 것은 수압식 다이캐스트기, 유압을 이용하는 것은 유압식 다이캐스트기라고 하는데 현재는 유압식 다이캐스트기가 많다. 대부분의 기계는 전기제어식이다.

(3) 형체결방향에 의한 분류

① 수직주입 수평다이캐스트기(Polak식 다이캐스트기) : 주입방향은 수직이고 방향은 수평이다(그림 1-10).

② 수직형 다이캐스트기(Eckert 식 다이캐스트기) : 그림 1-11 참조

③ 수평형 다이캐스트기 : 그림 1-4에 표시한 형식의 기계이며 현재 이 형식의 것이 많다.

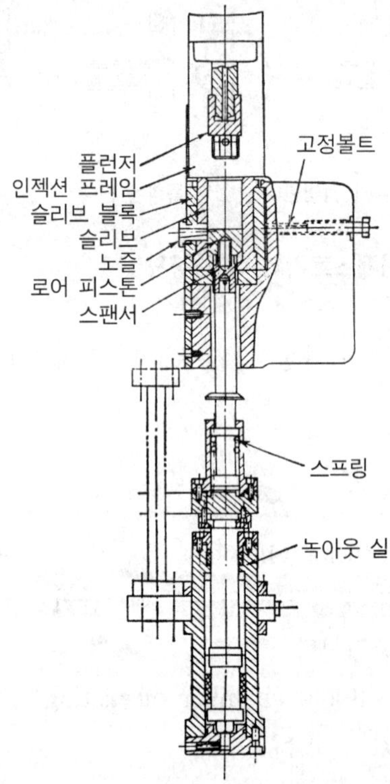

○ 그림 1-10 수직주입 수평형 다이캐스트기의 압입기구의 일례

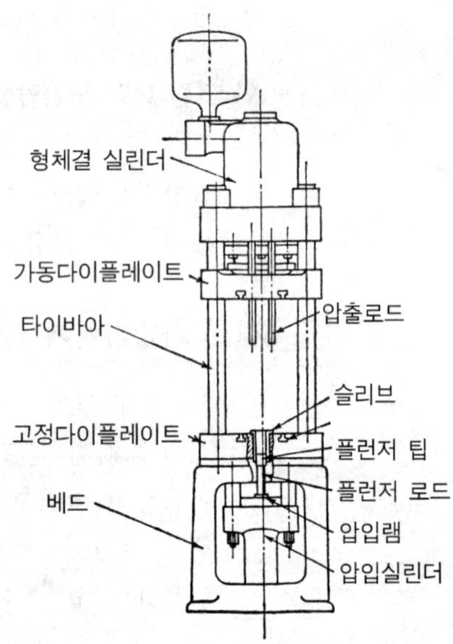

○ 그림 1-11 수직형 다이캐스트기

(4) 형체결기구에 의한 분류

① 토글식 다이캐스트기 : 그림 1-12에 표시한 형체결기구를 지닌 주조기이다.

② 직압식 다이캐스트기 : 직접 액압실린더로 형체결하는 기계이며 그림 1-4와 같은 주조기이다.

③ 웨지로크식 다이캐스트기 : 그림 1-13에 표시한 웨지로크기구를 지닌 주조기로 쐐기를 프레임과 보조플레이트간에 밀어 넣고 형체결력을 얻는 기계이다.

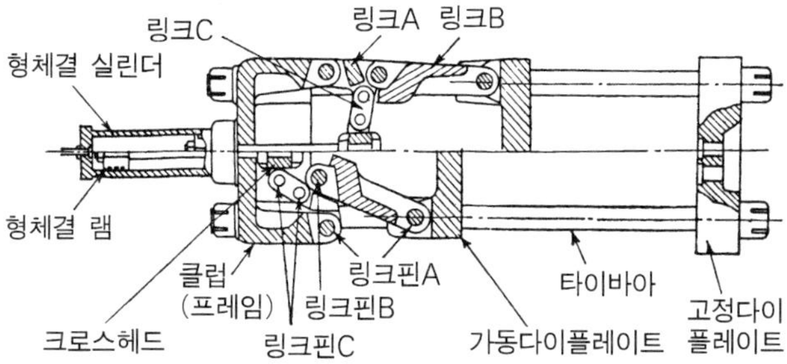

그림 1-12 토글식 형교축 기구의 일례

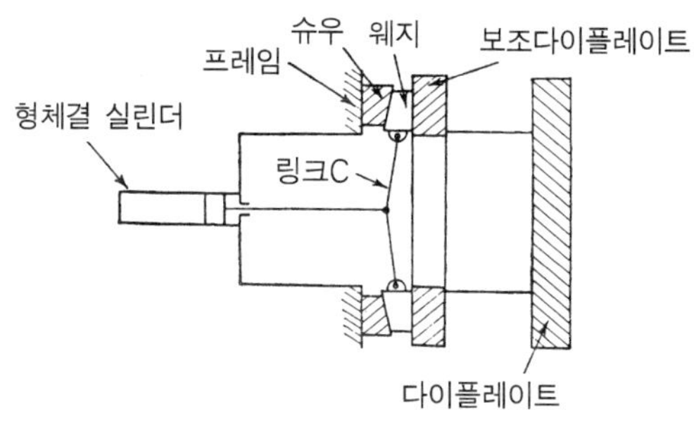

그림 1-13 웨지로크 형교축기구

④ 콤비네이션식 다이캐스트기 : 몇 개의 형체결장치를 조합해서 형체결력을 얻는 형식의 주조기이다.

1.4 다이캐스트 주조기의 구조

다이캐스트기의 구조는 그림 1-3, 그림 1-4 등과 같이 다이플레이트에 금형을 장착하고 금형을 개폐하는 동시에 강력한 형체결력이 발생하는 형체결기구와 용탕을 금형에 압입하는 압입기구 및 주입된 제품을 압출하는 압출장치로 되어있다. 또 이런 기계를 고속으로 움직이기 위한 모터, 펌프, 어큐뮬레이터, 오일탱크, 액압기기, 액압배관, 전기기기 및 전기배선 등이 조합되어서 베드 위에 조립된 기계로 되어 있다. 대형기로 되면 형체결측과 압입측이 각각 별도의 베드 위에 조립되어 있으며 전기배선, 액압 배관 및 인젝션 타이바아로 조합되어 있을 때가 있다. 유압다이캐스트기에서는 기계의 일부에 동력원이 배치되어 있는데 수압식 다이캐스트기에서는 수압펌프, 탱크, 어큐뮬레이터 등을 1개로 세트하여 파워 유닛으로서 별도로 설치하고 있을 때가 많다.

형체결기구는 고정 및 가동 다이플레이트와 이것을 개폐하는 장치, 강력한 형체결력을 지지하는 타이바아로 되어 있다. 타이바아는 2개인 것도 있으나 일반적으로는 4개 있는 것이 보통이며 개중에는 강력한 일체프레임으로 되어 있는 것도 있다.

토글식 형체결기구는 그림 1-12와 같이 링크 A, B를 형체결실린더의 램에 의해서 움직여지는 링크C로 압개(押開)하여 형체결실린더의 형체결력을 증가시키는 기구를 지닌 것이다.

직압식 형체결기구는 그림 1-4와 같이 유압실린더로 직접 다이플레이트를 움직여서 형체결력을 발생시키는 장치이다. 또 웨지로크식 형체결기구는 그림 1-13과 같이 형체결실린더의 링크C에 쐐기를 연결해 놓고 형체결스트로우크의 끝에 가까운 위치에서 링크C를 열고 쐐기를 프레임과 보조다이플레이트간에 밀어 넣고 형체결력을 얻는 장치이다.

콤비네이션식 형체결기구는 몇 개의 기구를 조합해서 형체결력을 얻는 장치이며 웨지로크식과 직압식을 조합한 형체결기구인 것도 있다.

압입기구는 일반적으로 압입실린더가 인젝션 타이바아에 의해서 고정다이플레이트에 장착되어 있다. 콜드챔버식의 수평형 다이캐스트기에서는 고정다이플레이트에 끼워 맞춰진 주입실린더내를 플런저탑이 직진할 수 있게 되어 있다.

또 수직주입 수평형 다이캐스트기의 압입기구의 일례를 그림 1-10에 표시하고 핫챔버기의 압입기구는 그림 1-3에 표시한 바와 같다.

압입에는 압입플런저의 속도를 바꿀 수 있게 유량조절밸브가 장착되어 있으며 대량의 유압을 어큐뮬레이터에 저장하여 압입시는 어큐뮬레이터를 이용할 수 있게 되어 있다. 압출장치는 일반적으로 가동다이플레이트의 중심부에 장착된 액압실린더로 행하여지는데 기계적으로 행하여 질 때도 있다.

1.5 다이캐스팅용 금형

1. 다이캐스팅용 금형재료에 요구되는 성질

다이캐스팅 주조는 용융된 Zn, Al, Cu 등의 금속 또는 합금을 압입에 의해서 주조하는 방법으로서, 금형은 고온고압의 용융금속에 반복적으로 노출된다. 이 때문에 금형재료로서는 다음에 설명하는 여러 가지 성질이 요구된다.

(1) 기계가공성

금형의 가공에는 시간과 경비가 많이 소요되므로 이를 줄이기 위해 금형용의 재료는 완전히 풀림된 감을 선택하여 기계가공을 한 후에 열처리 한다.

금형의 공극부가 크거나 복잡한 경우에는 열처리후에 금형의 뒤틀리는 수가 있으므로 주의하여야 한다. 이 때문에 아연합금용 금형의 경우에는 열경화된 재료를 사용하거나 시효경화강을 사용하는 경우도 있다.

(2) 경화능이 좋고, 열처리가 쉬우며, 열처리 변형이 작을 것

다이캐스팅 금형은 매년 대형화하는 경향이고, 경화능이 좋은 강종이 아니면 소기의 경도가 얻어지지 않고, 경도 불균일이 생기는 원인이 된다. 또 금형가공 후 열처리를 하는 경우에는 열처리 변형이 문제로 된다. 금형의 열팽창이 크면 제품의 치수가 부정확해지고, 열충격에 의한 망상의 균열이 생성될 우려가 있으므로 열팽창율은 작을수록 좋다.

(3) 열충격에 대한 저항이 클 것

금형 손상의 원인 중 가장 큰 요인은 열충격에 의한 망상 균열의 생성이다. 이 형상은 금형표면이 용융금속과 접하면서 용용금속의 온도아 거의 비슷하게 되는데 이에 요하는 시간은 불과 1/1,000초 이하이므로 금형의 표면과 금형 내부의 심한 온도구배가 생기게 되고, 이에 따라 미세한 균열들이 생기게 된다. 그러나 이러한 망상의 생성은 인장강도, 충격강도, 연성, 열팽창율, 열전도도 등을 개선함으로써 지연시킬 수 있다.

(4) 고온강도가 클 것

용융금속의 주입압력과 다이캐스팅 머신의 압축 및 열응력에 의해서 생기는 복합 응력에 대해서 견뎌야 함은 물론이고, 작업온도에 충분히 견디는 강도(인성)가 요구된다. 즉 금형의 경도가 충분히 높지 못하면 금형의 표면에 용탕 비산물에 의한 피이닝(peening)이 생겨 금형의 수명을 단축시키게 된다. 또한 지나치게 높은 경도에서 인성이 낮으면 벽개 균열을 일으키게 되므로 적절한 기계적 성질을 지녀야 한다. 만약 금형에 방향성이 있고, 어느 한 방향의 성질이 떨어지면 그 부분에서 파손이 유기되므로, 금형의 재료는 방향성이 없고 균질한 것이 요구된다.

(5) 파손에 견딜 것

그림 1-14와 같이 다이캐스팅 금형은 용탕을 빠른 속도로 주입하기 때문에 금형의 일부가 용융하고, 용융금속과 반응해서 융점이 낮은 합금이 만들어져 침식된다. 이 원인으로서는 표면상태나 주입온도에 의하지만, 금형의 화학성분의 영향도 크다. Al다이캐스팅 금형의 W이나. Cu다이캐스팅 금형의 Si는 다량으로 포함되면 악영향을 미친다.

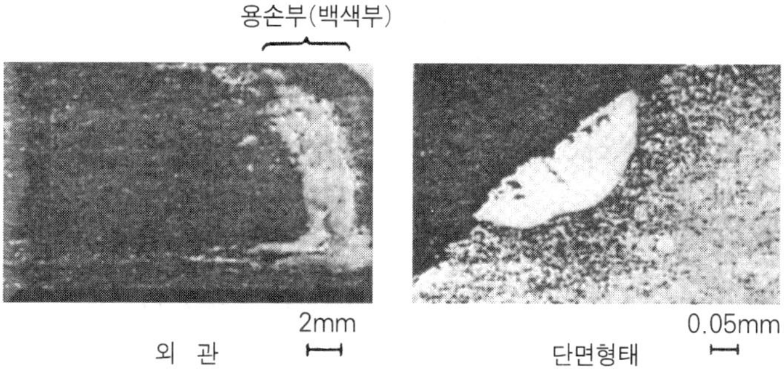

그림 1-14 Al다이캐스팅 금형의 손상

(6) 내마모성이 클 것

용융금속의 마찰과 주조품을 꺼낼 때의 마찰에 의해서 마모한다.

(7) 용착하기 어려울 것

금형의 표면상태나 용손, 마모에도 영향받지만, 금형과 용융금속과의 용착도 고려하여야 한다. 일반적으로 용착방지로서 산화피막 처리와 질화처리가 행하여지고 있다.

(8) 히트체크(heat check)에 대한 저항이 클 것

금형은 다이캐스팅 작업중에 가열, 냉각되고, 급격한 온도변화에 의한 열충격 및 반복 열응력을 받아 피로하므로 미세한 균열(heat check)이 생기기 쉽다. 그림 1-15 현상은 용탕 온도가 650℃ 전후의 일반 다이캐스팅에서 나타나는 것으로, 초기의 히트크랙은 육안으로 관찰할 수 없을 정도로 미세한 그물망을 형성하고 있다. 크랙의 끝은 날카롭고 틈새는 좁다.

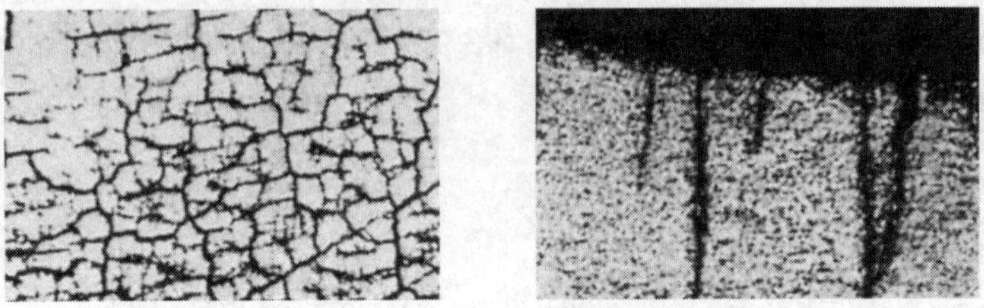

그림 1-15 Al다이캐스팅 금형에서 히트균열의 형태

히트 크랙은 가열 냉각에 의해, 금형의 표면에 반복되는 열응력에 의한 것이므로, 이것을 억제하기 위해서는 고온에서의 금형의 강도를 증대시킬 필요가 있다. 이 히트체크는 용융금속에 의한 부식과 산화에도 영향을 받는다. 히트체크에 견디기 위해서는 국부적인 과열이 생기지 않도록 열전도가 큰 것이 필요하고, 열응력을 적게하기 위해서 열팽창 계수가 작은 것, 또 열응력에 견디는 인장강도(항복강도)를 가질 필요가 있다. 또 히트체크는 금형의 표면상태에 크게 영향을 받으므로, 경면 다듬질이 행하여지지만, 경면 다듬질은 계면의 열전도를 좋게하기 때문에 금형이 가열되기 쉽다. 따라서 경면다듬질 후에는 단열 처리로서 산화피막 처리가 행하여진다.

2. 다이캐스팅용 금형재료

금형의 재료(코어를 포함)에는 주로 특수강이 사용되는데 이것은 주조합금의 종류, 제품의 형상 및 수량에 따라서 적당한 것이 선정된다. 일반적으로 Al합금, Mg합금, Zn합금용에는 열간금형용의 STD6, STD61(Cr-Mo-V계)가 주로 사용되고 있다. 이 강종은 다이캐스팅용 금형으로서 가장 많이 사용되고 있는 것으로 이것보다 좋은 재료는 아직 발견되지 않은 것 같다. 이 재료는 담금질 효과가 좋고 변형이 적은데다 사용 중 금형표면에 거북등과 같이 갈라지는 현상인 내히트체크성도 우수하므로 자동차의 밋션 케이스(mission case)용 금형 등에서 10,000~15,000회 쇼트정도가 평균적인 수명이다.

그림 1-16은 다이캐스팅 금형수명 조사보고서에 의한 것으로 횡축의 히트체크 기준의 번호는 히트크랙 상태의 진행정도에 따라 가벼운 것에서 심한 상

태까지 2~10으로 구분하여 판단의 기준으로 한 것이고, 3~8까지의 정도가 일반적으로 허용되는 표면상태이다. 히트 체크는 수리가 불가능하므로 외관을 중시하는 금형에서는 히트 체크의 진행상황의 수명의 판단 기준으로 된다.

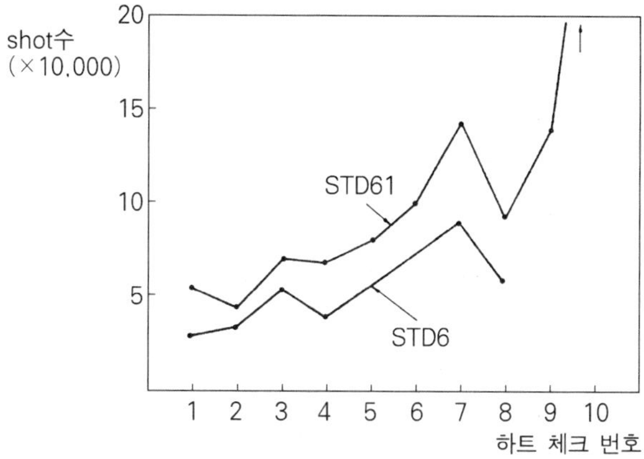

그림 1-16 금형의 수명

표 1-2에 다이캐스팅 합금(주입온도)이나 생산량에 따라서 사용되는 일반적인 금형재료를 나타내었다.

표 1-2 다이캐스팅 금형재료의 선택기준

주조합금	일반용	대량생산용	소량생산용	특수강종
Pb, Sn, Zn, 용	SCM 8, SCM 4 STF 2, STF 3	STD 6 STD 61	SCM 3 SCM 4 (S 50C)	TP 1*, N4* HWD 2 FG
Al, Mg 용	STD 6 STD 61	STD 6 STD 61	SCM 3 SCM 4	HWD 2FG HWD 3* MD 1, MCZ
Cu 용	STD 4, STD 5, WCZ*			MD1*, MCZ*

(주) *는 특수제강회사 상품명

금형 표면의 온도가 템퍼링 온도(600°C전후)를 크게 넘지 않는 경우에는 600°C 부근까지의 고온 강도가 중요하다. 그림 1-17에는 금형재 DAC(STD61)의 열처리 후의 경도가 각각 H_{RC} 40, 44, 50일 때의 상온에서 고온까지의 인장강도를 나타낸 것이다. 550~600°C 이하에서의 강도는 초기 경도에 크게 좌우된다. 따라서 일반 다이캐스팅에서 제품의 표면이 중요하여 히트크랙을 억제할 필요가 있거나 금형의 수명을 향상시킬 필요가 있을 때는 값이 비싼 고강도 금형재를 쓰기 보다는 템퍼링 온도를 조정하여 초기 경도를 높일 필요가 있다는 것을 알 수 있다.

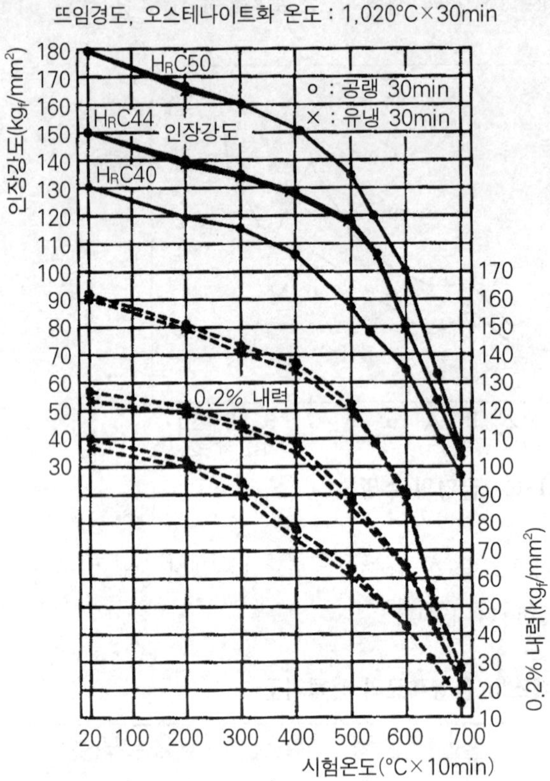

DAC의 고온 인장강도, 내력에 의한 초기 경도의 영향

그림 1-17 SKD61의 고온인장강도, 항복강도에 미치는 초기경도의 영향

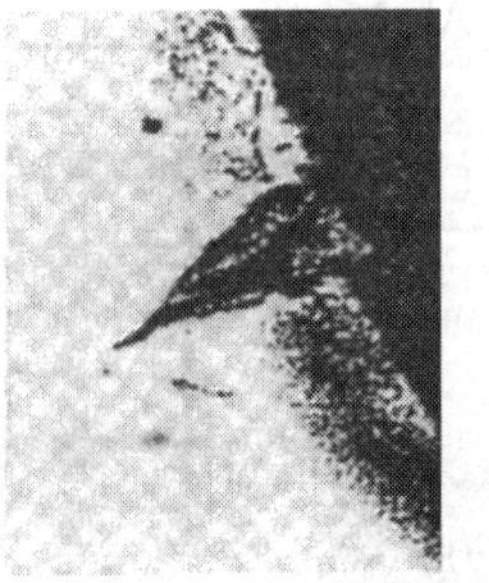

그림 1-18 Al다이캐스트 금형에서 히트균열의 형태

그림 1-18은 용탕온도가 700°C 이상인 경우에 생기기 쉬운 열소성 변형 히트크랙의 예이다. 고온으로 표면이 연화되는데다 열응력을 받기 때문에 금형의 테두리 부근에 틈새가 크며 반면에 균열의 끝이 날카롭지는 않다. 이와 같은 경우에는 650°C의 고온 강도가 큰 금형재료를 사용하여야 한다.

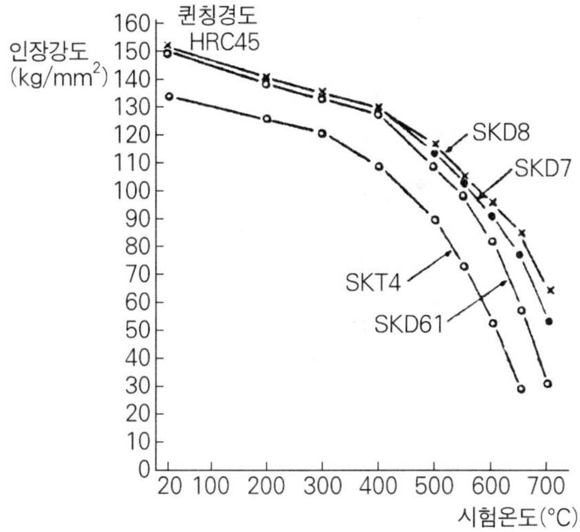

그림 1-19 각종 공구강의 고온인장강도

그림 1-19는 각종 금형재의 고온강도를 나타내고 있는 것으로서 550~600°C 부근까지의 강도는 형재의 종류보다는 초기 경도로 강도를 제어하고, 650°C 이상의 강도는 금형 소재를 선택하여 강도를 제어할 필요가 있다.

형상이 복잡하면서도 높은 정밀도의 부품을 성형하는 경우에는 좁은 형내부에 용탕을 충진시키기 위한 목적으로 용탕의 온도를 700°C까지 올리고, 압력을 높여서 성형하는 수가 많다. 그러나 이러한 경우는 히트크랙의 발생율이 많으며, 제품 용도상 깨끗한 표면 상태나 치수 정밀도가 요구되기 때문에 초기 히트크랙이 발생하기까지의 성형횟수(shot 수)를 증가시킬 필요가 있다. 이러한 경우는 금형면의 도달 온도 때문에 DAC 금형재료의 사용은 곤란하게 되며, 고온강도가 높은 새로운 금형재료가 필요하게 된다. 또한 정밀해야 하므로 형상이 복잡한 관계로 균열이 생기기 어려운 재료이어야 한다. 이때는 DAC10S와 같이 650°C 부근의 강도가 DAC 보다 우수하며, 인성을 그것과 비슷한 금형재료를 사용해야 한다.

한편 Si이 많은 고융점 Al 합금 다이캐스팅에는 용탕의 온도가 750°C 전후가 되기 때문에 열소성 변형에 의한 히트크랙이 발생하기 쉬우므로 YHD 45와 같은 고온 강도가 좋은 금형재료가 사용되어야 한다.

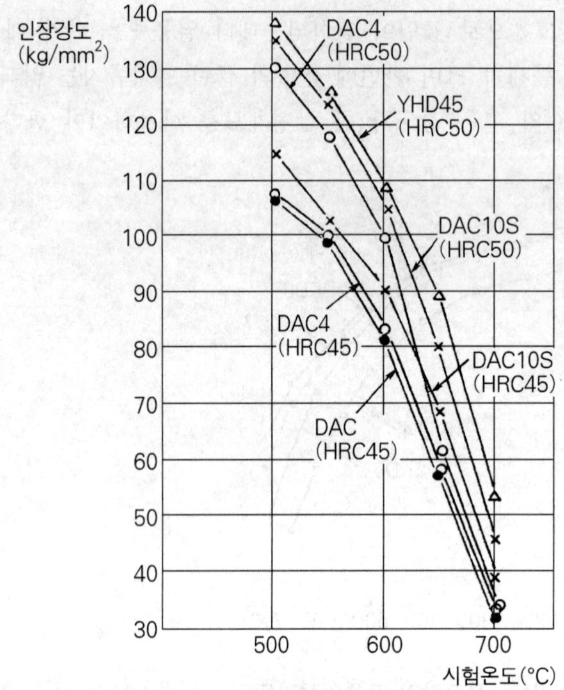

그림 1-20 DAC10S, YHD45, DAC의 고온인장강도

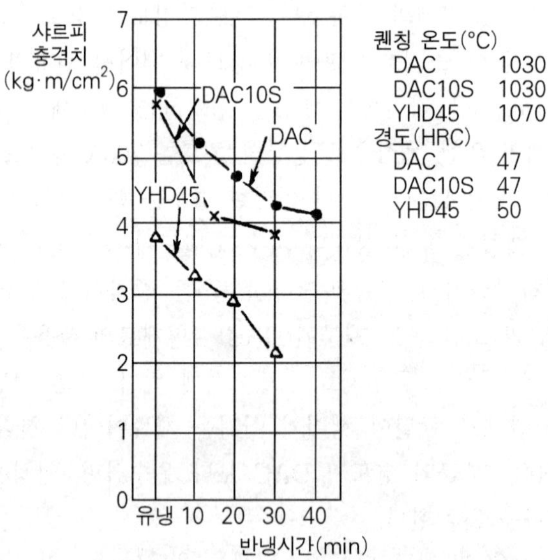

그림 1-21 DAC10S, YHD45, DAC의 냉각속도와 충격치

DAC*, DAC10S*, YHD45*(*는 특수제강회사 상품명)의 시험온도와 인장강도를 그림 1-20에, 담금질 냉각속도와 템퍼링 후의 샤르피 충격치와의 관계를 그림 1-21에 나타내었다. 그림 1-21에서 알 수 있듯이 고온강도용 재료는 DAC에 비해 담금질 냉각속도가 느리게 되면 인성이 떨어지기 때문에 냉각속도의 관리가 아주 중요하다. 또한 YHD45는 대개 800톤 이하의 중, 소형 금형재에 사용된다.

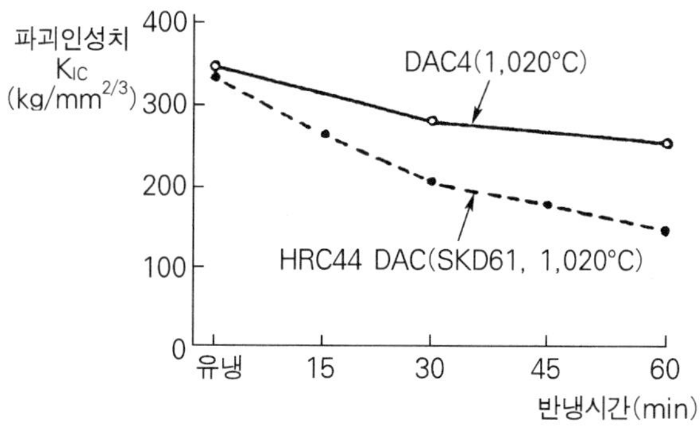

그림 1-22 DAC4의 소입냉각속도와 파괴인성치 K_{IC}와의 관계

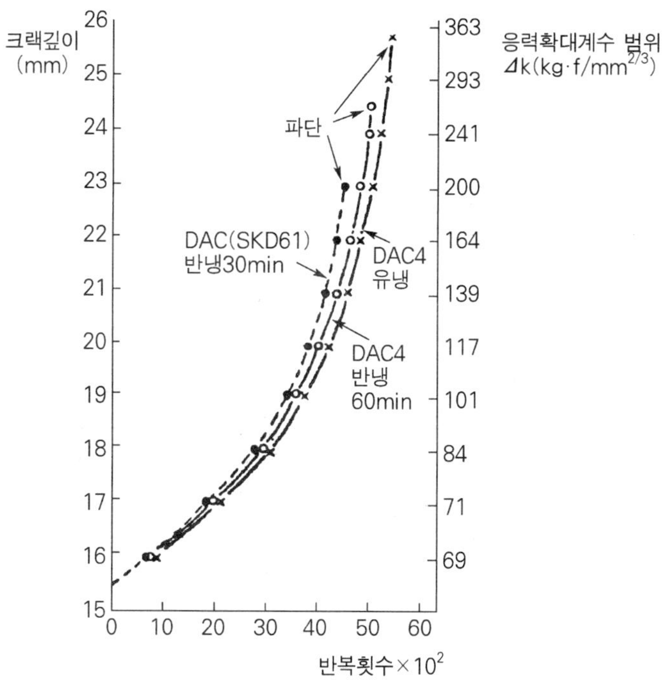

그림 1-23 DAC4의 피로균열 진전속도

금형의 크기가 아주 크거나 형상이 복잡하여 급냉처리로 변형이나 담금질 균열이 생기기 쉬운 때는 DAC의 인성을 얻는데 필요한 최소한의 냉각속도(500°C 이하에서 300°C/시간 정도)로 담금질해야만 한다. 이러한 경우는 경화능이 좋은 DAC4(5.5%Cr-Ni-Mo-V)를 사용하면 효과적이다. 그림 1-22는 이 재료의 담금질 냉각속도와 템퍼링 후의 파괴인성(K_{IC})와의 관계를, 그림 1-23에는 피로균열의 성장속도를 나타내었다. 이 재료는 냉각속도가 느려도 인성치가 크게 떨어지지 않으며, DAC에 비하여 균열의 성장속도도 느릴 뿐만 아니라 급속 파괴에 이르는 임계 균열의 크기도 크다.

따라서 DAC4는 ① 단면의 크기가 500mm×500mm이 넘는 대형 금형, ② 형상이 복잡한 금형, ③ 금형의 수명을 더욱 길게 하고 싶은 경우 등에 사용하면 된다.

3. 다이캐스팅 금형의 열처리 방법

다이캐스팅 금형의 수명을 연장시키려면 용도에 맞는 금형재료의 선정이 필요하겠지만 이러한 경우에도 열처리 조건에 따라 그 특성이 크게 달라진다. 특히 고온 강도용 재료를 선택했을 때는 인성을 고려한 열처리를 해야만 된다. 우선 일반적으로 널리 사용되는 DAC(SKD61)를 예로 들어 담금질 냉각속도와 인성치와의 관계에 미치는 금형의 미세조직에 관하여 설명한다.

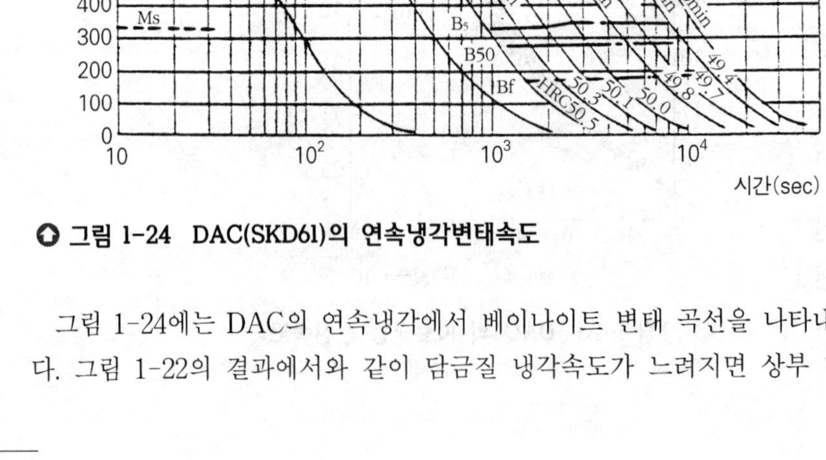

그림 1-24 DAC(SKD61)의 연속냉각변태속도

그림 1-24에는 DAC의 연속냉각에서 베이나이트 변태 곡선을 나타내고 있다. 그림 1-22의 결과에서와 같이 담금질 냉각속도가 느려지면 상부 베이나

이트의 생성이 초래되고 인성이 감소한다. 이 결과는 미세조직의 변화와 잘 일치한다. 여러 냉각속도에서 담금질한 후 H_RC45로 템퍼링한 시료의 광학 현미경 조직을 그림 1-25에 나타내었다. 냉각속도가 느려짐에 따라 미세한 판상의 마르텐사이트 다발 조직에서 길이가 길고, 폭도 넓은 베이나이트조직으로 되어 보기에도 조대화된 감이 있다. 이것이 인성을 저하시키는 원인이 되고 있다. 이러한 경향은 냉각속도가 느릴수록 그 경향이 더 뚜렷해진다.

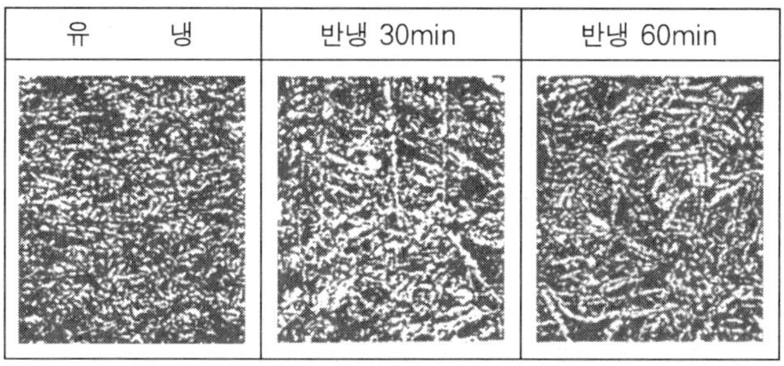

오스테나이트화 온도 : 1,020°C×400

그림 1-25 DAC 소입냉각속도에 의한 템퍼링 조직 변화

이 결과에서 DAC 합금의 열처리 요점을 정리하면 담금질 냉각시에 380~180°C의 베이나이트 변태 온도구간의 냉각속도 관리가 가장 중요하며, 대강의 목표로서는 500°C 이하에서의 평균 냉각속도로 300°C/시간 정도의 속도나 그 보다 약간 빠른 속도가 적당하다.

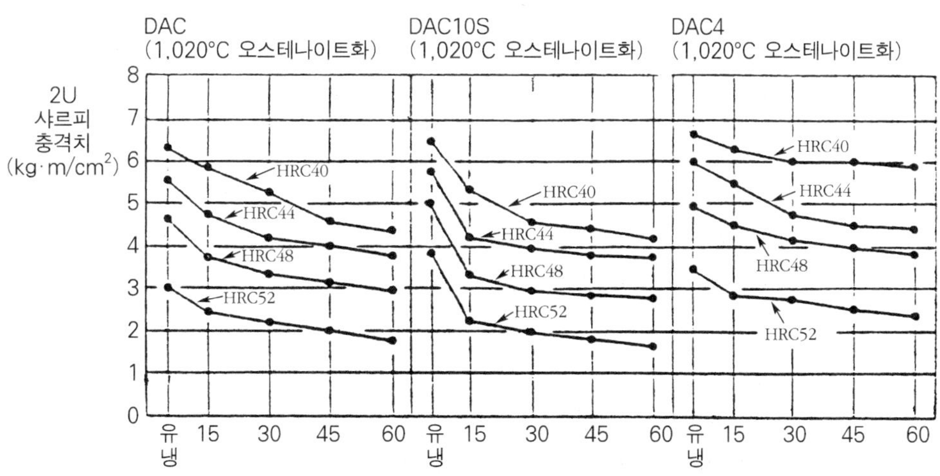

그림 1-26 DAC10S, YHD45, DAC4의 인성에 미치는 소입냉각속도

그림 1-26에는 각 금형재료의 샤르피 충격치에 미치는 담금질 냉각속도와 템퍼링 경도의 영향을 나타내었다. DAC10S나 YHD45와 같은 고강도 재료는 냉각속도가 느리면 인성치가 낮아지기 쉬우며, 템퍼링 경도가 높을수록 담금질 냉각속도의 관리가 중요하게 된다. 이때는 500°C 이하의 평균 냉각속도를 150°C/시간 정도를 목표로, 유냉 또는 이보다 약간 빠른 속도가 적당하다. 강제 송풍이나 진공가스 냉각과 같은 경우는 베이나이트 변태구역에서의 강제 냉각을 200~180°C까지 계속할 필요가 있다.

DAC4는 속도가 느려도 인성치의 저하가 적기 때문에 별 문제가 없으며, 그림 1-27에 이 합금의 냉각속도에 따른 템퍼링 조직의 변화를 나타내었다. 60분(500°C/시간)에서도 상부 베이나이트 변태가 억제되어 조직이 조대화되어 있지 않은 것을 알 수 있다.

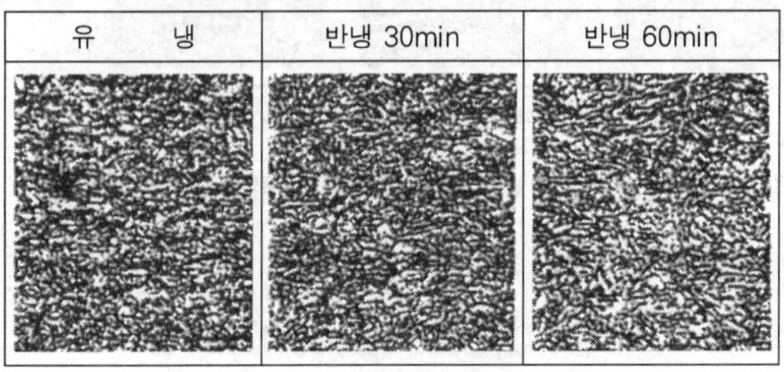

오스테나이트화 온도 : 1,020°C×400

그림 1-27 DAC4 소입냉각속도에 의한 템퍼링 조직

캐비티가 파여져서 직접 용탕과 접촉하는 부분에 사용되는 이런 강재가 구비해야 할 성질은 절삭성이 양호하고 열처리의 안정성이 있으며 열처리 왜곡이 적을 것. 급랭, 급열, 고압에 의한 열충격, 열피로에 충분히 견딜 수 있고 균열이 발생하기 힘들 것. 용탕의 침식에 대하여 내구성이 있어야 하는 것 등이다. 코어넣기형일 때에는 일반적으로 코어 넣기나 코어에는 이런 특수강을 사용하는데 주형에는 보통 기계구조용 탄소강(KSD3517의 S45C, S50C)이나 탄소강 주강(SC46, SC49)등이 사용되며 가공 전에 열처리되어서 경도$250H_B$ 정도로 사용된다. 가이드 핀이나 가이드 부쉬에는 탄소공구강(STC3-STC7), 합금공구강(STS3), 고탄소크롬 베어링강(STB2) 등이 사용되며 이런 것은 열처리 되어서 경도 $50H_{RC}$ 이상으로 연마해서 사용된 압출핀에는 합금공구강(STD6, STD61)등으로 압출핀의 치수규격의 것이 시판되고 있으며 이것이 주로 사용된다. 압출핀은 일반적으로 선단을 열처리해서 경도 $50H_{RC}$ 이상으로 사용하나 또 질화처리에 의해서 0.3~0.4mm정도의 질화층을 만들어서 사용될 때도 많다. 참고로 금형에 사용되는 강재의 조성과 용도를 표 1-3에 게시하였다.

표 1-3 다이스용 강재의 조성과 용도

종 별	KS 기호	화학성분(%)								용 도
		C	Si	Mn	Cr	Mo	V	W	기타	
합금공구강 D4종	STD4	0.25 ~0.35	0.40 이하	0.60 이하	2.00 ~3.00	–	0.30 ~0.50	5.00 ~6.00	–	Cu합금용
합금공구강 D5종	STD5	0.25 ~0.35	0.40 이하	0.60 이하	2.00 ~3.00	–	0.30 ~0.50	9.00 ~10.0	–	Cu합금용
합금공구강 D6종	STD6	0.32 ~0.42	0.80 ~1.20	0.50 이하	4.50 ~5.50	1.00 ~1.50	0.30 ~0.50	–	–	Al합금, Mg합금, Zn합금, 압출핀용
합금공구강 D61종	STD61	0.32 ~0.42	0.80 ~1.20	0.50 이하	4.50 ~5.50	1.00 ~1.50	0.80 ~1.20	–	–	Al합금, Mg합금, Zn합금, 압출핀용
크롬몰리브덴강 3종	SCM3	0.33 ~0.38	0.15 ~0.35	0.60 ~0.85	0.90 ~1.20	0.15 ~0.35	–	–	–	Zn합금용
크롬몰리브덴강 4종	SCM4	0.38 ~0.43	0.15 ~0.35	0.60 ~0.85	0.90 ~1.20	0.15 ~0.35	–	–	–	Zn합금용
합금공구강 T2종	STF2	0.50 ~0.60	0.35 이하	0.60 ~1.20	0.80 ~1.20	–	–	–	–	코어넣기, 주형용 및 Zn합금용
합금공구강 T3종	STF3	0.50 ~0.60	0.35 이하	0.60 ~1.00	0.90 ~1.20	0.30 ~0.50	–	–	Ni0.25 ~0.60	코어넣기, 주형용 및 Zn합금용
기계구조용 탄소강 8종	S45C	0.40 ~0.50	0.15 ~0.40	0.40 ~0.85	–	–	–	–	–	코어넣기, 주형용
기계구조용 탄소강 9종	S50C	0.45 ~0.55	0.15 ~0.40	0.40 ~0.85	–	–	–	–	–	코어넣기, 주형용
탄소공구강 2종	STC2	1.10 ~1.30	0.35 이하	0.50 이하	–	–	–	–	–	리터언핀용
탄소공구강 3종	STC3	1.00 ~1.10	0.35 이하	0.50 이하	–	–	–	–	–	가이드핀용, 리터언핀용
탄소공구강 4종	STC4	0.90 ~1.00	0.35 이하	0.50 이하	–	–	–	–	–	가이드핀용, 가이드부쉬용
탄소공구강 5종	STC5	0.80 ~0.90	0.35 이하	0.50 이하	–	–	–	–	–	가이드핀용
탄소공구강 6종	STC6	0.70 ~0.80	0.35 이하	0.50 이하	–	–	–	–	–	가이드핀용
탄소공구강 7종	STC7	0.60 ~0.70	0.35 이하	0.50 이하	–	–	–	–	–	가이드핀용

종 별	KS 기호	화학성분(%)								용 도
		C	Si	Mn	Cr	Mo	V	W	기타	
고속도강 2종	SKH2	0.70 ~0.85	0.35 이하	0.60 이하	–	–	0.80 ~1.20	17.00 ~19.0	–	압출핀용
합금공구강 S2종	STS2	1.00 ~1.10	0.35 이하	0.80 이하	3.50 ~4.50	–	–	1.0 ~1.50	–	
합금공구강 S3종	STS3	0.90 ~1.00	0.35 이하	0.90 ~1.20	0.50 ~1.00	–	–	0.50 ~1.00	–	가이드핀, 리턴핀, 가이드부쉬, 압출핀용
고C-Cr-베어링강 2종	STB2	0.95 ~1.10	0.15 ~0.35	0.50 이하	0.50 ~1.00	–	–	–	–	가이드핀용, 가이드부쉬용
Al-Cr-Mo강 1종	SACM1	0.40 ~0.50	0.15 ~0.50	0.60 이하	1.30 ~1.70	0.15 ~0.35	–	–	Al0.70 ~1.20	리턴핀용

4. 다이캐스트용 금형 설계

결함이 없는 다이캐스팅을 주조하기 위해 금형에서는 다음과 같은 점에 주의할 필요가 있다.

① 형에 유입된 용탕이 금형에 접촉함으로써 냉각되어 응고되는 과정에서, 응고 완료전에 형의 구석구석까지 용탕을 충분히 충진해 주어야 한다.
② 탕도, 탕구를 통과하여 금형에 주입된 용탕이 금형 내에 있는 공기를 몰아내어 주물 중에 기포가 생기지 않아야 한다.
③ 이상의 조건을 만족시키기 위해 용탕을 고온, 고압에서 형내에 밀어넣어야 하지만 탕도에서는 가능한 한 압력손실이 없도록 부드러운 유선형 형상으로 하여두고, 탕구에서는 단면적을 작게 하여 탕구속도가 40~80m/s 정도로 높게 하여 용탕이 형내에 균일하며, 중단되지 않고 주입되도록 하는 것이 좋다.
④ 금형에 Al용탕이 들어붙거나 침식하지 않도록 금형은 담금질 처리후 질화 등의 표면처리를 하여, 주조시의 장애발생을 적게함과 동시에 금형의 수명을 보다 오래 유지하게끔 연구할 필요가 있다.

금형의 설계에 있어서는 다음에 기술하는 사항에 관해서 신중히 검토해야 한다.

(1) 금형의 형식

제품의 재질, 형상, 치수, 기타의 명세나 총생산량, 생산기간 등을 잘 감안한 뒤 사용하는 다이캐스트기의 종류 및 크기와 금형의 형식을 우선 결정해야 한다. 금형의 형식에는 형넣기 수에 의한 분류(코어넣기형, 유닛형 등)로 대별되는데 일반적으로 1개잡이형으로 코어넣기형이 많이 사용된다. 그러나 간단한 형상으로 작은 제품을 단기간에 다량 생산할 때는 동형 다수개잡이형으로 하여 큰 다이캐스트로, 한번에 다량 생산할 수 있게 설정하는데 이런때도 대부분 코어넣기형을 채용하는 경우가 많다.

(2) 형의 분할면

금형의 분할면은 고정형과 가동형의 경계면이며 제품의 최대투형면적인 곳에 놓여지는 것이 보통이다. 이 분할면은 금형제작에 있어서 기준면이 되고 또 이 면에 탕구, 탕도, 용탕저류부, 가스빼기 등이 배치되므로 가장 기본이 되는 동시에 가장 기능적인 역할을 하는 중요한 면이다. 이 분할면의 채취법에 따라서는 금형제작시의 난이는 물론 다이캐스트생산의 양부가 결정되어지므로 분할면 설정에 있어서는 이런 점을 신중히 고려해야 한다. 일반적으로 주분할면은 단순한 평면인 것이 좋다.

(3) 캐비티, 주입구, 탕도, 탕구, 용탕저류부, 가스빼기

건전한 제품을 얻기위해서는 형상, 크기, 살두께 등에서 좋은 탕흐름을 보충할 수 있는 주입구, 탕도, 캐비티, 용탕저류부, 가스빼기의 일련의 배치를 결정해야 한다. 일반적으로 캐비티는 금형의 중앙부에 배치되며 주조작업시의 압출력이 균등하게 걸릴 수 있게 고려된다. 주입구는 다이캐스트기의 형식 및 용융합금의 종류에 따라 다른데, 캐비티에서 약 50~100mm 떨어진 곳에 배치되며 주입구와 캐비티를 잇는 탕도의 형상을 충분히 선택할 수 있게 해야 한다. 탕도와 캐비티를 연결하는 부분을 흔히 탕구라고 하는데, 캐비티의 어느곳에 탕구를 두어야 하는 가는 매우 중요한 문제이며 이 탕구의 위치와 크기가 생산의 양부를 좌우하기도 한다. 그러나 이런 완전한 자세를 설계단계에서 얻기란 매우 곤란하므로 일단 이론적으로 산출한 설계로 금형을 만들고 시험주조를 거듭해서 수정개선하면서 보다 좋은 형상으로 하게된다. 다만 개념적으로 말할 수 있는 것은 탕도에 관해서는 두꺼운 제품일 경우 폭을 넓혀서 두께를 얇게 하고 두께가 얇은 제품일 때는 폭을 좁혀서 두께를 두껍게 하는 것이 좋다. 탕구에 관해서는 제품의 크기, 살두께 등에서 산출한 필요 용탕량과 사용하는 다이캐스트기의 사출압력 등에서 탕구의 단면적(폭두께)이 추정되는데 일반적으로 Al합금일 경우 그 두께는 0.5~2.5mm까지의 범위가 적용되고 있다. 용탕저류부, 가스빼기는 용탕이 캐비티 내를 채우는데 장해가 되는 공기를 제거하고 처음에 유입된 용탕을 채워서 캐비티 내에는 중간의 깨끗한 용탕을 넣어서 응고시킬 수 있게 하기 위해 설치한 것이며 용탕저류부는 2~3mm정도 떨어진 곳에 직사각형으로 배치되며 깊이 0.25mm 정도의 홈으로 캐비티와 이어진다. 가스빼기는 용탕저류부에서 금형단면을 향해서 깊이 0.13~0.15mm, 폭 25~30mm정도의 홈으로 만들어진다.

(4) 금형의 장착치수와 가이드핀의 배치

금형의 형식, 분할면의 결정법, 주입구, 캐비티, 용탕저류부 등의 배치가 설정되고 사용하는 다이캐스트기의 성능이나 가동코어의 유무 등을 감안해서 금형의 외형치수 및 두께나 가이드 핀의 크기와 그 위치가 설계되면 금형으로서의 대략의 설계가 결정된다. 금형의 크기와 가이드핀의 굵기 및 그 배치의 관계는 '다이캐스트금형용 주형'의 표준치수를 참고로 하면 된다. 한편 가이드핀, 가이드부쉬의 형상, 치수에 관해서도 동 규격에 있는 '다이캐스트금형용 가이드핀' 및 '다이캐스트금형용 부쉬'를 표준으로 하는 것이 좋다. 금형의 두께는 고정형의 경우 뒷면이 고정측 장착반에 밀착하기 위해 필요최소한의 두께라도 강도적으로 염려없으나 가동형은 뒷면이 압출장치이므로 공동이 되는 관계상 사출시의 고압에 의해 발생하는 휨을 최소한도로 막기 위한 강도가 팔요하므로 충분한 두께로 해야 한다. 그러나 고정착반간의 간격 내에 있어야 하며 다이캐스트기에 금형을 장착해서 작동시켜 제품이 충분히 압출될 수 있도록 결정해 나가야 한다.

(5) 코어 및 인발장치

코어에는 보통 고정코어와 가동코어가 있으며 특수한 형태의 놓기코어가 있다. 고정코어는 금형의 개폐에 의해서 인발되는 오목부나 구멍을 형성하기 위해 고정형과 가동형에 고정하는 코어를 말하는데 이것을 이용함으로써 금형을 쉽게 만들 수 있고 치수정밀도의 향상, 보수의 간소화가 이루어지는 이점이 있다. 가동코어는 금형의 구멍을 형성하기 위해 설치되는 코어이며 코어인발장치를 금형에 짝지워야 한다. 이 코어인발장치에는 랙피니언식, 캠블록식, 코어플러식 등의 형식이 있다. 최근에는 다이캐스트기의 유압을 이용한 코어플러식이 많이 사용되고 있다. 그림 1-28에 대표적인 인발장치의 예를 표시한다.

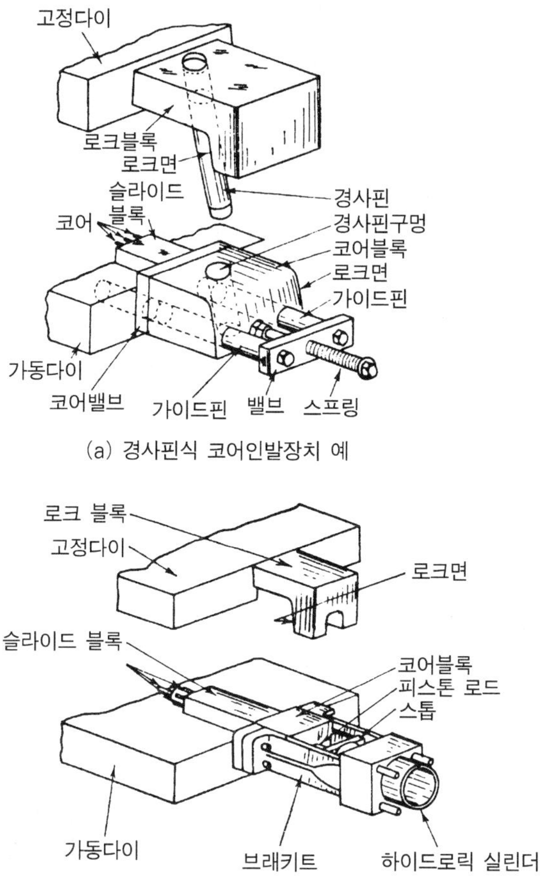

(a) 경사핀식 코어인발장치 예

(b) 하이드로릭 · 실린더를 사용한 코어플러식 코어인발장치 예

그림 1-28 각종 코어 인발장치

놓기 코어는 금형에 장착되는 고정코어나 가동코어로서는 형성 불가능한 언더컷트부를 형성하기 위해 사용된다. 주조작업에 있어서 먼저 금형속에 삽입되어 주조후 제품에 포함된 상태로 빼낸 후 제품에서 분리하도록 설계한 것인데 이것을 사용하는데는 손이 많이 가게 되며 제품의 형상에도 제약을 받으므로 드물게 사용되는 방법이다.

(6) 제품압출 방법과 그 장치

주입된 제품을 금형에서 압출하는 방법을 선택하여 그 장치를 설계하는 것은 금형설계의 중요한 항목이다. 압출방법으로서 가장 일반적인 것은 압출핀의 이용인데 제품의 형상에 따라서는 그것에 적합한 압출슬리브, 스트리퍼링, 스트리퍼 플레이트 등을 사용할 때도 있다. 압출핀을 사용할 때는 핀의 위치를 검토하여 압출력이 제품에 균일하게 걸릴 수 있도록 배치시켜야 한다. 보통 사용되는 핀의 굵기는 작은 제품의 경우 3~6mm, 보통은 6~8mm,큰 제품이 되면 10~15mm정도까지가 사용된다.

그림 1-29는 압출핀의 위치에 관한 예이다. 압출력을 효과적으로 하는 동시에 압출에 따른 제품의 왜곡을 되도록 없애기 위해서는 A, C, D와 같은 곳에 놓는 것이 좋다. 그림 1-30은 압출슬리브 및 스트리퍼 플레이트에 의한 압출장치의 예를 표시하고 있다.

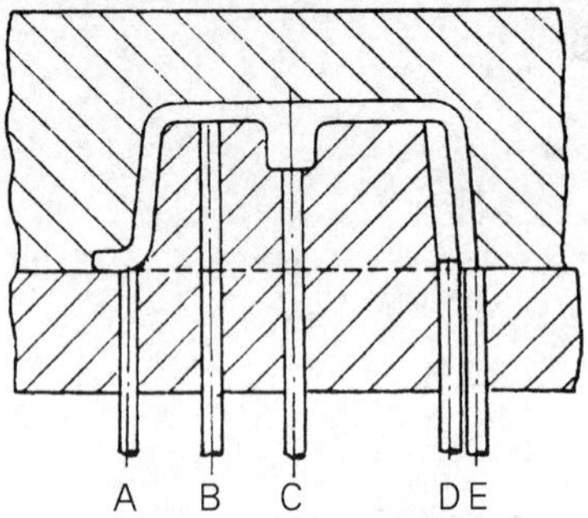

그림 1-29 압출핀 위치의 선정

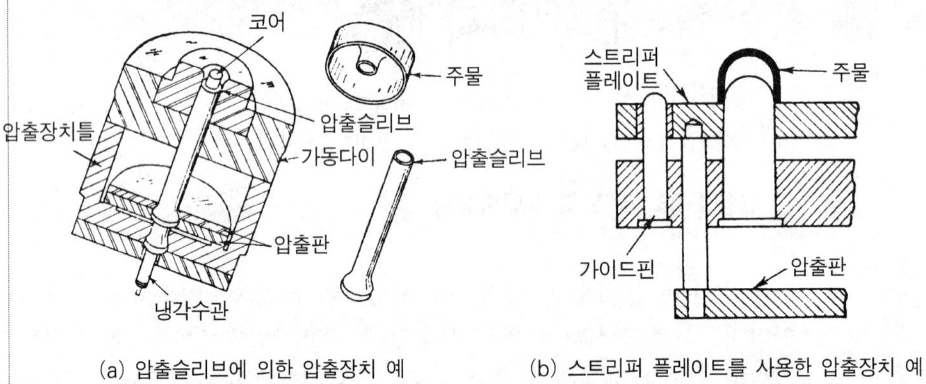

그림 1-30 압출장치

(7) 냉각수관

품질이 안정된 생산을 지속시키기 위해서는 먼저 금형의 온도를 최적온도로 일정하게 유지해야 한다. 이를 위해서 일반적으로 냉각수관을 설계하여 강제냉각을 시킨다. 금형내에 이 냉각수관을 어떻게 설계하는가는 매우 어려운 문제이다. 따라서 일단 온도가 상승하기 쉽다고 생각되는 부분을 중점으로 생각하고 다시 전체를 평균해서 냉각할 수 있게 상정하여 가능한 많은 냉각수관을 설치해 놓은 다음, 실제의 주조작업에서 사용해야 할 냉각수관을 선택하고 냉각수량을 조절하여 최적온도를 유지할 수 있도록 한다. 보통 사용되는 냉각수관의 형식은 직류식, 순환식, 분류식의 3종류이다.

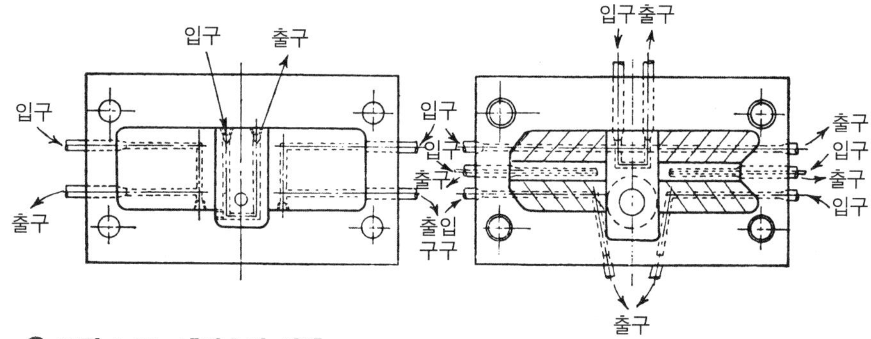

그림 1-31 냉각수관 설계

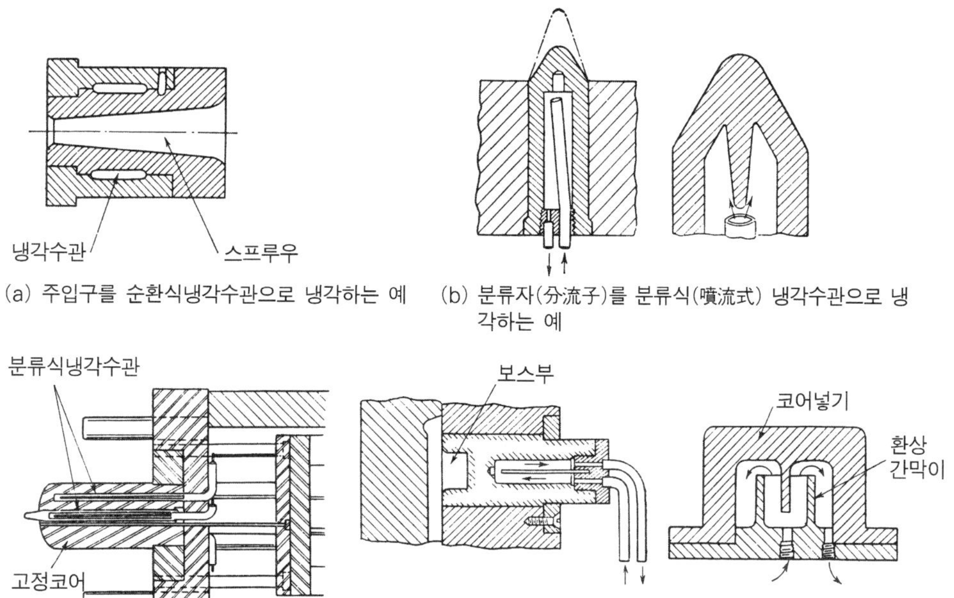

(a) 주입구를 순환식냉각수관으로 냉각하는 예

(b) 분류자(分流子)를 분류식(噴流式) 냉각수관으로 냉각하는 예

(c) 고정코어에 분류식냉각수관을 사용한 예

(d) 보스부의 냉각방법 예

(e) 큰 코어넣기의 효과적 냉각법

그림 1-32 냉각수관 설계

직류식은 주로 금형 전체를 냉각하는데 사용되며, 순환식은 주로 주입구 주변 등의 온도상승이 큰 부분을 국부적으로 냉각하는데 사용된다. 분류식은 왕복형이라고도 하는데 주로 코어의 선단 등을 효과적으로 냉각하는데 사용된다. 그림 1-31은 냉각수관 설계의 일례인데 주로 직류식을 사용하고 있다. 그림 1-32은 각 형식의 냉각수 관계를 표시하고 있다.

(8) 형조(型彫)치수

캐비티의 형조치수는 만들어지는 제품의 치수보다도 수축여유만큼 크게 잡아야 한다. 다이캐스팅의 경우 용탕이 금형속에서 냉각응고하는 동안의 수축은 거의 없고 밖으로 꺼내고 나서 자유수축한다고 생각할 수 있으므로 금형에서 빼낼 때의 제품의 온도와 그 금형온도가 직접 수축여유의 결정에 관계한다. 따라서 수축여유를 정할 때에는 다음의 조건을 충분히 고려해야 한다.

① 용탕의 주입온도

이 온도의 고저는 금형속에서 자유수축이 가능한 부분의 수축여유를 정하는데 영향이 있을 뿐만 아니라 간접적으로 금형온도, 쇼트 사이클의 관계에서 빼낼 때의 제품온도에 영향이 있다. 일반적으로 주입온도가 높을 때는 제품의 취출온도도 높아진다.

② 쇼트사이클 초(秒)

일반적으로 쇼트사이클초를 단축하면 빼낼 때의 제품온도는 높아지며 그 후의 수축도 커진다. 그러나 제품은 취출온도도 중요하므로 쇼트사이클의 장단은 금형냉각량과 밸런스를 취할 수 있게 해야 한다.

③ 제품의 크기와 살두께의 대비

크기에 비해서 두꺼운 제품에는 수축여유가 표준보다 크고 박육일 때에는 좀 작게 해야 한다.

④ 주입압력

주입압력이 높을 때에는 제품의 살이 크게 수축하므로 수축여유도 표준보다 좀 크게 할 필요가 있다. 일반적으로 사용되고 있는 수축여유는 Zn 합금, Al합금, Mg합금일 경우 제품치수에 대해서 0.3~0.7%의 범위인데 표준으로서는 0.5%정도로 되어 있다. 다만 금형속에서 자유수축되는 부분의 수축여유는 0.8~1.2정도까지 고려할 필요가 있다.

1.6 주　　조

1. 가스함유량의 영향

다이캐스팅 품질의 최대결점은 신뢰성이 낮다는 것이다 그 원인은 제품에 포함된 가스양 때문이다 용탕을 고속고압으로 주입하는 주조방법을 채용하고 있는 한 가스의 혼입을 피할 수 없게 된다. 고속고압에서 주입된 용탕은 슬리브(sleeve)와 캐비티 내에서 난류로 되어 공기를 혼입하고 또 이형재와 윤활제가 용탕과 접하여 가스화 했을 때 증대하지만 용탕중의 수소가스의 흡수는 적다. 이렇게 혼입된 가스량은 진공용융추출법에 의하면 20~30cc/100Al의 값이 측정되며 이들은 균일하게 분포해 있는 게 아니라 그림 1-33과 같이 오버플로우(over flow)와 비스켓(biscuit)부에 편재해 있게 된다. 이러한 분포는 캐비티 내의 공기를 오버플로우측에 배출하여 제품내로 혼입을 적게 하도록 설계하였기 때문인 것을 알 수 있다. 또 탕구속도가 60m/초 이상, 슬리브 충전율이 낮을수록 함유량은 급증하여 질소가스 비율이 높아지고 유성 이형재의 사용에 따라 H_2, CO_2 가스가 급증한다. 이상의 결과에서 다이캐스트에서 가스함유량을 10cc/100g Al 이하로 하는 것이 중요하고 이 값이 곧 품질관리 항목의 기준이 된다.

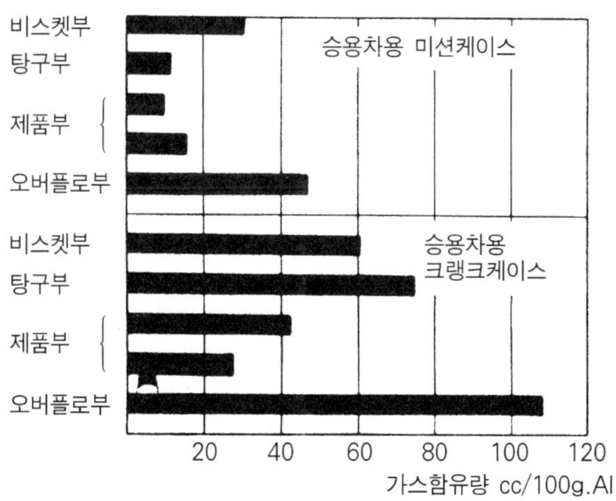

그림 1-33 다이캐스트의 함유가스

2. 주조기술

다이캐스팅은 밀폐된 금형사이에 용탕을 고압으로 밀어 넣어 급속냉각시켜 만드는 공정이므로 밀폐된 금형 내의 공기의 존재와 금형에 의한 용탕의 급냉, 이 두 가지가 다이캐스팅 기술에서 고려해야 할 중요한 문제로 되고 있다.

(1) 형내에 있는 공기가 용탕으로 침입하는 문제

피스톤을 2단으로 속도를 바꿀 수 있도록 하여 먼저 피스톤이 전진하는 동안 용탕의 전면에서 형내의 공기를 공기빼기(air vent)로 밀어낸 후 고속으로 용탕을 고온・고압으로 밀어내도록 하는 기술이다. 이 경우 피스톤을 고속으로 전환했을 때의 형내의 가스압이 0.3~0.7kg_f/cm^2 정도이고 이 잔류공기가 주물의 어디엔가에 휩쓸려 존재할 가능성이 많다. 이러한 잔류 공기를 제거하는 방법으로는 형내의 공기를 진공펌프로 배기하는 진공 다이캐스팅법과 공기 대신에 미리 산소를 넣어 두어 사출과 동시에 알루미늄 산화물로서 주물내에 고정분산시키는 PF(pore free)법 등을 생각할 수 있다. 그러나 실제 현장작업에서 한정된 시간내에 닫힌 금형내에 있는 공기를 진공으로 하거나 또는 산소로 치환하는 작업은 완벽을 기하기 어려우므로 현재까지의 기술수준으로서는 경제적인 문제와 아울러 일부 현장에서 사용되고 있는 정도이다.

(2) 용탕을 응고 완료전에 금형에 충진시키는 문제

기본적으로는 금형온도와 주물의 두께, 용탕의 온도에 따라 응고완료시간을 계산할 수 있는 것이므로 이 시간내에 용탕을 금형의 구석구석까지 도달할 수 있는 탕구속도를 정할 필요가 있게 된다. 그림 1-34는 제품의 두께와 응고시간과의 관계를 나타낸 것으로, 이 그림에서 각 두께의 응고시간을 추정할 수 있지만, 이 시간내에 용탕을 충진 완료시키는 탕구속도를 정하는 방법은 분명하지 않다. 두께, 충진길이, 탕구속도와의 관계에 대해서 많이 연구되고 있지만 모두 경험적으로 얻고 있는 것이며 독일의 지침에서는 얇은 두께의 일반 다이캐스팅은 40~80m/초의 탕구속도가 바람직하다고 하는데, 주조작업중에 측정해 보면 이 범위에 드는 것이 많다.

주물의 형상은 천차만별로 똑같은 두께의 주물이 아니므로 단순히 두께와 충진길이를 계산할 수 있는 것은 아니지만 응고현상을 규명할 기초로서 생각해둘 필요가 있다. 현실적으로 두꺼운 부분은 응고전에 압력전달이 끊겨 기포 등의 결함을 발생하는 경우가 많다. 이 현상을 해결하려고 시도한 것이 아큐라드(Acurad)법으로 사출 피스톤을 이중으로 하여, 미응고부분은 내측 피스톤을 사용하여 시간차에 의해 주입한다. 그전에 금형내의 온도분포를 해석하여 탕구에서 먼 부분으로부터 응고하도록 금형온도를 조절해야 된다는 것을 알 수 있다.

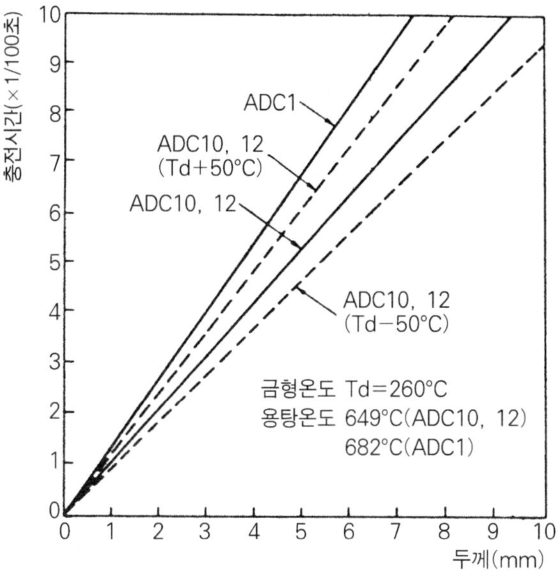

그림 1-34 SDAE계산식에 의한 두께와 충진시간관계

3. 주조작업

합금작업에서 얻어진 용탕 또는 주괴를 다이캐스트기에 설치된 보온로에 옮기고 이것을 적당한 온도로 유지하면서 금형속에 반복 압입하여 다이캐스트를 얻는 작업이다. 주입작업에 있어서는 다음의 점에 주의해야 한다.

(1) 보온로와 용탕

보온로의 목적은 깨끗한 용탕을 소정의 주입온도로 유지하는 것이므로 보온조절이 용이하여야 하며 자동온도조절장치를 갖추는 것이 좋다. 보온로에는 보통 도가니로가 사용된다. 도가니에는 합금의 종류에 따라 철제 남비, 흑연도가니, 철제도가니 등이 사용된다. 도가니는 급열급랭을 피하고 또 내면에는 적당한 라이닝을 하여 사용한다. 보온로에 있어서는 용탕을 오염시키는 조작을 행하면 안된다. 용탕을 보급할 때에는 공기나 산화물의 혼입을 피하고 또 주괴를 보급할 때는 표면을 깨끗이 하여 예열해서 소량씩 보급한다. 찌끼제거용구, 국자 등도 충분히 건조해서 사용해야 한다.

Mg합금일 때는 용탕의 산화방지를 위해 도가니의 상부를 철판 등으로 덮는 특수한 구조로 하여 용탕표면에 아황산가스를 뿜어 붙이거나 또는 S분말을 끼얹는다.

(2)금형의 장착과 예열

금형의 장착은 금형 네모퉁이의 교축력이 균등하게 될 수 있게 장착한다, 이때 주물의 유효주조면적, 다이캐스트기 및 합금의 열팽창 등을 고려해서 타이바아의 교축상태를 조정하거나 주조작업 중에도 장착이 느슨하지 않은가를 점검해야 한다. 코어가 많은 금형일 때는 입출장치도 포함해서 작동에 그릇됨이 없도록 특히 주의해야 한다. 또 금형에 통수(通水)하는 냉각수로의 연결방법이 옳은가, 냉각수가 불통되거나 누설되는 곳은 없는가를 확인한다. 금형의 장착이 끝났으면 금형을 예열한다. 예열은 보통 캐비티 표면에서 150~200°C 이상으로 하는 것이 좋은데 국부적 가열이나 급격한 가열은 피해야 한다.

(3) 시험주입

양산작업에 들어갔을 때에도 소정품질의 주물을 얻을 수 있는가, 생산속행에는 지장이 없는가, 양질생산을 위한 주조조건은 어떠한 것인가를 조사하기 위해 양산에 앞서서 시행하는 시험적인 주입이다. 금형의 열처리 전에 시험주입을 행할 때는 용탕이 금형에 용착해서 뜯김이 생기기 쉬우므로 쇼트 수는 필요최소한으로 해야 한다. 따라서 시험주입은 금형의 열처리 전과 후로 나눠서 수차에 걸쳐서 행할 때도 자주 있다.

(4) 일반주조

시험주입으로 얻어진 주조조건 즉 주입온도, 금형온도, 주조사이클, 금형냉각수량, 사출속도 및 압입압력 등을 충실히 지켜서 주조를 행한다.

① 주입온도

주물의 형상, 크기, 살두께 등에 따라서 다르나 일반적으로 Al합금은 510~700°C, Zn합금은 390~425°C, Mg합금은 630~680°C, Cu합금은 850~920°C, Sn 및 Pb합금은 280~440°C가 표준이다.

② 금형온도

금형온도는 주조사이클과 냉각수량에 상호 관련이 있으며 너무 높거나 낮아도주물의 품질에 영향을 미치므로 주입온도, 주입사이클과 더불어 일정한 것이 좋으며 충분한 관리가 필요하다. 금형온도는 일반적으로 캐비티 표면에서 Al합금이면 150~300°C, Zn합금이면 150~220°C, Mg합금에서는 Al합금보다 약간 높고 Cu합금에서는 250~350°C, Sn 및 Pb합금에서는 Zn 합금보다 어느 정도 낮은 것이 적당하다.

③ 사출 속도 및 압입압력

주물의 품질은 주입시간에 의해 크게 영향을 받는데 사출속도와 압입압력은 탕구면적, 가스빼기, 합금의 종류, 주입온도 등과 더불어 주입시간을 좌우하는 요인이므로 항상 일정하게 유지할 수 있게 주의해야 한다. 또 어큐뮬레이터내의 압력은 압입압력에 중요한 영향을 주게 되므로 유면(油面)의 위치와 내압에 대해서는 항상 주의해야 한다.

1.7 다이캐스팅용 합금

1. 알루미늄합금

다이캐스팅용 합금으로는 Al, Zn, Mg 등이 있으며 1980년 일본의 다이캐스팅 합금별 생산비율을 보면 Al이 83%, Zn 16%, 놋쇠 0.7%, Mg 0.1%로 대부분이 Al이다. Al합금은 비중이 가볍고 주조성, 기계가공성, 내식성이 양호하고 기계적 성질도 우수하며 가장 경제적인 코스트로 생산할 수 있으므로 널리 일반용도에 대해서 사용된다. 그러나 전기도금성, 납접합성, 용접성 등은 뒤진다. 또 각종 합금 중에서도 각각 제성질에 우열이 있으므로 사용목적에 따라서 선택된다.

KS규정에 의하면 알루미늄 다이캐스팅용 합금은 표 1-4와 같이 7종으로 분류하고 있으며, 각국마다 다소 상이한 화학조성을 보이고 있다. 이들 합금 중에서 AlDC7종과 AlDC8종은 기계적 성질이 우수할 뿐만 아니라 주조성이 뛰어나 생산성이 우수하며 국내의 경우 AlDC8종이 95% 이상 사용되고 있다, 또한 일본의 경우도 AlDC8, AlDC7과 유사한 ADC12, ADC10이 가장 많이 사용되고 있다. 즉 ADC12는 알루미늄 다이캐스팅 전체의 71%, ADC10은 13%로서 94%를 차지하고 있다. KS, JIS 및 유럽규정에는 Mg을 0.3%까지 허용하고, 미국 규격에서는 0.1%로 제한하고 있으나 현재까지 Mg 0.3%까지의 사용에는 별 영향이 없는 것으로 보고되고 있다.

표 1-4 KS규정과 외국 유사 규정과의 비교

KS code	화학조성					유사외국 code			
	Cu	Si	Mg	Fe	mn	ASTM	ANSI	JIS	DIN
AlDC1	1.0	12~13	0.3	1.3	0.3	S12A	S413.0	ADC1	GDAlSi12
AlDC2	0.6	9~10	0.4~0.6	1.3	0.3	SG100A	A360.0	ADC3	GDAlSi10(Cu)
AlDC3	0.2	0.3	4.0~8.5	1.8	0.3	G8A	528.0	ADC5	GDAlMg9
AlDC4	0.1	1.0	2.5~4.0	0.8	0.4~0.6			ADC6	
AlDC5	0.6	4.5~6.0	0.3	1.3	0.3	S5C		ADC7	
AlDC7	2.0~4.0	7.5~9.5	0.3	1.3	0.5	SC84A	A380.0	ADC10	GDAlSi6 Cu3
AlDC8	1.5~3.5	9.6~12	0.3	1.3	0.5	SC114A	A384.0	ADC12	

기존의 AlDC7 및 AlDC8은 주조성이 좋고 강도도 높으나 연신율은 0.5~2% 정도로 취약하므로 강도도 높고 연신율이 높은 Alcoa 364, Alcan

CA-D143, SDK-DZD 등의 다이캐스팅용 합금들을 개발하고 있다. 또한 내마모성이 우수한 합금으로서 Si을 16~18%첨가한 390합금을 개발하여 피스톤 소재로 사용하고 있다.

알루미늄 다이캐스팅은 생산성이 뛰어나고 치수정밀도가 높은 제품도 생산 가능하나 주조조건에 따라 품질 차이가 커서 신뢰도가 낮기 때문에 케이스, 하우징과 같은 구조재로써만 사용되어 왔다. 그러나 최근에는 진공다이캐스팅, 스퀴즈캐스팅, 산소분위기 다이캐스팅 및 저속충진 다이캐스팅과 같은 주조법을 개발하여 자동차 에어컨용 컴프레서, 분사펌프, 실린더 블록, 자동변속용 밸브 몸체(valve body), LPG용 기화기와 같은 기밀성 및 내압성이 요구되는 고급의 기능부품소재까지도 생산하게 되었다.

다이캐스팅용 Al합금별 용도는 표 1-5과 같이 다양하게 사용되고 있으며 특히 AlDC7, AlDC8종은 대부분 자동차 부품으로 사용되고 있다.

표 1-5 다이캐스팅 재질별 용도

<table>
<tr><th rowspan="2">재 질</th><th rowspan="2">화 학 조 성</th><th colspan="2">용 도</th></tr>
<tr><th>이륜차동차</th><th>사륜자동차</th></tr>
<tr><td>ALDC1
(A413.0)</td><td>12Si-1.3Fe-
1Cu-0.35Mg</td><td></td><td>타이어 분활카버</td></tr>
<tr><td>ALDC2
(A360.0)</td><td>9.5Si-1.3Fe-
0.6Cu-0.35Mg</td><td></td><td>휠</td></tr>
<tr><td>ALDC3
(528.0)</td><td></td><td></td><td>방향지시 케이스
핸드 레버</td></tr>
<tr><td>ALDC7
(A380.0)</td><td>8.5Si-1.3Fe-
3.5Cu-0.5Mg</td><td rowspan="3">실린더 바렐, 클러치 케이스, 해드라이트 케이스, 핸들홀더, 브레이크 판, 디스크 브라케트, 드라이브 플랜지, 스프로켓트 허브, 브레크 팬닐, 크랑크 케이스, 휠 허브, 해드 커버</td><td rowspan="3">실린더 해드 커버,실린더 해드, 크랭크케이스 거버, 시간조절 기어 케이스 및 커버, 분배기 부품, 분배기 어뎁터, 기어박스, 캠 홀더, 캠 케이스, 프론트 커버, 클러치 하우징, 벨브 잠김 커버, 오일 팬, 트랜스 밋션부품(캐이스, 톱커버, 뒷부분커버), 롤크 변환기 부품, 냉각기용 실린더, 에어브레이크용 피스톤, 허브, 휠, 익스텐션하우징, 브레이크 판넬</td></tr>
<tr><td>383.0</td><td>10.5Si-1.3Fe-
2.5Cu-0.5Mg</td></tr>
<tr><td>ALDC8
(384.0)</td><td>11.5Si-1.3Fe-
4Cu-0.5Mg</td></tr>
</table>

(1) 알루미늄 다이캐스팅제품의 기계적 성질

다이캐스팅은 20~60m/초의 고속과 300~800kgf/cm^{2}의 고압으로 용탕을 금형에 주입하는 주조이기 때문에 형상에 따라 제품특성은 매우 차이가 크다. 즉 기계적 성질은 용탕의 온도나 응고속도 및 금형의 냉각조건에 의해 DAS(dendrite arm space)나 칠(chill)두께에 따라 좌우된다. 보통 알루미늄 다이캐스팅에서 칠 두께는 보통, 금형에 접한 부위에서 0.3mm정도이며 이 부분에 Cu나 Fe가 강제적으로 고용되어 초정 알파상과 공정 Si의 정출면적 비율변화가 불연속하게 되어있는 칠층 두께가 작음을 알 수 있으며, 제품 두께가 클수록 서냉되어 셀 크기가 크므로 경도가 낮다. 즉 칠 두께가 클수록, 제품 두께가 작을수록 인장강도가 증가한다. 같은 AlDC8종 합금에서 다이캐스팅한 제품은 금형주조나 사형주조한 것 보다 급냉되어 칠 두께가 크고 셀 크기가 작기 때문에 기계적 성질이 우수하다. 즉 다이캐스팅한 재료의 인장강도는 25.1kgf/mm^2, 경도(Hv)는 117이나 금형주조나 사형주조의 인장강도는 각각 17.2, 12.2kgf/mm^{2}와 경도는 90과 83정도이다.

같은 화학성분의 재료라도 주조방법에 따라 강도는 달라진다. JIS규격에 의하면 Al합금 주물에서 ADC10과 같은 조성의 AC4B에서 금형시험편 F재의 인장강도는 18kgf/mm^2 이상, T6재는 20kgf/mm^2 이상이며, 사형시험편에서의 F재는 14kgf/mm^2 이상, T6재는 20kgf/mm^2 이상으로 되어 있고, 다이캐스팅 시험편에서는 32.5kgf/mm^{2}로 되어 있다. 이것은 냉각속도의 차이로 인하여 형내에서 용탕의 응고방식이 다르기 때문인 것으로 생각된다. ASTM으로 규정되어 있는 지름 6.3mm 시험편용의 금형외에 지름 11.6mm의 피로 시험용의 금형이 함께 새겨져 있는 시험편용 금형으로 주조하면, 동일조건에서 주조했음에도 불구하고 두 시험편의 값은 표 1-6과 같이 값이 다르다. 크기가 큰 것이 강도가 낮은 원인으로는 큰 쪽의 냉각속도가 느리게 되어 응고할 때 편석이 생기기 쉽게 되기 때문인 것으로 생각된다.

표 1-6 시험편 두께별 기계적 성질 재질 AC4A

	인장강도(Kgf/mm^2)	연신율(%)
ASTM인장시험편 6.3mm	30.1	4.2
피로시험편 11.6mm	26.8	7.2

일본 다이캐스팅 협회의 기술개발 위원회에서는 실제강도에 가까운 수치를 구할 수 있는 시험편으로서 두께 4mm, 바깥지름 100mm, 폭 20mm 링 모양의 시험편용 금형을 제안하여, 각 업체에서 시험한 결과를 그림 1-35에 나타

내었다. 그림 1-36은 각종 제품에서 잘라낸 시험편의 인장 강도의 값을 정리한 것으로 두께가 증가함에 따라 강도는 현저히 저하하는 경향을 나타내고 있고, 합금 재질을 지정한다고 강도가 정해지는 것이 아닌 것을 알 수 있다.

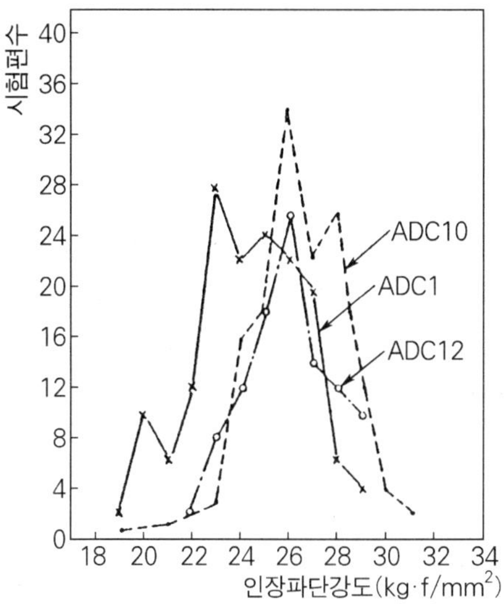

그림 1-35 링(Ring)시험편에 의한 인장 파단강도의 분산

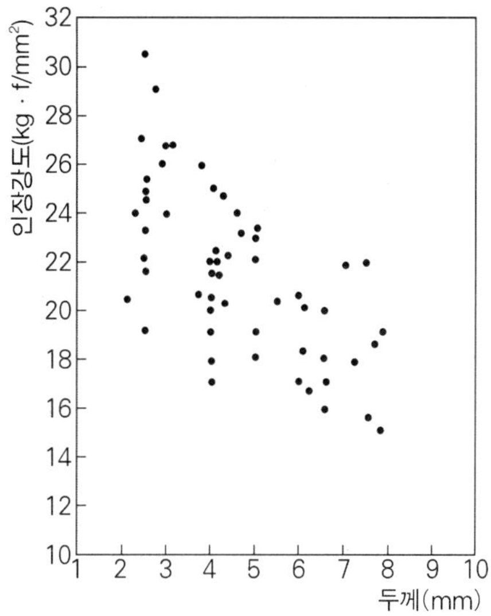

그림 1-36 제품에서 절단한 인장강도 (ADC10)

표 1-7 알루미늄합금 다이캐스트의 기계적 성질

합금명(JIS)	인장강도 (Kgf/mm²)	항복강도 (Kgf/mm²)	연신율 (%)	전단강도 (Kgf/mm²)	피로강도 (10^8cycle) (Kgf/mm²)
G8A(ADC5)	31.5	19.5	5	20.0	14.1
C12A(ADC1)	29.5	13.4	3.5	17.5	13.4
SG100A(ADC3)	32.5	17.0	3.5	18.0	12.7
SC84B(ADC10)	32.5	16.2	2.5	19.5	14.1
SC114A(ADC12)	33.5	17.0	2.5	20.0	14.1

이상을 종합하면 다이캐스팅 강도는 표 1-7의 재질별 강도차보다 응고속도차에 의해 생기는 두께의 변화쪽이 더 큰 것을 알 수 있다. 하나의 다이캐스팅 부품에서도 두께에 따라 강도가 달라지므로 어느 값을 다이캐스팅 강도를 대표하는 값으로 할지는 어려운 문제이다. 이것이 JIS에서 강도의 수치를 나타내지 않는 이유의 하나이고 재질을 부품에 따라 선택하는 요구가 적기 때문에 ADC10, ADC12의 사용량이 93%를 차지하게 된 것으로 생각된다. 각종 합금의 선택지침으로서 ASTM에서는 주조성, 용접성, 피절삭성, 양극산화성에 대하여 정성적인 순위를 나타낸 표를 서술하고 있지만 실제적으로 적합치

않다고 생각되므로 JIS에서는 그대신 참고로 가능한 많은 부품명을 실용례로 실어 놓았다.

(2) 알루미늄합금 다이캐스팅에서 각 원소의 영향

여러 원소중에서 Fe 성분인 많으면 하드스포트(hard spot)나 취성을 초래하며, 또한 Mg성분이 많으면 유동성 저하와 취성을 일으키므로 Fe는 1.3%이하, Mg함량은 0.3% 이내로 관리하는 것이 중요하다. 특히 철 성분은 스크랩을 많이 사용함으로써 성분함량이 많아지고 철 도가니 및 기타 용해기구에 의해 혼입되므로 주의해야 하며 Mg성분은 스크랩에서 많이 오염되는데 이것은 탈가스 처리 중 염소에 의해 어느 정도 제거된다. 그러나 Mg으로 인한 염소가스 공해나 알루미늄의 재생 이용면에서 볼 때 규제되어야 한다. 다이캐스팅 합금에서 각 원소들의 영향은 다음과 같다.

① Si : 유동성을 현저하게 개선시키며 열팽창계수를 낮게 하고 치수 변화를 줄이므로 다이캐스팅용 합금에서는 중요한 첨가 원소이다. 그리고 내압성, 내마모성을 향상시키지만 수축공 발생이 많아지고 절삭성을 악화시킨다.

② Cu : 유동성과 인장강도, 경도를 향상시키는 동시에 절삭성을 개선시키나 연신율, 내식성은 저하된다. 그러나 금형에 용탕이 들어붙는 문제점은 향상된다.

③ Mg : Si을 함유한 합금에 Mg이 소량 첨가되면 Mg_2Si 금속간화합물의 석출경화에 의해 기계적 성질이 크게 향상되나 과다 첨가되면 유동성이 저하되고 취성을 야기시킨다. Al-Mg계의 AlDC3, AlDC4의 경우 Mg이 증가함에 따라 절삭성이 향상되고 기계적 성질 및 내식성이 향상된다.

④ Fe : 일반 주물용 합금에서는 0.4% 이상 혼입되면 강도와 연신율을 저하시키지만 다이캐스팅용 합금에서는 금형에 융착되는 것을 방지하기 위해 1.3%까지는 허용된다. 그러나 1.3% 이상부터 강도가 급격히 저하되며 하드스포트의 원인이 된다.

⑤ Mn : 소량 첨가하면 강도를 향상시키며 Fe의 악영향을 개선하고 유착을 개선시키나 슬러지를 발생시켜 하드스포트의 주 원인이 되므로 적을수록 좋다.

⑥ Ni : 고온강도를 개선시키지만 다이캐스팅의 경우 규제되고 있다.

⑦ Zn : 열간취성과 내식성을 저하시키나 AlDC7에서는 1% 까지 허용되고 있으며 2.5% 까지는 기계적 성질에 악영향을 주지 않으면서 절삭성을 향상시킨다.

2. Mg합금

Mg합금은 비중이 1.7로서 다이캐스팅용 합금중에서 가장 경량이며 기계가공도 가장 용이하다. 기계적 성질은 Al합금과 거의 같으나 단위 중량에 대한 강도는 훨씬 높다. 다이스와의 소착은 적으나 열용량이 작으므로 주물에 열간균열이 생기기 쉽다. 또 용탕이 산화연소하기 쉬우므로 주조에 특별한 장치가 필요하고 주물에 방식처리가 필요하다는 것 등의 결점이 있다.

표 1-8 구미 각국의 Mg합금에 의한 자동차부품개발 현황

자동차 제조회사	자동차 부품
GM (Pomtiac Fiero)	공기흡입 grille, 방열공, 엔진블록, 헤드라이트 블라켓트, 엔진 커버, 헤드램프 문
(Chevrolet Corvette)	공기 청정기 커버, 밸브 커버, 해드커버, 분배기 하우징, 기름파이프 리테이너, 록크 암 커버
Ford (truck)	트랜스 밋션 케이스, 스터링 하우징, 클러치 하우징, 클러치 패달 지지 블라케트
(기타 model)	실린더 록 하우징, 스터링 핸들 록 하우징, 분배기하우징
Benz	밸브 커버, 기름 펌프 하우징, 엔진 팬
Porsche	분기관부품, 엔진블록, 엔진 송풍 하우징, 팬 하우징 휠
Volkswagen	클러치 및 트랜스밋션 하우징
Volvo	실린더 블록, 클러치 하우징, 기어박스, 분기관, 하우징, 스터링 록, 휠
Reanult	카브레타

Mg합금의 경량 특성 때문에 표 1-8에서와 같이 각국 자동차 제조업체에서는 자동차 경량화로 연비향상을 위해 지금까지 Al합금으로 사용되어온 실린더 헤드, 클러치하우징, 변속장치 케이스 등과 같은 부피가 큰 부품까지도 Mg합금으로 대체시키고 있다. 특히 Volvo 자동차의 LCP 2000 모델은 실린더 블록, 엔진지지용 브라켓트, 기어박스 하우징, 클러치 하우징, 스티어링 록, 리어 서스펜션 암(rear suspension arm), 휠 등을 Mg합금으로 대체시켰다. 이 자동차에서 Mg 사용량은 50kg이며, 자동차 재료의 7%로서 50~70km/h으로 주행시 그 연비는 42.55km/l의 놀라운 효과를 나타내며 출발에서 100km/h의 속도로 가속되는 시간이 11초 밖에 걸리지 않는 자동차를 개발하였다. 다이캐스팅용 마그네슘 합금 사용은 1920년대부터 미국, 독일을 중심으

로 자동차용 크랭크 케이스, 트랜스, 엑셀하우징, 타이밍기어에 사용되었다. 일본에서 Mg합금을 자동차 부품으로 적용한 것은 1960년부터이며 Mazda R360에 클러치 하우징, 트랜스미션 케이스에는 Mg사형주조로 냉각 팬, 프론트 커버, 크랑크케이스 커버, 오일 팬, 록커 카버 등은 다이캐스팅으로 제작하였다. 그 후 1982년 혼다 승용차에 실린더 헤드 커버를 적용하였으며 1983년도 도요다차의 코로나에 스티어링 원주(column)를 Mg합금으로 제작하였다.

Mg합금은 비중이 낮을 뿐 아니라 성형성, 진동감쇄능, 기계가공성, 자기차폐(magnetic shield) 및 탄성 등이 우수하여 최근에는 Mercedes Benz, Audi 등에서 자동차용 시트 후레임, 인스톨먼트 판넬, 도어 후레임 까지도 개발하고 있다. 또한 국내에서도 자동차 3사들이 Mg다이캐스팅에 의한 부품개발로 자동차 연비향상을 위해 노력하고 있다. 앞으로 연료 펌프, 캠샤프트, 베어링 캡, 오일 실 리테이너(seal retainer), 분배기 하우징, 클러치 하우징, 트랜스미션 케이스, 트랜스액셀(transaxle)하우징, 실린더 헤드커버도 Mg합금으로 대체될 것으로 기대된다. 이중 클러치 하우징, 트랜스미션 케이스 등은 부피가 매우 크므로 이들이 Mg합금으로 실용화되면 자동차 경량화에 크게 기여할 것이다.

3. Zn합금

용해온도가 낮고 용탕흐름이 좋은데다 치수정도가 높고 복잡 정밀한 주물이 다이캐스트 되며 또 기계적 성질이 좋고 기밀성이 우수하며 전기도금이 용이하다는 특징이 있다. 내식성도 양호하며 일반적인 사용조건하에서는 충분하다. 결점은 치수의 안정성이 뒤지고 Pb, Sn, Cd 등의 혼입이 커지면 결정립간 부식을 일으켜서 주물이 붕괴할 때가 있다. 또 고온강도가 낮고 저온의 충격값이 낮은 결점이 있다.

4. Cu합금

이 합금의 특징은 열마모성이 있으며 내식성이 우수하고 안정성이 좋으며 납접합이 가능하다는 것 등인데 최대의 특징은 강도가 크다는 것이다. 그러나 용해온도가 높으므로 다이스의 수명이 짧고 또 다른 합금의 다이캐스트에 비해서 주조에 곤란이 따르므로 특히 Zn의 산화손실에 대하여 주의해야 한다.

5. Sn 및 Pb합금

이 합금은 내마모성이 좋고 고정밀도를 얻을 수 있으며 다이스의 수명이 긴데다 절삭성이 좋고 납땜이 용이하다는 등의 특징이 있다. 또 대기중이나, 물, 식염수, 다소의 산이나 알칼리 및 유지에 대해서 내식성이 있으므로 내식성을 필요로하는 특수 소형부품에 사용된다. 결점은 강도와 경도가 낮은데다 가격이 높다는 것이다.

1.8 다이캐스트제품의 조직과 강도

다이캐스트제품은 금형에 의한 냉각속도가 빠르고 또한 고압하에서 응고하므로 그 결정립은 상당히 작아진다. 따라서 다른 방법으로 합금을 주조할 때에 필요한 결정미세화처리와 같은 것은 전혀 필요없다. Mg합금일 때에도 용탕의 과열처리는 필요없고 또 행하지도 않는다. 보통 결정립의 크기는 Doehler에 의하면 사형주물에서 평균 1.27mm, 금형주물에서 평균 0.5~1.27mm, 다이캐스트주물에서 평균 0.013mm 정도이다. 참고를 위해 그림 1-37에 각각 다이캐스트주물, 금형주물, 사형주물의 현미경 조직을 표시한다.

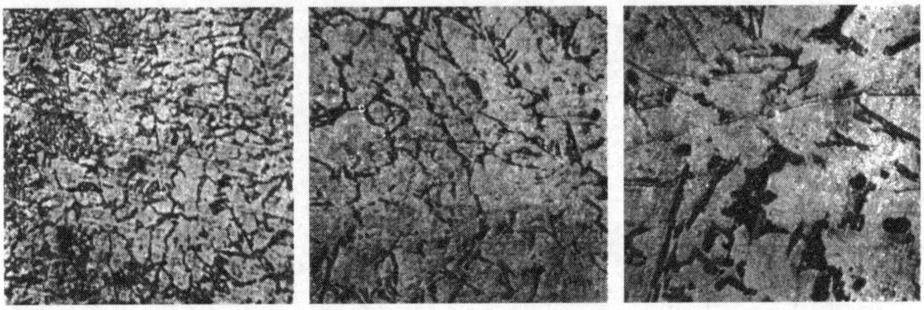

그림 1-37 다이캐스트주물(왼쪽), 금형주물(가운데), 사형주물(오른쪽)의 현미경조직 합금 : ADC10

다이캐스트 주물은 위에 기술한 바와 같이 조직이 미세하므로 기계적 강도는 주방상태에서 다른 주조법에 의한 주물에 비해서 훨씬 높다. 열처리한 사형주물이라도 건전한 다이캐스팅주물의 강도 이상이 될 때는 드물다. 그러나 살두께가 두꺼워지면 중심부에 기공이 발생하기 쉬우며 강도도 어느 정도 저하한다. 또 가스호울이나 수축공 등이 생길 때가 있으며 그래서 주물의 일부에 강도가 낮은 부분이 발생할 때도 있다. 이것은 주조조건, 주조방안 등의 개선에 의해 방지할 수가 있다. 일반적으로 주물표면을 해치지 않을 정도로 금형온도를 낮게 하고 압력압입을 크게 하여 표면의 칠층을 두껍게 하는 동시에 주조방안을 적정하게 해서 내부결함을 감소시키는 것이 다이캐스트주물의 강도를 크게 하기 위한 필요한 조건이다. 표 1-8에 각종 합금의 다이캐스트주물과 사형주물의 기계적성질의 비교를 표시한다.

1.9 다이캐스트제품의 표면처리

1. 도 장

다이캐스트는 철강재료 등에 비해서 도막(塗膜)의 밀착성이 뒤지므로 도장할 때에는 적절한 표면처리 등의 전처리 공정이 필요하다. 전처리가 적당치 않으면 도장의 박리(剝離), 밀착불량 또는 부풀음 등의 결함이 나타난다.

다이캐스트주물 표면은 일반적으로 평활하고 미려하나 제품에 따라 용탕주름, 탕경 등이 부분적으로 발생할 때가 있으므로 전면적 또는 부분적으로 버프연마, 페이퍼 연마 등을 행할 때도 있으며 또 도료의 밀착성을 좋게 하기 위해 샌드블라스트, 와이어블러시 등을 사용해서 표면을 조면화(粗面化)할 때도 있다.

전처리로서 사용되는 표면처리는 Zn합금 다이캐스트에서는 크로메이트처리 및 인산염처리, Al합금 다이캐스트에서는 화학표면처리 및 양극산화피막처리가 일반적이다.

초벌칠 도료로서는 워쉬 프라이머, 딘크로메이트 프라이며(에칭 프라이머) 및 각 도료계 프라이머 등이 사용된다. 워쉬 프라이머 등은 밑바탕처리 프라이머로 얇은 화성피막(化成皮膜)을 만들므로 특히 표면처리를 행하지 않아도 되며 게다가 개개의 도료계의 프라이머를 행할 수가 있다. 정벌칠 도료는 프탈산수지도료, 아미노알키드수지도료, 아크릴수지도료, 질화은 도료, 래커 에나멜 등의 도료가 사용된다.

도장 공정은 일반적으로 **전처리(화성처리)－초벌질－퍼티붙임－물갈기－중간칠－물갈기－정벌칠**의 순서로 행하여지는데 도장의 중요도와 정도 등에 따라서 다르다. 실제의 예를 표시하면 다음과 같다.

> 탈지－표면처리 프라이머－멜라닌 알키드수지 프라이머－멜라닌 알키드수지 서어페이서－멜라닌 알키드 수지 에나멜

도장법으로서는 일반적으로 에어에 의한 스프레이 도장법이 행하여지고 있는데 호트스프레이법, 에어리스 스프레이법, 청전도장법 등도 사용된다. 또 특수 다듬질법으로서 레저도장, 헤머터언도장 등도 행하여지고 있다.

2. 도 금

다이캐스트는 일반적으로 기계부품으로서 주조된 상태로 사용되는데 장식적 의미를 지닌 것으로서 높은 내식성을 필요로 하는 것이나 또 순장식용으로 사용되는 것 등은 도금을 행하여 사용된다. Zn합금 다이캐스트에서는 도금되는 부품이 많은데 Al합금 다이캐스팅도 비교적 쉽게 도금을 행할 수 있게 되어 최근에는 도금해서 Zn합금 다이캐스트와 같은 용도로 사용할 수 있게 되었다.

밀착성이 좋고 치밀한 도금층을 만들기 위해 Cu도금 후 Ni도금을 초벌도금으로서 행하고 그 위에 Cr도금 또는 Au, Ag 등의 마무리 도금이 행하여지는 것이 보통이다. Al합금 다이캐스트일 때는 직접 도금이 되지 않으므로 표면에 얇은 Zn층 또는 산화피막을 붙이고 나서 위에 기술한 방법에 의해 도금이 행하여진다. 전자를 Zn치환법, 후자를 양극산화 피막법이라고 한다. 또 도금면을 아름답게 하기 위해 다이캐스트표면에는 기계연마, 화학연마 등의 전처리가 행하여진다. 그러나 다이캐스트는 전신재와는 조직적으로 달라서 내부에 핀홀, 블로우홀 등의 결함 또는 표면에 탕경주름 등의 결함이 발생하여 도금의 실효율을 저하시키는 경우가 있으므로 다이캐스트가 고품질인 것이라야 한다. Zn합금 다이캐스트 및 Al합금 다이캐스트의 도금공정의 일례를 표 1-9에 표시하였다. 도금에 있어서는 초기에 행하는 공정이 중요하며 Zn합금 다이캐스트에서는 세정(洗淨), 스트라이크 동도금, Al합금에서는 Zn치환, 양극산화피막의 공정이 건전한 도금층 생성에 큰 영향을 부여한다.

표 1-9 다이캐스트의 도금공정의 일례

	Zn 합금다이캐스트	Al합금다이캐스트
1	용제탈지	용제탈지
2	전해탈지	알칼리탈지
3	물세척	물세척
4	산침청	산침청
5	물세척	물세척
6	알칼리중화	50%질산 침청
7	스트라이크 동도금	물세척
8	광택청화 동도금	Zn치환(16~17°C, 30~60s)
9	물세척(2회)	물세척(2회)
10	산침청	이후 Zn다이캐스트의 도금(7번 이후)과 동일
11	물세척	
12	광택Ni도금	
13	물세척	
14	Cr도금	
15	물세척	
16	건조	

1.10 최근의 다이캐스팅 기술

1. 최근 다이캐스팅의 기술 현황

초기 선진국의 알루미늄 다이캐스팅기술은 주조조건에 따라 품질 차이가 크고 특히 기포 및 수축공에 의한 제품의 신뢰도가 낮기 때문에 케이스와 하우징과 같은 구조재료로만 사용되어 왔으나 최근 진공다이캐스팅, 산소분위기 다이캐스팅, 저속충진 및 고압충진법을 개발하여 자동변속용 밸브 몸체, LPG용 기화기, 분사펌프, 자동차 에어콘용 컴프레서, 실린더 블록과 같은 기밀성 및 내압이 요구되는 고급의 기능부품 소재까지 개발되고 있으며 또한 열처리 및 용접까지 가능하여 기존의 주철부품의 상당수를 대체하여 경량화에 크게 이바지 하고 있다. 다이캐스팅 제품에서 수축공 및 가스기포 결함제어를 위해서는 금형설계와 용탕의 탈가스가 필히 수행되어야 한다. 최근에는 금형설계를 위해 응고현상에 대한 컴퓨터 시뮬레이션을 통해 수축공 및 기포결함 발생을 미리 예측하여 방지할 수 있는 연구가 활발히 진행되고 있다. 또한 알루미늄용탕의 탈가스와 산화물, 질화물 등의 비금속개재물은 불활성인 아르곤 가스를 알루미늄 용탕에 주입하여 수소 및 비금속 개재물을 부상분리하여 제거한다. 약품에 의한 탈가스처리는 처리기간이 장시간 소요되어 알루미늄 회수율이 낮으며 매연에 의한 심한 공해를 유발시킨다.

자동차산업의 성장과 함께 다이캐스팅의 생산기술도 급격히 진보되었으며 또한 새로운 사출방식의 주조기 개발과 주변기기의 자동화, 에너지절약을 위한 용해설비와 용해기술의 향상, 계측기술의 진보 등에 현저한 발전을 보였다. 그러나 1977년 제 2차 석유파동이후 에너지 비용의 증가는 알루미늄 소재 생산에 큰 영향을 주어 재생소재의 활용과 낮은 등급의 합금이 사용되었다. 그 때문에 현재까지 쌓아온 다이캐스팅의 품질 유지와 고품질의 요구를 만족시키기 위해 생산기술이 한층 발전하였다. 여기에서는 다이캐스팅을 보다 유효하게 사용하기 위해 최근의 기술 동향과 품질 등에 대해서 소개하고 또 문제점을 어떻게 해결하고 있는가를 소개한다.

2. 종래법의 문제점

다이캐스팅은 다른 주조법과 비교하여 많은 이점을 가지고 있음에도 불구하고 이것을 보다 더 잘 이용하려고 할 때 설계자의 입장에서 다음과 같은 불만 사항들이 있다.

① 신뢰성이 낮다(품질의 안정성이 낮다)
② 기포결함이 많다.
③ 재질이 한정되어 있다.
④ 강도가 낮다(용체화처리를 할 수 없기 때문이며 수소가스 함유량을 낮추면 용체화 처리가 가능하다)
⑤ 너무 얇거나 두꺼운 주물을 만들 수 없다.
⑥ 치수정도가 낮다(가공하지 않으면 사용할 수가 없다).
⑦ 내압성, 내열성, 내식성이 낮다.
⑧ 용접을 할 수 없다.

이상의 문제점을 원인별로 볼 때 , 항은 신합금의 개발로 해결할 수 있지만 다른 항목에는 공통된 원인이 있다. 즉 용탕을 고속·고압으로 주입할 때에 슬리브나 금형내에 공기가 유입되는 것과 이형제나 윤활제가 용탕에 접촉하므로써 가스화하여 금형안으로 유입하는데 원인이 있는 것이다. 종래의 다이캐스팅 기술로는 이러한 공기나 가스의 유입을 억제하기 어려우며, 따라서 공기나 가스의 역류를 어떻게 해서 방지하는가가 새로운 다이캐스팅법의 공통적인 문제점이다. 표 1-10에는 이미 발표된 문헌에 의한 종래법과 새로운 다이캐스팅법을 사출조건으로 구분해 나타내었으며 이러한 주조법 중에서 이미 실용화되고 있는 것을 아래에 개략적으로 설명한다.

표 1-10 신 다이캐스트법

분 류	명 칭
고속, 고압	진공 die cast법 분위기유동 die cast법 산소분위기 die cast법(PF법)
Acurad법 저속, 고압	이형제량 cc/shot 저압충진 die cast법 고압주조법(squeeze die cast법)
저속, 저압	Balance법
가속, 고압	Shot법

3. 진공다이캐스팅법

이 방법은 슬리브 내와 금형 캐비티 내의 공기와 이형재에서 발생한 가스를 진공펌프로써 감압하여 배제한 후 용탕을 주입하는 방법으로 1950년대부터 개발되어 왔다.

캐비티를 감압하는 방법으로는 금형전체를 밀폐하여 감압하는 법, 캐비티의 외부를 밀폐하여 감압하는 법 및 캐비티의 일부를 쇼트오프밸브로 감압하는 법 등 3가지 법이 있다. 이중 쇼트오프밸브로 감압하는 법을 기본 구조로 공압에 의하여 폐쇄하는 옵티백(Optivac)법이 널리 사용되고 있다. 또한, 최근에 UBE사에서는 용탕의 슬리브 충진도가 60%에서 진공도가 10^{-2}~10^{-1}Torr을 유지한 탱크의 밸브를 열어 0.2~0.3초의 짧은 시간에 캐비티내 진공도를 15Torr로 뽑아주는 장치가 개발되어 상당한 효과를 보고 있다. 이 방법의 특징은 온도나 거리에 의해 밸브가 닫혀지지 않고, 알루미늄 용탕이 센서에 닿는 순간 닫혀지기 때문에 캐비티내 가스를 최대한 배출시키므로 기포결함을 최소화 시킬 수가 있는 것이 장점이다. 반면 용탕이 센서에 닿이게 되므로 고장날 염려가 있다.

진공 다이캐스팅에 의해 제조된 제품은 그 진공도에 따라 다르지만 기포결함이 개선되었기 때문에 기존의 다이캐스트 제품의 비중보다 0.5~1% 향상된다.

진공 다이캐스팅법은 사출 타이밍과 쇼트오프밸브의 제어가 곤란한 것과 진공도를 유지하기 때문에 금형의 정밀도 유지와 피스톤부를 봉하는데 일부 어려운 점이 있다. 또 인발 중자가 있는 복잡한 금형구조에서는 고진공을 얻기 어렵기 때문에 개량할 여지가 있다.

일반 다이캐스팅과 진공 다이캐스팅의 미세조직을 비교해 보면 진공 다이캐스팅의 경우 형내의 공기가 1/5~1/6로 감소하기 때문에 가스량을 3~5cc/100g.Al로 낮은 값을 보이고 있다. 진공 다이캐스팅제품의 질소가스는 1cc/100g.Al로 낮은 값을 보이고 있지만 수소량은 6cc/100g.Al로 표준시료와 같은 정도이므로 진공 다이캐스팅 제품의 가스량 3~5cc/100g.Al의 대부분은 수소가스이며, 수소가스는 감소하지 않는다. 이것은 진공 다이캐스팅이라고 이형재의 영향은 피할 수 없다는 것이다. 이상의 결과에서 다이캐스팅 주물의 기포를 방지하고 건전한 제품을 생산하기 위해서는 이형제와 윤활제의 사용에 주의하고 더욱이 용탕이 제품 입구부를 통과하고 나서 플런저의 저속도를 고속도로 변환하는 것이 바람직하다.

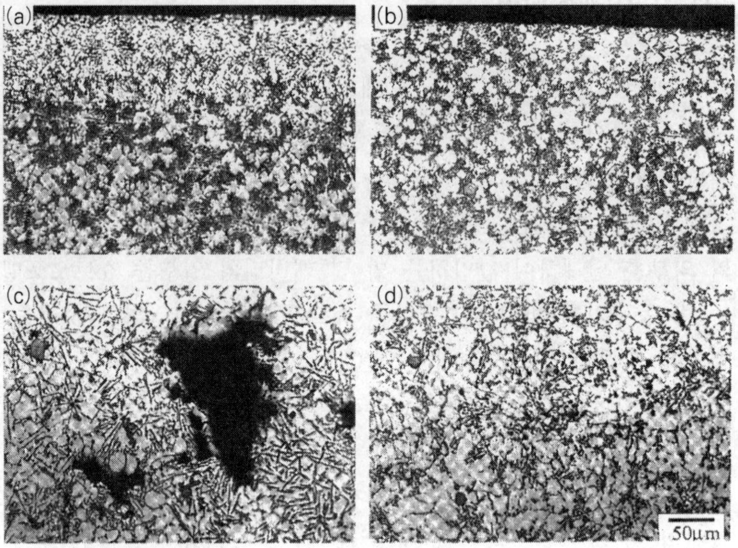

부식액 : $2.5mlHNO_3 + 1.5mlHCl + 1mlHF + 95mlH_2O$
(a), (b) : 표면　(c), (d) : 중심
(a), (b) : 일반다이캐스팅　(c), (d) : 진공다이캐스팅

그림 1-38 진공과 일반적인 다이캐스팅으로 한 제품의 미세조직 비교

그림 1-38은 일반적인 다이캐스팅과 진공 다이캐스팅 제조법으로 AlDC8종의 소재에 관한 미세조직과 내부결함을 관찰한 것이다. 표면부는 급냉이 되었기 때문에 모두 결함이 없는 건전한 조직을 보이고 있으며 내부의 경우 일반적인 다이캐스팅에 의해 제조된 것은 크고 많은 기공들이 관찰되나 진공법에 의한 것의 조직은 매우 작은 기공들이 소량 관찰되는 건전한 조직을 보이고 있다. 이것은 앞에서 기술한 바와 같이 슬리브와 캐비티내의 공기 감소 즉, 질소가스가 혼입되는 요인을 배제하였기 때문인 것으로 판단된다.

표 1-11에 미국의 다이캐스트 머신 제조회사인 리드(Read)사와 커크스(Kux)사의 진공 다이캐스팅법의 특징을 정리하였다.

핫챔버 다이캐스트 머신에 대해서는 그림 1-39에 나타낸 것과 같이 구스넥을 경유하여 용탕이 차압에 의해 유입되지 않도록 쇼트오프밸브 등이 부착되었으며 다음과 같은 장치가 개선되었다.

① 금형의 분할면에 테프론 실(seal)을 장치하고 있다.
② 팁과 슬리브 사이에서 외부 공기가 캐비티내로 침입하지 않도록 진공홈을 슬리브에 설치하고 있다.
③ 압출하여 핀과 금형의 부분을 O링으로 실(seal)하고 있다.

표 1-11 Reed사, Kux사의 진공 다이캐스트의 특징

종 류	Reed시스템 (넬모아법)	Kux시스템(1) (모톤법)	Kux시스템(2)
	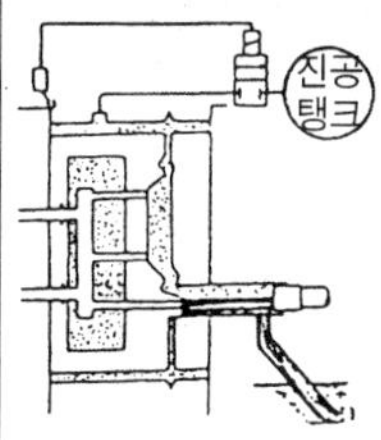	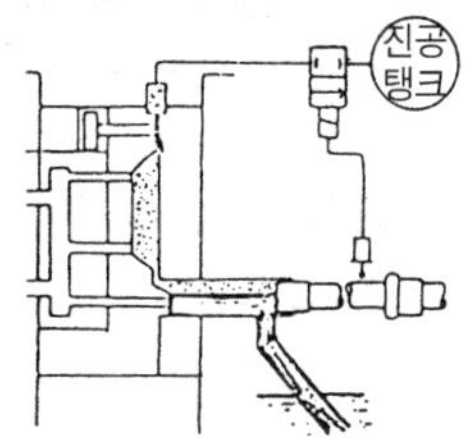	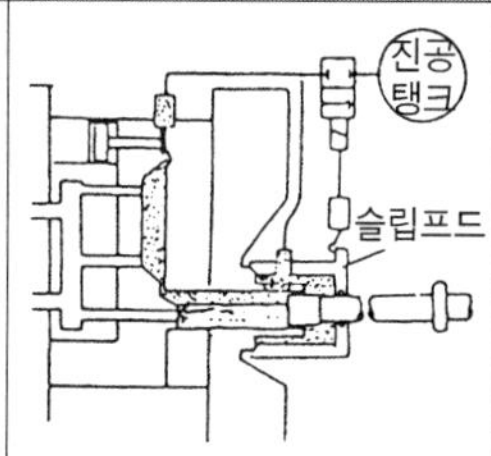
1. 급탕 후 바로 사출이 되는가.	○	○	×
2. 분할면에서 외기가 침입하지 않는다.	○	×	×
3. 칩 슬립의 극간에서 외기가 침입하지 않는다.	○	×	×
4. 압출핀의 극간에서 외기가 침입하지 않는다.	○	×	×
5. 작은 진공 탱크면이 된다.	×	○	○

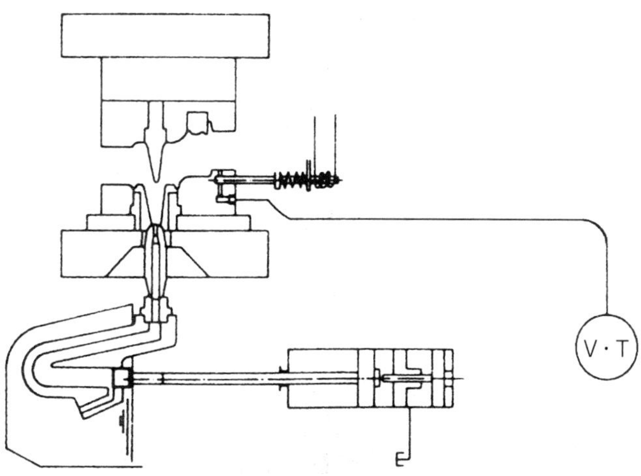

그림 1-39 핫챔버의 진공다이캐스트법

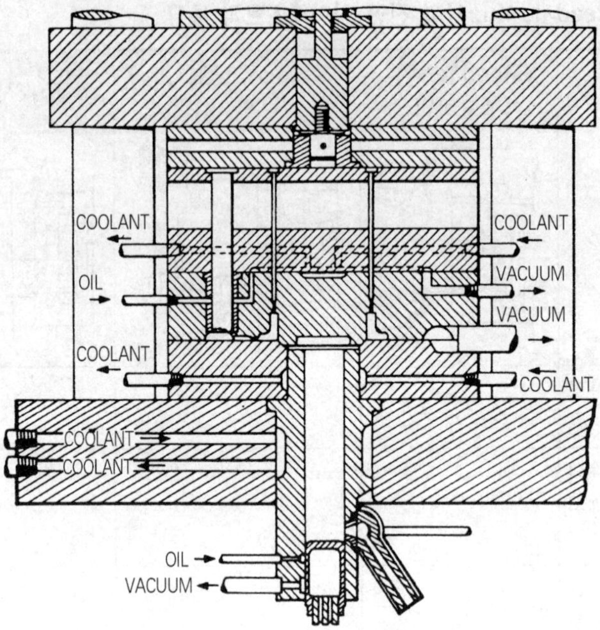

그림 1-40 입형 진공다이캐스트머신의 구조

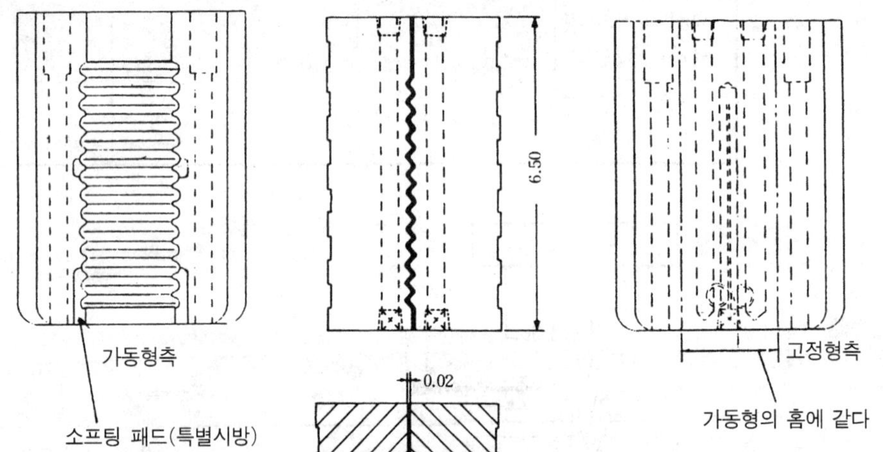

그림 1-41 DCRF(USA)의 틸블록

또한 그림 1-40에 나타낸 것과 같이 압출하여 기계적으로 차단하는 것이 있으나 이밖에 그림 1-41에 나타내는 미국의 DCRF(Diecasting Research Foundation)에서 개발된 틸 블록에 진공배관을 설치한 것으로 매시브 벤팅 진공법(Massive Venting Vacuun System)이라고 하는 것이 있다. 이상에서 소개한 것은 진공홈에서 분출하는 용탕법은 기계적으로 움직이는 부분이 없으므로 보수가 용이하나 파형의 부분에 Al이 부착하면 낙하하기 어렵게 되므로 청소를 신경써서 하거나 압출핀을 설치하는 등의 배려가 필요하다(그림 1-42).

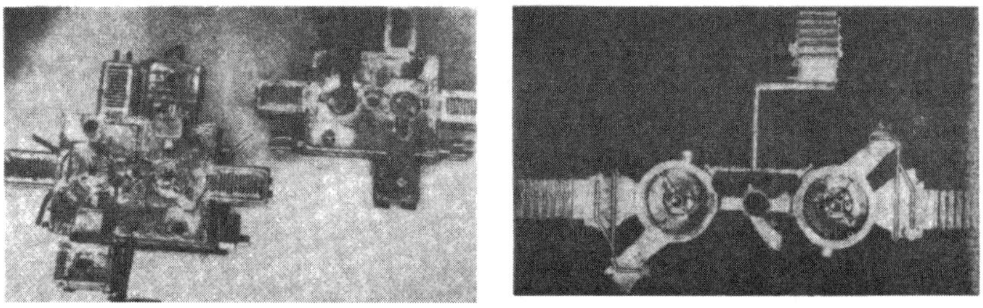

(Foundry November 1966) Massine Ventry에서

그림 1-42 틸블록의 사용 예

스위스 뷰러사의 퀵 쇼트오프밸브식 진공다이캐스트법은 그림 1-43에 나타낸 것과 같이 진공홈을 폐쇄하는 밸브체의 구동원으로서 어큐뮬레이터의 오일을 사용하여 밸브체가 급속히 움직이도록 배려하였다. 또한 진공다이캐스트의 형방안으로서 그림 1-46에 나타낸 것과 같이 라스트 필 포인트(최종충전 개소)에서 진공홈을 설치한 것으로도 알려져 있다.

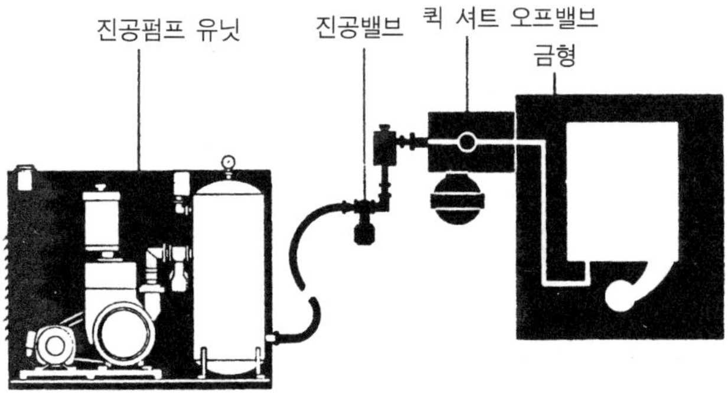

그림 1-43 Buehler사의 QS법

그림 1-44는 사출실린더의 내압이 용탕충전완료전에 상승하는 것을 검출하고, 쇼트오프밸브를 폐절하는 것으로 Syncro-Matic System이라고 한다. 그림 1-45는 옵티백법(Optivac System)으로 얇은 막 밸브에서 용탕의 센서에 닿는 순간 배기밸브를 차단하도록 되어 있다. 진공홈의 형상이 그림 1-47에 나타낸 것과 같이 홈의 도중에 탕류를 설치하였다.

진공차폐밸브에 용탕이 채어지는 것을 고려한 진공 다이캐스트 밸브를 1978년 서독주조협회장의 H. Thurner씨의 회사에서 촬영한 것을 그림1-48에 나타낸다. 탕도의 방안은 라스트 필 포인트를 고려하여 설치한 것을 잘 알 수 있다. 그림 1-49는 밸브체와 시트 블록에서 그림 1-50에 나타낸 것과 같이 밸브체는 탕넘침이 발생하였을 때 공압실린더를 끌어냄으로써 용이하게 분해할 수 있도록 되어 있다. 또한 진공밸브의 동작은 플랜저의 위치를 근접스위치로 검출하여 하고 있다.

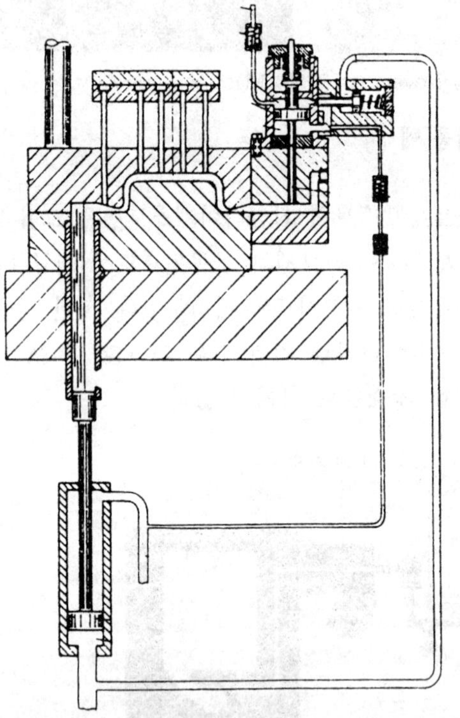

그림 1-44 호돌러사의 싱크로마틱 시스템

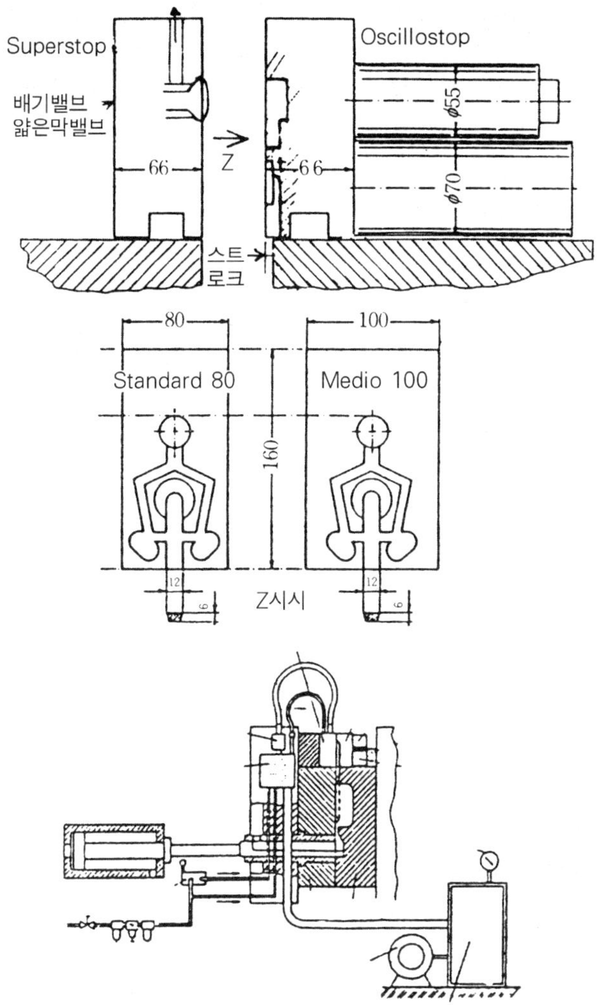

◎ 그림 1-45 Optivac System

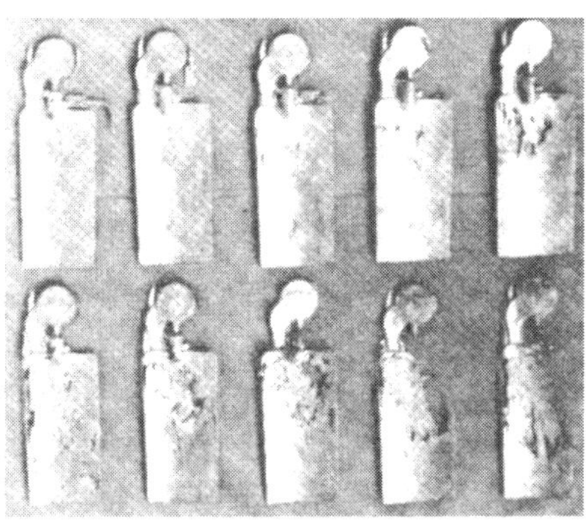

◎ 그림 1-46 라스트필 포인트

◎ 그림 1-47 호돌러사 오프티백 시스템의 진공 홈

○ 그림 1-48 H. Thurner 진공 다이캐스트 밸브

○ 그림 1-49 밸브체와 시트블록

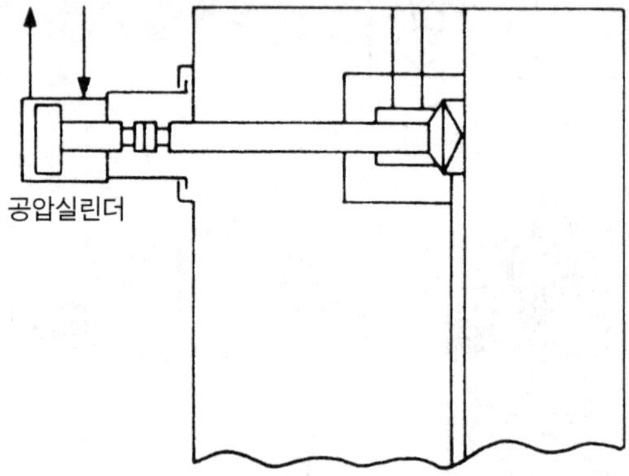

○ 그림 1-50 독일 Thruner사의 셔트오프밸브의 구조

미국, 서구에서 개발된 진공다이캐스트법은 진공밸브체를 강제적으로 공압 실린더나 유압 실린더 등에서 동작시키는 방법을 채용하고 있으나 일본에서 개량된 진공다이캐스트법에서는 용탕의 속도 에너지 만으로 밸브체를 자동차 폐하는 방법이 고안되고 있다. 이 방법의 특허공개공보에 나타낸 구조도를 그림 1-51에 나타낸다.

진공다이캐스트법은 금형의 정비가 양호하고 주조중에 파팅면에 이물질의 부착이 적고, 동시에 장치가 안정하여 동작하면 다음과 같은 효과를 기대할 수 있다.

① 탕류가 개선된다.(감압에 의해 탕류가 빨라지는 만큼 사출속도를 느리게 할 수 있다).

② 제품에 다이캐스트 기포가 감소한다.

③ 열처리시의 브리스터의 발생을 적게할 수 있다.

그러나 진공다이캐스트를 이용하여도 제품의 형상에 따라서는 기포를 제거할 수 없다는 것을 주의할 필요가 있다.

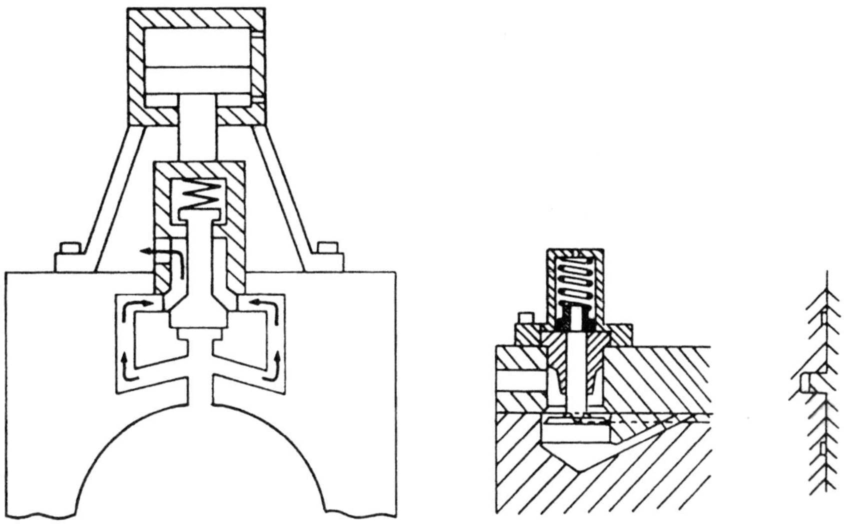

그림 1-51 일본에서 개발된 진공다이캐스트법의 예

4. 산소분위기 다이캐스트법(무공성 다이캐스트법)

산소분위기 다이캐스트법, 무공성(無孔性) 다이캐스트법 또는 pore free 다이캐스트법(약칭 PF법)이라고 불리는 이 방법은 금형과 슬리브내의 용탕과 접하는 곳은 산소가스로 치환하여 놓고, 고속 고압의 주조조건에서 압입하는 방법이다. 금형에 압입된 용탕은 산소가스와 순간적으로 반응하고, 1㎛ 이하의 산화알루미늄의 극미립자가 되어 금형내의 기체를 소멸시키고 주물결함이 적은 다이캐스트를 만드는 것이다. 산화알루미늄의 증가는 종래법과 비교하여 2배정도인 0.02% 전후가 된다. 또한 이형제나 윤활제가 용탕과 접촉하여 발생하는 가스나 폭발을 방지하기 위하여 고체윤활에서도 작동하는 슬리브, 칩(chip) 시스템을 채용하고 있다.

PF법의 특징은 가스함유량이 0.03% 이하이며, 금형주조제품과 같은 정도이기 때문에 진공다이캐스팅, 층류다이캐스팅 등과 함께 용체화처리(열처리)가 가능하다는 것이다. 열처리 가능이란, 즉 어떤 복잡한 형태라고 하더라도 양산시에 500°C 정도의 온도로 작업하기 때문에 그 온도에서 급냉 후, 시효에 의해 T6처리가 가능하다는 것이다. 지금까지의 실적으로 보아 두께가 얇으면서 복잡한 형태의 것을 T6처리라든가 용접을 하는 것은 모두 PF 다이캐스팅에 의한 것이다.

PF다이캐스팅은 주형공간만이 아니고 사출 슬리브도 용탕주입전에 산소로 채워둘 필요가 있다. 그러나 보통 다이캐스팅에서 처럼 슬리브내 칩의 작동윤활을 위해 유성윤활제를 사용하는 상태에서 산소를 넣고 용탕을 주입하면 슬리브벽에 부착된 기름이 증발하여 폭발적으로 연소하여 대단히 위험하게 된다(산소와 비표면적이 작은 Al 용탕의 液適(물방울 모양의 용탕)과의 반응에서는 원리적으로 폭발이 일어나지 않는다).

반면 흑연계 윤활제는 윤활능이 적어서 몇 번의 쇼트(shot)에서 타버리고, 프런저는 움직일 수 없게 된다. 따라서 흑연계 윤활제를 사용해도(기름은 폭발하여 위험하니까) 사출시스템이 잘 작동할 수 있도록 주조기를 개량할 필요가 있다.

PF용 슬리브칩의 경우 각 쇼트마다 칩과 슬리브 사이에서 주물 지느러미 결함(flash, 금형의 틈 사이로 용탕이 삐져 나온 불필요한 부분)이 발생한다. 이 주물 지느러미 결함이 붙은 상태로 칩이 움직이게 되면 슬리브와의 사이에 마찰열이 발생하여 소착 불량의 원인이 되고 또 일정한 사출속도를 유지할 수 없기 때문에 각 숏트마다 외부에서 이 플래쉬를 제거하도록 하여야 한다.

보통 다이캐스팅에서도 플래시의 형성에 따른 소착현상이 일어날 수 있지만 윤활성이 좋은 유성윤활제 때문에 그런대로 문제가 없으나. PF 다이캐스팅에서는 칩의 구조를 개선하여 주물 지느러미 결함이 되도록 발생하지 않도록 한다.

다이캐스팅용 합금에는 지금까지 열처리가 불가능하였기 때문에 T6 열처리를 하여 강도가 개선될 수 있는 조성을 생각하지도 못했었다. ADC12는 Mg의 첨가 범위가 0.3% 이하로 되어 있지만 T6처리로서 강도를 증대시키려면 Mg의 첨가량에 크게 영향을 받기 때문에 Mg 첨가 범위를 정할 필요가 있다. 미국 규격에서 ADC12에 해당하는 380 합금은 Mg의 첨가량이 0.1% 이하이기 때문에, T6처리를 하여도 강도는 거의 개선되지 않는다. 그러나 열처리로 강도를 올리는 중력주조용 합금, 예를 들어 AC4C 등으로 다이캐스팅하면 10쇼트 정도에서 더 이상 주조할 수 없게 되어 버린다. 금형에 늘어 붙어 버리기(소착) 때문이다. 또 전신재용 2000이나 7000계 열처리 합금도 동일하다.

다이캐스팅에서는 500~1000 기압의 압력으로 금형에 밀어넣기 때문에 용탕흐름성 등은 중력주조나 저압주조와는 달라서 큰 문제가 없다. 문제는 금형과의 반응에 의한 금형의 소착이다. 장차 금형표면에 양호한 코팅을 하는 방법이 개발된다든가 세라믹 금형이 쓰이게 되면 PF에 의한 합금의 종류와 용도가 매우 넓어질 것으로 예상된다. 소착이 생기는 원인은 금형과 합금의 반응이고 그것을 경감하기에는 금형 재료 성분이 다이캐스팅 합금 중에 포함되어 있을 필요가 있다. 실제로 생산에 사용되고 있는 ADC12에는 철이 0.7~1.0%정도 포함되고 있으며 Ni 등의 불순물 원소를 포함하고 있는 재생잉고트는 주조하기가 쉽다. 그러나 Al-Si계에 단순히 철을 첨가했을 때는 다이캐스팅은 가능하여 열처리에 따라 강도는 나오지만, 철계의 금속간화합물이 생성하므로 연신율이 떨어지게 된다.

여러 첨가원소를 검토한 결과 Mn을 첨가하면 충격값과 연신율이 현저히 개선되므로, 이 결과를 토대로 다이캐스팅의 주조성, 강도, 연신율 등의 목표값을 설정하여 PF 활용에 DX30이라고 하는 새로운 합금조성이 개발되었다. 이 합금의 기계적 성질의 변화를 그림 1-52에 나타낸다.

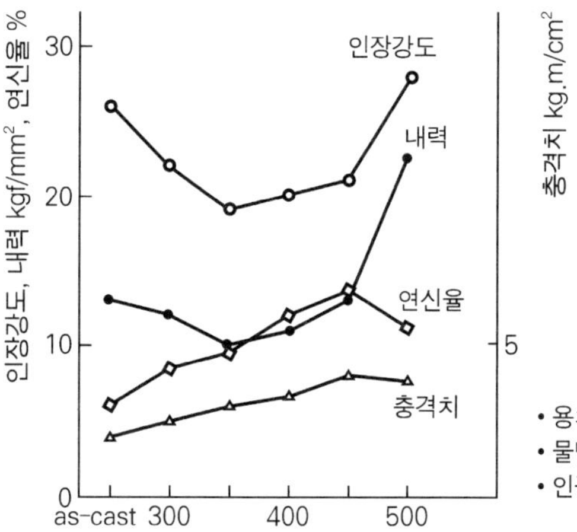

• 용체화처리 : 용체화처리온도에서 2시간
• 물담금질
• 인공시효처리 : 190°C에서 4시간

그림 1-52 DX30 합금의 용체화처리 온도와 기계적 성질

표 1-12 DX30합금조성과 열처리전후의 인장성질

조성(%)	Si	Mg	Fe	Mn	Al
	8~10	0.2~0.5	0.4~0.6	0.3~0.5	나머지

인장성질	인장강도 kg/mm²	내력 kg/mm²	연신율 %
DX30-F	16~18	10~14	3~6
DX30-T6	25~30	18~25	5~12
ADC12-F	22~25	13~16	1~2
ADC12-T6	28~34	22~26	1~2

또한 다이캐스팅의 급속냉각과 열처리에 의해 T6 상태에서 극히 미세한 조직이 생기고 이 때문에 연신율이 증가되어 충격치와 피로강도가 크게 향상되었다. 표 1-12에 ADC12와 DX30에 대한 PF재와 열처리재의 기계적 성질을 비교하였다.

PF 다이캐스팅법에서는 주물로서의 형태를 만드는 것외에 주형내의 산소가 완전히 반응하여 기체가 없어질 필요가 있다. 일반적으로 천천히 금형을 충진하는 층류방식의 주조조건에서는 산소반응이 충분히 일어나지 않는다. 따라서 탕구를 작게하면 반응은 충분히 일어나지만 주물로서는 용탕의 흐름이 충분하지 않아 불합격이 된다. 즉 반응을 어떻게 진행시키는가와 공기 빼기를 어떻게 유효하게 이용하는가의 두 가지를 고려할 필요가 있다.

5. 저속충진 다이캐스팅법(Acurad법)

사형이나 금형주조에서 주형내 가스유입을 방지하는 원칙은 용탕의 흐름이 난류로 되지 않게 층류한계 내에서 주조하여 용탕의 최선단에서 가스를 순차적으로 밀어내는 것이다. 이와 같은 개념으로 저속충진 다이캐스팅법이 개발되어 실용화되었다. 이러한 저속충진 다이캐스팅의 대표적인 것이 어큐래드(Acurad)법이다. 어큐래드법이란, 정도가 높은 기포가 없는 제품을 다이캐스트와 같은 정도의 생산성으로 만드는 방법으로서 1966년에 미국의 General Motors Co.가 특허를 일반에게 공개한 것이다. 사출 플런저는 외부 플런저와 내부 플런저의 이중 플런저로 구성되어 있으며 금형의 열해석을 통하여 지향성 응고를 일으킬 수 있도록 금형온도를 조절하고 탕구속도를 종래의 20~60m/초에서 Al용탕의 층류한계인 1.5~1.6m/초 이하의 저속으로 주입한다. 충진 직후 내부 플런저를 전진시키고 응고수축한 부분에 용탕을 보급함으로써 수축공을 없애는 효과를 주고있다. 저속충진으로 만든 제품은 열처리가 가능하며 동일한 재료를 중력주조한 제품보다 조직이 미세하고 굽힘강도, 경도 등이 우수하다.

그림 1-53에 종래 다이캐스트법과 어큐래드법의 상이점을 비교하여 나타낸다. 게이트의 치수를 정하는 공식은 없으나, 일반적으로 제품의 가장 두꺼운 부분에 게이트를 설치하고, 용탕이 조용하게 금형의 내부를 충진시키도록 하는 면적으로 하고, 충진 완료후에는 제품의 두꺼운 부분에 내부 플런저(inner plunger)로 용탕을 보급하는데 충분한 두께가 필요하다. 또한 제품의 하부부터 순서대로 충진을 하고 캐비티 내부의 공기 및 가스를 빼도록 한다.

캐비티 충진 속도는 제품의 형상, 치수에 따라 다르며, 작은 부품에서 0.3초,

큰 부품에서는 2.5초 정도이다. 이와 같이 사출시간은 다이캐스트법 보다 길지만, 비스켓 부분에 기포가 포함되어 있고, 이것이 형개 후, 파열할 위험이 없으므로 비스켓 부분이 60~70% 응고한 곳에서 형개할 수 있다. 따라서 동일 중량이면 냉각시간은 다이캐스트법 보다 단축되고, 사이클 전체로서는 다이캐스트법과 같은 정도라고 볼 수 있다.

주조압력은 350~1,000kg_f/cm^2로, 다이캐스트법으로 일반적으로 이용되고 있는 700~1,400kg_f/cm^2에 비하여 낮다. 저속충진에 따라 금형표면의 히트 크랙의 발생과 성장을 적게하는 효과가 있다.

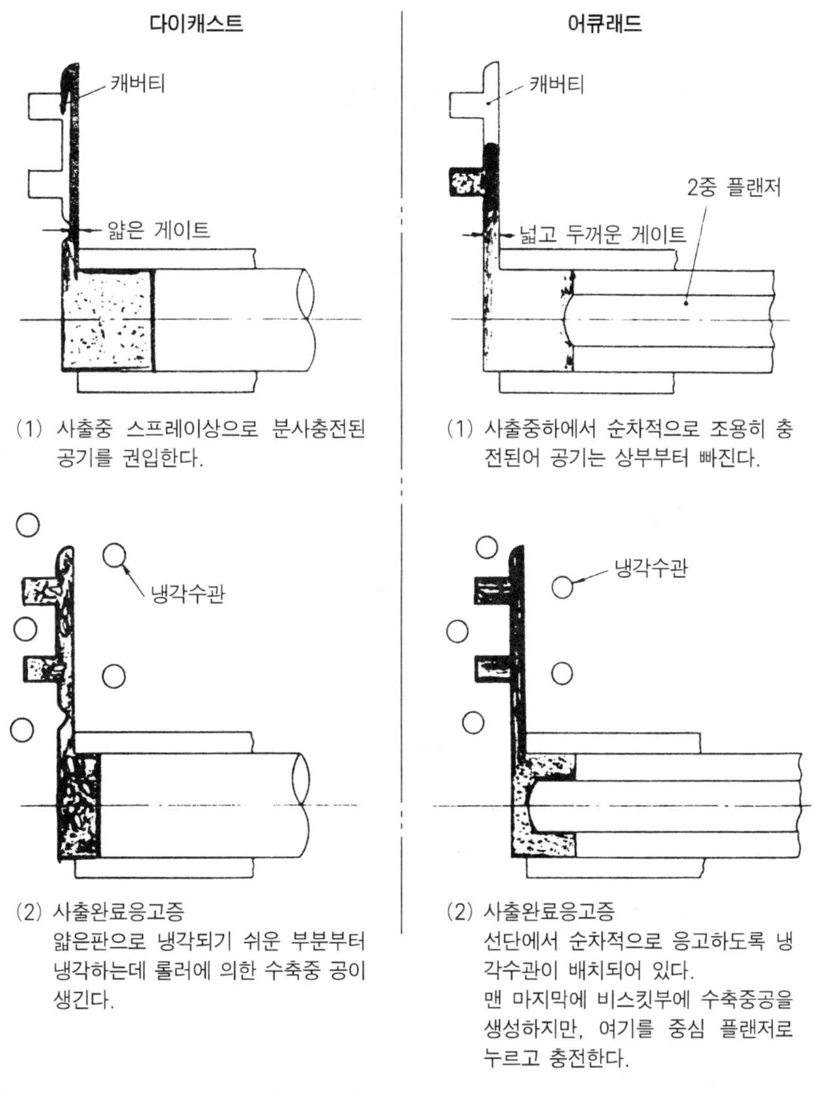

그림 1-53 다이캐스트와 어큐래드의 비교

어큐래드법의 사출 실린더의 구조를 그림 1-54에 나타내었으며 그 조작순서는 그림 1-55에 나타내었다.

어큐래드법은 열해석에 의한 지향성 응고에 의해서 가능해진다고 해도 과언이 아니다. 지향성 응고한 금형의 내부에서 비스켓으로부터 먼 선단부분으로부터 차례로 비스켓으로 향하여 응고를 진행시키고, 비스켓부에 용융한 부분을 남기고, 그 부분을 인너 플런저로 눌러 용융금속을 제품의 응고수축 부분으로 보급하고, 기포의 발생을 방지하면서 응고시키는 것이다.

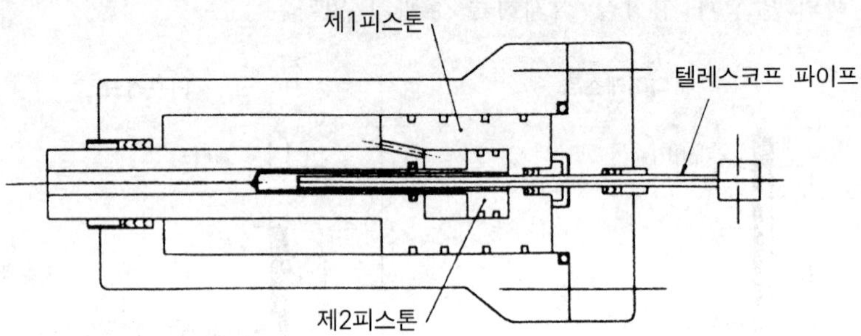

그림 1-54 어큐래드용 실린더의 구조 예

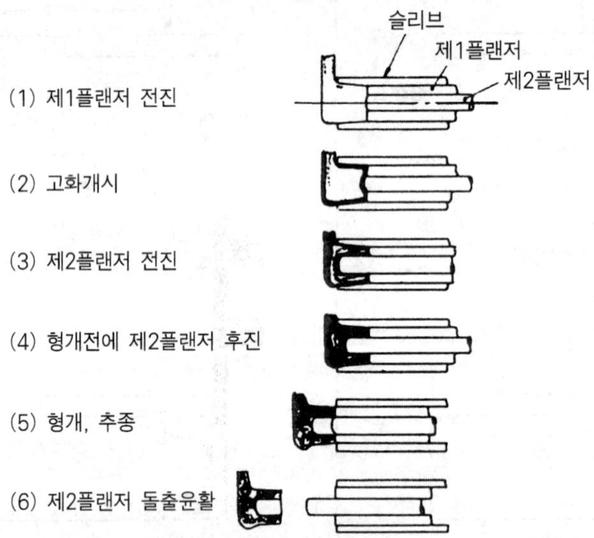

그림 1-55 사출시의 플랜져 조작순서

그러나 제품에는 여러 가지 형상이 있으므로 재래의 다이캐스트법과 같이 경험과 감에 의지하는 것으로는 반드시 선단부터 응고하는 것을 보증하기 어렵다. 어큐래드법에서는 이것을 해결하기 위하여 제품을 작은 부분으로 분할하고, 각 부분을 미리 계산된 온도를 유지할 수 있도록 냉각관을 설치해야 한다. 이를 위해서는 온도장과 전장의 상이성에 착안하여 과학적인 방법으로 결정한다. 이 전장을 얻기 위하여는 균일한 전기저항값을 가지는 도전지(텔레드로트스 페이퍼라고 한다) 위에 전기저항값이 작은 도전도료(은분도료)로 제품의 단면을 그리고, 이것에 경계조건에 상당하는 저항을 통하여 적당한 전압을 건다. 이와 같이 하여 생긴 전장내의 각점의 전압을 읽음으로써 금형 내부의 온도를 알고, 따라서 냉각관의 위치도 용이하게 결정할 수 있다는 것으로 된다. 그림 1-56에 원리적인 회로를 나타내었다.

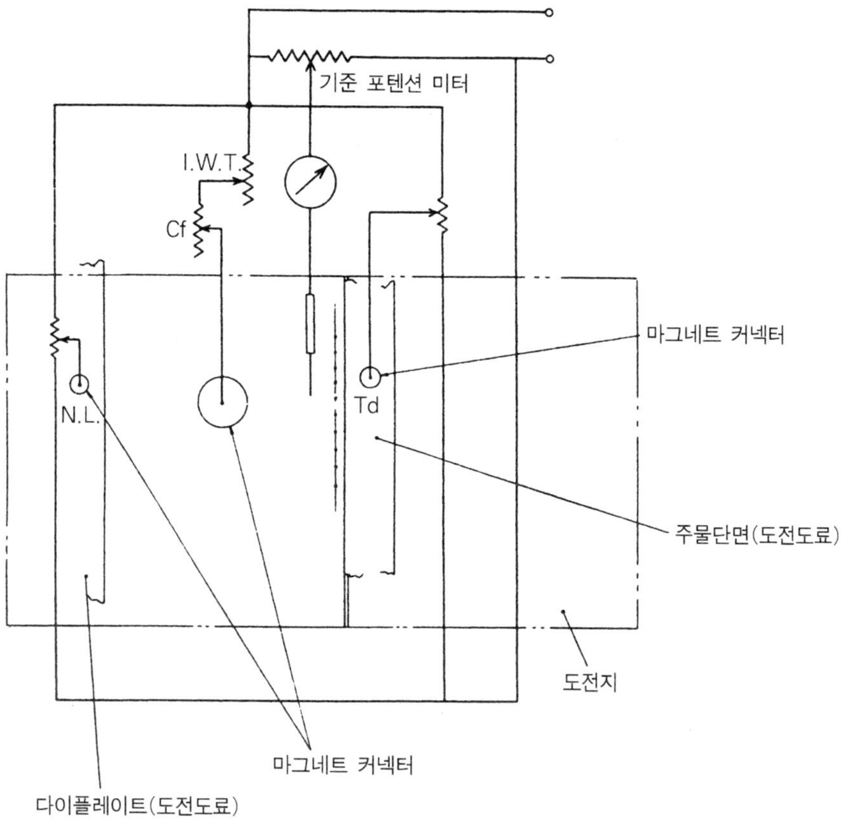

그림 1-56 Analogue Analyzer의 원리

어큐래드법에 의해 생산된 제품의 특징을 들면

① 내압성을 요구하는 제품을 다이캐스트와 같은 정도의 생산성으로 만들 수 있다.

② 강도의 편차가 적다.

③ 내열성이 향상한다(브리스터가 발생하지 않는다).

④ 용접이 가능하고 복잡한 것은 분할 주조할 수 있다.
⑤ 금형의 수명이 2~10배로 된다.
⑥ 열처리가 가능하다(강도가 향상한다).
⑦ 불량률이 적다.
⑧ 같은 형체력의 기계에서 보다 큰 제품을 주조할 수 있다.

등의 장점이 있으며, 단점으로는

① 기계가 다소 비싸다.
② 탕구절단에 수고가 든다.
③ 적용할 수 있는 살두께에 제한이 있다.
④ 큰 러너를 붙임으로써 주조회수율이 나빠진다.

등을 들 수 있으며 이밖에도

① 금형의 열해석이 번거롭고 시간이 걸린다.
② 금형의 해석과 마찬가지로 냉각수를 통할 수 없는 것이 있다.
③ 제품에 따라서는 탕류에 선택성이 생기는 것(순차충전이 불가능)이 있다. 등과 같은 기술상의 어려움이 따른다.

6. 고압주조법

저속고압에 속하는 주조법이지만 저속충진 다이캐스팅법과 다른점은 응고가 완료하기 까지 가압을 유지하는 것이고 용탕단조법이나 스퀴즈 캐스팅에 가까운 주조법이다.

이 방법은 충분히 청정한 용탕을 200~300°C의 금형에 0.3~2m/초의 속도로 주입한다. 금형에는 흑연계의 도형제가 사용되며 가압력은 500~1200kg_f/cm^2이고 칩은 가압에서 응고 수축에 맞는 부분만큼 변위하는 방법을 채용하고 있다. 따라서

① 응고시에 생기는 수축공에 용탕의 보급이 행하여진다.
② 고압하에서 수소가스 등의 용해가 일어나므로 기공발생이 감소한다.
③ 용탕이 금형에 밀착하여 에어갭(air gap)이 작아지고 응고속도가 크게 되어 조직이 미세화하여 기계적 성질이 향상된다.

사용하는 주조기는 슬리브내의 용탕을 저속으로 밀어 올리는 방식이며 현재 2종류의 형이 사용되고 있다. 하나는 그림 1-57과 같이 사이클 단축과 슬

리브내 용탕의 응고방지 슬리브를 이동한 위치에서 주탕하여 금형에 주입시켜 사출하는 방법인데 이것을 스퀴즈(squeeze)주조라 한다. 다른 하나는 보온로에서 0.3~1.1kg$_f$/cm^{2}의 공기압으로 이송관을 통하여 슬리브에 주탕하고 어큐래드(Acurad)법과 같이 더블(double) 실린더에 의해 사출하는 방법으로 고압응고주조법이라 할 수 있다.

고압주조법은 수직식 주조기를 사용하여 슬리브내의 용탕을 저속으로 밀어올려 주입하는 방식을 채용하고 있다. 1,000kg$_f$/cm^2 이상의 압력하에서 응고시키고 있기 때문에 응고시에 발생하는 수축공 방지를 위해 용탕보급이 충분하고 조직은 미세화하여 주물로서의 최고의 조직을 가지게 된다.

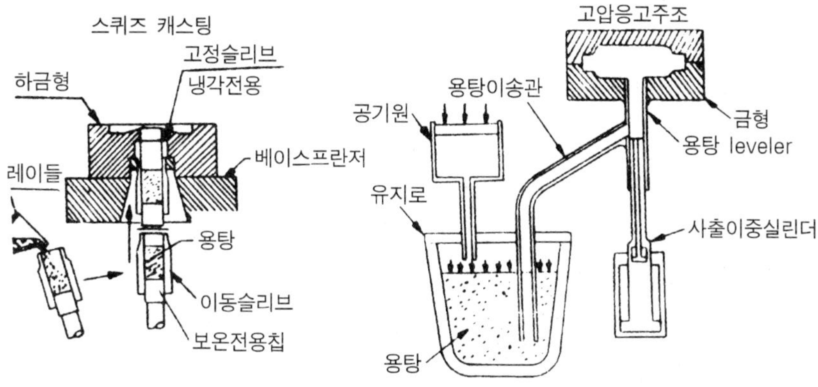

그림 1-57 고압응고법의 사출방식

스퀴즈 주조는 저속 및 고압충진을 함으로써 일반 다이캐스팅에서 생기는 가스결함과 수축공 결함을 개선하는 방법 중 가장 획기적인 방법이라 할 수 있다. 가스 결함을 제어하기 위해 저속충진을 하며 제품형상, 주조방안에 따라 다르지만 수직형 주입기에서 최소한 700kg$_f$/cm^2 이상의 고압으로 용탕이 응고할 때까지 가압시켜 수축공 결함을 제어하고 있다.

각종 주조방법에 의해 제조된 제품내의 가스량을 비교해 보면 SVC(vertical shot squeeze casting),HVSC(horizontal die clamping vertical shot sqeeze casting) 등과 같은 스퀴즈캐스팅한 제품의 가스함유량이 2~4cc/100g.Al으로 종래 다이캐스팅뿐 아니라 사형주조, 저압주조보다 월등히 우수함을 알 수 있다. 이 정도의 가스 함유량 같으면 열처리 및 용접도 가능하여 우수한 기계적 특성을 얻을 수가 있다.

7. 기타 여러가지 주조법

(1) 파라쇼트 시스템(Parashot system)에 의한 구조

슬리브내의 용탕이 저속으로 전진하기 시작할 때 용탕면 위에 주름이 생겨 공기가 휩쓸리기 쉽다. 파라쇼트 시스템은 저속-고압의 급격한 속도변화가 아니고 연속적으로 가속하면서 최후에 고속으로서 주조하는 방법이다. 이 때문에 공기는 탕구에서 배출하기 쉽고 또 지름이 작은 슬리브 사용에 의해 충진율을 높일 수 있다. 실제로 주조한 다이캐스팅은 밀도가 0.2% 상승하고 불량률도 저하하고 있으나 주조기의 기구가 다르므로 곧 적용은 할 수 없지만 서구에서는 차츰 보급하기 시작하고 있다.

(2) 분위기 유동 다이캐스팅법

이 방법은 형내를 700~720Torr로 감압하면서 아르곤 가스를 보내어 가스에 유동성을 주어 다이캐스팅하는 방법이다. 감압효과와 유동효과에 의해 기포가 적어져 기계적 성질과 내압성이 개선되며 실험결과에 의하면 550mmHg의 감압도에서 아르곤 가스를 0.143~1min/mm^{2}흐르게 했을 때가 가장 양호한 조건으로 되어 있다. 가스함유량이 측정되어 있지 않은 점과 용체화 처리 데이터가 보고 되어 있지 않으므로 다른 주조법과의 우열을 비교할 수 없다.

(3) 밸런스(balance)형 유동 다이캐스팅법

주조기를 사용하여 형내를 감압하고 슬리브내 용탕의 상부에서 하부로 주입한다. 그 때의 주입속도와 카운터 칩(counter chip)의 강하온도의 균형을 가진 상태에서 저속으로 다이캐스팅한다. 보고에 의하면 주조압력은 200kg$_f$/cm^2 전후, 프런저 속도 0.3m/초로 주조되며 압력이 낮으므로 주조용량이 작은 주조기를 사용할 수 있는 이점이 있다고 생각되지만 아직 실용화에 이르고 있지 않다.

참고문헌

1. 이지환, 황선광, 이두면 : 다이캐스팅 머신매뉴얼, 원창출판사, (1995)
2. 주물편람 : 일본주물협회편, 대광서림, (1999)
3. 김경현, 정인상 : 알루미늄 다이캐스팅 제조기술, 대광서림, (1994)
4. 김억수, 이광학 : 한국주조공학회지, 제18권 제3호, (1998)
5. 정봉용, 박상우, 김명호 : 한국주조공학회지, 제18권, 제6호, (1998)
6. 장철헌 : 한국주조공학회지, 제14권 제4호, (1994)
7. 알루미늄주단조기술편람, Kallos 출판 (1991)
8. 알루미늄합금 다이캐스트의 불량대책/백문백답, 경금속출판, (1978)
9. 주조매뉴얼, 성문당, (1967)
10. 홍영환 : 금형열처리, 기전연구사, (1995)
11. 문원길, 김익삼, 오상진 : 금형재료, 원창출판사, (2000)
12. P. C. Jindal, J. Vac. Sci. Technol., 15(2), (1978) 313
13. M. Hudis, J. Appl. Phys., 44, (1974) 1489
14. Y. Sun, T. Bell : Mater. Sci. Eng., A140, (1991) 419
15. M. Ziatanovic : Surf. Coat. Technol., 48, (1991) 19
16. A. Saker et al. : Mater. Sci. Eng., A140, (1991) 702
17. L. Frommer : Handbooch der Spitzgoss Technik, Julius Springer, (1993)
18. H. H. Pokorny : Trans. 5th International Die Casting Congress, (1972)

최신특수주조

제 2 장

단결정 제조법

2.1 단결정 제조

2.2 단결정 제조법의 종류

2.1 단결정 제조

단결정과 다결정 재료의 근본적인 차이는 단결정의 경우 입계가 없다는 점이다. 예를 들어 고온용 내크리프(creep-resistant) 가스터빈 블레이드는 단결정으로 만들어지는데 이 단결정 터빈블레이드(그림 2-1)는 등축정 구조나 주상정 구조로 만들어진 것 보다 고온에서 내크리프성이 더 뛰어나다. 그 이유는 금속의 경우 고온에서 결정립계가 결정립보다 약하게 되기 때문이다.

단결정을 제조하기 위해서는 먼저 단결정의 종(種,seed)이 필요하며 단결정의 제조는 곧 이 종(種)을 성장시키는 방법을 말한다. 단결정의 성장은 하나의 핵을 주변으로 진행되어야 하며, 다른 결정이 핵생성되거나 자라면 안된다. 그림 2-2에 여러 결정 중에서 단결정화하는 원리를 보여주고 있다.

⊙ 그림 2-1 Turbine blade의 시험제작

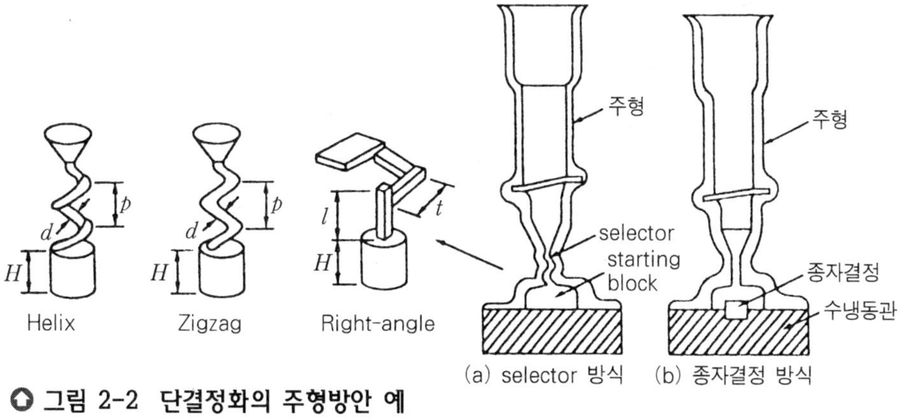

⊙ 그림 2-2 단결정화의 주형방안 예

단결정의 공업용 응용의 다른 예는 실리콘 단결정인데 이는 고체상태의 전자집적 회로칩으로 쓰이기 위한 웨이퍼로 조각분할된다. 반도체 산업에서 단결정이 필요한 이유는 결정결함이 전기적 특성을 저하시키기 때문이다. 그러므로 반도체 산업에서는 입계가 없는 재료를 필요로 할 뿐 아니라 전위 밀도가 낮고, 불순물 원자나 다른 점결함이 없는 것이 요구되고 있다.

반도체의 집적회로나 반도체 레이저재료 및 광집적 회로 등에 사용되는, Si, GaAs, InP, $LiNbO_3$, $LiTaO_3$ 등의 단결정을 얻기 위해서는 온도구배를 충분히 하고 응고속도를 느리게 하여 일방향 응고를 시켜야 한다. 또한, 대류에 의한 거대편석이나 열모형에 의한 전위의 발생, 도가니나 분위기로부터의 불순물의 혼입 등을 적극적으로 방지할 필요가 있다.

일반적으로 결정생성은 다음과 같은 핵생성과 결정성장의 두 가지 과정을 통해 이루어진다.

1. 결정핵 생성(Nucleation)

용액에서 결정을 구성하는 원자가 적어도 단위격자의 몇 배 정도 모여서 규칙적으로 배열되어 결정화 초기에 미소한 결정이 발생하는 일을 말한다. 결정핵 생성에는 균일 핵생성과 불균일 핵생성이 있으며 전자는 초기에 미결정인 결정핵이 없어 모든 곳에서 결정이 생길 확률이 같으며 액체상의 온도 요동에 의한 밀도 요동으로 결정핵이 생성되는 것이며 후자는 결정핵이 결정화하기 전에 이미 존재하거나 결정핵이 될 수 있는 이종물질(異種物質)이 존재하는 경우의 핵생성을 말한다.

2. 결정성장(Crystal Growth)

결정의 핵으로부터 차차 결정입자가 커지는 현상을 말하는 것으로 결정성장시에는 그 결정핵의 구성원소가 규칙적인 배열을 이뤄가도록 키워야 한다.

여러 종류의 단결정의 제작법이 개발되어 있지만 대표적인 것은 Chalmers법, 브리지만법(Bridgman method), Czochralski법, 부유대역법(floating zone method), 수용액법(Solution growth method)등이 있다.

2.2 단결정 제조법의 종류

1. Chalmers법

그림 2-3과 같이 수평하게 받친 보우트 속에 금속을 넣고 전기로 속에서 용해시킨다. 이어서 이 전기로를 일정 속도로 천천히 빼어 낸다. 그 사이에 금속이 산화하지 않도록 도가니는 아르곤 등 불활성 상태 속에 두거나 진공으로 한 유리 또는 석영 용기 속에 넣어두는 것이 보통이다.

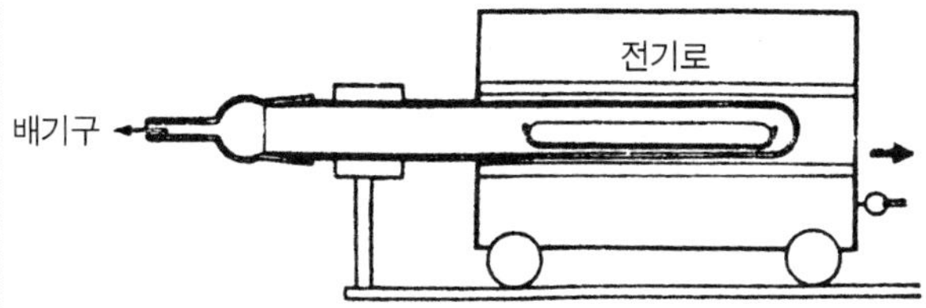

그림 2-3 Chalmers법의 원리

2. 브리지만법(Bridgman method)

그림 2-4와 같이 수직형 로를 사용하고 있는 것이 Chalmers법과는 다르다. 이 방법의 특징은 주형의 단면 형상을 적당히 선택함으로써 단면을 각형, 원형 기타 희망하는 형태의 것을 얻을 수가 있다. 아래쪽에 단결정의 종(種)을 놓고 원료를 용해한 후 노(爐)로부터 끌어내림으로써 단결정을 얻는 것이다.

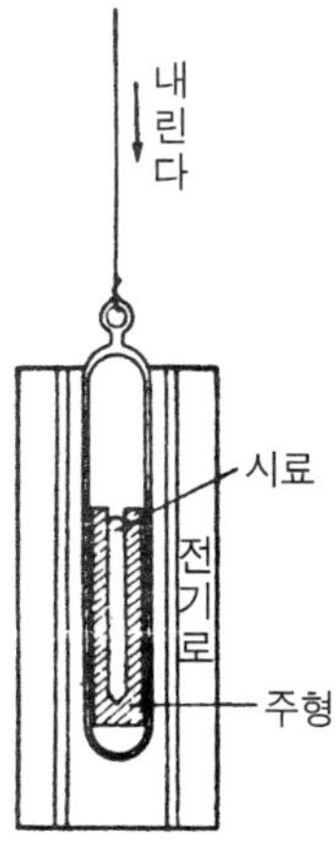

그림 2-4 Bridgman법의 원리

3. Czochralski법

결정인상법(crystal pulling method)이라고도 불린다. 그림 2-5와 같이 금속을 도가니 속에서 녹여둔다. 이것에 의해서 희망하는 방위의 단결정의 종자를 강하시켜 용융 금속에 한쪽을 붙이고 이를 다시 조용히 끌어올리면서 종자에서 결정을 성장시키는 방법이다. 회전에 의해 고액계면은 대칭이 되며 용질농화층(溶質濃化層)은 얇게 되므로 보다 균일하고 결함이 없는 결정이 얻어질 수 있다. Si 단결정은 본 방법으로 만들어 진 것이 많다. 또한 GaAs 등과 같이 비등점이 매우 다른 원소로부터 이루어진 결정의 성장에서는 용액을 용제(GaAs의 경우 B_2O_3)로 덮고 동시에 가압(예를 들면 70기압)하는 FEC법(fully encapsulated Czochralski method)이 이용된다. 그리고 자연대류에 의한 거대편석이나 용액중의 온도변동을 막기 위해 자장을 작용시키는 경우도 있다.

Chalmers법 및 Bridfman법의 경우에도 결정 종자를 사용하여 이를 성장시키는 것이 보통이다. 우선 종자를 만들려면 그림 2-6(a)와 같이 용기의 한쪽을 가늘게 좁히고 이 부분에 유일한 결정핵을 발생시켜 성장시킨다. 또는 그림 2-6(b)와 같이 늘어놓아 발생한 다수의 주상정의 하나를 목부분에서 졸라 그 하나만을 성장시켜도 좋다. 이와 같이 하여 만든 단결정을 종자로 하여 희망하는 방향으로 뻗게 하려면 그림 2-7에 나타낸대로 미리 방위를 정확히 결정해둔 종자를 적당하게 기울여서 보우트상에 삽입한다. Fe, Ti, Zr과 같이 고체 내에서 동소변태를 하는 금속에서는 이들 방법으로 단결정을 만들 수는 없다.

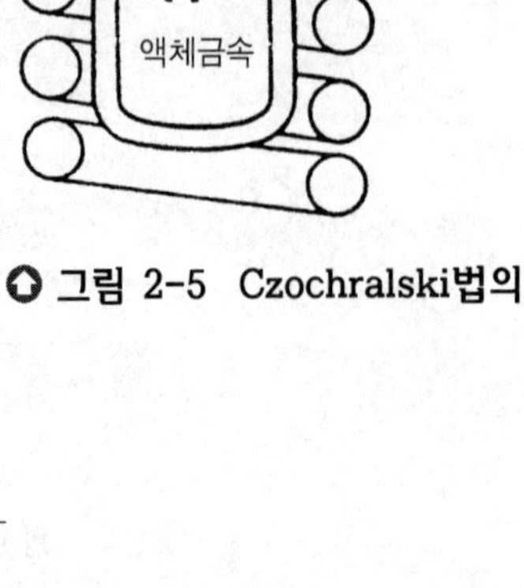

그림 2-5 Czochralski법의 원리

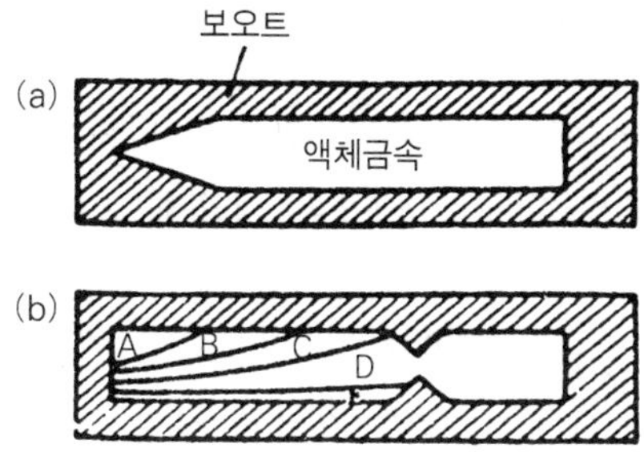

그림 2-6 종자결정의 제조법

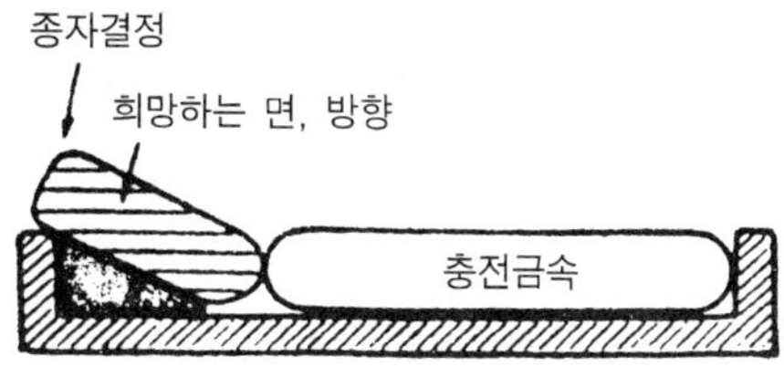

그림 2-7 종자결정을 사용하는 Chalmers법

4. 부유대역법(floating zone method)

도가니를 사용하지 않고 소재의 일부를 고주파 가열이나 전자빔, 레이저가열 등으로 용해한 후 표면장력(경우에 따라서는 전자력을 첨가하여)에 의해 형상을 유지하며 용해대를 이동하는 방법이다. 이 방법은 분배계수가 1이 아닌 것을 이용하여 고순도재료를 얻는 방법으로도 이용되고 있다. 그림 2-8에 도가니를 사용하지 않고 전자력을 이용하여 금속을 용해하는 원리를 나타내고 있다. 전자력 코일에 교류를 통하게 하고 그 안에 시편을 놓으면 자장에 의해 시편이 떠 있는 상태로 용융된다.

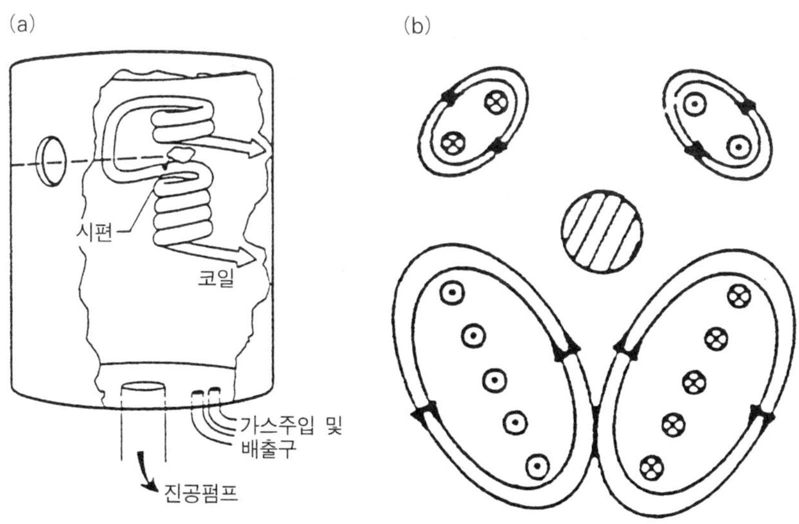

그림 2-8 부유대역법의 원리

5. 기상(氣相)을 이용한 단결정의 제조법

기상(氣相)을 이용한 단결정의 제조는 금속의 경우, 대형의 시료를 얻기 어려우므로 많이 사용하지는 않으나 반도체 재료의 제조에는 공업적으로 널리 사용되고 있는 방법이다.

기상(氣相)을 이용하여 단결정을 만들려면 우선 종자 결정을 두고 이것을 적당한 온도로 가열하여 증기상에 휘발시켜 결정을 성장시킨다. 이 방법을 epitaxial growth라 한다. epitaxial growth란 토대가 되는 결정의 위(epi)에 축을 맞춰서(axial)결정을 성장시키는 방법이다.

(1) 진공증착법

잘 사용되는 방법은 암염을 쪼개서 수 mm 두께의 판을 만든다. 이 판의 표면은 (100)면이다. 이것을 적당한 온도로 가열시켜 여기에 진공 증착시키면 증착 금속은 엷은 단결정판이 된다.

표 2-1은 단결정이 생기는 최저 온도를 나타낸다. Ni에서 Ag까지는 면심입방격자 금속이고 이 경우 이들 금속의 (001)면이 下地岩鹽을 쪼갠면 (001)과 평행이 된다. Fe, Cr은 체심입방격자금속이지만 이 경우에는 (001)면이 암염의 (001)면과 평행이 되도록 붙는다.

표 2-1 암염을 쪼갠면 위에 증착했을 때의 epitaxial temperature(T_{ep}) 및 격자 정수(d)(d_{NaCl}=5.6Å)

금속	Ni	Co	Cu	Pd	Al	Au	Ag	Fe	Cr
T_{ep} [°C]	370	>540	300	250	440	400	150	>540	>540
d [Å]	3.52	3.55	3.60	3.86	4.04	4.07	4.08	2.87	2.88

(2) 기상(氣相)화학반응에 의한 방법

이 방법은 Si 결정 등 반도체공학에 널리 사용되는 방법이다. 순 수소에 $SiCl_4$를 섞고 1000°C 이상으로 가열한 Si종자결정에 보내면

$$SiCl_4 + 2H_2 \longrightarrow 4HCl + Si$$

인 반응에 의하여 Si가 분해 생성되어 종자 결정이 성장한다.

$GeCl_4$를 사용하면 Ge에 대하여도 같은 결정 성장을 시킬 수 있다. Ge의 경우에는 또 다음과 같은 방법도 사용된다. 그림 2-9에 나타낸 대로 종자 결정과 원료 결정을 적당량의 I_2와 함께 봉입한다. 그리고 원료 결정쪽의 온도를

종자 결정의 온도보다도 높게 유지하면서 봉입관을 가열한다. 이때 다음의 반응이 반복된다.

$$2GeI_2 \underset{고온}{\overset{저온}{\rightleftarrows}} GeI_4 + Ge$$

즉 원료 Ge와 GeI_4가 반응하여 GeI_2로 될 수도 있다. GeI_2는 저온부에 확산 이동하고 종자결정상에서 분해하여 GeI_4를 만들어 종자 결정은 성장한다. 이 방법을 disproportionation 반응법이라고 한다.

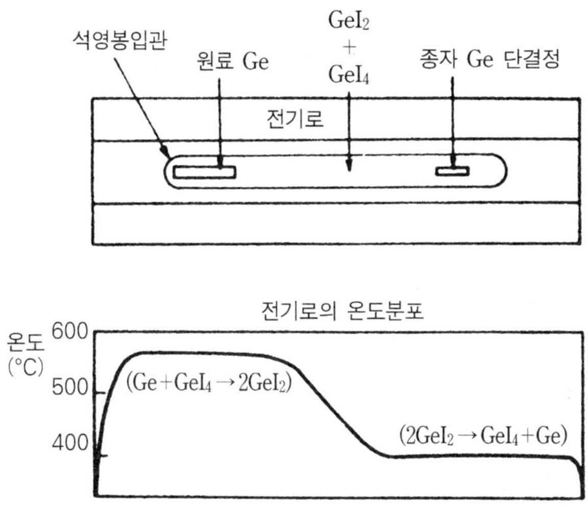

그림 2-9 종자 Ge결정을 GeI2를 사용하여 기상(氣相)성장시키는 방법

6. 수용액법(Solution growth Method)

수용액에 의한 결정성장법은 성장시키고자 하는 물질을 물에 녹여 과포화 상태로 만들면 용질이 석출되는 점을 이용하는 성장법이다.

수용액법은 포화용액의 제조 → 종자결정(seed)의 제조 → 종자의 투입 → 결정성장의 과정을 거치며, 전 과정에서 불순물이 유입되지 않토록 주의해야 하며, 사용하는 비이커는 불순물이 없도록 깨끗이 세척해야 한다.

각 과정을 살펴보면 다음과 같다.

(1) 포화용액의 제조

포화용액이란 일정한 온도에서 용매에 용질이 더 이상 녹지 않는 용액을 말한다. 용매 100g에 녹는 용질의 양을 그 용질에 대한 용해도하고 한다. 포화용액을 제조하는 방법은

- 먼저 결정성장 온도를 결정한다.
- 용매에 용질을 천천히 녹인 다음 서서히 가열하여 용질을 모두 녹인다. 이때 용액이 과열되지 않게 주의한다.
- 성장시킬 온도에 용액을 방치하여 용액의 온도를 성장온도까지 내린다.
- 용액에 결정이 석출되면 과포화 용액이 만들어진 것이다.
- 석출된 결정은 여과지로 걸러내고 상층액을 깨끗한 용기에 부어 성장온도에 둔다.
- 소량의 포화용액을 작은 컵이나 샤알레에 붓고 그것을 진동이 없는 장소에 두어 용액이 증발하면 원하는 종자를 얻을 수 있다.

(2) 종자결정(seed)의 제조

소량의 포화용액을 샤알레에 붓고 여과지로 덮어 진동이 없는 장소에 두면 용액이 증발하면서 원하는 종자를 얻을 수 있다. 하루에 한 두 번 관찰하여 취급하기 쉬울 정도로 결정이 성장했을 때 건져낸다. 단 너무 커서 결정이 서로 붙는 일이 없데 주의 야 하며, 핀셋으로써 좋은 종자를 취해서 종자를 여과지에 얹어 잘 건조시킨다. 아주 조그만 결정조각이라도 종자로서 쓸 수 있지만 낚시중 등을 사용하여 쉽게 매달아야 하므로 종자는 길이가 3~6mm가 적당하다. 또 성장결정의 질은 종자결정의 질에 달려 있으므로 종자결정은 쌍정이 아닌 순수한 단결정으로 질이 좋아야 한다.

(3) 종자의 투입

선택한 종자를 낚시줄 등에 묶어 포화용액에 투입한다. 매달 실은 깨끗하여 종자가 붙지 않는 것으로 선택해야 한다. 주로 가는 낚싯줄이나 머리카락, 구리선 등을 쓴다. 종자를 낚시 중에 매단 후 성장용액의 1/2되는 지점에 종자가 오도록 내린다. 투입 중에 먼지 등의 불순물이 들어가지 않도록 주의하고 매달 때 종자나 낚시줄을 알코올 등으로 깨끗이 닦은 후 사용한다.

(4) 결정성장

포화용액에 종자결정을 담그면 결정의 성장이 시작된다. 결정성장 중에는 먼지 등의 불순물이 들어가면 안되고 온도가 일정해야하며 진동이 있어서는 않된다. 불순물은 성장결정이 쌍정으로 되거나, 불필요한 결정이 많이 생성되어 원하는 결정의 성장을 방해한다. 온도는 0.1°C 이하의 오차를 가진다. 진동과 온도변화는 단결정에 결함을 주어 결정의 질을 떨어뜨린다. 결정이 제법 커지려면 한 달 정도 시간이 걸린다.

(5) 결정수확

결정이 충분히 성장하였으면 끄집어내어 곧 얇은 종이 또는 천으로 닦아 건조시킨다. 결정은 물과 습기에 매우 약하므로 주의해야 한다. 특히 손에 묻은 땀은 결정의 평탄한 면을 손상시키기 때문에 맨손으로 결정을 만져서는 안된다. 결정의 보존법은 결정을 잘 건조시켜 깨끗한 비닐에 담고, 제습제를 넣어둔 밀폐 용기에 넣어둔다.

참고문헌

1. I. Odomari, J. appl. : Phys. vol. 50. p. 878 (1981)
2. S. P. Muraka, J. Vac. : Sci. Technol. 17 (4) July (1980)
3. H. Padamsee, J. Less : Common Metals, Vol. 139, No. 1, p. 167 (1966)
4. Klaus K. Schulze. : J. Metals, Vol. 33, p. 33 (1981)
5. H. J. Stumpp. et al. : 8th International Conference on Vacuum Metallurgy, Vol. 2, p. 1310 (1985)
6. W. G. Pfann. : Transactions AIME, p. 747 (1952)
7. Paul H. Keck and Marcel J. E. Golay. : Phys. Rev., Vol. 89, p. 1297 (1953)
8. M. Davis et al. : J. Appl. Phys., Vol. 22, p. 195 (1956)
9. A. Calverley et al. : J. Scientific Inst., Vol. 34, p. 142 (1957)
10. D. T. J. Hurle. : J. Crystal Growth, 13/14, pp. 39-43 (1972)
11. P. R. Sahm, R. Jansen, M. H. Keller. : Proceedings of the Norderney Symposium, Nordeny, 27-29 Aug. 1986
12. A. Lawley and R. Maddin. : Trans. Metall. Soc. AIME, Vol. 224, p. 573 (1962)
13. M. Jurisch. : J. Crystal Growth, Vol. 102, p. 223 (1990)
14. 김태진, 최용삼, 백홍구 : 대한금속학회지, 제29권, 제3호, p. 212 (1991)
15. Katsutoshi Ono. : Metall. Rev. MMIJ. Vol. 4, No. 2, p. 50 (1987)
16. F. L. VerSnyder and R. F. Guard : Trans. ASM, Vol. 52, p. 485 (1960)

제 3 장

금속기 복합재료 (MMC) 제조법

3.1 금속기 복합재료

금속기지에 세라믹 입자, 휘스커, 화이버 등이 강화상으로 첨가된 금속기 복합재료(Metal Matrix Composite : MMC)는 우주항공산업, 방위산업 및 자동차산업 등으로 적용분야가 점차 확대되고 있는 첨단재료이다. 세라믹 강화상의 강성 및 강도 그리고 금속기지의 연성 및 인성을 조합할 수 있는 MMC는 열팽창계수가 낮고, 강도, 강성률(stiffness), 접촉마모저항, 피로 및 고온 강도는 우수하나, 아직 연성 및 인성 즉, 파괴저항은 크게 개선되지 않고 있는 실정이다. MMC에 첨가되는 강화재의 형태는 장섬유(continuous fiber), 단섬유(whisker 또는 chopped fiber) 및 입자(particular 또는 platelet) 등이 있다. 이중에서 입자 및 단섬유가 상대적으로 등방성이므로 균일한 기계적, 물리적성질을 가지고, 제조가 용이하며 제조원가도 낮은 이점을 지닌다. 이러한 MMC 중에서 Al기지에 SiC/Al 및 Al_2O_3/Al의 A기 복합재료는 경량의 고강도 재료이고 경제성이 높아 분말야금 및 주조방법을 이용하여 시제품이 생산되고 있다.

3.2 제조방법

복합체의 제조방법으로는 분말야금법, 주조법 등이 있다.

분말야금법은 기지합금의 조성이나 입자의 형태를 선택함에 있어 선택의 폭이 넓은 장점은 있으나 hot pressing과 가공공정을 거쳐야 하므로 제조원가가 높아지는 단점과 강화재의 최대부피분율이 50% 정도 밖에 되지 않는 한계가 있다. 따라서, 다른 부품들과 비슷한 열팽창률을 갖게 하기 위해서는 강화요소의 부피분율이 50% 이상이 되어야 하므로 이에 부응하기 위해 주조법이 주로 사용되고 있다.

주조법에서는 SiC를 예비성형체(perform)로 만들어 여기에 Al을 용해하여 침투시키는 방법이 이용되는데 침투를 외부 압력의 도움을 받아 행하는 가압침투법과 Al을 중력에 의하여 예비성형체로 자발적으로 흘러 들어가게 하는 무가압침투법이 있다. 가압침투법에서는 높은 압력이 필요하여 제조원가가 높고 일반적으로 수형, 박판인 전자제품에의 적용에는 제한이 있다. 무가압 침투법은 외부에서 가해지는 압력 없이도 자발적인 침투가 일어남으로써 복합재료를 제조할 수 있는 기술로써 기존의 MMC 제조법에 비하여 여러 가지 장점이 있다. 우선적으로 가압장치가 필요하지 않으므로 경제성이 뛰어나고, 세라믹상의 부피분율의 조절이 용이하여 큰 강성률, 마모저항 및 작은 열팽창계수를 목적으로 하는 경우는 세라믹상의 부피분율을 50% 이상으로 높게 할 수 있으며, 매우 균일한 세라믹상의 분포 및 합금기지를 이룰 수 있고 용도에 맞게 추가적인 합금원소를 첨가하여 기지의 성질을 원하는 데로 조절할 수 있다. 그리고 용융금속의 침투장애물(barrier) 등을 이용하여 2차가공이 거의 필요 없는 복잡한 형태의 기공이 거의 없는 net 또는 near net 형상의 복합재료의 정밀주조도 가능하다. 그림 3-1은 알루미나 도가니 안에서 SiC분말베드 위에 Al합금을 올려놓고 질소를 주입하면서 950°C의 온도로 가열하여 용융금속을 자발침투시켜 복합재료를 제조한 후 산화방지를 위해 b와 같이 약 550°C까지 질소분위기인 노안에서 냉각시킨 후 시편을 꺼내는 작업을 나타낸다. 그림 3-2는 무가압 침투법으로 제조한 다양한 MMC 제품을 나타내고 있으며, 이러한 무가압 침투법에 의해 제조된 복합재료를 실제로 사용하고 있거나 적용이 가능한 용도에는 다음과 같이 매우 다양하다.

① wear parts for pumps-wear rings, impellers, shaft sleeves
② valve, chute, liners, cyclone liners, jet mill nozzles, heat exchangers,

gas turbine components, gun barrel liners

③ automotive parts-exhaust port liners, valve train component

④ armor, rocker engine component, electronic packaging, mirrors

⑤ wear parts for rotating equipment

⑥ missile fins and bodies

⑦ aircraft components-housing, panel, stiffeners

⑧ space station component

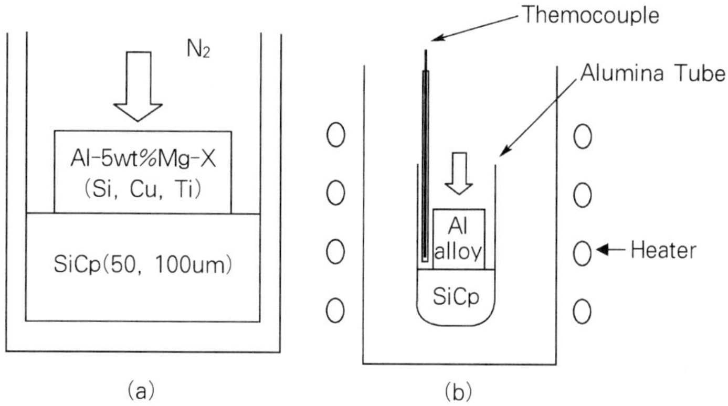

그림 3-1 무가압침투법에 의한 복합재료제조의 예

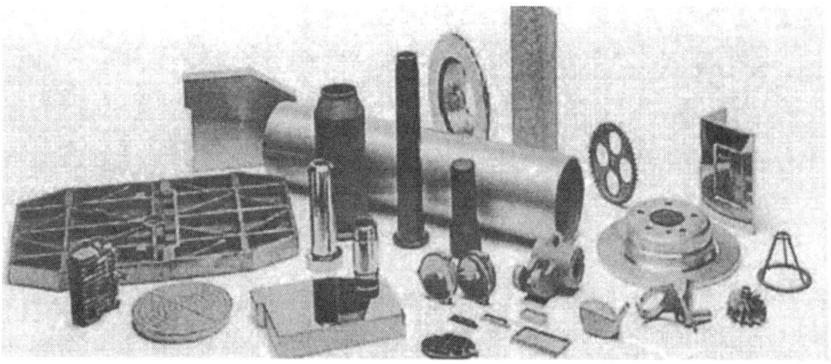

그림 3-2 무가압 침투법으로 제조된 부품

무가압침투법에서는 SiC 예비성형체위에 Al잉곳(ingot)을 놓고 불활성가스 분위기 하에서 온도를 상승시키면 Al이 녹아 예비성형체로 스며들게 한다. 이 제조법은 SiC 부피분율을 자유롭게 조절할 수 있고 near net 형상으로 만들 수 있으며 경제적인 측면에서 이점을 가지고 있으나 기지 합금이 강화재 사이로 무가압침투되기 위해서는 기지와 강화재의 젖음성 향상을 위한 기지합금

조성, 가스성분의 조절 등의 제조공정상의 어려움이 있으며 가압침투법보다 제조속도가 느린 단점이 있다.

기존의 주조법에 의해 MMC를 제조할 때는 용융금속과 세라믹상 간의 젖음성(wettability)이 문제가 되므로, 이를 극복하기 위해 기계적으로 교반하거나 가압장치를 이용하여 용융금속을 다공질의 세라믹 예비성형체에 침투시킨다. 용탕교반법(stir casting)에서는 교반시 세라믹상이 뭉치는 현상이 생길 수 있으며 세라믹상이 파괴되기도 하며, 심한 계면 반응이 생기기도 한다. 이러한 문제는 세라믹상의 피복 또는 기지금속 내의 합금원소첨가 등의 방법을 통한 젖음성의 개선으로 어느 정도 해결할 수 있으나 한계가 있다. 한편, 단섬유 강화 MMC 제조에 주로 사용하는 가압장치를 이용한 가압주조법(squeeze casting)에서는 압력에 의해 용융금속이 세라믹 예비성형체에 침투하므로, 예비성형체의 압축 및 손상, 강화상의 쏠림에 의한 편석 및 접촉, 불균일한 미세조직 그리고 가압에 필요한 추가적인 비용이 요구된다. 근래에는 용탕교반 후 기공을 줄이기 위해 가압주조하는 복합주조방법도 사용하고 있다. 그러나 이러한 MMC의 제조공정에는 아직까지도 여러 가지 문제점들, 예를 들어 금속기지와 세라믹 강화상 사이의 젖음성, 강화상의 균일한 분포 및 부피분율의 용이한 조절을 포함한 기지와 강화상 사이의 계면 반응 등의 문제점을 해결하기 위해 지금도 많은 연구가 활발하게 진행되고 있다. 이러한 연구의 최종 목표는 전술한 제조공정상의 문제점들을 극복하고, 가능한 단순하고도 신뢰성이 있으며 최종가공공정을 최소화 할 수 있는 제조공정을 확립하는 것이다.

최근에는 세라믹상을 금속기지에서 자체적인 반응에 의해 형성시켜 MMC를 제조하는 in-situ process에 대한 연구가 활발히 진행되고 있다. 여기에 포함된 제조공정에는 Martin Marietta사가 개발한 XD process, London Scandinavian Metallurgical(LSM)사의 Mixed-salt reaction, Lanxide사가 개발한 DIMOX, PRIMEX process 및 SHS process가 있다. 그밖에도 Sutek Corporation이 개발한 Mixalloy process, Reactive spray forming, Liquid-gas reaction, Liquid-liquid reaction 및 Plasma reactive synthesis 등이 있다.

상기의 제조법 중에서 미국의 Lanxide사가 개발한 무가압 침투법(PRIMEX process)은 기존의 MMC제조법의 많은 한계점을 극복할 수 있는 매우 혁신적인 제조방법으로 알려졌다. 그들이 개발한 방법에 따르면 진공이나 외부압력의 도움 없이 무가압 상태에서 자립적으로 용융금속이 세라믹 예비성형체 또는 필터 내로 침투하여 MMC가 제조된다.

1. PRIMEX process

무가압침투법으로 MMC를 제조하는 방법의 하나로써 주로 강화상의 부피분율이 높은 MMC(40~80%)를 제조할 때 사용된다. 제조과정으로는, 먼저 강화상으로 예비성형체를 제작한다. 이러한 예비성형체는 injection molding, low temperature molding, die pressing, slip casting, tape casting 등의 방법으로 제조된다. 제작된 예비성형체를 도가니에 넣고 침투시킬 Al합금을 그 위에 올려놓고 질소분위기에서 가열하면 용융금속이 자발적으로 예비성형체를 침투하여 MMC가 제조된다. 용융금속이 침투되는 것을 방지하기 위해서 적당한 침투장애물(barrier)을 사용하여 침투를 억제시킴으로써 net 또는 near-net 형상의 MMC를 제조할 수 있다. 이러한 방법으로 제조된 MMC는 가볍고, 강도, 강성 및 열전도도가 높을 뿐만 아니라 열팽창계수를 조절할 수 있으며 우수한 마모저항 및 치수안정성을 갖는다. 현재 자동차 및 항공산업 그리고 로봇, 스포츠용품, 군사용 및 전자패키지용 등으로 광범위하게 사용되고 있다.

2. PRIMEX CAST process

강화상의 부피분율이 상대적으로 적은 MMC(40~50%)를 제조하기 위해 사용되는 방법으로, 먼저 강화상의 분말베드 위에 침투시킬 금속을 올려 놓고 질소분위기에서 가열하여 용융금속을 자발적으로 침투시킨 다음, 기계적으로 저어서 강화상을 분산시킨다.

그림 3-3 PRIMEX CAST법으로 제조한 전자부품용 복합재료

강화상이 분산된 용융금속은 기존의 주조방법(sand casting, investment casting 및 die casting 등)을 이용하여 주조한다. 또한 PRIMEX법으로 제조한 부피분율이 높은 MMC를 용융금속에 넣어 기계적으로 분산시켜 강화상의 부피분율을 감소시킨 용탕을 주조하는 방법도 사용되고 있다.

그림 3-3은 LEC(Lanxide electronic components, inc)사에서 생산하고 있는 다양한 전자부품용 MMC를 나타내고 있다.

3. 용융금속의 자발적 침투기구

무가압 침투법에 의해 MMC를 제조할 때 용융 Al의 자발적인 침투가 일어나기 위해서는 최소한 약 1wt% Mg(3wt%가 바람직 함)과 최소한 약 10vol%의 질소개스 분위기가 동시에 필요하며, 용융 Al합금의 자발적인 침투거동은 Mg의 양과 보조적으로 첨가되는 합금원소(Si, Zn, Fe 등), 세라믹재료의 조건, 질소의 농도, 침투시간 및 침투온도 등의 조건에 의해 복합적인 영향을 받는다.

보조적으로 첨가되는 합금원소는 사용 가능한 Mg의 최소량에 영향을 미친다. 그리고 Mg의 농도는 주어진 온도에서 침투정도에 영향을 주며 Zn와 Fe량의 증가는 침투온도를 감소시킨다.

무가압 침투법에서 사용되는 세라믹 재료는 Al합금, 공정조건, 용융 Al과의 반응성 및 최종제품에서 요구되는 성질 등에 따라서 선택할 수 있으며, 산화물(Al_2O_3, MgO, TiO_2 등), 탄화물(SiC, TiC, B_4C 등), 붕화물(TiB_2 등) 및 질화물(AlN, BN, Si_3N_4 등) 등 다양한 종류가 있다. 이러한 세라믹상의 형태는 침투를 제한하지 않기 때문에 입자, 휘스커, 화이버 등의 형태 중 어떠한 형태나 크기의 세라믹도 사용 가능하다. 세라믹상이 Al_2O_3인 경우, 기지의 연성이 질화물(AlN)의 형성에 의해 감소하지 않도록 하기 위해서 침투온도는 1000°C를 초과해서는 안되지만, 연성이 작고 강성율이 큰 기지의 복합재료를 원할 때는 1000°C 이상의 온도도 사용가능하다. SiC 함유 복합재료에 있어서는 세라믹상이 Al_2O_3인 경우에 비해 AlN 형성경향이 작기 때문에 더 높은 온도를 사용할 수도 있다. 그러나 이때는 SiC가 용융 Al과 반응하여 Al_4C_3를 형성하는 경향이 있으므로, SiC 표면에 실리카(SiO_2)피복층이 형성되도록 공기중에서 미리 가열하거나, 용융 Al에 Si을 더욱 첨가하여 Al_4C_3형성을 최소로 하거나 방지해야 한다.

또한 자발적인 침투가 일어나기 위해서는 최소한 약 10vol%의 질소가스로 분위기를 만들어야 하며 질소농도가 침투속도에 영향을 주기 때문에 질소농도가 감소할수록 침투에 필요한 시간이 증가한다.

무가압 침투가 일어나는 온도범위는 일반적으로 800~1200℃의 공정온도가 효과적인 것으로 알려졌다. 이러한 공정온도는 Mg양이 증가하거나, Zn 또는 Fe와 같은 원소가 존재할 때 감소한다. 그리고 온도가 증가할수록 금속기지의 질화(nitridation)가 더욱 쉽게 일어나고 이때 형성되는 질화물의 양은 온도를 변화시켜 조절할 수 있다.

무가압침투법을 개발한 Lanxide측의 설명에 의하면 무가압 침투법에 의해 MMC를 제조할 때, 분말베드에 포함된 Mg입자가 증발하여 질소와 반응을 함으로써 침투를 촉진시키는 역할을 하는 Mg_3N_2를 형성하여 분말베드의 구성입자 주위를 피복하고, 이러한 Mg_3N_2가 용융금속과 강화상 사이의 젖음성을 크게 향상시켜 용융금속의 자발적인 침투가 일어난다고 제안하였다(그림 3-4). 전체적인 반응을 요약하면 다음과 같다.

$$Al(Mg) \longrightarrow Al(l) + Mg(g) \quad \cdots\cdots (1)$$

$$3Mg(g) + 2N(g) \longrightarrow Mg_3N_2 \quad \cdots\cdots (2)$$

$$2Al(l) + Mg_3N_2 \longrightarrow 2Al(N) + 3Mg \quad \cdots\cdots (3)$$

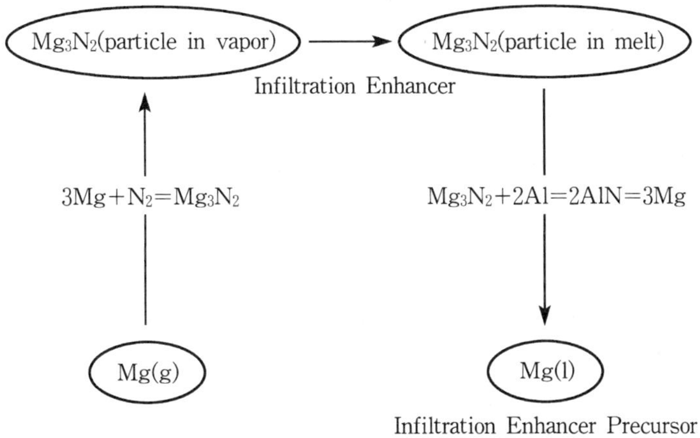

그림 3-4 용융금속의 자발적인 침투기구

참고문헌

1. 우기도, 김석원, 안행근, 정진호 : 한국주조공학회지, 제20권 제4호, 2000
2. 최일동, 김성준, 박익민 : 한국주조공학회지, 제16권 제1호, (1996)
3. 심호섭, 허성우, 조수연, 권훈 : 한국주조공학회지, 제19권 제2호, (1999)
4. M. K. Premkumar, W. H. Hunt, R. R. Sawtell : JOM, 44(7), (1992) 24
5. P. S. Turner : J. Res. NBS, 37, (1946) 239
6. M. K. Prekumar, D. I. Yun, R. R. Sawtell : Paper presented at the 121st TMS Annual Meeting, San Diego, CA, 4 March 192
7. W. Kohler : Aluminium, 51, (1975) 443
8. E. Gebhardt, M. Becker, and S. Dorner : Z. Metallkunde. 50, (1959) 379
9. Gwbhardt, E, Becker, M and Corner, S : Aluminium, 31, (1955) 315
10. E. V. Polack, S. V. Sergueiev : Comp. Rend. Acad. Sci. URSS; 30, (1941) 137
11. T. P. Tao, V. Kondic : J. Inst. Met., 81, (1952-53) 145
12. A. R. Miedema : J. Less Common Metals 46, (1976) 67
13. A. Mortensen, I. Jin : Int. Mater. Rev., 37, (1992) 101
14. A. Ibrahim, F. A. Mohamed, E. S. Lavernia : J. Mater. Sci., 26, (1991) 1137
15. P. Rohatgi, R. Asthana, S. Das : Int. Met. Rev., 31, (1986) 115
16. S. Ray : J. Mat. Sci., 28 (1993) 5397
17. G. Selvaduray, L. Sheet : Mater. Sci. Tech., 9, (1993) 463
18. H. Scholz, P.Greil : J. Euro. Ceram. Soc., 6, (1990) 237
19. S. Du, L. Gao, F. Li, Z. Liu and Y. J. Oh : J.Mater. Sci., 31, (1996) 3679
20. K. B. Lee, K. S. Ahn and H. Kwon : J.Korean Inst. Met. And Mater., 33, (1995) 1387
21. G. P. Vissokov and P. S. Pirgon : J. Mater. Sci., 31, (1996) 3685
22. H. K. Lee, C. Jin, K. Cho and I. M. Park : J. Kor. Inst. Met. And Mater., 33, (1995) 242
23. L. M. Hong, H. Tezuka and A. Kamio : J. Jpn. Inst. Light Met., 43, (1993) 82

제 4 장

반용융체 주조법

(Rheo casting, Thixo casting, Compo casting)

4.1 개 요

고상선과 액상선의 중간온도, 즉 고액 공존의 상태에서 고상의 비율이 작을 때는 유동성이 있으므로 주조가 가능하고, 고상률이 높아져도 재료의 변형에 필요한 힘(변형저항)이 적게 되므로 가공이 용이하게 된다.

고액공존상태에서 고체가 수지상정의 형태로서 응고한 경우에는 고상률이 낮아도 유동성이 없어진다. 이에 반해서 그림 4-1에 표시한 것처럼 반용융체를 격렬하게 교반해서 고상이 미세한 구상으로 되면 고상률이 50% 정도까지는 순수 액상상태와 비슷한 정도의 유동성을 갖는다. 이와 같은 특징을 살려서 반용융의 상태에서 가공하는 기술(Semi solid state processing)이 개발되어 왔으며 다음과 같은 특징을 갖고 있다.

① 응고 도중 고액 공존 영역에서 교반에 의해 기존의 덴드라이트 조직이 파괴되므로 통상의 주조품에 존재하는 조대한 덴드라이트 조직 대신에 거의 구형에 가까운 초정 입자들이 균일하게 분산된 미세한 조직을 얻을 수 있다.
② 내부 결함, 편석 등을 감소시키며 균일한 품질의 제품을 얻을 수 있다.
③ 응고 잠열의 대부분을 방출시킨 후 주조되기 때문에 주조장치에의 열부하를 경감시키며 장치의 수명을 향상시키고 생산 능률의 대폭적인 향상이 가능하다.
④ 가공장치에의 열부하를 감소시킴에 의해서 직접 최종제품에 근접하는 형상의 가공이 가능하다.
⑤ 반응고 상태는 초정과 용탕이 혼합된 상태이므로 새로운 강화재료의 혼입이 가능하기 때문에 새로운 복합재료의 제조가 가능하다.
⑥ 통상의 주조법으로는 제조하기 힘든 비중차가 크거나 고용도가 작은 금속 원소가 균일하게 분산된 합금의 제조가 가능하다.

이상의 특징을 갖는 반응고 가공프로세스의 실용화에 의해서 ①금속재료의 품질, 신뢰성, 기능이 향상되고, ② 난가공성 및 고기능재의 제조 및 제품 양산시의 에너지절약에 의한 비용 절감을 이루며, ③ 새로운 기능의 금속재료 및 복합재료의 제조가 가능하게 되었다. 여기에서는 반응고주조법의 기본적인 원리와 함께 Rheo casting 법, Thixo casting법, Compo casting법에 대해서 설명한다.

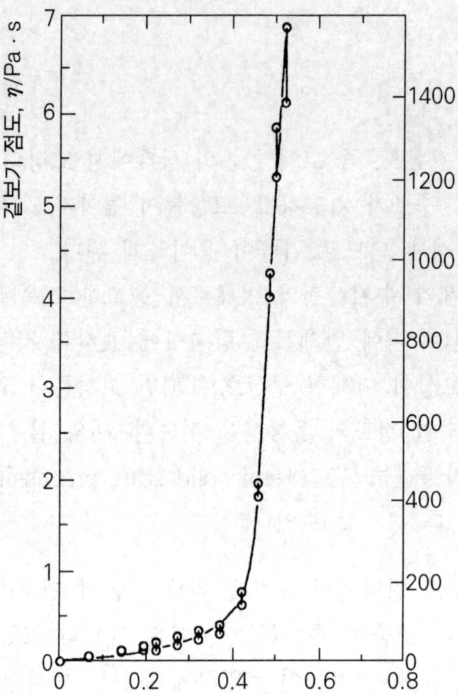

그림 4-1 겉보기 점도와 고상률(Pb-15질량%Sn합금)

4.2 반응고금속의 조직 및 성형조건

반응고성형은 해당금속에 대해서 액상과 고상이 공존하는 온도영역에서 이루어지므로 상태도에서 액상선과 고상선 사이의 온도영역이 넓게 분포해야만 우수한 성형성과 성형공정의 편의도에 있어서 유리하다. 반응고 금속성형을 위한 금속은 덴드라이트상이 아닌 구형의 고상이 액상에 비해서 미세하고 균일하게 분포되어야 함이 필수적이다.

해당 금속의 미세조직이 구형의 고상조직을 갖지 못하면 반응고영역에서의 마크로편석, 열간균열 등과 같은 결함이 발생하기 쉽다. 이러한 반응고금속의 조직형태에 따라 성형시의 변형저항의 차이가 발생하므로 원료금속의 조직제어는 필수적이다.

일반적으로 금속조직이 구형일수록, 또 액상의 비율이 증가할수록 반응고상태에서의 점도가 감소한다. 성형금속의 점도감소가 지나치면 우수한 성형성을 얻을 수는 있으나 취급에 어려움이 따르고 또 점도증가가 지나치면 변형저항이 급격히 증가하여 우수한 성형성이 기대될 수 없으므로 성형금속에 대한 적정 점도의 파악이 필요하다.

현재까지의 연구결과에 의하면 덴드라이트의 성장을 억제하고 미세한 구형의 고상조직을 얻기 위해서는 전단변형속도, 교반시간을 증가시키고, 냉각속도를 감소시키는 것이 유효한 방법으로 보고되었다. 다음 그림 4-2는 Al-10%Cu합금의 결정형상에 미치는 냉각속도, 교반속도의 영향을 나타내었다. 이와 같은 반응고금속의 미세조직에서 교반에 따른 겉보기 점도를 표현한 식은 다음과 같다.

$$\eta_a = \eta_{La}\left[1 + \frac{d \cdot S_r}{2\left(\frac{1}{f_s} - \frac{1}{f_{SCR}}\right)}\right]$$

- η_a : 반응고금속의 겉보기 점도(Pa·s)
- η_{La} : 액상의 겉보기 점도(Pa·s)
- d : 현탁입자의 평균지름(m)
- S_r : 현탁입자의 비표면적(표면적/체적)(1/m)
- f_s : 종량고상율(−)
- f_{SCR} : 유동한계중량고상율(−)

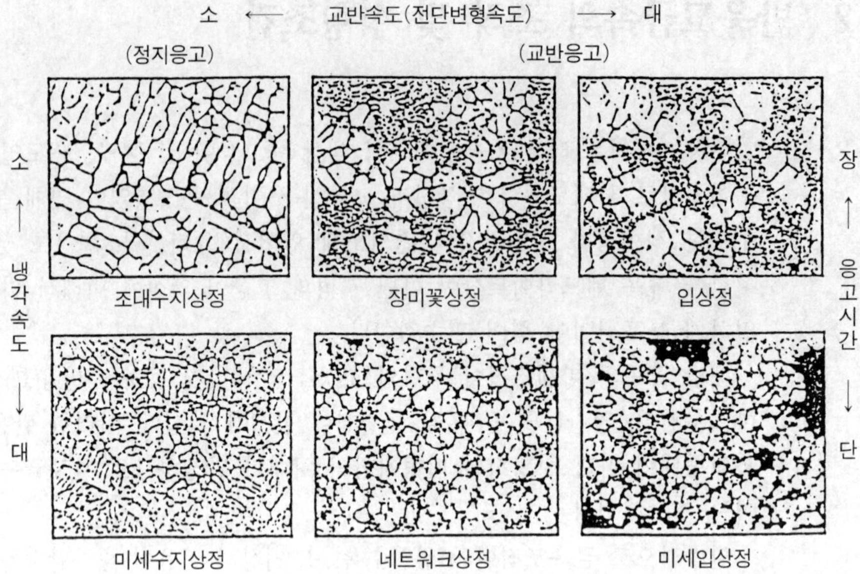

그림 4-2 Al-Cu합금 결정향상에 미치는 냉각속도 및 교반속도의 영향

1. 응고조직

일반적으로 고액공존영역에서 교반 후 급냉시킨 반응고 주조품의 마이크로 조직은 그림 4-3에서와 같이 덴드라이트 조직이 파괴되면서 생성된 구상 또는 장미꽃 형상의 초정 입자와 그 주위에 액상영역이 급냉되어서 형성된 미세한 덴드라이트 또는 공정조직으로 구성되어 있다. 그림 4-4는 이와 같은 조직의 형성과정을 도식적으로 보여주고 있다. 또한 반 응고 슬러리 합금의 응고조직은 혼합 교반 작용에 의해 통상의 주조 조직과는 달리 주괴 전체에 높은 균질성을 보이고 있다.

그림 4-3에 보인 것과 같은 구상 또는 장미꽃 형태의 초정입자 크기와 형태는 냉각속도, 변형속도 및 고상 초정입자 분율 등의 세가지 변수에 의해 결정되어 진다. 고상의 초정입자 분율이 일정하면, 초정입자의 크기는 냉각속도가 빨라질수록 감소하게 된다. 또한 같은 고상 입자 분율하에서 변형 속도의 변화는 초정 입자의 크기에는 냉각속도처럼 큰 영향을 미치지 않으나, 오히려 입자의 형태 변화에 비교적 큰 영향을 미친다. 즉 변형 속도가 커질수록 표면의 굴곡이 없어지며 점차 구형에 가까운 입자가 형성되게 된다. 이와 같은 변화의 메커니즘은 아직 정확히 밝혀지지 않고 있으나. Nucleation mechanism, dendrite fragmentation mechanism 그리고 remelting mechanism 등 여러 메커니즘이 제안되었다.

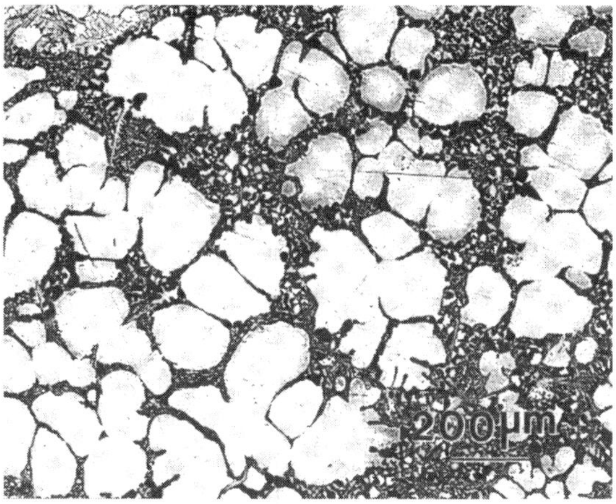

그림 4-3 Al-15wt%Cu 합금 슬러리의 응고조직

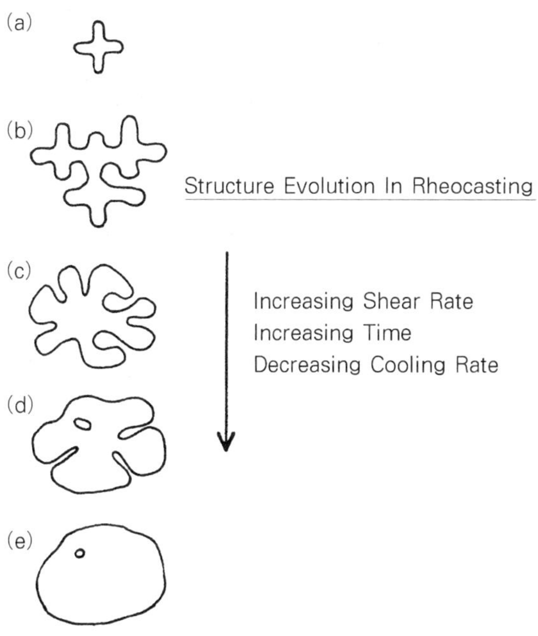

그림 4-4 교반에 따른 합금 슬러리 조직의 형성단계

2. Thixotropy

Spencer 등은 응고중의 합금을 교반을 시키면 수지상 조직이 파괴되어 초정입자가 균일하게 분포되며, 또 한가지 중요한 특징은 교반 및 응고조건에 따라 합금슬러리의 점성이 변화하는 것이다. 이와 같이 점성이 변하는 현상을 pseudo-plasticity 또는 thixotropy라고 한다.

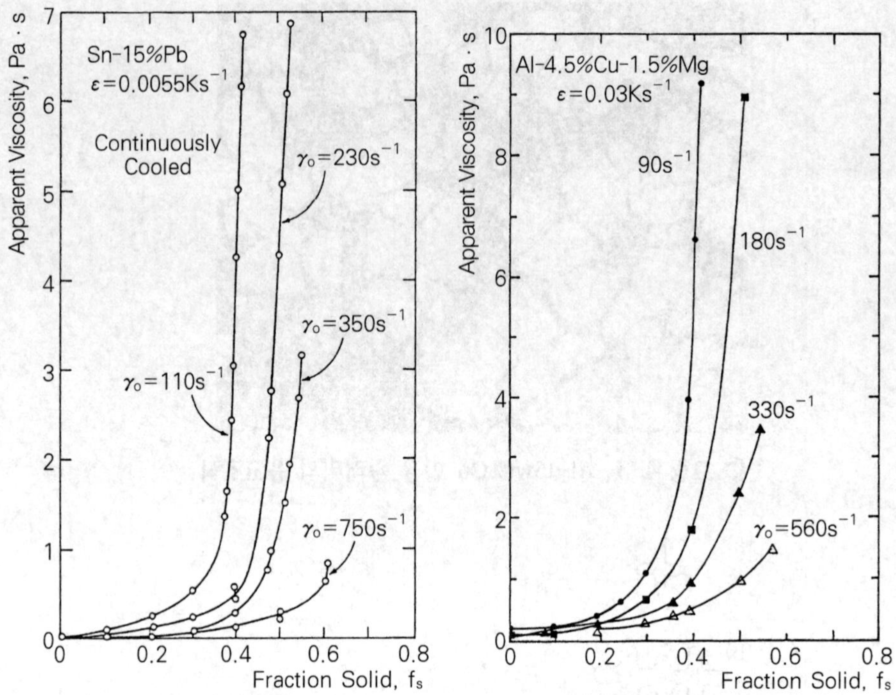

(a) Sn-15%Pb (b) Al-45wt%Cu-1.5wt%Mg

⬆ 그림 4-5 반응고 합금에서 점성도에 대한 교반 속도의 영향

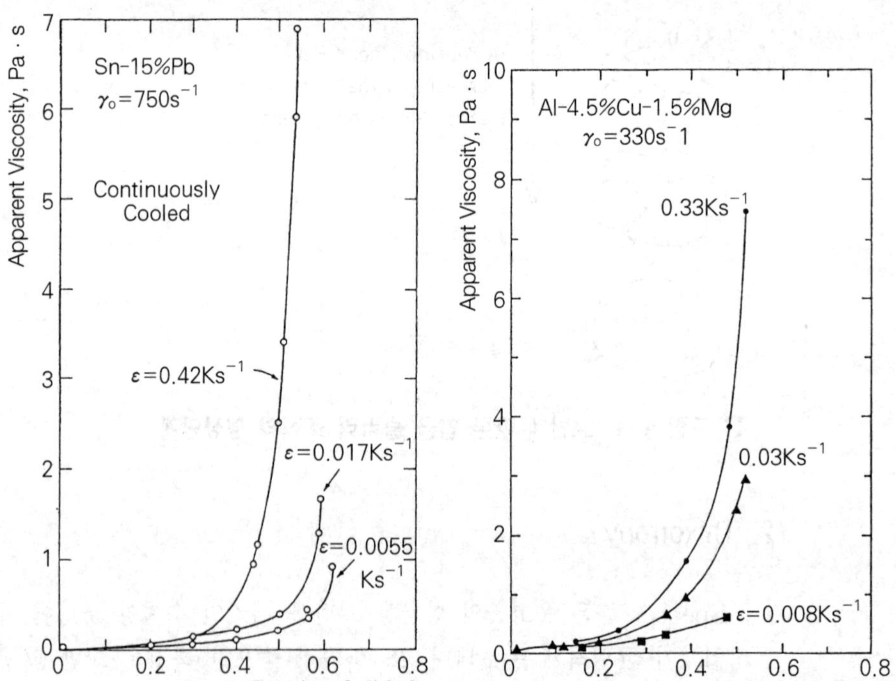

(a) Sn-15wt%Pb (b) 5wt%-1.5wt%Mg

⬆ 그림 4-6 반응고 합금에서 점성도에 대한 냉각속도의 영향

합금 슬러리의 점성은 그림 4-5, 4-6에 보였듯이 교반속도가 증가할수록 또 냉각속도가 감소할수록 급격하게 감소하며 이와 같은 변화의 원인은 그림 4-3, 4-4에 보인 바와 같이 합금의 교반에 따른 조직의 비가역적 변화에 기인된다 할 수 있다. 즉 교반 속도를 증가시키고 냉각속도가 감소될수록 초정 입자의 형태는 점차 가깝게 되어 유동성이 양호하게 된다.

3. 기계적 특성

반응고 주조재의 기계적 특성은 반응고 가공에 의해서 여러가지 조직의 최종 제품이 만들어 질 수 있기 때문에 간단히 설명되어질 수는 없다. 통상적인 응고의 경우에는 덴드라이트 조직이 형성되며 응고가 진행됨에 따라 응고수축을 보완하기 위해 덴드라이트 사이를 통하여 용탕 공급되어지며 응고 말기 이러한 유동이 제한을 받음에 따라 수축공 등의 주조결함이 발생하게 된다.

표 4-1 각 가공법에 의한 인장 특성의 변화

재 료	파괴강도 (MN/m^2)	항복강도 (MN/m^2)	연신률(%)
6061Al합금(T6열처리)			
• 레오캐스팅	207	165	4
• 딕소포징(다이온도 450°C)	214	152	7
• 딕소포징(다이온도 500°C)	252	172	18.5
• 스퀴즈캐스팅	252	200	9
2024Al합금			
• 딕소캐스팅	464	347	11.2
• 스퀴즈캐스팅	483	362	13.4
• 단조	485	400	10
Cu합금(CDA905)			
• 레오캐스팅	324	131	30
• 레오캐스팅 후 770°C에서 20시간 열처리	305	155	23
• 일반주조합금	310	151	25
• 딕소캐스팅	281	155	7
• 사형주조	390	152	30
AlSi304			
• 딕소캐스팅	660	276	19
• 인베스트먼트주조	516	274	30

그러나 반응고 가공프로세스의 경우에는 잔존 용액은 비교적 자유로이 이동이 가능하여 응고 수축을 보완하기 위한 용탕의 공급이 신속히 이루어지게 된다. 그러므로 내부의 주조 결함은 억제되며 반응고 주조품의 품질은 건전한 상태를 유지하게 된다. 표 4-1은 반응고 가공 프로세스에 의해 제조된 몇몇 합금의 기계적 성질을 보여 주고 있으며 통상적인 주조법에 의한 주조재와 거의 비슷한 인장특성을 보여주고 있다. 또 반응고 주조법의 결정립의 미세화에 의해서 표 4-1의 인장 특성 외에 압축 강도, 초소성 등의 향상이 이루어 질 수 있다.

반응고 가공 합금의 기계적 성질에 영향을 주는 인자중의 하나가 미소기공(micro porosity)이다. 미소기공은 기지내 기공, 입계 기공 및 집적 입자간 기공 등으로 분류된다. 미소기공의 발생 원인은 회전교반 응고 과정에서 격하게 발생되는 와류에 공기가 혼입되어 발생하거나 공기중에서 고속회전 교반하는 경우 쉽게 형성됨으로 실제 교반 중 미소기공이 형성되지 않도록 주의해야 한다.

4.3 반응고 성형기술의 종류

합금의 반응고상태를 응용한 주조기술에는 MIT대학의 Flemings등이 개발한 Rheocasting법이나 일단 고상을 입상화한 상태에서 냉각된 소재를 반응고 온도로 재가열해서 성형하는 Thixocasting법, 소재를 높은 고상률의 상태로 금형내에 고압성형하는 SSF(Semi solid metal forming)법과 반응고 상태에서 섬유나 입자를 첨가해서 복합재료를 성형하는 Compocasting법 등이 있다. 대표적인 반응고 금속의 제조방법은 다음과 같으며 표 4-2에 반응고 금속의 제조방법과 성형법을 간략히 보였으며 표 4-3에 일반적인 반응고성형법의 특징과 이점을 나타내었다.

표 4-2 반응고 금속의 제조 및 가공기술

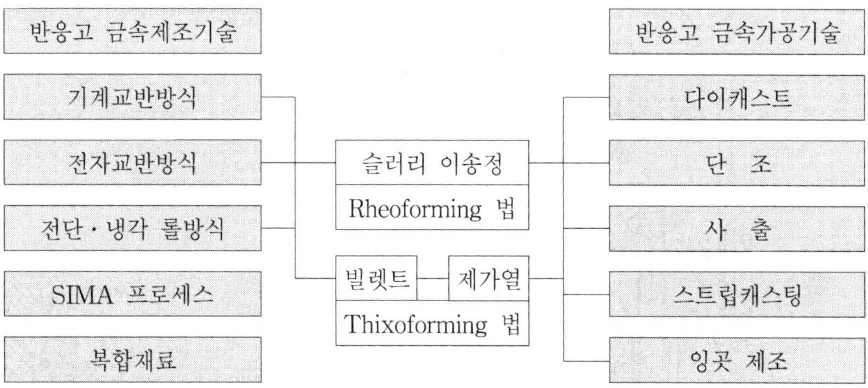

표 4-3 반응고성형 프로세스의 특징 및 기대효과

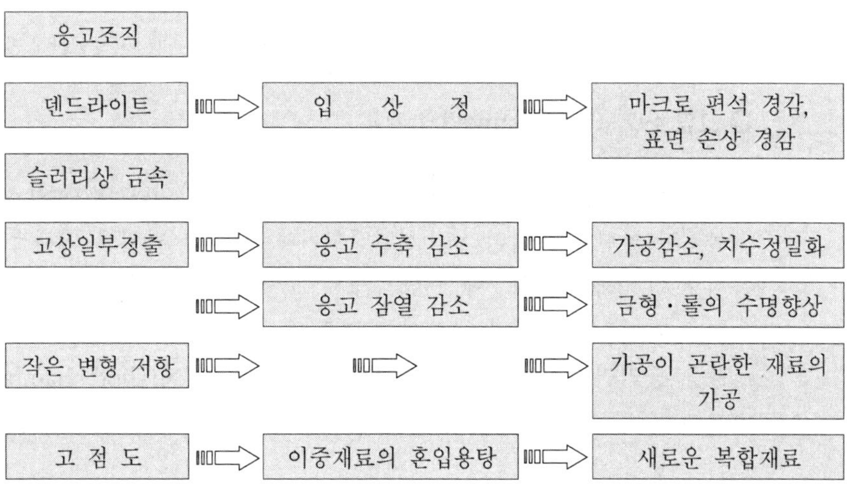

특히, 마그네슘합금은 알루미늄합금과 함께 주로 다이캐스트법에 의해 반응고성형되고 있다. 그러나 용탕을 고속으로 금형내로 사출한 결과 성형체 내부로의 가스의 혼입이나 균열 등의 구조결함이 발생되기 쉽기 때문에 제품의 신뢰성이 떨어지는 경우가 있다. 일반적으로 주조공정이 까다로운 마그네슘합금의 경우 여러 가지 반응고성형법을 이용한 가공법이 모색되고 있다.

1. Rheo casting법

레오캐스팅법은 용융금속 중에 미세한 구상의 고상을 균일하게 분산시킨 반용융 슬러리를 격렬하게 교반시켜서 주물을 제조하는 방법으로 rheology (점성, 점탄성, 소성 등을 체계적으로 연구하는 학문분야)와 casting의 합성어이다. 이 방법을 응용한 프로세스로는 배치타입 교반기에서 제조된 반응고 합금을 원심주조 방식에 의해서 바로 주형에 주입하는 GIRCAST법과 플라스틱 등의 사출성형법을 응용한 Thixo-molding법 등이 있다. 특히 딕소몰딩법은 연속적으로 반응고 합금 제품을 제조해낼 수 있는 상업적인 방법으로 최근 각광을 받고있다.

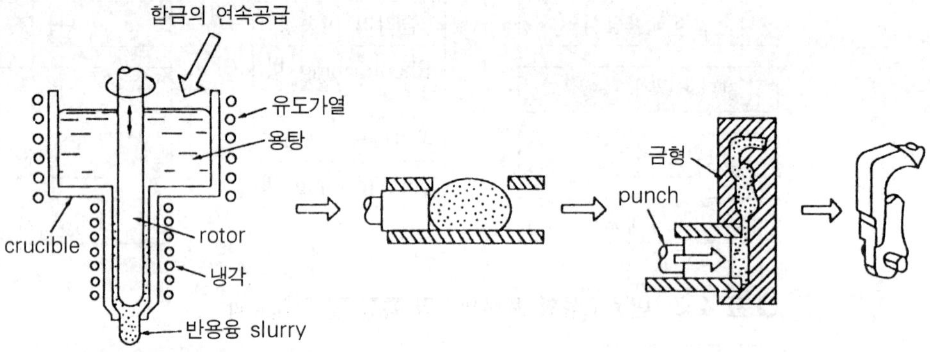

(a) 연속식 Rheocaster (b) Shot chamber에 반용융 slurry를 공급 (c) 주형공간에 반용융 slurry를 압입 (d) 제품

그림 4-7 Rheocasting법의 개요

그림 4-7은 이 프로세스의 개요를 나타낸다. (a)는 연속 Rheo caster라고 불려지는 반용융 슬러리의 제조장치이다. 상부의 가열에 의해서 금속을 연속적으로 용해하고 하부에서 냉각해서 고상을 정출시킨다. 냉각응고 중에 교반봉을 회전하여 미세한 구상의 결정을 용융금속 중에 균일하게 분산시키고 반용융 슬러리를 (b)의 다이캐스팅 기계의 쇼트챔버(shot chamber)에 공급하고 (c)처럼 주형에 압입한다. 응고후 주형에서 꺼내고 탕도 등을 절단해서 d)의 제품을 얻는다.

이 프로세스의 장점은 ① 보통의 주조법에 비해서 가열이 적고, ② 주입온도가 낮은 것, ③ 응고잠열의 방출이 적어 금형에 대한 열충격이 적은 것 등이다. 이 때문에 현재 금형의 수명이 짧아 다이캐스팅 방법이 경제적으로 곤란한 고융점 동합금, 철합금의 다이캐스팅이 가능하게 되리라고 기대되고 있다.

2. Thixo casting

Rheo casting법은 반용융 슬러리를 직접 다이캐스팅하는데 비해서 Thixo casting법은 반용융 슬러리를 일단 응고시킨 후 소정량 절단하여 재가열해서 다이캐스팅하는 방법으로 Thixotropy[1)]와 casting의 합성어이다. 미세한 구상의 고상을 균일하게 분산한 반용융 슬러리는 어느 특정한 고상률에서는 고체로서 취급이 가능한 동시에 기계적인 충격을 가하여 줌으로써 주형에 압입해서 다이캐스팅할 수 있다.

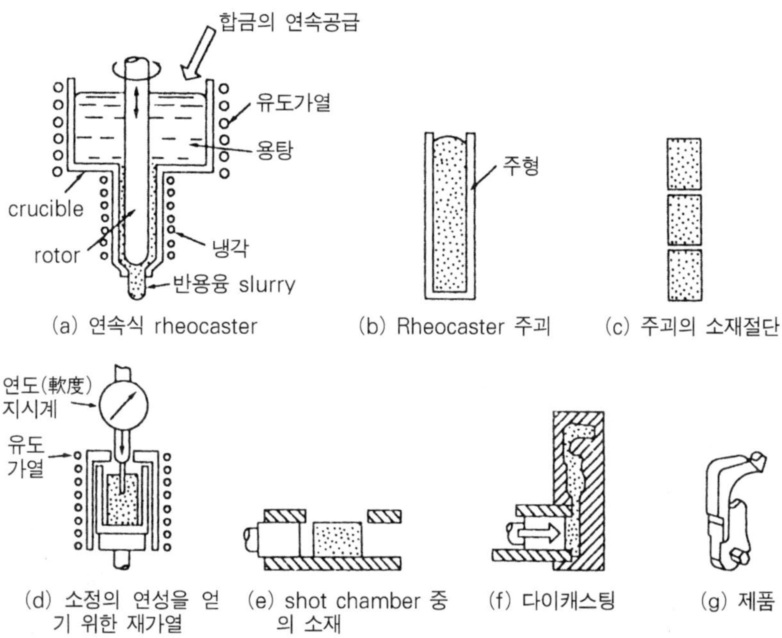

그림 4-8 Thixocasting법의 개요

---

1) Thixotropy : 일정한 온도에서 기계적인 충격을 주는 것만으로 sol과 gel이 가역적으로 변하는 현상으로 변형속도에 따라 반용융상의 조직이 변화하며, 이러한 조직변화가 점도의 변화를 일으키는 것을 말한다. 즉, 교반 등에 의해서 변형속도가 빨라지면 액상화가 진행되고 재료의 변형율의 증가와 함께 재료의 점성이 감소되는 가소성(pseudo-plasticity)의 특성으로 인해 적은 응력변화로도 우수한 성형성을 유지할 수 있다.

그림 4-8에 이 프로세스의 개요를 나타낸다. 이 방법은 Rheo casting법과 똑같은 특징을 얻을 수 있음과 동시에 반용융 슬러리를 고체로서 처리할 수 있기 때문에 조작이 용이하다는 장점이 있으나 주괴를 재가열하기 위한 에너지 소비가 증가하게 된다.

반응고 금속 슬러리는 점성이 변형 속도에 의해 지배되는 특성을 나타내며 딕소캐스트법은 그림 4-8의 개략적인 그림에 나타난 바와 같이 고액 공존영역에서 교반 응고시킨 합금을 다시 고액 공존영역으로 가열하여 성형을 행하는 가공기술이다. 그림 4-9에 나타낸 제조 공정은 다이캐스팅법, 그리고 그림 4-10에 나타난 제조 공정은 기존의 형단조법(closed die forging)과 유사하다. 또한 압출이나 압연 등도 이와 같은 반응고 금속을 이용하여 행할 수 있다. 이 딕소캐스트법을 이용하여 통상적인 다이캐스팅법 보다 높은 정확도가 요구되어지는 제품을 단조-기계가공 등의 제조방법보다 낮은 가격으로 제조할 수 있으며 레오캐스트법과 비교하여 주된 특징은 다음과 같다.

① 고액 공존 교반 응고시킨 고상율 40%에 상당하는 온도까지 재가열해도 완전한 고상 상태의 강성을 그대로 유지할 수 있으며 고상과 동일한 처리가 가능하다.
② 반응고 금속 제조장치에서 얻어지는 재료의 레오로지적 특성을 시간적, 공간적으로 그대로 유지하기 때문에 제조프로세스가 다양화 되어질 수 있다.
③ 압연, 압출 등의 가공도 반응고 합금을 이용하여 가능한 점 등을 들 수 있다.

이 방법을 응용한 프로세스로는 SSM forming(semi solid metal forming) 등이 있다.

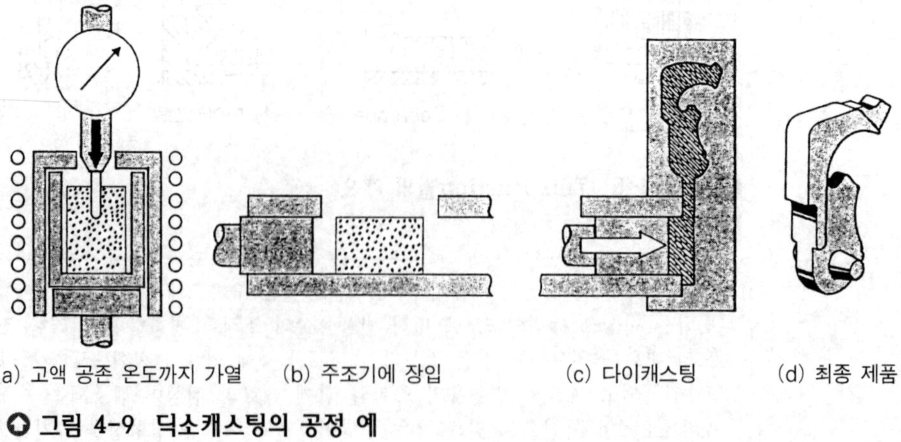
(a) 고액 공존 온도까지 가열 (b) 주조기에 장입 (c) 다이캐스팅 (d) 최종 제품

그림 4-9 딕소캐스팅의 공정 예

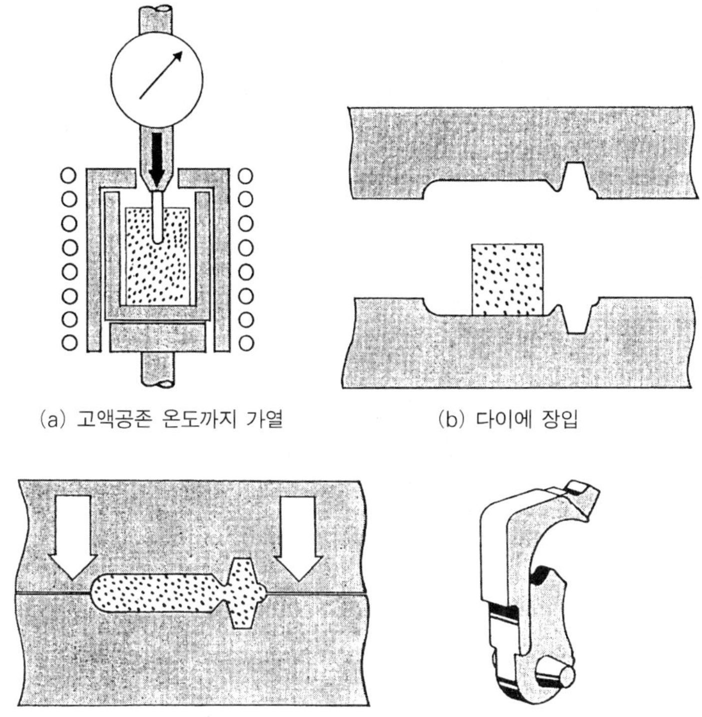

(a) 고액공존 온도까지 가열　　(b) 다이에 장입

(c) 단조　　(d) 최종제품

그림 4-10 딕소캐스팅의 공정 예

3. Compo-casting법

레오캐스팅법을 변형시킨 프로세스의 하나로 composite(복합재료)와 casting으로부터 명명된 합성어로 반용융가공에 의한 복합재료 제조법이다. 이 방법은 미세한 구상의 고상이 균일하게 분산된 반용융 슬러리에 분말상, 입상, 단섬유 상태의 첨가물을 교반하면서 혼합하여 복합재료를 제조하는 공정이다. 반용융상태의 슬러리에 포함되어 있는 구상의 고상을 교반하면, 혼합된 첨가물이 부상, 침강, 응집하는 것을 방지할 수 있기 때문에, 용융금속 중에서는 혼합이 불가능한 비중차가 큰 첨가물이나 젖음성이 나쁜 첨가물, 응집하기 쉬운 박편 등의 구상의 첨가물이라도 다량으로 균일하게 혼합할 수 있다. 첨가물과 고상금속, 또는 첨가물을 균일하게 분산시킨 반용융 슬러리는 유동성이 있어 주조할 수 있다.

그림 4-11은 이 방법의 개요를 나타내고 있다. 이 프로세스의 장점은 거의 모든 첨가물을 사전처리 없이 다량으로 혼합시킨 복합재료를 제조할 수 있다는 것이다. 싼 가격, 경량, 고강도, 높은 내마모성, 높은 에너지흡수, 낮은 마찰

계수, 고윤활의 재료를 얻을 수 있다.

반용융 가공에 의한 복합재료 프로세스로서 그림 4-12(a)에 입자분산 복합재료, (b)입자강화 적층 복합재료, (c)일방향 단섬유 강화 복합재료의 모식도를 나타내었다.

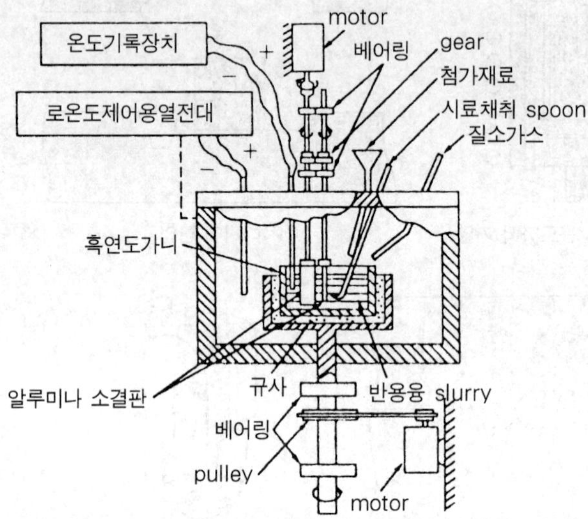

그림 4-11 Compocasting법의 개요

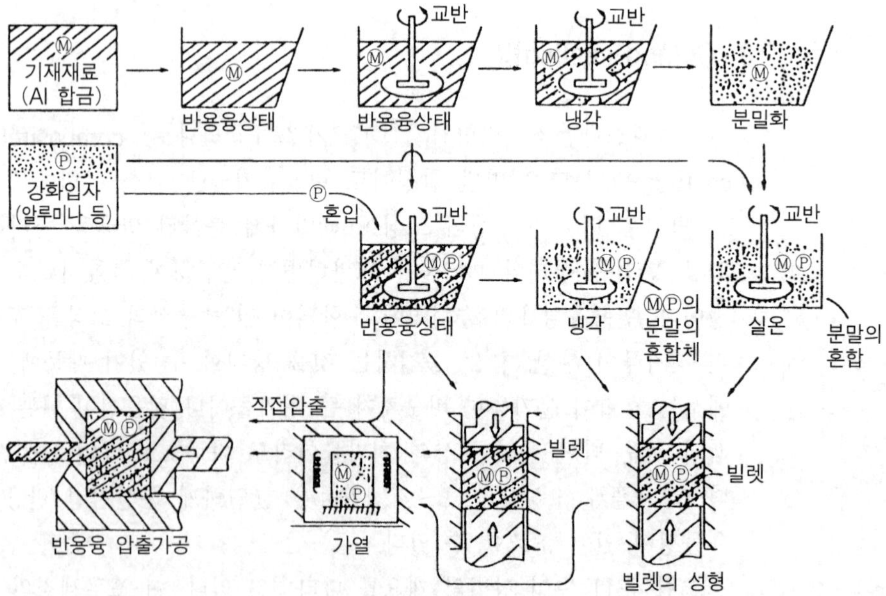

(a) 입자분산 복합재료

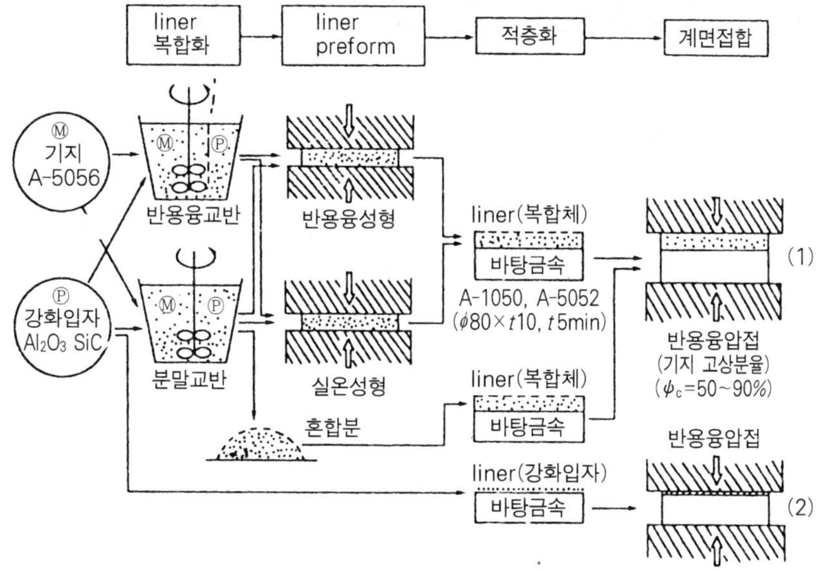

(b) 입자강화 적층복합재료

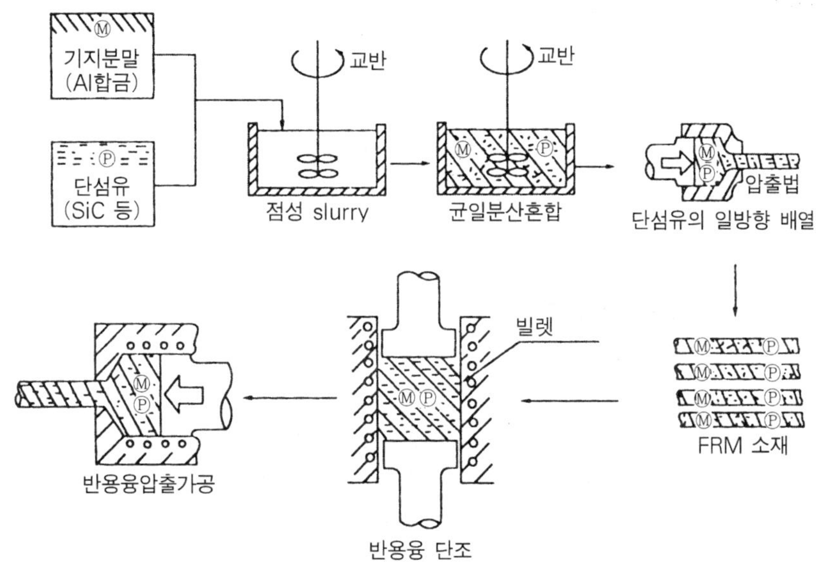

(c) 일방향 단섬유강화 복합재료

◯ 그림 4-12 반용융 복합재료 제조, 가공프로세스의 개요

4.4 금속합금 슬러리(slurry)의 제조

합금의 덴드라이트 조직으로 응고시 고액 영역을 반드시 통과하게 되며 이 영역을 통과할 때 초정의 결정화 및 성장, 용질의 재분배, 덴드라이트 사이에서 용탕 유동 및 응고상의 이동 등 여러 현상이 함께 진행되게 된다. 덴드라이트 조직은 응고시 고액 공존 영역에서의 위의 여러 인자의 영향을 받아 형성하게 된다. 특히 공존 영역에서 교반 등에 의해서 용탕을 유동시키고 냉각속도가 늦어질수록 초정 결정립은 구형에 가까워지게 되며, 이와 같이 하여 형성된 금속 합금의 슬러리는 통상의 덴드라이트 조직에서는 나타나지 않는 딕소트로피(Thixotropy) 또는 레오로지(Rheology) 성질을 갖게 된다.

딕소트로피 또는 레오로지 성질이란 재료의 변형 속도에 지배되는 점성 즉 교반 등에 의해서 변형속도가 빨라지면 액상화가 진행되고 그냥 방치해주면 고상화가 진행되는 특성을 말하며, 재료 변형율의 증가와 함께 재료의 점성이 감소되는 가소성(pseudo-plasticity)의 특성을 나타낸다. 금속합금은 고액 공존 영역에서 교반 및 응고 조건에 따라 합금 슬러리의 점성이 변하게 되며, 반응고 가공 프로세스는 딕소트로피 또는 레오로지 성질이 나타나도록 점성이 조절된 합금 슬러리를 이용하여 최종 제품을 성형하는 응고가공 기술이다. 이와 같은 금속 합금 슬러리를 제조하기 위한 교반 방법으로는 크게 기계적 교반법과 전자기에 의한 교반법이 있다.

1. 기계적 교반법

금속 용탕의 응고 과정 중에 교반자 등을 이용한 기계적 방법으로 회전 교반을 하여 딕소트로피 성질을 갖는 합금슬러리를 제조하는 방법이다. 그림 4-13에 기계교반방식 반응고금속 제조장치를 도시하였다. 이 방식의 특징 중의 하나는 낮은 고상율에서 높은 고상율까지 광범위한 반응고금속의 제조가 가능하다는 것이다. 슬러리 중의 초정의 구형화는 전자교반방식에 비해 우수하거나 동등하다. 알루미늄합금에서는 고상율 0.5까지의 연속제조가 가능한 것으로 확인되었고, 고융점금속의 동합금에 있어서도 고상율 0.5까지 연속제조가 가능한 것으로 실증되었다. 반응고금속의 고상율 제어는 슬라이딩 게이트의 개폐에 의해 슬러리의 배출속도를 제어하는 방법으로 이루어진다. 고상율이 높은 슬러리(0.3)의 배출속도 제어에는 교반자를 스크레이퍼(scraper)상으로 해서 생기는 배출압을 이용하는 것이 필요하다. 또한 높은 고상율의 슬러리를 연속해서 안정적으로 제조하기 위해서는 냉각조의 냉각면에 생성하는 응고 cell의 두께를 제어하는 것이 중요하고 이를 위해서 냉각면의 추출열 속도를 적정한 수치로 하는 것이 필수적이다. Cell의 두께, 추출열속도, 전단변형속도, 고상율의 관계를 해석해서 적정한 조업조건을 찾아야한다.

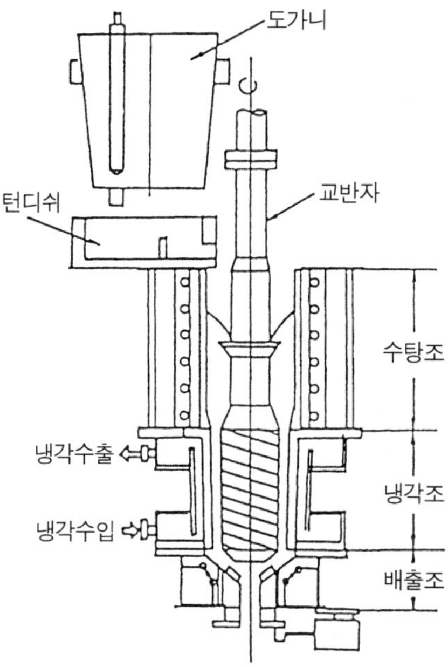

그림 4-13 기계교반방식 반응고금속제조장치

반응고 가공 프로세스의 개발 이전에 이미 1960년대에 결정립을 미세화시키고 주물의 주조 결함을 감소시키며 주물의 균질화를 위한 목적으로 주형회전 스크레이퍼(scraper)법으로 소개되기도 하였다. 이 방법은 주형을 약 100rpm의 속도로 회전시키면서 주형벽 근처에 위치한 고정봉으로 하여금 응고계면을 이루며 성장하는 덴드라이트 조직을 파괴시키도록 하여 결정의 미세화를 이루는 주조법이다. 더욱 결정립의 미세화를 효과적으로 도모하기 위해서 주형을 고정시킨 대신 주형 근방에 설치된 교반봉을 최고 450rpm정도로 회전 시켜 주형 벽으로부터 성장하는 덴드라이트 조직을 파괴하는 스크레이퍼 회전 응고법이 고안되기도 하였다.

1970년대에 들어서면서 Flemings 등에 의해서 반응고 가공 프로세스를 위한 합금 슬러리를 제조하는 방법이 본격적으로 개발되기 시작하였으며 개발초기 레오캐스팅법으로 칭해졌다. Joly 등은 그림 4-14에 보인 것과 같은 동심 이중 원통내에 금속 용탕을 위치시키고 안쪽의 원통은 고정시키고 바깥쪽의 원통을 합금의 고액 공존 온도 영역에서 회전시킴으로서 강력한 회전 교반을 시킨 합금 슬러리의 조직과 이와 관련된 레오로지 특성을 알루미늄 합금, Sn-Pb합금, 청동, 주철, 스테인리스 강 및 초합금에 대하여 조사하였다. 그 예로 Sn-15%Pb 합금에서 조사된 점성과 체적고상율과의 관계를 그림 4-14에 나타내었다. 고액 공존 영역에서 나타나는 점성은 체적 고상율이 일정한 조건에서는 초정 입자 크기의 감소에 따라 저하되었다. Sn-15%Pb합금의 반응고 슬러리는 체적 고상율이 30% 이상에서 레오로지 특성이 나타났으며 같은 합금을 항온 유지시킨 경우 슬러리의 점성과 변형속도와의 관계는 거의 직선적으로 변형속도가 증가함에 따라 점성이 감소하였다.

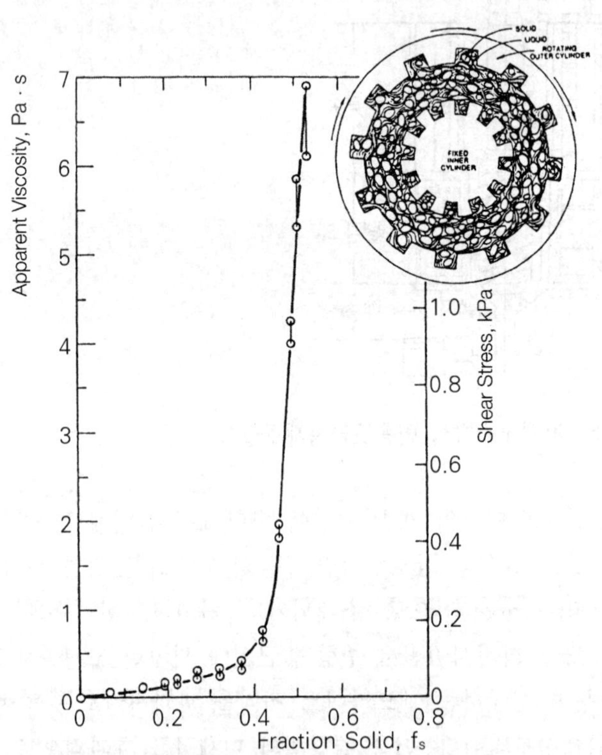

그림 4-14 합금 슬러리의 교반방식(우측 상단)과 변형속도 200^{-1}, 냉각속도 $0.0006KS^{-1}$의 교반 조건에서 Sn-15%Pb합금의 고상초정률(fs) 변화에 따른 점성도의 변화

그림 4-15 (a)와 (b)는 기계적 교반법에 의한 반응고 금속의 제조 방법을 도식적으로 보여주고 있다. (a)는 초기에 개발된 배치 타입 레오캐스터(batch type rheocaster)를 보여주고 있으며 (b)는 기계적 교반에 의해서 반응고 합

금 슬러리의 제조를 연속적으로 향하는 연속 레오캐스터(continuous rheocaster)를 보여주고 있다. 연속 레오캐스터를 이용하면 높은 교반 속도가 가능하고, 교반이 용탕 표면 깊숙한 곳에서 진행이 되며 냉각속도가 빨라 미세한 조직의 반응고 합금 슬러리를 얻을 수 있는 등 배치타입 레오캐스터에 비해서 많은 장점을 가지고 있으며, 반응고 금속합금을 바로 프레스 등으로 연속적으로 성형하여 산화물 등의 혼입을 방지하며 고품질의 열처리 가능한 제품을 연속적으로 제조할 수 있다.

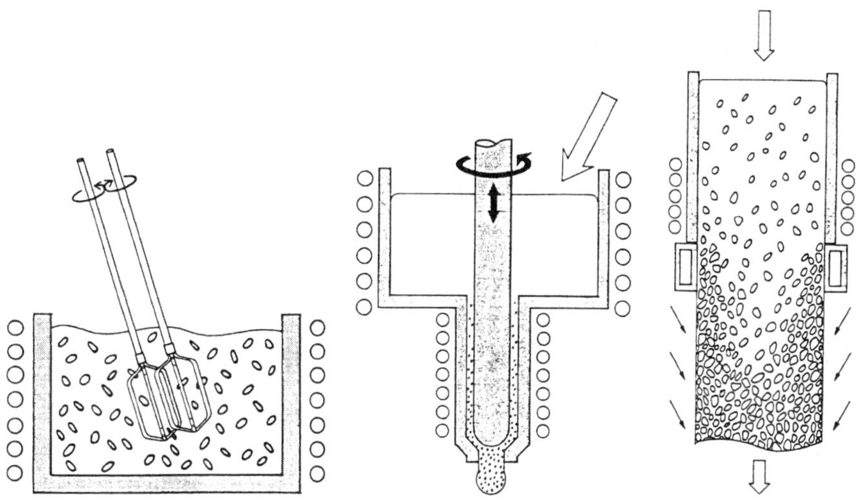

그림 4-15 합금슬러리 교반 방법

1980년대에는 이러한 기계적 교반법을 이용한 반응고 가공 프로세스의 개발이 본격화하기 시작하였으며, Cheng 등은 실용화에 근접한 연구로서 터빈 디스크용 Ni기 초합금인 IN-100에 레오캐스팅법을 적용한 연구를 진행하고 있다. 통상의 레오캐스팅법은 회전 교반 응고시 기체의 혼입에 의한 기공의 형성을 방지하기 위해서 회전자의 회전 속도가 약 1000rpm 이하로 억제되었으며, 이 때문에 덴드라이트 결정의 파괴가 불완전하여, 생성되는 초정입자도 비교적 조대하고 규칙성이 결여되는 것이 일반적인 경향이었다. 최근 Ichikawa 등에 의해서 종래 레오캐스터의 냉각방법과 교반회전자의 속도 및 형상을 변형시킨 방법으로서 진공 중에서 1000rpm 이상으로 회전자의 회전이 가능토록 한 프로세스가 개발되어 현저한 결정립 미세화의 효과가 얻어졌으며, 고기능재의 제조를 위한 프로세스 중 하나로 평가되고 있다. 이처럼 기계적 교반법을 이용한 반응고 가공 프로세스의 연구는 약 20년 이상의 역사가 있으며 대부분이 실험실적 규모의 장치에 비교적 취급하기 용이한 저융점 합금에 거의 한정되어 있는 실정이었다. 그러나 1980년대 후반에 들어서면서 기계적 교반법을 이용한 딕소몰딩, SSM Forming(Semi solid metal forming) 등 본격적인 공업화를 위한 시도가 점차 이루어지고 있다.

2. 전자교반법

기계적 교반법 외에 반응고 합금의 제조를 위해 사용할 수 있는 방법이 그림 4-15(c)와 그림 4-16에 나타낸 것과 같은 전자기에 의한 교반 방법이다. 즉, 용융 금속내에 전자유도를 통하여 교반을 행하는 기술로서 등축정을 증가시켜 편석을 방지하기 위한 방편의 하나로서 철강의 연속주조 등에 이미 적용되고 있으나, 주조전 또는 주조중에 반응고 금속 슬러리를 만들어 초정을 미세화시키기 위한 목적으로는 아직 충분히 활용되지 못하고 있다. 기계적 교반시 교반자의 내구성 등의 문제를 해결하기 위해서 Winter 등이 유도전자 교반법을 제안하였으나 이 방법은 용융금속 중앙부의 교반 효과가 현저하게 저하되기 때문에 좋은 특성의 금속 슬러리를 얻기 위해서는 변형 속도가 충분히 커야 하며 따라서 큰 자기의 발생을 필요로하여 전자 교반장치는 필연적으로 대형, 고가가 되어야 하는 단점이 있다.

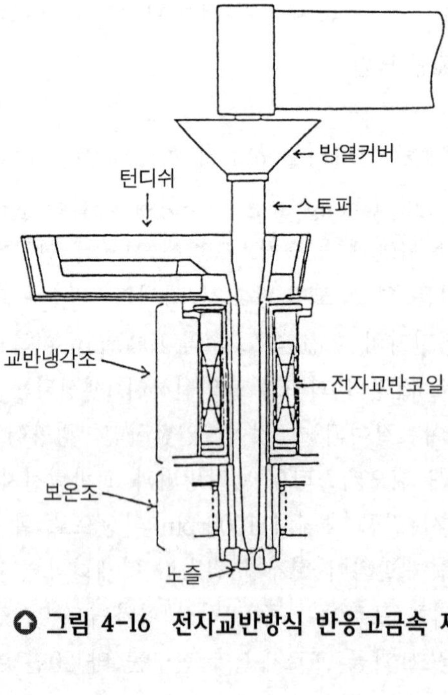

그림 4-16 전자교반방식 반응고금속 제조장치

3. 전단냉각 Roll방식

기계적 교반방식의 일종으로, 높은 고상율, 빠른 냉각속도에서 반응고금속의 제조를 위해 새로 고안된 방식이다. 그림 4-17에서 용탕은 냉각 Roll에 의해 냉각되고 고정판 사이에 전단력이 가해져서 슬러리상에서 이송되어 나온다.

이 방식에서는, Roll 표면에 생성된 응고 Cell의 두께제어법이 주요 기술이다. 응고 Cell의 두께가 두껍게 성장하면 스크레이퍼(scraper)에 의해 Cell이 손상되며 이를 방지하기 위해서는 제조한 반응고금속 슬러리의 고상율에 적절한 롤의 냉각면의 추출 열속도와 롤의 회전속도를 선정하는 것이 필수적이며, 열해석에 의해 각 합금에 대한 적정조건을 파악해야 한다.

이 방식을 이용하면 다른 방식에 비해 빠른 냉각속도에서 보다 미세한 초정을 함유한 반응고금속을 제조할 수 있다. 또한 고상율은 Roll회전수를 변화시킴으로써 슬러리의 배출속도를 조정, 제어하는 것이 가능하다.

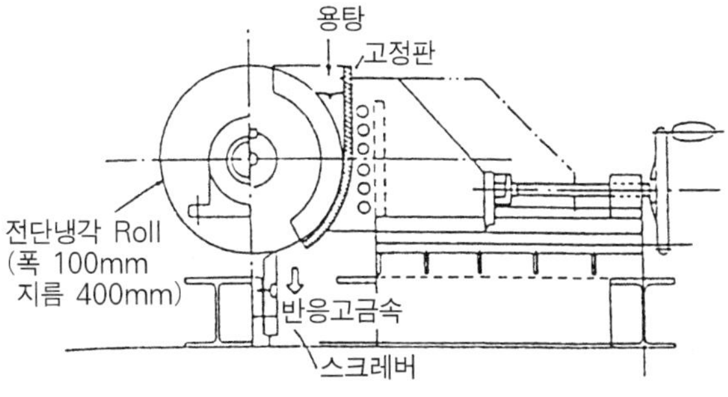

그림 4-17 전단냉각 Roll방식 반응고금속 제조장치

4. SIMA(Strain Induced Melt Activated)

SIMA공정은 용탕에 교반으로 인한 전단력을 부가함으로써 덴드라이트조직을 구형화하는 일반적인 교반법과는 달리 고상합금에서 직접 반응고금속을 제조하는 기술이다. 고체상태의 합금에 열간 또는 냉간가공을 하여 과다한 소성변형을 가해준 후 액상-고상의 공존 온도영역으로 합금을 가열하여 덴드라이트조직을 구형화된 입자조직으로 변형시키는 방법이다. 즉, SIMA 공정에서는 소재에 압연 등의 가공열에 의해 덴드라이트 내에 미세한 재결정을 촉진해서 고상선온도를 넘으면 액상이 그의 재결정입계에 침투한 결과 등축이 액상중에 분산한 조직이 얻어지는 것을 이용하고 있다. 이 방법은 1984년 개발된 이래로 상용화가 일찍 이루어져서 알루미늄 및 구리합금의 소형 부품제조를 위한 반응고금속 제조에 사용되고 있다.

참고문헌

1. 김영인, 이정수, 김광배 : 한국주조공학회지, 제16권 제6호, (1996) 459
2. 김도향, 한요섭, 이호인 : 한국주조공학회지, 제12권 제2호, (1992) 108
3. 정운재, 김기태, 홍준표 : 한국주조공학회지, 제15권 제2호, (1995) 184
4. 정홍규, 강충길 : 한국주조공학회지, 제18권 제5호, (1998) 450
5. M. C. Flemings, R. Mehrabian : Trans. AFS., 81, (1973) 102
6. M. C. Flemings : Met. Trans., 22A, (1991) 957
7. M. C. Flemings, R. G. Riek and K. P. Young : Mat. Sci. Eng, 25, (1976) 103
8. P. A. Joly and R. Mehrabian : J. Mater. Sci., 11, (1976) 1393
9. Butterworths : Metal Referance Book, 5th edi. (1976)
10. J. A. Cheng, D. Apelian and R. D. Doherty : Met. Trans., 17A, (1986) 2049
11. A. Vogel, R. D. Doherty and B. Cantor : Solid. and Cast. of Met., (1979) 518
12. S. C. Erickson : Procedings of 44th Annual World Magnesium Conference, Tokyo, International Magnesium Association, (1987) 39
13. R. D. Doherty, H. I. Lee and E. A. Feest : Mater. Sci. Eng., 65, (1984) 191
14. P. S. Fredrick, N. L. Bradley and S. C. Eickason : Advanced Materials and Process, 134, (1988) 53
15. Y. V. Murty, D. G. Backman and R. Mehrabian : Proc Workshop on Rheocasting. Army Materianice Research Center, (1977) 95
16. J. Campell : Int. Met. Rev., 2, (1981) 71
17. D. B. Spencer, R. Mehrabian and M. C. Flemings : Met. Trans., 3, (1972) 1925
18. M. A. Taha and N. A. Mahallawy : Proc of 456th int. Foundary Cong., paper No. 15, (1979)
19. A. Assar, N. A. El-Mahallawy and M. A. Taha : Met. Technol., 9, (1982) 165

제 5 장

발포금속의 제조

5.1 개 요

에너지 및 지구환경 문제에 부합하여 최근 몇 년 사이 기계적, 열적 특성 및 음향 특성의 시너지 효과를 기대할 수 있는 초경량 내열구조재료로 신소재인 발포금속이 주목받게 되었다. 발포금속은 고체와 기체가 cell상으로 복합된 재료로써 제조공정에 따라 기공의 형태, 크기, 분포 및 기공율을 10~90% 정도까지 제어할 수 있으며, 2차 가공시 기존 공정의 적용이 가능한 장점을 가지고 있어 목적에 부합하는 발포금속 설계가 가능하다는 특징이 있다.

발포금속은 수십년 전 이미 개발되었으나, 제조기술의 진보에 의하여 고성능의 발포금속을 상대적으로 저가에 제조하는 것이 가능한 것과 기계적, 열적, 에너지 흡수 특성에 대한 기초적 지식의 보다 깊은 이해와 더불어 이들의 요구 특성에 부합하는 발포금속에 대한 설계가 가능하게 되어 최근 다시 주목받고 있다.

발포금속은 형태에 따라 개방형(OC : open cell type)과 폐쇄형(CC : closed cell type)으로 구분할 수 있으며, 요구 특성에 의해서는 초경량성과 높은 비탄성율 및 비강도, 압축하중에 대한 저항 특성을 이용하는 경량 구조용과 진동, 소음 및 전자파 등의 에너지 흡수용 및 열확산성, 넓은 표면적에 따른 우수한 열적 특성을 이용하는 열전달 매개용으로 구분할 수 있다. CC 발포 금속은 비탄성율 및 비강도가 우수하여 자동차산업에서 초경량구조재로 적합하며, 기공의 고른 분산과 크기 및 두께의 제어에 대한 연구가 진행 중에 있다. OC발포금속은 open cell이라는 형태의 특성 즉, 공기나 물과 같은 매개체가 자유롭게 드나들 수 있기 때문에 열의 매개체, 흡음 및 필터 등에 적용할 수 있다.

한편, 발포금속을 제조하는 방법은 크게 주조법과 분말법으로 대별될 수 있다. 주조법에는 TiH_2 또는 ZrH_2 등의 금속수소화물(hydrides) 및 Ar 가스 등을 직접 용탕에 혼입, 교반하는 가스확장법(GEM : Gas Expansion Methods), 수용성의 예비성형체(preform)를 이용하는 용탕침투법, 정밀주조법, 금속/가스 공정응고법 등이 있으며, 분말법은 수산화금속 및 금속산화물의 슬러리를 이용하는 hollow sphere법, TiH_2, ZrH_2 등의 금속수소화물을 금속분말과 혼합하여 가열하는 소결법 및 HIPing(Hot Isostatic Pressing; 열간등가압)공정 중 고압 Ar가스를 혼입한 후, 열처리시 가스확장을 통한 발포금속을 제조하는 방법으로 구분할 수 있다. 발포금속의 실용화를 위해서는 다기능화 설계와 저가의 제조공정 개발이 중요하며, 요구특성을 구현할 수 있는 발포금속의 설계와 제조공정에 대한 충분한 이해가 필요하다.

5.2 제조방법

1. 주조법

(1) 가스확장법(GEM : Gas Expansion Method)

1948년에 Sosnik에 의해 알루미늄에 수은을 증발시키는 방법으로 발포알루미늄을 제조한 이래, 1951년 Elliot에 의해 진보된 방식인 발포 매개체를 용탕에 혼입하는 방법으로 발포금속을 제조하기 시작하였다. 이 방법은 TiH_2, ZrH_2 등의 수소화금속을 이용하는 방법과 공기, 산소, 질소, 이산화탄소 및 아르곤 등의 가스를 직접 용탕에 주입하는 방법이 있다. 수소화금속을 이용하는 방법은 용탕에 수소화금속을 혼입하고 수소가스가 분해되기 전에 충분히 교반하여 수소화금속을 균일 분산시킨 후 응고시 분해된 수소가스가 팽창하도록 하여 폐쇄형의 발포금속을 제조하는 방법이다.

이 방법에서는 수소화금속 및 주입 가스가 균일하게 분산될 수 있을 정도의 유동성이 있어야 함과 주입가스가 용탕 밖으로 배출되지 않을 정도의 점도를 동시에 만족시키는 것이 핵심 기술이다. 이를 위하여 수소화금속을 혼입하는 경우는 금속 Ca를 점성을 증가시키는 목적으로(증점제) 첨가하며(그림 5-1), 가스를 직접 이용하는 경우는 가스 자체의 증점효과와 더불어 증점을 위해 MnO_2 등과의 복합화에 의한 입자강화 금속기복합재료(그림 5-2)를 이용한다. 한편, 수소화금속을 이용하는 경우에는 수소의 분해온도가 금속의 융점과 온도차가 적은 것을 선택하는 것이 중요하다.

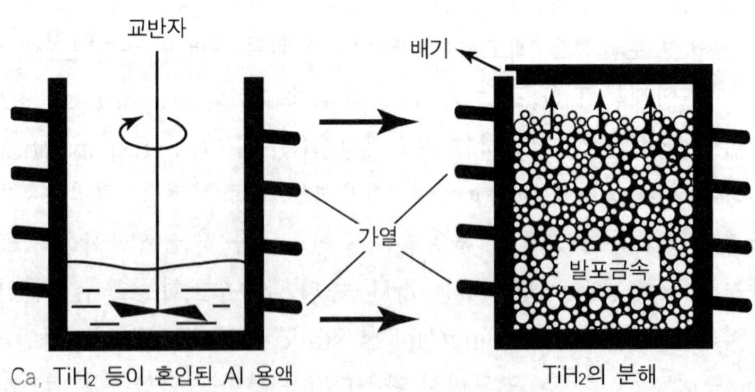

그림 5-1 수소화금속을 이용한 가스확장법(Gas Expansion Method)

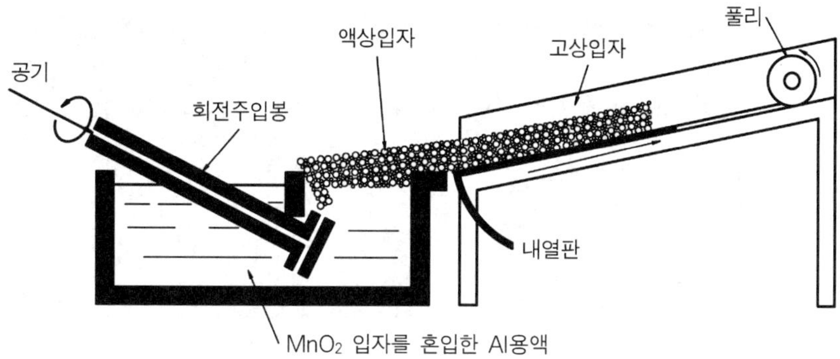

그림 5-2 입자강화복합재료를 이용한 가스확장법

(2) 용탕 침투법

개방형 발포금속 제조가 가능한 용탕침투법은 열에 대한 저항성이 높으며 동시에 수용성인 염화나트륨 등을 구형체로 적층하여 만든 예비성형체에 용융금속을 주입한 후 수용성 염화나트륨을 녹여내어 발포금속을 제조하는 방법이다. 구체로는 점토나 유리질 또는 속이 빈 강옥(hollow corundum) 등의 압축성 무기물질도 적용될 수 있다. 대부분의 용융금속, 특히 알루미늄은 표면장력이 크기 때문에 예비성형체에 침투가 용이하지 않으며, 이에 예비성형체의 예열, 침투온도의 증가 및 진공이나 가압 성형법이 이용된다. 그림 5-3에 개방형발포금속을 제조하는 원리를 도시하였으며 이러한 방법으로 생산된 발포금속의 조직과 제품을 각 각 그림 5-4와 5-5에 나타내었다.

한편, 예비성형체에 용탕을 침투하는 방법에 반하여, GEM과 동일한 방법으로 구체를 용탕에 교반혼입하여 구체를 균일하게 분포시켜 발포금속을 제조하는 방법도 있다.

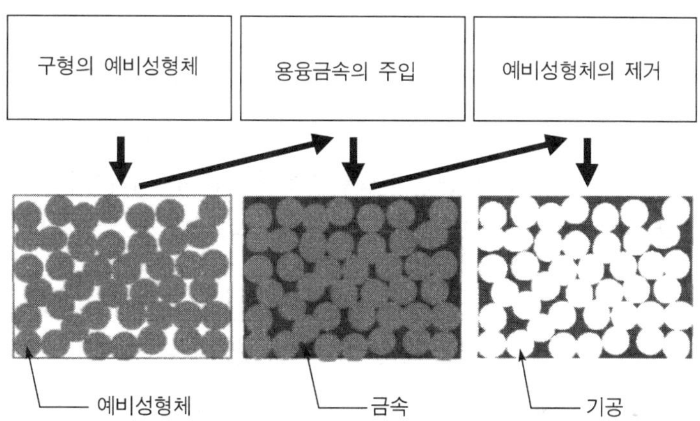

그림 5-3 개방형(OC) 발포금속의 제조원리

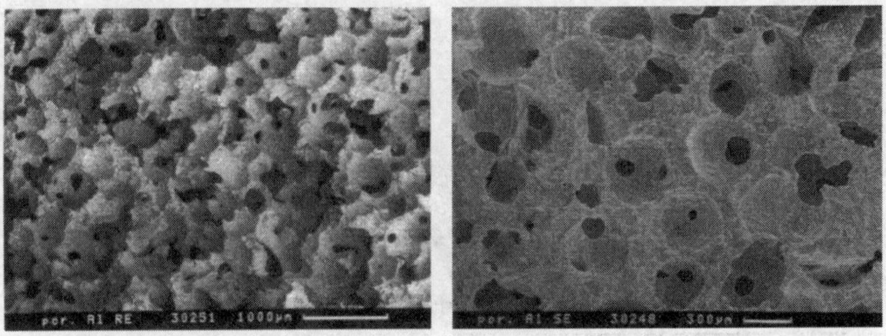

파단면 절단면

그림 5-4 Al발포금속의 기포 구조

그림 5-5 개방형(OC)발포금속의 활용 예

(3) 정밀주조법

종래의 정밀주조법을 이용하여 발포금속을 제조하는 기술로 복잡한 형상의 발포금속을 제조하는 방법이다. 이 방법은 스폰지 및 발포 플라스틱의 빈 공간에 유동성 내화물을 채운 후 스폰지 및 플라스틱을 태워 다공질(porous) 주형을 만들고, 이 주형에 용융금속을 정밀주조한 후 내화물을 소거하여 스폰지 및 발포 플라스틱과 동일한 형상의 OC 발포금속을 만드는 방법이다. 주로 융점이 낮은 Al, Zn, Pb 등의 합금에 적용된다.

(4) 금속/가스 공정응고법(GASAR Process)

이 방법은 Ukraine에서 개발된 발포금속 제조공정으로 수소분압하에서 금속을 용해하여 방향성 응고시켜 금속과 가스가 공정조직의 복합체가 되도록 제조하는 기술이다. 이 방법으로 제조된 금속은 특히 층상 공정조직을 나타내며, 용탕 내에서 불균일하게 생성된 수소가 확산에 의해 기포로 성장한다. 생성된 기공의 크기는 용탕중의 수소농도에 의해 결정되며 100 μm~1cm의 상당히 넓은 범위의 기포 크기를 가지는 발포금속의 제조가 가능하다.

2. 분말법

(1) Hollow sphere법

이 방법은 ceramic hollow sphere를 만드는 방법에서 유래된 방법으로 수산화금속이나 금속산화물 등의 슬러리를 그림 5-6과 같이 이중 노즐로 되어 있는 관(orifice)에, 바깥쪽은 슬러리가, 안쪽에는 불활성가스가 통과할 수 있도록 설계하여, 슬러리의 점성, 가스압, 관의 원주 및 모세관류(capillary jet)의 길이와 표면장력의 상호작용에 의해 거의 완전한 구형의 hollow sphere(속이 빈 구체)를 만드는 방법이다. 만들어진 구체는 환원가스 분압하에서 처리하여 금속 구체로 환원하고, 이를 다시 목적에 따라 소결이나 MIM(Metal Injection Molding)에 의해 발포금속을 제조한다. 이외에도, hollow sphere는 분무화(atomization)에 의해서도 제조가 가능하다.

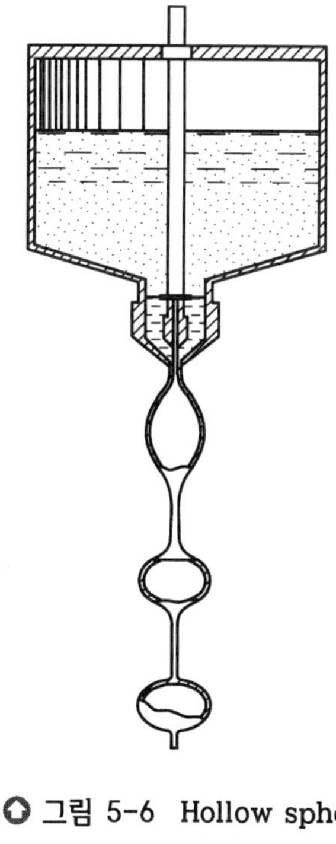

그림 5-6 Hollow sphere 제조시 이용되는 이중노즐관

(2) 소결법

금속분말과 수소화금속(TiH_2, ZrH_2) 분말을 혼합한 예비성형체를 압연이나 압출에 의해 반가공재를 만들고, 이를 수소화금속의 분해온도까지 가열하면 반가공재내에 분산되어 있던 수소화금속에서 분해된 수소가스의 팽창에 의해 발포금속을 제조하는 방법(그림 5-7)이다.

한편, Ti합금의 발포금속을 제조할 때에는 수소화금속 대신 Ar같은 불활성 가스를 이용하기도 하며, 이를 일반 소결법과 분리하여 저밀도 코아법이라 한다. 이 방법은 Ti합금에 많이 이용되며, 금속분말이 들어있는 캔에 수 기압의 Ar가스를 주입하여 열간등가압(HIPing)한 후, 이형시 가스의 팽창에 의하여 판넬형 발포재(<3mm)를 제조하는 방법이다. 이 소재는 중량비 탄성율이 높으며 발포금속의 특성상 인장보다는 압축에 대한 저항성이 높은 특징으로부터, 소재의 반 이상이 압축 및 굽힘 응력하에서 사용되는 항공기 산업에 적용이 가능하다.

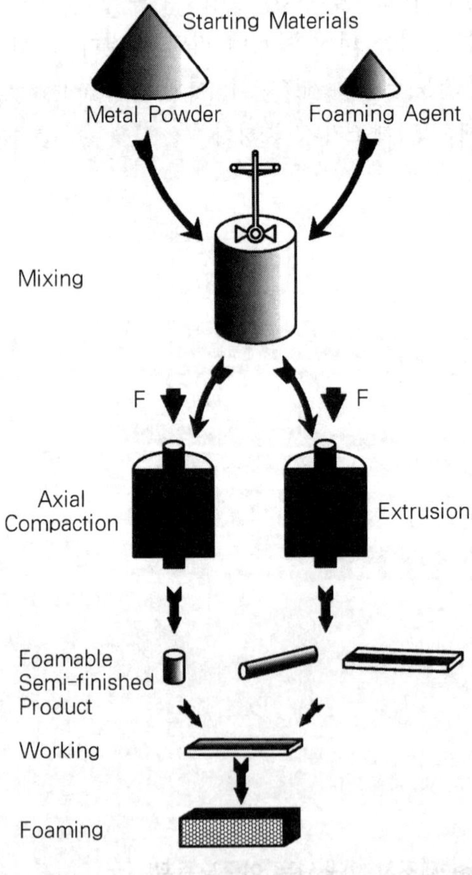

그림 5-7 금속분말과 수소화 금속분말을 이용한 소결법

5.3 발포금속의 특성

1. 기계적 특성

발포금속의 기계적 특성은 기공의 종류(OC 또는 CC), 형상, 크기, 균일성, 표면적 및 발포금속의 고체금속에 대한 체적분율 즉, 밀도 등에 의해 좌우되며, 특히 밀도에 비례하여 증가한다. 이론적으로 발포금속은 변형시 소성변형과 파괴가 동시에 일어나며, 따라서 항복점 이후 응력의 증가 없이 변형이 진행되는 유동변형 거동을 나타낸다. 그러나 실제로는 결함의 존재와 발포금속의 형상규칙(morphological rules)에 의해 응력/변형율 선도에서 응력강하 및 이에 따른 주기적 변형대를 형성하기 때문이다(그림 5-8). 한편, 발포금속의 형상규칙은 기계적 특성에 미치는 기공 종류, 크기 및 균일성 등에 관한 형태학적 규칙으로, CC 발포금속에 있어서 균일 두께와 직선적 경계를 가진 경우에 고체금속에 근접하는 기계적 성질을 나타내며, 기공의 크기보다는 각각의 기공에 있어서 지름에 대한 두께비(국부밀도)가 기계적 성질에 보다 큰 영향을 미치는 것을 나타낸다.

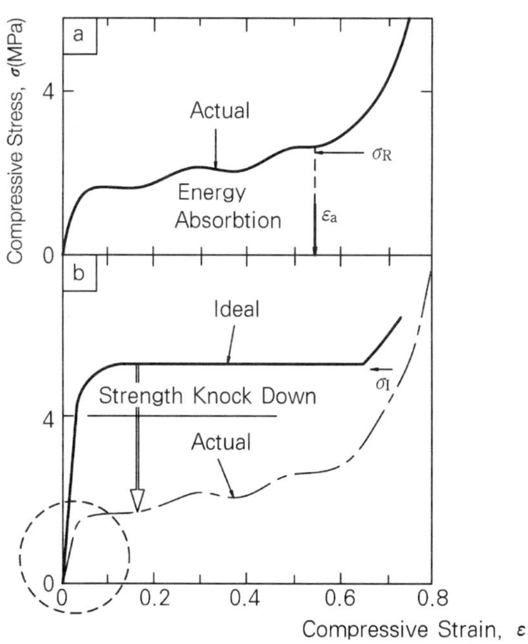

(a) 실험결과 (b) 이론계산

그림 5-8 발포금속의 응력/변형율 선도

OC와 CC에 있어서 밀도의 변화에 대한 Young's Modulus는 Ashby에 의해 다음과 같이 제안되었다.

$$\frac{E_f}{E_s} = C\Phi^2\left(\frac{\rho_r}{\rho_s}\right)^2 + C^*(1-\Phi)\left(\frac{\rho_r}{\rho_s}\right) \cdots\cdots\cdots\cdots\cdots\cdots\cdots\cdots (5\text{-}1)$$

여기서 E는 탄성률, ρ는 밀도, C 및 C^*는 비례상수, 첨자 f는 발포금속을 s는 고체금속을 표시하며, $\frac{E_f}{E_s}$ 및 $\frac{\rho_r}{\rho_s}$는 각각 고체금속에 대한 발포금속의 탄성율과 밀도비를 나타낸다. Φ는 형상계수로서 OC인 경우 1, CC인 경우 0의 값을 가진다.

식 (5-1)에서 탄성율은 OC의 경우 밀도의 제곱에, CC의 경우 밀도에 비례하는 것과 CC의 경우가 보다 높은 탄성율값을 갖는 것을 알 수 있다.

한편, Gibson 과 Ashby에 의해 제안된 밀도에 따른 강도비는 다음과 같다.

$$\frac{\sigma_f}{\sigma_s} = 0.65\left(\Phi\frac{\rho_f}{\rho_s}\right)^{3/2} + (1-\Phi)\left(\frac{\rho_f}{\rho_s}\right) \cdots\cdots\cdots\cdots\cdots\cdots\cdots\cdots (5\text{-}2)$$

$\frac{\sigma_f}{\sigma_s}$: 상대적 압축강도

식 (5-1)과 식 (5-2)에서 CC의 경우 OC보다 탄성율은 5~10배, 강도는 3~5배 정도 높은 것을 알 수 있으며, 이는 CC발포금속이 높은 비탄성율 및 비강도를 요하는 초경량 구조재에 적용이 모색되는 이유이다.

2. 에너지 흡수성

발포금속의 단위 체적당 충격 에너지 흡수성은 일반적인 응력/변형율 선도로부터 구할 수 있으며, 발포금속의 밀도에 따라 비례하여 증가하는 경향이 있다. 따라서 에너지 흡수성은 응력/변형율 선도에서 이론적으로 고려된 유동응력을 향상함으로 얻을 수 있다. 그러나 일반적으로는 적용에 요구되는 응력이 먼저 고려되며, 발포금속 자체의 변형대를 형성하는 초기 항복현상을 방지함으로 높일 수 있다. 충격 에너지 흡수성은 제조방법의 변화와 그에 따른 형태학적 개선에 의해 향상될 가능성은 미미하며, 고체금속과의 적층구조에 의하여 에너지 흡수성 및 기타 여러 성질이 향상하는 것이 바람직하다.

한편, 에너지 흡수성은 발포금속의 침투성(permeability)과 연관하여 진동 및 소음 에너지 흡수성을 나타낸다. 발포금속의 침투성은 OC에 한하여 기공

의 크기 및 내부 표면 거칠기에 의존하며, 충격 에너지 흡수성과는 다르게 형태학적 요소에 크게 좌우된다. 소음은 발포금속내에서 진동을 야기하며, 이후 열에너지로 소멸한다. 적층구조에 의해 발포금속의 두께와 공기 층의 두께를 변화함으로 광범위한 주파수역에 대해 흡음효과를 얻을 수 있으며, 기공의 크기와 형태를 변화하여 흡수 주파수 대역을 조절할 수도 있다.

3. 열전달 특성

발포금속의 열전도도는 polymer나 ceramic에 비하여 상당히 크며, 열확산도는 고체금속과 거의 유사한 값을 갖는다. 또한 OC 발포금속은 형태학적 특징으로부터 체적비 표면적이 넓고 열 및 유체 전달에 적합한 구조를 가지고 있다. 이런 이유로 OC 발포금속은 열전달(열교환)매개체로 적용되고 있다.

OC 발포금속의 열전달 능력은 표면적이 증가(기공지름이 감소)할수록 복사면적의 증가에 의해, 밀도가 증가할수록 열전도 면적의 증가에 의해 증가하지만, 표면적과 밀도의 증가에 의해 기공을 통과하는 열 및 유체에 큰 힘이 요구되며, 적용을 고려하여 적정한 체적비 표면적을 구하는 것이 중요하다.

한편, 발포금속의 열전달 모델은 cylinder형의 모델과 비교할 때, 유효열전도도 및 밀도와 형상에 따른 국부 열전달계수 등을 고려해야 할 뿐만 아니라 압력강하와 연관된 복잡한 과정이며, 아직 일반적인 식에 의한 예측은 불가능하다.

5.4 발포금속의 적용

1. 경량 구조용 발포금속

발포금속의 기계적, 물리적 특성은 경량성 구조용 재료로 발포금속의 사용을 가능하게 하며, 특히 사용온도가 200°C 이상의 곳에 더욱 유용한 특성을 나타낸다.

항공기 재료의 코어 등에도 이용되며, 높은 중량비 탄성율과 인장보다는 압축저항이 높은 발포금속의 특징과 아울러 적층구조의 설계에 의해 응력의 균일 분산을 도모하여 국부응력에 대한 저항을 높이므로, 소재의 반 이상이 압축 및 굽힘 상태에서 사용되는 항공기 산업의 경량구조재료로 적합하기 때문이다.

2. 에너지 흡수용 발포금속

충격에너지 흡수용으로 자동차의 범퍼에서 항공기기의 clamping fixture까지 다양한 기기에 적용이 가능하다. 발포알루미늄은 자체가 에너지 흡수재이므로 고속 절삭 및 연삭기기의 에너지 흡수재에 적합하며, 5~10%밀도의 발포구리는 충격흡수 지지대로 사용되는 고무보다 우수한 성능을 갖는다.

소음 및 진동 에너지 흡수성은 일반적인 건축내장재 이외에도 심한 소음을 일으키는 고압 유체 및 가스 이송관에 사용되어 유체의 흐름을 방해하지 않으면서 소음을 줄이는 곳에 이용된다. 발전설비 증기압의 감압재로도 적용이 가능하다.

3. 열전달 매개용 발포금속

열전달 특성은 전자부품의 heat sink, 산업설비의 열교환기나 공조기 이외에도 발포니켈처럼 넓은 표면적에 의해 태양 에너지의 90%를 흡수하는 효율 좋은 태양집열판 소재로 사용된다.

한편, 발포금속은 금속의 발화억제 및 지연 특성을 이용한 화염방지재로 사용되어 관 또는 배기부에서 유해 가스의 배출 또는 발화시 이를 억제할 수 있다. 한편, 발포금속은 발화억제 및 지연 특성 이외에 폭발적 압력에 대한 damping 효과와 더불어 폭발을 방지하는 곳에 적용이 가능하다.

4. 여과용 발포금속

발포금속의 침투성은 에너지 흡수성과 연관하여 소음 및 진동 에너지 흡수성을 나타내는 동시에 액체나 기체의 흐름 중에서 고체 입자를 여과하거나 액체와 액체를 분리하는 필터로 사용이 가능하다. 특히 발포금속은 열에 강하므로 고온 필터로 그 특징이 더욱 크다고 할 수 있다. 가장 널리 이용이 되는 발포필터로는 동 및 스테인리스강이 있으며, 부식성이 강한 유체의 여과에는 발포 Au가 사용된다.

생체재료로도 적용이 가능하며, 발포구리는 열교환능과 bio-filter의 두 기능을 이용하여 순환기에 사용되며, 압축 발포금속은 신장의 삼투막 등에 이용될 수 있다. 삼투압과 역삼투압에 기초를 한 담수화설비 및 탈수소화 설비에도 이용이 가능하다.

5. 기타 응용

화학 공업에서 발포금속은 경량성 및 강도와 화학적 안정성이 요구되는 흡수장치에 사용되며, 넓은 표면적에 따른 촉매로도 유용하다. 전기화학 공업에서는 50~60% 밀도의 발포니켈은 알카리 전지 및 연료전지의 전극으로 사용된다.

항공기나 산업용 터빈에서도 마모재로 사용이 가능하며, 고체윤활 복합재료가 혼합된 Ni-Cr 발포금속은 가스 터빈엔진의 접촉재로 사용이 가능하다. 또한, 연소장치 산업에 있어서 가솔린 엔진 배기부와 낮은 온도에서 연소되는 연소기에 사용이 가능하다.

참고문헌

1. 김세광, 홍태환, 조순형, 김영직 : 한국주조공학회지, 제18권 제5호, (1998) 419
2. J. Banhart : Mat.-Wiss. U. Werkstofftech. 31, (2000), 501-504
3. J. Banhart, J. Baumeister, M. Weber : Aluminium 70, (1994), 209-211
4. J. Banhart, M. F. Ashby, N. A. Fleck : Metal Forms and Porous Metal Structures, MIT-Verlag Bremen, (1999)
5. L. Polonski, S.Lipson, H.Markus : Modern Castings 39, (1961), 57-71
6. F. Grote, P. Busse, Giesserei 36, (1999), 75-78
7. M. Eisenmann, in ASM Handbook Vol 7, Metal Power Technologies and Applications, ASM International, Materals Park (USA), (1998), 1031-1042
8. V. Y. Tracey : Int. J. Power Met. And Power Technol., 12, (1976), 25-35
9. M. W. Kearns, P. A. Blenkinsop, A. C. Barber and T. W. Farthing : Int. J. Powd. Met., 24, (1988) 59.
10. G. J. Davies, S. Zhen : J. Mater. Sci., 18, (1983) 1899
11. W. Thiele : Mat. Mater., 6, (1972) 349
12. J. L. Grenestedt : J. Mech. Phys. Solids, 46, (1998) 29
13. A. M. Kraynik, D. A. Reinelt : J. Colloid Interface Sci., 181, (1996) 511

최신특수주조

제 6 장

분사주조법

6.1 개 요

분사주조법(spray casting)은 그림 6-1에서 보는 바와 같이 용융금속을 분무화(atomization)에 의하여 금형에 분사하여 고속 충돌시킴으로써 금속응고와 소성변형이 동시에 이루어지도록 하며 이러한 방법으로 편석이 없고 미세 결정조직을 갖는 합금을 제조하는 기술이다.

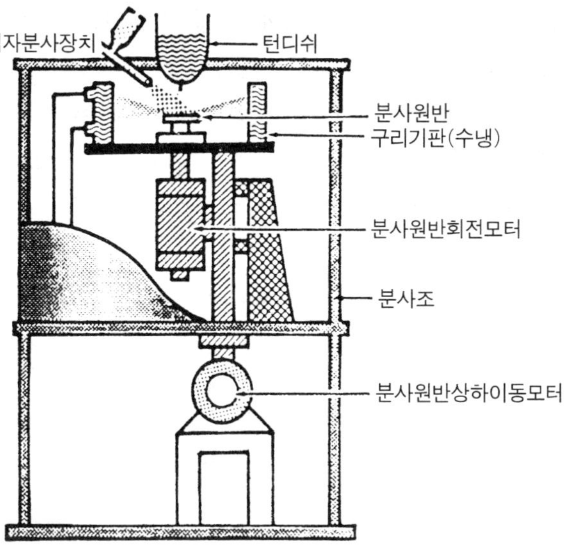

그림 6-1 가스분무화(atomizer)를 이용한 용융금속의 분사성형장치

분사주조기술에 의한 신소재 개발공정은 기존의 급속응고법과 같이 분말이나 얇은 시편의 성형과정을 없애고, 용융금속을 비교적 빠른 속도로 냉각시켜 단조 직전의 성형상태를 갖는 재료를 얻을 수 있어 경제적으로 유리할 뿐 아니라, 분말을 성형할 때 분말처리과정에서 생길 수 있는 분말표면의 산화물 형성을 최소화할 수 있는 장점을 갖는다.

특히 합금 용탕의 분사주조시 제2상의 미세입자를 동시에 분사하여 줄 경우, 일반 주조법에서는 얻을 수 없는 비교적 안정된 금속기지 복합재료의 제조가 가능하다.

근래에는 국내외적으로 세라믹 입자강화 금속기지 복합재료(MMC)에 대한 많은 연구개발이 진행되고 있다. 이러한 연구개발의 주된 동기는 세라믹입자에 의한 탄성성질의 향상과 우수한 내마모성을 얻기 위한 것이다. 또한 MMC는 강화입자의 종류, 형상 및 함량을 적절히 조절함으로써 낮은 열팽창 특성을 유지할 수 있다는 장점 때문에, electronic packaging과 같은 열응력을 받는 각종 전자부품에의 적용 가능성이 크게 증대되고 있다. 이러한 부품에 사용될 재료는 반도체 또는 세라믹 기판과 거의 흡사한 열팽창률을 가지면서도 높은 열전도도를 가져야 한다. 최근 복합재료의 이런 분야가 확대됨으로써 재료성질, 특히 열함량, 열전도도, 열팽창계수와 같은 열적성질의 개선에 대한 요구가 더욱 증가되고 있다.

복합재료를 생산함에 있어서 기존의 주조법으로는 강화상의 계면반응 및 불균일한 분포 등에 의해서 가공성 및 기타 기계적, 열적 성질을 만족시킬 수 없다. 따라서 조직의 미세화와 형상개량 및 강화상의 균일분포를 위해서는 melt spinning, atomization, 분사주조법과 같은 급속응고법의 적용이 불가피하다. 그러나 bulk 재를 생산하는데 있어서 melt spinning법이나 분무화(atomization) 후 분말공정의 도입과 같은 급속응고기술은 생산단가의 상승을 초래할 수 있기 때문에 이러한 경우 분사주조법은 매우 유용한 제조법이라고 할 수 있다.

6.2 동시분사장치

동시분사 주조시 제2상의 강화입자를 주입할 수 있는 방법들은 그림 6-2와 같이 크게 4가지로 분류될 수 있다.

① tangential particle injection method
② central particle injection method
③ secondary particle coinjection method
④ mixed phase injection method

그림 6-2에서 (a)는 액상의 용탕흐름과 분사가스 사이에 강화입자를 주입할 수 있는 방법(tangential particle injection method)이며, (b)는 금속 용탕흐름의 중심에서 강화입자를 주입하는 방법(central particle injection method), (c)는 분사비행 중의 액적(droplet)에 제2상의 강화입자를 2차로 주입하는 방법(secondary particle co-injection method)이며, (d)는 분사가스와 강화입자를 혼합하여 용탕의 흐름에 직접 분사하는 방법(mixed phase injection method)이다.

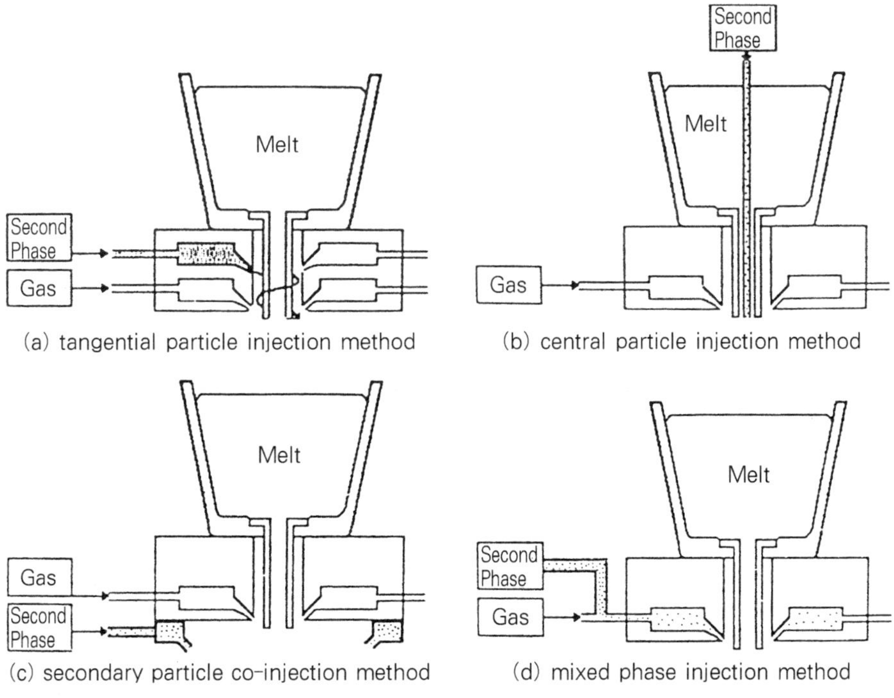

그림 6-2 동시분사주조시 제2상의 강화입자를 주입할 수 있는 방법들

그림 6-2 (a)의 방법은 제2상 입자의 손실을 방지할 수 있으며 현재까지 가장 쉬운 방법으로 널리 알려져 있으나, 제2상 입자의 불균질한 분포를 일으킬 수 있다는 단점을 가지고 있다. (b)의 방법은 낮은 유속을 갖는 용탕에서는 제2상 입자를 주입하기 어렵다는 단점이 있고, (c)방법으로 강화입자를 주입할 경우에는 분사실내에 예측할 수 없는 가스유동이 발생될 수 있을 뿐만 아니라, 이미 응고된 액적내에는 강화입자가 복합화되기 어렵기 때문에 적층성 형체 내에서 강화입자가 액적내에 균일하게 복합화될 수 있도록 하기 위해서는 강화입자 주입gun의 적절한 각도와 위치 및 속도가 먼저 결정되어야 하는 공정상의 복잡성을 갖는 문제점을 안고 있다.

한편 (d)방법은 분무냉각법에서 기체-입자혼합체(gas-particle mixtures)의 노즐유동현상을 응용한 것으로서, 이러한 기체-입자혼합체의 유동현상과 예측에 대한 수학적 모델들이 유체역학분야와 항공역학분야에서 많은 연구가 진행되고 있다.

6.3 액적의 복합화 양상(mixing mode)

분사성형에 있어서 제2상 입자의 동시분사를 통하여 제조한 입자강화 복합재료의 미세조직은 제조조건과 분사되는 입자의 특성에 따라 분사 비행 중에 일어나는 상호작용에 의해 결정된다. 분사성형시 제2상 입자가 비행 중에 모상합금에 복합화 되는 형태는 크게 나누어 분산형(dispersed type)과 셀형(cell type)으로 나눌 수 있다(그림 6-3).

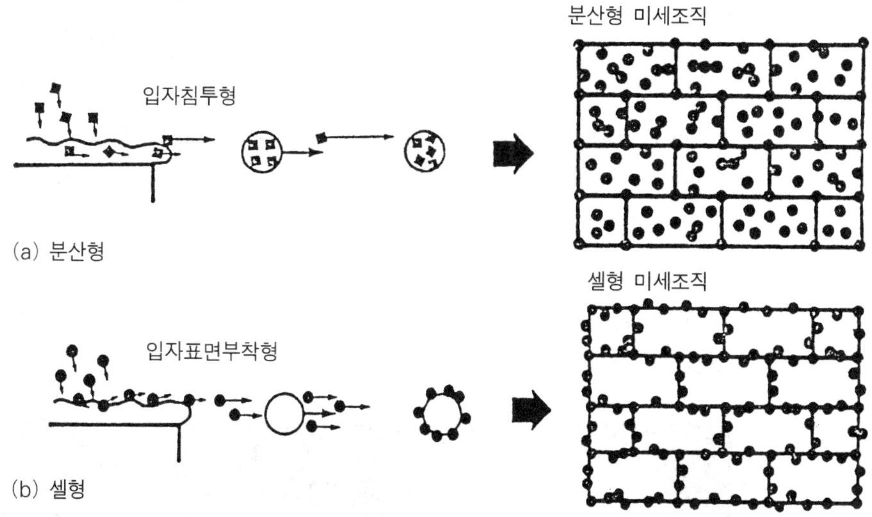

그림 6-3 SiC입자의 복합화 기구

분사입자들이 분사 중에 액적내에 침투하는 입자침투형(particle-embeded droplets)을 형성하는지, 아니면 액적의 표면에 부착되어 입자표면부착형(particle-attached droplets)을 형성하는지는 다음과 같은 조건들에 의해서 결정된다.

① 액적과 투입되는 입자간의 비중차이
② 투입되는 입자의 크기
③ 젖음성
④ 액적과 강화입자간의 상대속도크기
⑤ 분사방법

이들 강화입자가 액적의 내부에 침투하는 기구를 살펴보면 다음과 같다. 먼저 용액이 분사원반의 중심을 향하여 자유낙하하여 분사원반상에 액상층

(melt pool)을 형성한다. 강화입자는 별도의 분사기를 통하여 투입되며, 이때 강화입자가 분사원반에 부딪치는 충돌력이 분사원반위에 있는 액상의 표면장력을 극복할 수 있는 조건이 주어지면 역학적으로 강화입자는 액상층으로 침투할 수 있다. 따라서 분사원반상에서의 복합화는 분사원반에 있는 액상의 표면장력과 분사 투입되는 강화입자의 운동에너지 간의 평형상태에서 결정될 것이다. 이에 대한 이론적 고찰결과에 의하면 분사원반상의 액상에 충돌하는 강화입자의 운동에너지는 알루미늄합금이 용융온도에서 갖는 표면장력보다 약 10배정도 더 크다고 보고되고 있다. 이는 SiC입자가 거의 모두 분사원반상에서 알루미늄 액상속으로 침투가능함을 의미한다. 또한 SiC입자의 밀도($3210kg/m^3$)는 액상 알루미늄 합금의 밀도($2385kg/m^3$)보다 더 크기 때문에 부력에 의한 부상이 일어남이 없이 액적의 내부에 강화입자가 침투되는 입자침투형(embeded type)의 조직을 형성할 수 있게 된다.

그림 6-4는 분사주조에 의하여 제조된 복합분말들과 복합화되지 않은 분말들의 미세조직을 나타낸 것이다. (a)는 강화입자가 복합화되지 않은 분말의 미세조직이며, SiC입자들이 복합화된 분사주조 분말들은 (b)에 나타내었다. (b)에서 많은 SiC입자들이 Al-Si합금의 액적내에 침투되어 입자침투형(particle-embeded type)의 액적이 형성되어 있는 것을 볼 수 있다.

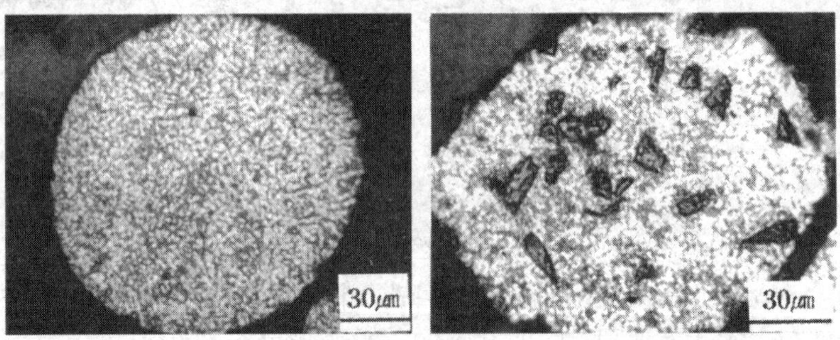

(a) (b)

그림 6-4 복합화되지 않은 분말(a)과 복합화된 분말들(b)의 미세조직

6.4 적층성형체의 미세구조

동시분사주조에 의하여 제조된 입자강화 금속기지 복합재료의 미세조직에 있어서 동시분사시킨 강화입자의 분포양상은 비산중인 액적(droplet)과 미세입자간의 복합화 양상에 따라 크게 달라진다. 즉, 동시분사주조시 제2상의 미세입자들과 액적간의 복합화 양상은 액적과 이들 미세입자의 특성에 따라 크게 입자침투형과 입자표면부착형으로 대별되며, 이들 복합화된 액적들의 적층에 의하여 형성된 적층성형체(preform)의 미세조직은 각각 대별하여 분산형(dispersed type)과 셀형(cell type)으로 나타난다. 이러한 복합화 양상의 차이는 액적과 강화입자간의 비중차이, 강화입자의 크기와 형상, 젖음성, 액적과 강화입자간의 비행속도의 상대적 차이, 액적의 고상율 등에 의존한다. 이밖에도 이들 복합화된 액적들이 기판(substrate)위에 적층된 후 계속 진행되는 응고과정에서 성장하는 응고전면(solidification front)과 강화용 미세입자간의 상호작용(interaction)에 의해서도 영향을 받게된다.

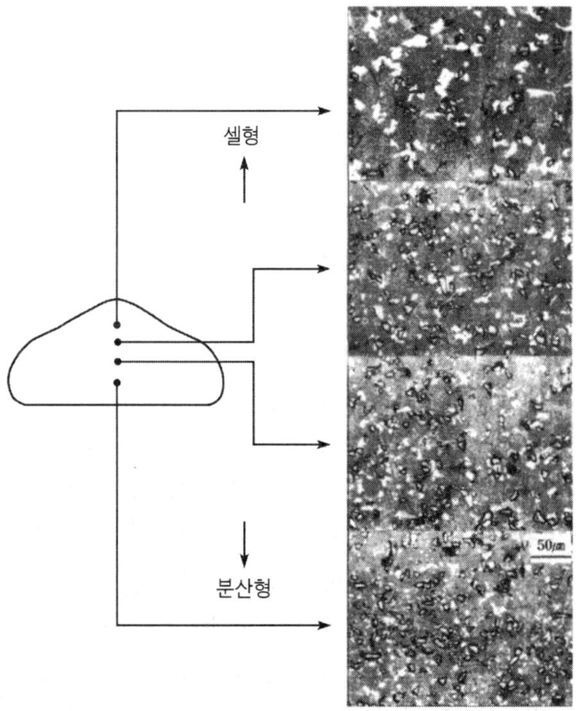

그림 6-5 분사주조한 SiC가 기판으로부터의 거리에 따라 일어나는 미세조직의 변화

그림 6-5는 분사주조한 입자강화 Al복합재료에서의 미세화 특성을 나타낸 것으로, SiC가 복합화된 적층성형체를 적층 성장 방향에 평행하게 절단한 후 기판으로부터의 거리에 따라서 일어나는 미세조직의 변화를 볼 수 있다. 그림은 초정과 SiC입자 그리고 기지조직을 구분하기 위하여 개량된 keller용액으로 약 5초간 1차적으로 에칭한 후 다시 증류수로 희석된 NaOH용액내에서 약 3초간 2차 에칭하여 광학현미경으로 20% 편광시켜 관찰한 것이다. 성형체의 아래부분의 미세조직에서는 작은 크기의 초정 Si(백색의 무정형)이 비교적 균일한 상태로 분포되었고 중간부위에는 초정과 SiC입자는 거의 같은 크기로 상당히 균일하게 분포되었음을 알 수 있다. 그러나 적층성형체의 상부의 경우, 초정 Si의 크기는 SiC입자의 2~5배 정도로 나타나며, SiC입자들은 거의 셀입계에 분포된 상태, 즉 셀형(cell type)으로 분포되어 있는 것을 볼 수 있다. 이와 같이 적층성형체 내에서 위치에 따라서 SiC입자들이 분산형과 셀형으로 분포되는 현상을 살펴보면 다음과 같다.

복합화된 액적들은 대부분 기판(substrate)상에 도달하는 순간 다음과 같은 네 가지 상태중의 하나로 분류할 수 있다.

① 완전고체의 복합액적
② 완전액체의 복합액적
③ 일부 응고된 복합액적
④ 과냉된 복합액적

이들 중 ①의 경우는 분말제조조건이며, ②의 경우는 일반주조조건과 같은 경우이다. ③의 경우는 액적내에 고상의 SiC입자가 복합화되어 있으므로 발생되기 어렵다고 가정하면, ④의 경우에 있어서의 액상과 고상의 분율은 분사주조 성형체의 미세조직 형성에 중요한 인자로써 작용될 것이다. 이미 복합화된 분사 액적들이 기판상에 충돌하여 얇은 액상 적층막을 형성할 때, 전형적인 분사주조의 경우, 즉 액상적층막의 응고속도보다 액적의 적층속도가 더 빠른 경우 형성된 적층막들은 열을 제거할 시간적 여유를 갖지 못할 것이다. 따라서 이전에 형성된 적층막의 온도는 상당히 높은 상태가 되며 이때 액상의 응고 과정중에 방출되는 잠열에 의한 국부적인 재용융 현상도 발생할 가능성이 있다. 만약, 적층시 평균액적의 상태가 고상분율이 많은 조건이 주어지면, 적층막의 응고된 미세구조는 SiC입자들의 분포가 분산형을 갖는 적층구조를 가질 수 있게 된다. 이것은 분사비행중 응고가 거의 완료되어 고상분율이 상당히 높은 복합화된 액적이 적층후 충분히 재용융되지 못하고 국부적으로만 재용융되어 SiC 강화입자들이 액적내에 포집(trap)된 상태로 존재하기 때문이다.

그러나 한편 평균액적의 상태가 액상분율이 많은 조건이 주어지면, 얇은 적층 액상막내에 존재하는 강화입자들은 Al/SiC처럼 젖음성이 나쁠 경우 액상층내에서 대류나 부력, 또는 응고시 응고전면과의 상호작용으로 인하여 강화입자가 고/액계면으로 밀려날 가능성이 커진다. 이때 형성되는 적층막의 응고조직은 SiC 강화입자들이 셀의 입계에 분포되는 셀형으로 나타나게 된다.

그림 6-6에 이러한 미세조직의 형성조건과 과정을 도시하였으며 이러한 미세조직의 변화는 적층막내에서의 SiC 강화입자의 분포가 적층막의 액상분율과 냉각속도에 영향을 받기 때문으로 판단된다.

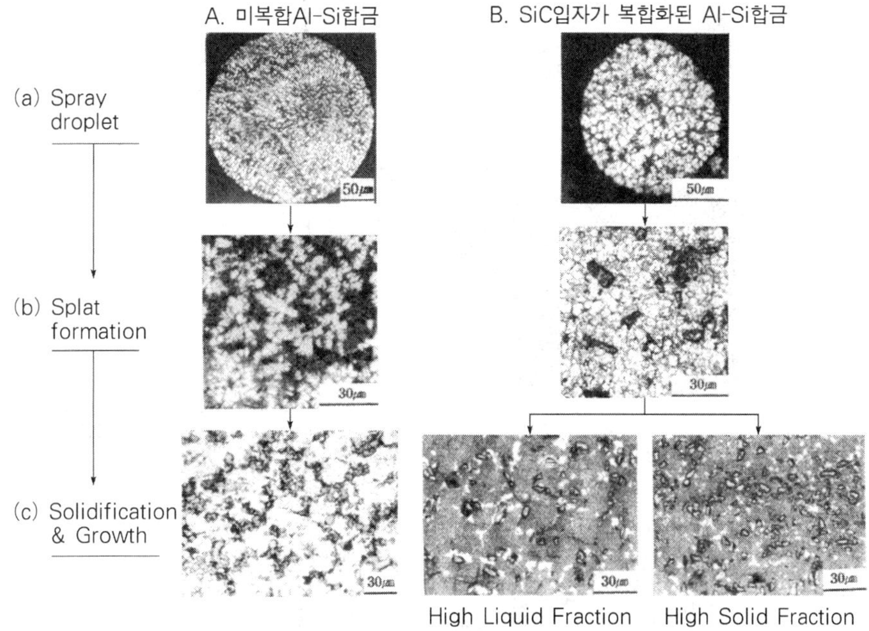

그림 6-6 적층성형체의 미세구조

그림 6-5와 같이 적층성형체(preform)의 아랫부분에서 SiC입자들의 분포가 거의 분산형으로 나타나는 것은 액상 적층막의 응고속도가 액적의 적층속도보다 더 빠르므로, 상대적으로 고상분율이 높고 냉각속도가 크기 때문이며, 적층성형체의 상부에서 SiC입자들이 거의 셀형으로 나타나는 것은 연속적인 적층성형에 의하여 액상적층막의 온도는 상당히 높은 상태가 되며 따라서 액상분율이 높고 냉각속도가 느려졌기 때문이다. 이와 같은 액상분율과 냉각속도의 영향은 적층되는 순간 성형체 각부위의 온도와 초정 SiC의 크기로써 알 수 있을 것이며, 이러한 초정과 공정 SiC의 형상과 크기가 기계적인 성질에 영향을 미치게 된다.

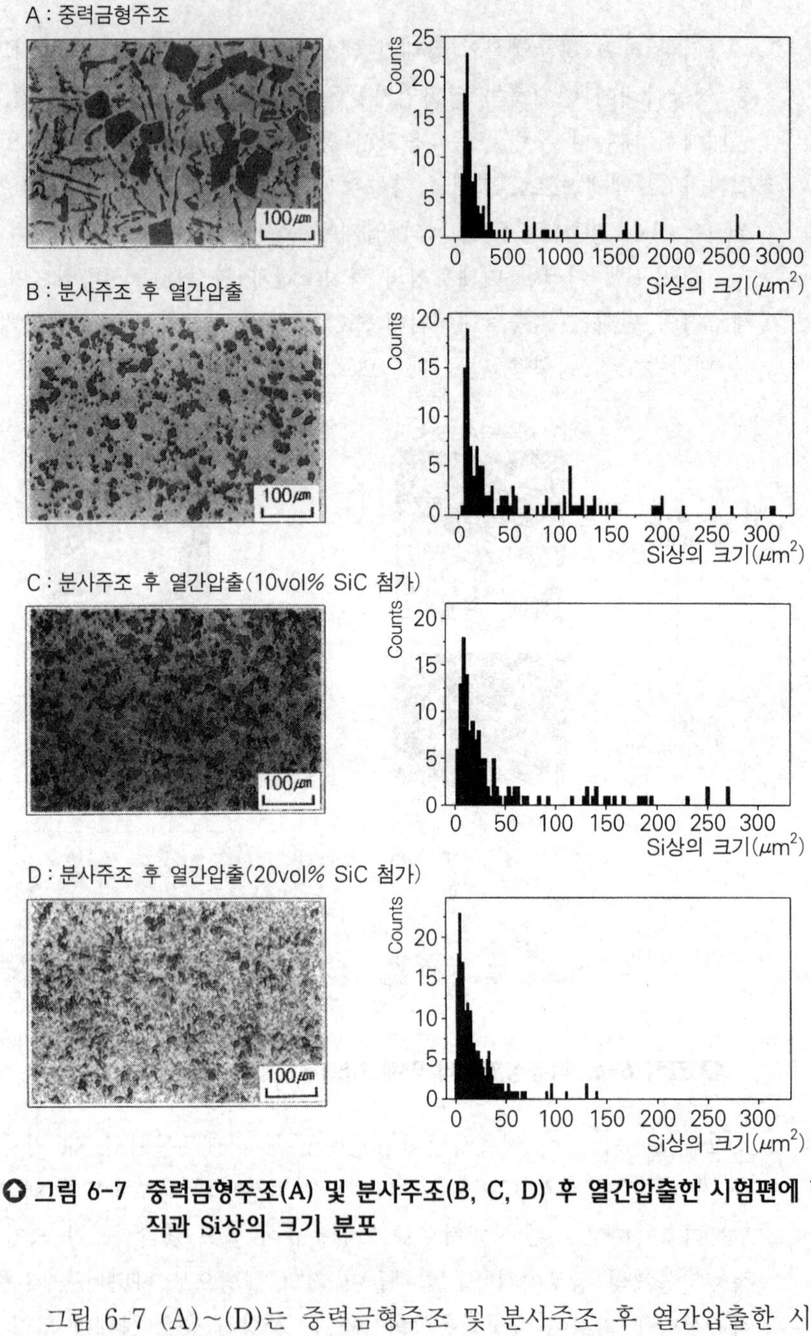

그림 6-7 중력금형주조(A) 및 분사주조(B, C, D) 후 열간압출한 시험편에 대한 조직과 Si상의 크기 분포

그림 6-7 (A)~(D)는 중력금형주조 및 분사주조 후 열간압출한 시험편에 대한 전형적인 광학현미경 조직과 영상분석에 의해 측정된 Si상의 크기분포를 보여준다. 중력금형주조한 시험편(A)은 미세조직상에서 조대한 초정Si과 공정Si상이 관찰되며, 이에 반하여 분사주조한 시험편(B)의 경우는 알루미늄 기지에 미세하고 구상(globular type)을 갖는 Si상들이 균일하게 분포되어 있

음을 알 수 있다. 이는 주로 빠른 냉각속도에 기인되며, 또한 큰 운동량을 갖는 액적들이 연속적으로 기판상에 충돌되어 고상과 액상의 재배열이 발생하기 때문으로 생각할 수 있다. 또한 열간압출 동안 조대하고 길죽한 Si상들이 기계적인 파쇄와 모서리의 소멸에 의해서 더욱 미세화될 수 있다. 한편 10vol.%SiC가 첨가된 복합재료의 경우 (C)는 Si상이 B)시험편과 유사한 크기분포 및 형상을 나타내었지만, 약간 더 미세하고 형상도 구상으로 더욱 진전되어 있음을 알 수 있다. 이는 열간압출 동안 Si와 SiC의 재배열시 표면이 거친 Si상들은 마모특성이 우수한 SiC들과의 접촉에 의해서 마모 및 파쇄에 의한 것으로 생각된다. 그러나 열간압출 동안 Si와 SiC가 재배열된 후에도 SiC강화상들은 Si근처에 존재함을 알 수 있다. 20vol.%SiC가 첨가된 복합재료의 경우(D)에는 Si상이 매우 미세하여 졌으며, 이는 상기의 효과 및 강화상의 주입시 저온의 혼합가스의 유입과 더불어 상온의 SiC입자들이 이들 주변에 국부적인 과냉영역을 크게 넓혀 Si상들이 다량 핵생성되도록 유도하였기 때문일 것이다.

그림 6-8에는 각 시험편에서 영상분석된 Si상의 평균형상비(average ratio)를 나타낸 것으며, 중력금형주조한 시험편(A)는 그 형상비가 매우 크게 나타났다. 그러나 이에 비하여 분사주조 후 열간압출한 시험편들은 구형에 가까운 형상비를 나타냈다. 또한 Si상의 크기가 감소할수록 작아짐을 알 수 있다. 이러한 미세조직적인 변화는 주조동안 빠른 냉각속도와 SiC의 다량첨가에 의한 냉각조건의 변화 및 열간압출시 기계적인 파쇄와 상호 복합된 효과에 의해서 이루어진다.

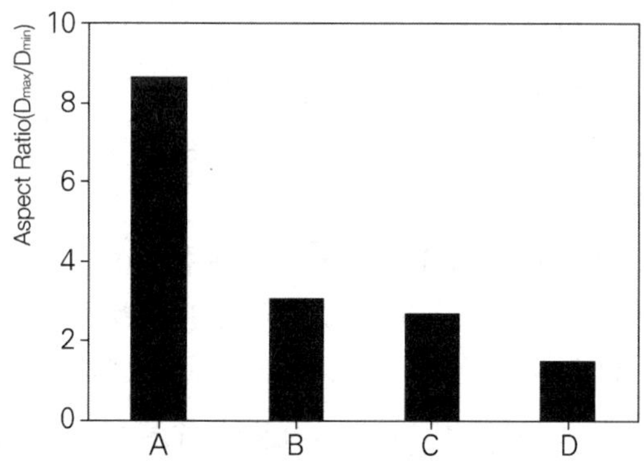

그림 6-8 Si상의 평균 형상비

6.4 기계적 성질

그림 6-9는 상온에서 인장시험한 결과로서, 각 시험편에 대한 최대인장강도(UTS)와 연신율을 나타내었다. 미세하고 균일한 분포를 갖는 분사주조 후 열간압출한 시험편이 중력금형주조한 시험편에 비하여 더 향상된 특성을 나타낸다. 이는 기공의 제거 뿐만 아니라 취약한 Si상이 미세화되고 구상의 형상으로 더욱 균일하게 분포됨으로서 인장시 Si상에 의한 응력집중 및 균열의 핵생성 효과가 최소한으로 억제되었기 때문이다.

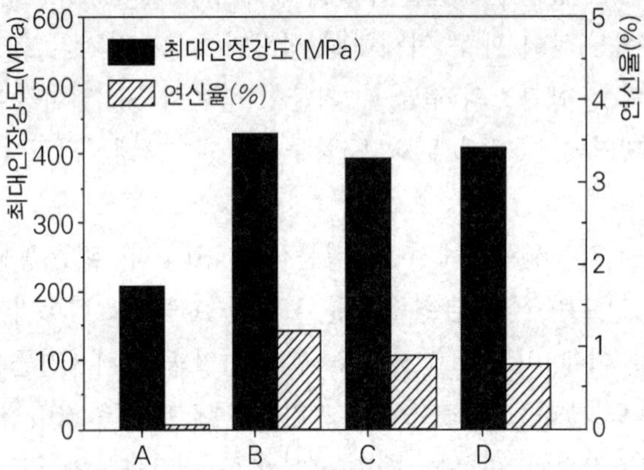

그림 6-9 각 시험편에 대한 최대인장강도(UTS)와 연신율

과공정 Al-Si합금(A390)의 연신율은 조대하고 취약한 Si상의 존재로 인하여 매우 낮다. 그러나 취약한 Si상의 미세화를 통하여 연신율이 향상될 수 있다. 연신율의 향상도 역시 취약한 Si상의 형상비와 크기의 감소에 영향을 받으며, 또한 주조동안 형성된 미소기공이 열간압출동안 제거됨으로써 향상된 것이라고 할 수 있다.

그러나 10vol.%SiC 및 20vol.%SiC가 첨가된 복합재료의 경우 최대인장강도는 오히려 감소되는 결과를 나타낸다. 그럼에도 불구하고 측정된 탄성계수는 크게 향상된 값을 나타냈다(그림 6-10). 이러한 탄성계수의 향상에도 불구하고 인장강도가 감소되는 원인은 기지로 사용한 주물용 과공정 Al-Si합금 자체가 연신특성이 없기 때문으로 생각할 수 있으며, 과공정 Al-Si합금에 강화상을 추가로 첨가할 경우 연신특성이 더욱 저하되어 결국 그 재료는 항복강도에 도달하기 전에 급격한 균열성장에 의하여 낮은 응력상태에서도 쉽게 파단이 일어나기 때문으로 여겨진다.

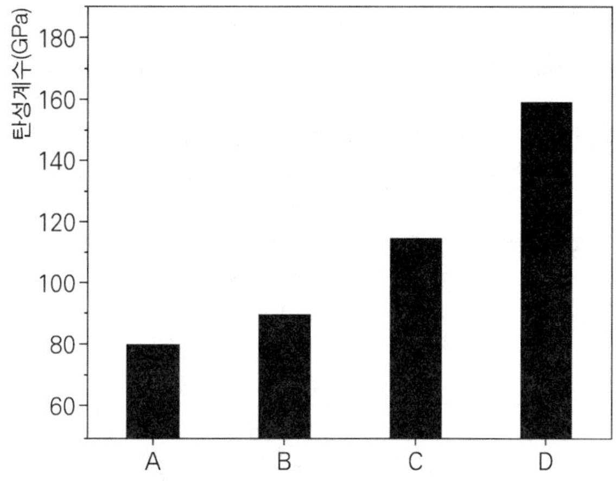

그림 6-10 각 시험편에 대한 탄성계수

과공정 Al-Si합금의 파괴기구를 고찰하여 보면 일반 알루미늄합금 및 아공정합금의 파괴방식과는 아주 다르다고 할 수 있다. 즉, 과공정합금의 경우 파괴는 주로 ① Si상의 크기 및 분포 ② Si상과 기지와의 결합 정도 ③ 입자균열의 용이도와 같은 미세조직적인 인자에 의해서 영향을 받는다고 알려져 있다. 또한 더 작은 Si상은 알루미늄기지와 분리되는 데에 대한 더 큰 저항성을 갖고 있으며, 따라서 미소기공을 핵생성시키기 위해서는 더 높은 인장응력이 요구되며 거시적으로 인장강도값은 더욱 높게 나타난다. 미복합 분사주조합금 및 복합재료에 대하여도 위와 같은 영향에 의하여 인장특성이 어떻게 변화하는지 관찰하기 위해서 인장시험 후 시험편의 인장방향에서 각 위치에 따른 미세조직을 관찰한 것을 그림 6-11에 나타내었다.

그림 6-11(A)는 중력금형주조재의 인장특성의 영향에 대한 기공의 영향을 최소화하기 위해서 열간압출을 추가로 행한 후 인장시험한 시험편이다. 이 경우 초정 Si상은 모든 부위에서 균열이 발생하였으며, 인장파단은 인장방향에 수직한 방향으로 초정 Si의 균열 생성과 균열들 사이의 기공 형성과 균열전파가 발생되어 낮은 인장응력하에서 파단이 발생되었음을 알 수 있다. 그림 6-11(B)는 분사주조 후 열간압출한 미복합 과공정 Al-Si합금(A390)의 인장시험편의 미세조직이다. 인장파단면 근처에 존재하는 일부 비교적 조대한 Si상들에서 균열이 관찰되었으며, Si상 근처의 기지에서 미소기공의 생성과 성장이 발생되었음을 알 수 있다. 따라서 이 경우 인장파단은 Si상의 균열발생과 Si상들 사이의 기지에서 미소기공의 핵생성 및 성장에 의한 기구가 복합적으로 나타났다고 볼 수 있다.

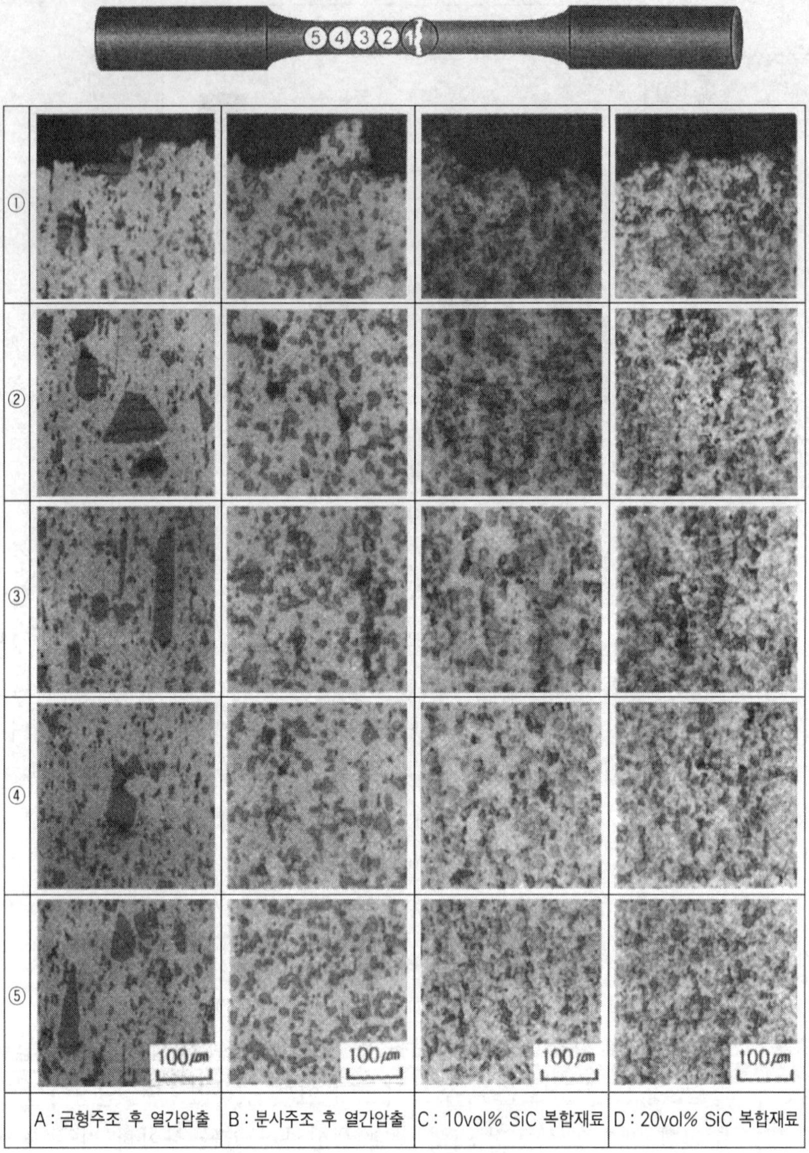

⊙ 그림 6-11 미복합 분사주조합금 (A) 및 복합재료(B~D)의 인장시험 후 각 위치에 따른 미세조직

한편 10vol.%SiC가 첨가된 복합재료의 경우 역시 인장파면 근처에서 조대한 Si상에서 균열이 관찰되었으며, 이때의 기공 형성은 Si상과 SiC사이에 형성됨을 알 수 있다. 이는 SiC들과 Si상과의 결합력이 매우 약하다는 사실을 뒷받침 해준다. 즉, SiC와 Al사이의 결합력은 이들 사이의 큰 열팽창계수차에 의해서 향상될 수 있다. 그러나 SiC와 Si상과의 열팽창계수차는 SiC/Al에 비하여 매우 작기 때문에 Si상은 SiC에 대한 잡기효과(seizure effect)가 Al에 비하여 매우 작다고 할 수 있다. 한편 Al-Si합금의 응고시 SiC는 기지와의 젖음각(wetting angle)이 매우 크기 때문에 Si상에 대한 불균일 핵생성 자리로서 역할을 하지 못한다. 그러나 SiC는 주변에 국부적인 과냉역을 형성시키는 것이 가능하고, 이러한 국부적인 과냉역은 SiC와 기지재료와의 젖음각을 변화시킴으로써 핵생성을 위한 자유에너지의 감소를 초래할 수 있다. 따라서 이렇게 핵생성 및 성장된 Si상들은 SiC와 단지 물리적인 결합상태로 존재한다고 볼 수 있다. 결국 이러한 결합상태 및 Si/SiC의 잡기역할의 감소는 인장시 Si/SiC의 분리가 발생되고, 20vol.%SiC가 첨가된 복합재료(D)에서 잘 나타나듯이 그러한 부위에서 기공의 핵생성 및 성장에 의한 파단이 용이하게 발생되었던 것으로 판단된다. 따라서 연성이 큰 아공정 Al-Si합금과는 달리 연성이 거의 없는 과공정 Al-Si합금의 경우에서는 SiC의 첨가에 따라 최대인장강도값은 향상되지 않고 오히려 감소되는 결과가 초래된다고 볼 수 있다.

한편 인장성질에 대한 Si상의 크기 영향을 고찰하기 위해, Si상의 크기에 따른 최대인장강도 및 파괴연신율의 변화를 도시하여 본 결과 그림 6-12와 같이 나타났다. 최대인장강도와 파괴연신율은 Si상의 크기가 감소됨에 따라 선형적으로 증가됨을 알 수 있다. 이는 첨가되는 강화입자가 항복응력을 크게 증가시키는 복합재료의 경우와 유사하게 나타나는 것으로 볼 수 있다. 즉, 복합재료는 낮은 변형률에서 훨씬 더 높은 가공경화속도를 가지며, 이는 주로 첨가되는 입자에 의해 강화될 수 있다. 낮은 변형속도하에서 가공경화속도는 입자크기에 의존되며, 더 미세한 입자가 첨가될수록 항복응력은 더욱 높아지게 된다.

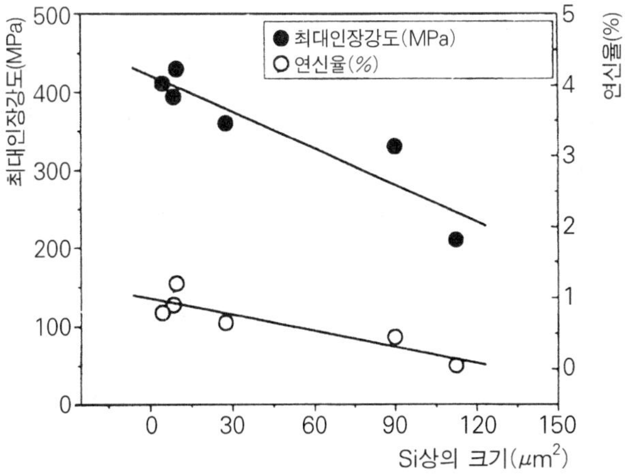

그림 6-12 Si상의 크기에 따른 최대인장강도 및 파괴연신율의 변화

6.5 열팽창거동

각 시험편에 대하여 측정한 선열팽창계수를 그림 6-13에 나타내었다. 분사주조 후 열간압출한 시험편의 열팽창계수는 금형주조한 시험편에 비하여 약 10%정도 낮게 나타났으며, 또한 SiC가 첨가된 복합재료의 경우는 측정된 전 온도범위에 대하여 미복합화된 시험편들보다 훨씬 더 낮게 나타났다. 특히 SiC가 20vol.%첨가된 복합재료의 경우에는 스테인리스의 열팽창계수와도 대등한 특성을 지님을 알 수 있다.

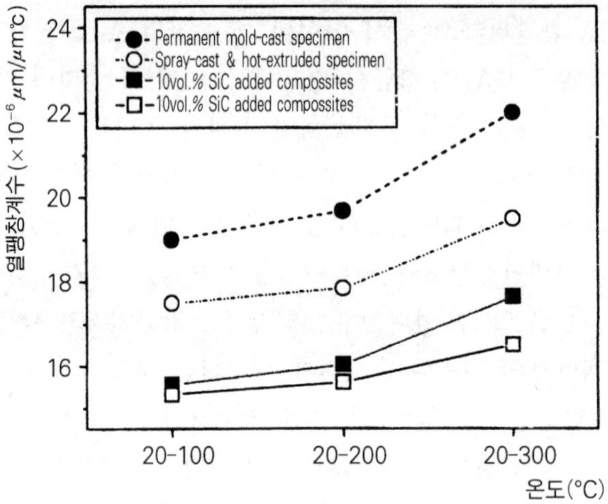

그림 6-13 과공정 Al-Si합금의 열팽창계수

최근 보고된 바에 의하면, 합금재료와 복합재료의 열팽창계수는 탄성계수에 영향을 주로 받으며, 또한 탄성계수는 제2상의 체적분율과 형상 등의 미세조직적인 변화에 의해서 주로 변화된다고 알려져 있다. 이를 실험적으로 고찰하기 위해서 20~300°C의 측정온도 구간에서 Si상의 크기와 탄성계수에 따른 열팽창계수의 변화를 도시한 것을 그림 6-14에 나타내었다. 그림 6-14(a)로부터 과공정 Al-Si합금의 열팽창계수는 Si상의 크기가 감소됨에 따라 거의 비례적으로 감소됨을 알 수 있으며 또한 Si상의 미세화에 따라 탄성계수는 증가되며(그림 6-14 (b), 이에 따라 역시 열팽창계수가 감소됨을 알 수 있다. 따라서 스테인리스, 모넬 및 니켈합금 등에 버금가는 열팽창특성을 갖는 저열팽창 알루미늄 소재의 제조는 그림 6-14와 같이 기지재료의 미세조직적인 특성과 기계적인 특성을 적절히 조합함에 의해서 가능할 것으로 판단된다.

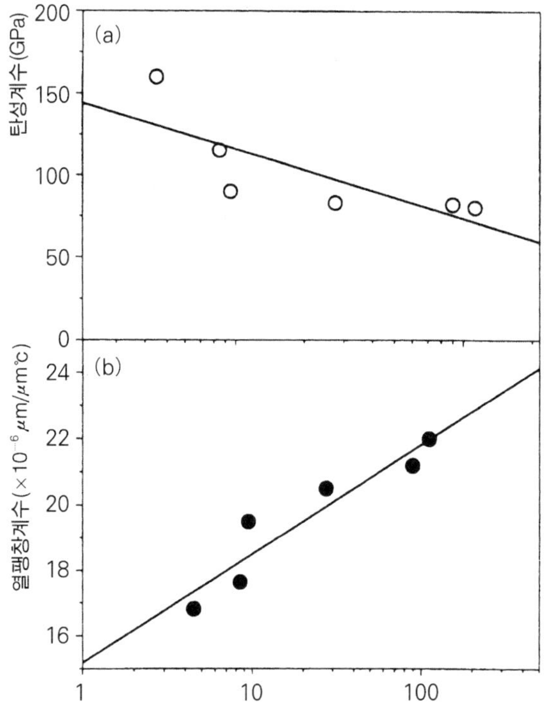

그림 6-14 Si상의 크기에 따른 탄성계수와 열팽창계수의 변화

참고문헌

1. 박종성, 김명호, 배차헌 : 한국주조공학회지, 제13권 제4호, (1993) 369
2. 박종성, 이인우, 김명호 : 한국주조공학회지, 제14권 제6호, (1994) 530
3. 박종성, 이정근, 김명호 : 한국주조공학회지, 제17권 제3호, (1997) 292
4. D. K. Blach, T. J. Fitzgerald, V. J. Michaud, A. Mortensen, Y. L. Shen and S. Suresh : Metall. Trans., 27A, (1996) 3700
5. M. T. Kiser, F. W. Zok and D. S. Wilkinson : Acta mater. 44 : 9, (1996) 3465
6. R. M. German : Metall Trans., 24A 8, (1993) 1745
7. L. Parrini, R. Schalter : Acta mater., 44, 12, (1996), 4881
8. Y. Wu, Enrique J. Lavernia : Metall. Trans., 23A, (1992) 2923
9. Y. Wu, W. A. Cassada, E. J. Lavernia : Metall. Trans., 26A, (1995) 1235
10. G. T. Hahn, A. R. Rosenfield : Metall. Trans., 6A, (1975) 653
11. J. Zhou, J. Duszczky : J. of Mat. Sci., 25, (1990) 4541
12. O. Zhang, R. H. Rangel, E. J. Lavernia : Acta mater., 44, (1996) 1873
13. Y. L. Shen, M. Finot, A. Needleman, S. Suresh : Acta Mater., 42, 1, (1994) 77
14. D. E. Bowles, S. S. Tompkins : J. of composits materials, 23, 4, (1989) 370

제 7 장

연속주조

7.1 개　　요

일반적으로 금속의 압연제품은 용해-조괴-균질가열-분괴-가열-압연이라고 하는 공정을 거쳐 제조되고 있으나 용융금속에서 직접 압연에 들어가는 빌렛을 연속적으로 주조함으로써 위의 공정 중에서 조괴-균질가열-분괴공정을 생략할 수 있다. 이것을 연속주조라 하며 그 장점은

① 공정의 간략화로 인한 설비비의 절감
② 주조수율의 향상으로 인한 경제적 이점
③ 얻어지는 빌릿(billet)의 표면 및 내부의 품질이 우수하다는 장점이 있다.

연속주조는 최종제품을 직접 생산하기보다는 바(bar) 또는 슬래브(slab)와 같은 중간재를 생산하는데 이용된다. 이들 중간재의 단면은 직사각형이거나 원형 등 극히 단순한 형태를 갖는다. 따라서 연주기에 사용되는 주형은 원형 또는 직사각형의 형태에 그림 7-1과 같이 위아래가 뚫려있는 모양을 갖는다. 이러한 주형에 용탕이 위쪽에서 주입되면 밑으로 그대로 빠져나가게 되므로 처음 주조를 시작할 때에는 밑부분을 막아준다. 이러한 목적으로 사용하는 것을 더미바(dummy bar) 또는 스타트바(start bar)라고 한다. 이 더미바로 주형의 밑부분을 막고 그 위에 용탕을 채우면 용탕은 냉각수로 냉각된 금형의 내벽과 더미바와 접하는 부분에서부터 응고가 시작된다. 아직 내부는 응고되지 않은채로 있지만 그러나 이들 용탕이 이미 응고된 표면층을 뚫고 나올 수 없을 정도로 응고층의 두께가 두꺼워지면 더미바를 서서히 일정한 속도로 하강시킨다. 이렇게 하면 더미바와 연결된 주괴가 함께 주형을 빠져나오게 된다. 주형을 나온 주괴는 아직 내부에는 미응고된 용탕이 남아있는 상태이며 응고의 진행을 위해 주괴표면위에 직접 냉각수를 살수시킨다. 주형에의한 냉각을 1차냉각이라한다면 냉각수의 직접살수를 2차냉각이라 한다.

연속주조에서는 일정량의 용탕을 지속적으로 공급해 줄 필요가 있기 때문에 보온로로부터 직접 금형안으로 용탕을 공급하기 보다는 보온로와 주형사이에 적당량의 용탕을 모아두고 그곳에서 주입장치를 통해 주형안으로 용탕을 공급하도록 한다. 이를 턴디시(tundish)라 하며, 보통은 턴디시 밑부분에 구멍을 뚫어 노즐(tundish nozzle)을 만들고 이 노즐을 통하여 주형에 용탕을 공급한다.

더미바와 함께 주형 밖으로 나온 주괴는 수직연주기의 경우 자체의 중량에 의해 하강시키거나 롤러를 이용하여 주괴를 잡아 끌 수 있도록 한다.

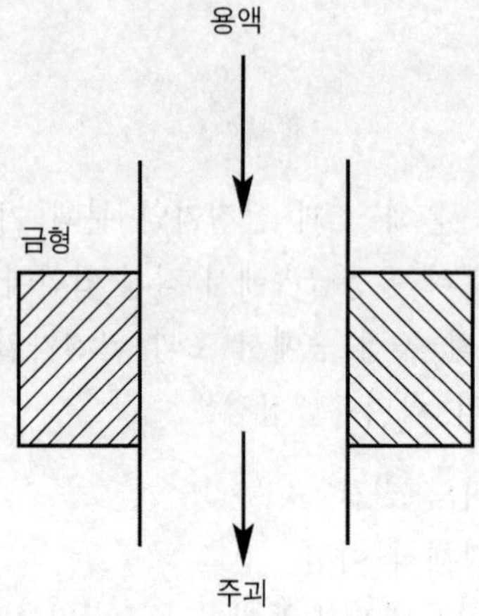

그림 7-1 연속주조의 원리

주형을 빠져나온 주괴에는 아직 더미바가 연결된 상태이므로 더미바를 주괴로부터 분리시킨다. 주괴가 움직이는 속도를 따라서 같이 움직일 수 있는 절단장치를 사용하여 주괴를 일정한 길이로 절단하여 밖으로 내보냄으로써 용탕이 전부 주입될 때까지 연속적인 조업이 가능하게 되는 것이다.

연속주조법은 19세기 말에 Bessemer에 의해 처음 고안되었다. Bessemer는 용탕에서 직접 판을 연속주조할 생각으로 twin roll식의 연속주조기를 시작 실험하였으나 성공을 거두지 못했다. 그 후 독일의 S. Junghans에 의해 정치식(定置式)주형을 갖는 연주기가 개발되어 1927년경까지 황동에 대해 그리고 1930년대에 Al의 연속주조를 실용하였는데 이 기술이 오늘날의 연속주조법의 기초를 형성하였다고 말할 수 있다.

강은 그 용해온도가 높고 열전도도가 작기 때문에 연속주조작업에 기술적 어려움이 많아서 처음에는 주로 황동이나 Al의 제조에 적용되어 왔다. 그러나 1950년대에 이르러서는 내화물의 품질향상과 각종 제어기술의 발달에 따라 가능하게 되었다.

강의 연속주조와 비철금속 연속주조기는 그 기본원리에 있어서는 같다고 볼 수 있으나 형태에 있어서는 다소 차이가 있으므로 여기서는 강의 연속주조와 비철금속 연속주조를 나누어서 설명하기로 한다.

7.2 강의 연속주조

1. 강의 연속주조기와 조업의 개요

강의 연속주조장치의 개념도를 그림 7-2에 나타낸다. 전로에서 레이들로 옮긴 용탕을 턴디시(tundish : 용탕저류부)로 보내고, 이 턴디시에서 노즐의 개폐기능을 이용하여 출탕량을 조절하고 이로서 수냉주형으로의 용탕주입량, 즉 주조속도를 제어한다. 주형은 열전도가 좋은 강 또는 합금강이 이용되며 주조작업중에 주형을 상하 진동(oscillation)을 시킴으로서 주괴와 주형이 달라붙지 않도록 한다. 만일 주괴의 일부가 주형에 달라붙게 되면 그 부위가 위아래로 갈라져 용탕이 유입되게 되고 이로써 주괴의 표면은 매끄럽지 못하게 되거나 심한 경우 주괴의 단절로 인해 용탕이 밖으로 분출(break out)되는 사고에 이르게 된다. 주형의 상하진동에 의해 주괴의 표면에는 줄무늬(oscillation mark)가 형성된다.

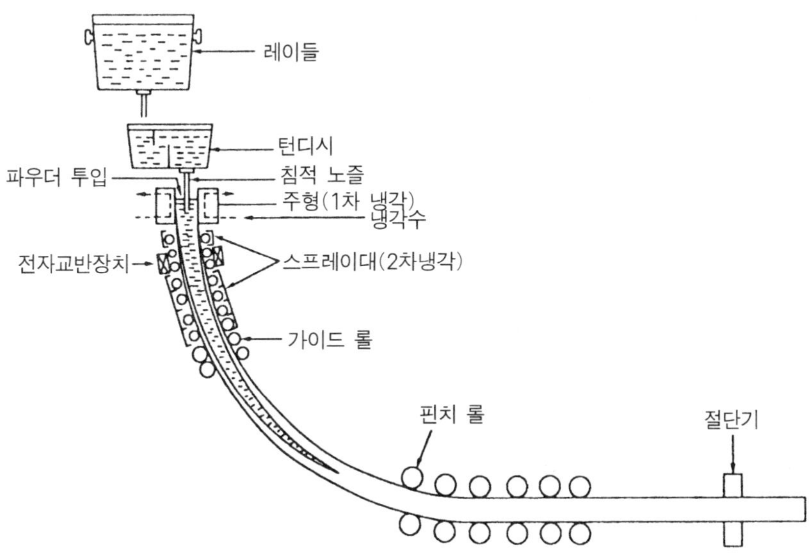

그림 7-2 만곡형 연속주조기의 모식도

주형내 용탕 표면에는 분말상 슬래그를 투입하는데 이 슬래그는 비중이 가벼워 용탕 표면에 떠올라 용탕표면을 덮어줌으로써 산화방지와 용탕을 보온해주며 산소와 같은 가스의 흡수를 방지하고, 용탕내의 개재물을 포집하도록 한다. 또한 슬래그의 일부는 주형과 주괴사이에 형성된 틈새로 흘러들어가 윤활을 돕는 역할을 하기도 한다. 주괴의 인발속도, 즉 주조속도는 경우에 따라 다르지만, 슬래브 연속주조의 경우 10~33mm/s(빠른 것은 70mm/s)가 많다.

주형에서 나온 주괴의 내부는 아직 미응고된 용강이 남아있다. 응고층은 이 용탕의 정압에 견딜 수 있는 만큼의 강도를 갖는 것이 필요하며, 만일 이 응고층이 얇으면 위에서 유입되는 용탕의 정압에 견디지 못하여 파단되거나(break out) 밖으로 부풀어오르는 부풀음(bulging) 등의 변형이 생기게 된다. 이를 피할 수 있기 위해서는 주조속도를 줄이거나 냉각수량을 높여주어 응고층이 두껍게 되도록 해야 한다. 또한 이를 방지할 목적으로 주형을 빠져나온 주괴는 가이드 롤러(guide roller)나 주괴와 동일한 속도로 이동하는 냉각판으로 지지하여 물 스프레이(water spray)에 의해 냉각시킨다. 이 가이드 롤러는 주괴의 부풀음을 방지하면서 주괴를 주형으로부터 빼내며 또한 수직에서 수평방향으로 주괴를 변형시키는 역할을 한다. 2차냉각대의 아래에 있는 핀치롤로 주괴는 일정한 속도로 빠져나가지만 여기에 도달하면 응고는 거의 완료한다. 더미바는 핀치롤을 통과한 후에 주괴에서 빼내며, 또한 연속적으로 인출된 주괴는 가스절단기로 소정의 길이로 절단한다.

주괴는 단면의 크기가 약 150mm 이하의 4각형, 또는 짧은 변과 긴 변의 비가 1 : 1.2~1.3의 것을 billet용, 폭/두께의 비가 2 이하이고 한쪽이 130mm 이상의 것을 bloom용, 또한 짧은 단면의 폭/두께의 비가 2 이상으로 두께가 45mm 이상(보통 150mm 이상의 것이 많다)의 것을 slab용, 환강용, 빔 블랭크(beam blank)용(I형 단면의 것) 등이 있으며 각각 빌렛연주기, 블룸연주기, 슬래브연주기라고 부르고 있다.

슬래브 연주기에서는 단면 250mm×2650mm, 블룸 연주기에서는 400mm ×600mm, 환강용 연주기에서는 지름 280mm의 대형 주조품이 제조되기도 한다.

2. 강의 연속주조 방식

강의 연주기 형식은 과거에 매우 많은 종류의 것이 시험되어 왔지만 현재 공업화된 것은 대부분이 주형상하왕복운동 방식의 수직형 또는 만곡형으로 크게 나눌 수 있다.

즉 그림 7-3에 나타낸 바와 같이 수직형(vertical discharging machine), 수직굽힘형(bending and straightening machine), 전체만곡형(curved mold machine : 일명 S형), 수직형이 있다.

(1) 각종 연속주조기의 형식

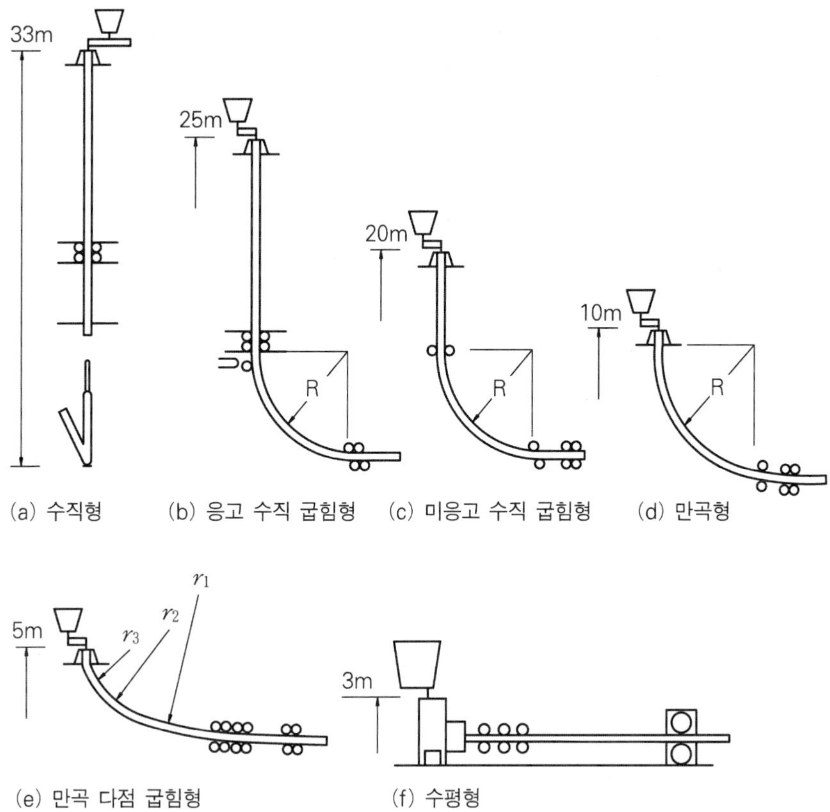

그림 7-3 각종 연속주조기의 형식

① 수직형

그림 7-3 (a)의 수직형은 주괴를 수직으로 하강시키며 인발하는 방식이다. 주괴의 단면이 큰 경우에는 비금속개재물의 부상성도 좋고 용당의 정압외에는 응력의 부하가 없기 때문에 균열의 감수성이 높은 강종에서도 비교적 안전하게 주조할 수가 있다. 또한 응고도 좌우대칭으로 균일하게 진행하기 때문에 성분편석 및 비금속개재물의 분포에 치우침이 없다. 수직형 연속주조설비의 최대 결점은 강의 응고시간이 알루미늄이나 동과 같은 비철금속에 비해서 굉장히 길어야 하기 때문에 그 설비의 높이가 매우 높게 되므로 대용량의 생산 설비일 때 그 높이가 20~30m 또는 그 이상에 달하는 것이 보통이다. 따라서 특별히 높은 건물을 건립하거나 또는 지하설비를 필요로 하게 되므로 건설비가 비싸게 든다.

② 수직굽힘형

그림 7-3 (b), (c)는 수직형의 장점을 계속 유지하고, 또한 연주기의 높이를 낮게 하기 위해 주괴를 응고 종료후 또는 응고 종료 말기에 원호를 따라서 구부린다. 이 방식은 구부러진 부분 및 교정부가 1점이기 때문에, 주괴 내부에 응력이 집중해서 내부균열 결함을 일으키기 쉽다. 이 결점을 보강하는 것으로서 수직다단굽힘형이 있다. 이 형식은 국부적인 응력집중을 피하기 위해 다점에 의한 굽힘과, 또한 각 굽힘점에서의 곡률을 조금씩 늘려서 일정한 원호를 그리도록 하며, 그렇기 때문에 미응고상태에서의 구부러짐이 가능하다. 따라서 수직형의 장점을 잃지 않고, 연주기의 높이를 낮게 하며, 또한 생산성이 높아서 고급강용의 연주기로서 사용하는 일이 많다.

③ 전체만곡형

곡면주형식이라고도 불리는 전체만곡식은 CONCAST사에서 개발된 S형기로서 처음 채용된 방식이다. pinch roll의 밑부분의 빌릿을 수평방향으로 굴곡시켜 전체의 설비높이를 경감시키려는 것은 수직형 빌릿 굴곡방식이지만 이것으로 충분한 높이의 감소를 기대할 수는 없다. 더욱더 적극적으로 높이를 감소시켜 수직형의 1/2~1/3높이까지 설비높이를 낮춘 것이 전체만곡식(S형 연속주조기)이다. 즉 용강은 원호상의 주형에 주입하고 이것을 그대로 원호주형으로부터 인발하여 스프레이대, 공랭대를 통한 응고를 완료시킨 후 1/4 원호를 지난 곳에서 굴곡된 빌릿을 수평방향으로 바로잡아 소정의 길이로 절단하여 기계 밖으로 꺼낸다. 이 원호의 반지름(R)은 주조한 빌릿의 두께를 d라고 하면 $d/2=0.015R$로 표시되는 값을 표준으로 한다. 다시 말하면 빌릿 두께의 약 30배 반지름에 해당하는 높이면 되지만, 부대설비의 높이를 포함하더라도 설비 전체의 높이는 대폭 경감된다.

그림 7-3 (d), (e)는 주괴의 인발을 처음부터 만곡상으로 행하는 것이다. (d)는 주형직하에서 주괴를 만곡상으로 굽힌 것으로, 그렇기 때문에 높이는 낮게 되지만 비금속개재물의 부상은 기대할 수 없게 된다. (e)는 주형도 만곡상의 일부가 되도록 가공하고, 주형 밑에서의 굽힘응력이 (d)의 형식보다도 작게 되도록 다점굽힘 설계가 되어 있다. (d), (e)는 (b), (c)와 같이 주괴의 큰 굽힘이나 교정을 필요로 하지 않고, 또한 용탕정압에 의한 부풀어오름도 작아진다. 그러나 주형에 주입된 용탕류가 비대칭으로 되어 균일한 응고층의 발달이 어렵고, 인발 과정에서 주괴의 터짐(break out)을 주의해야만 한다. 또 비금속개재물의 부상도 기대할 수 없으므로, 고급강 제조에는 용탕의 충분한 청정화가 필요하게 된다.

④ 수평형

그림 7-3 (f)의 수평형의 경우는 수직형과 같이 굽힘 또는 교정을 필요로 하지 않으므로 내부균열을 방지하기 쉽다. 또 가공이 어려운 재료를 주조하는 데도 적당하다. 이 형식은 높이가 낮기 때문에 제조관리가 용이하고, 설비비가 싸며 빌릿(billet)이나 환강용(특히 스테인리스강과 특수강이 많다)의 생산에 이용되고 있다. 이 경우 주형과 턴디시의 접속이 문제가 되며, 단열성의 플레이크 링(flake ring)을 사용하는 방식과 주형을 전후로 진동(go, stop, back)시켜 연속적으로 주괴를 빼내는 방식의 수평연주기가 있다.

(2) 대표적인 연주기

다음에 대표적인 연주기로서의 Concast, Mannesmann-Boeher, Oklsson, 소련의 각 방식의 예를 설명한다.

① Concast방식

이것은 I. Rossi가 중심이 되어서 개발한 방법이며 강의 연주기로서 세계에서 가장 실적이 많다. 초기에는 수직취출식이었으나 1964년에 S형기를 개발한 이래 S형기가 주력을 이루고 있다. 그림 7-4에 곡면 주형을 사용하는 S형기와 그 주형을 표시한다.

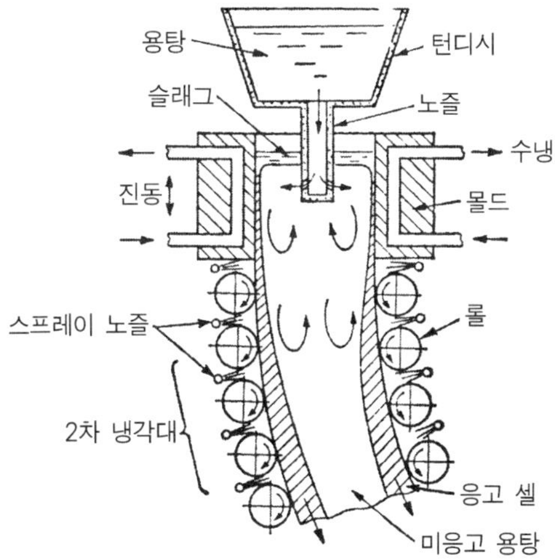

그림 7-4 강의 연속주조법

② Mannesmann-Boehler방식

Junghans와 Boehler의 기술을 바탕으로 해서 Mannesmann사를 중심으로 개발된 연주방식인데 지금까지 수직취출형이 많고 또 다연식을 일찍부터 채용했다. 1964년에 오벌굽힘식의 곡면주형방식(oval-type curved mold)이 개발되었다. 이 방식은 Klotoid방식 또는 BG법이라고도 하며 그림 7-5에 계시한 바와 같이 소곡률반지름으로 주조된 빌릿(billet)을 점차 곡률반지름을 늘이면서 수평방향에 도달시켜서 빼내는 방법을 채용하고 있다.

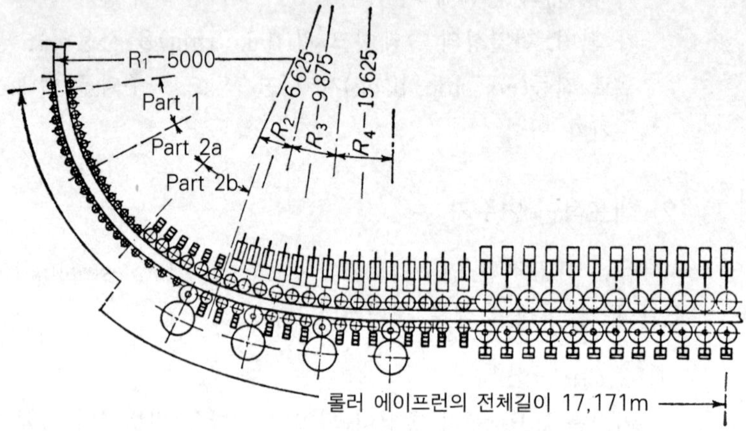

그림 7-5 곡면주형방식(오우벌 굽힘식)의 연속주조기

③ Olsson방식

이 방식은 수직으로 주조한 빌릿을 굽혀서 수평으로 빼내는 방식인데 특징으로서는 그림 7-6과 같이 굽히는데 있어서 곡률반지름을 점차로 작게 하면서 굴곡시키는 progressive bending방식을 채용하고 있는 것이다. 이렇게 함으로써 굴곡시의 왜곡속도(歪曲速度)를 저감시키고 균열발생을 억제할 수 있다.

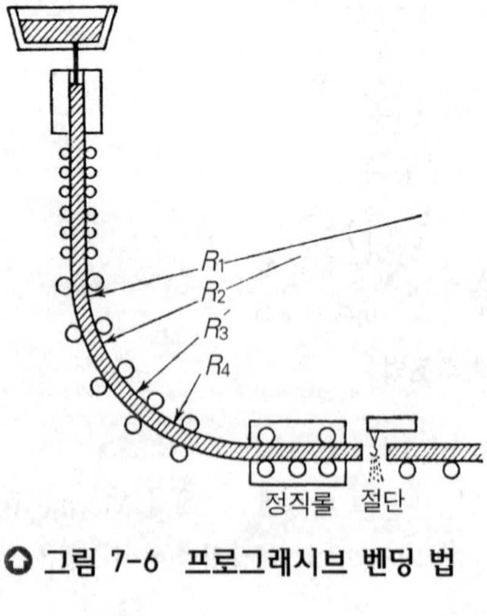

그림 7-6 프로그래시브 벤딩 법

④ 소련방식

수직주입취출형인데 종래는 굴곡방식에 대해서 비판적이었다. 소련방식의 특징은 대형기이며 주형상하운동의 스트로크가 길고 또 그 주기도 같다는 것이다. 그림 7-7에 그 개념도를 표시한다. 그러나 최근에는 굴곡방식도 채용하게 되었다.

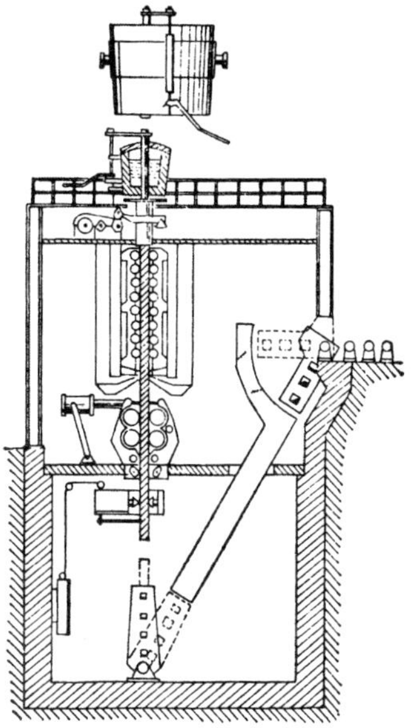

그림 7-7 소련식 수직형 연속주조기

그밖에 빌릿과 블룸 연주기에서는 그림 7-8에서 보는 것과 같이 벨트·회전륜 방식의 것이 있다. 이것은 회전하는 주조링(ring)과 강벨트의 사이에 용강을 주입하여 응고시키는 것이다. 이 경우 주괴는 주조링 강벨트와 동일한 속도에서 이동하기 때문에 간헐적 인발은 불필요하며 0.2m/s 이상의 주조 속도도 가능하다.

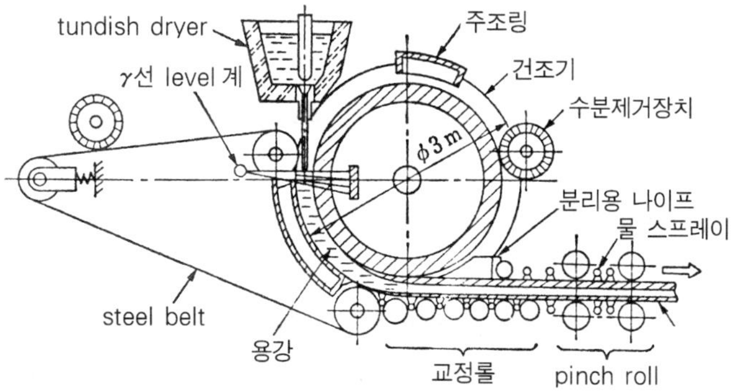

그림 7-8 벨트·회전륜식 연속주조기의 예

3. 연속주조 설비

(1) 턴디시와 노즐

주형에 일정조건으로 용강을 주입하기 위해서는 턴디시와 노즐이 중요한 역할을 한다. 즉 주입량의 조절과 주입위치를 고정하는 것이다. 주입량의 조절에는 노즐의 안지름과 턴디시 내의 용강해드의 관계로 행하는 방법도 있으나 턴디시의 밑바닥에 스토퍼를 장착하여 조절하는 방법이 많이 사용된다. 또 주입장치는 주형내의 중심부에 있어야 하는데 중심에서 벗어나면 응고층의 두께가 위치에 따라 다르게 되므로, 열응력이 발생하여 잉곳 표면에 세로균열이 생기거나 응고셀이 파단(break out)되는 위험이 생긴다.

한편 노즐의 안지름이 용식되어 커지거나 반대로 석출물에 의해 구멍이 좁아지게 되면 용탕의 주입량을 일정하게 유지할 수 없게 된다. 따라서 노즐은 용식되지 않는 내화재가 요구된다. 구멍막힘(skulling)의 원인은 주로 용강에서 알루미나가 석출하는데 원인이 되는 것으로 이를 억제하기 위해서는 주형에 주입된 용강에 Al선을 송입해서 탈산하면 노즐의 막힘을 피할 수 있다.

노즐의 길이가 짧을 경우 노즐을 빠져 나온 용강이 주형에 떨어지면서 산화하게 되므로 이를 방지하기 위해 노즐을 길게 하여, 노즐의 끝을 주형의 용탕 속까지 잠길 수 있도록 하는 submerged nozzle이 사용된다. 보통 노즐은 흑연샤모트로 만들어지며 안지름은 약 50mm정도이다.

(2) 주 형

주형에 주입한 용강은 외부만 응고되고 내부는 아직 용융상태에서 연속적으로 인발되기 때문에, 주조속도의 향상, 건전한 주괴의 생산, 안정성 등을 목적으로 주형을 설계하고 또 인발하는 방식을 결정하는 것이 중요하다.

주형의 재질은 주철, 흑연, 동합금 등이 있지만 현재 공업적으로 사용되고 있는 것은 거의 순동이다. 주형의 형식은 그림 7-9와 같이 동관의 바깥쪽에 철판을 끼워 이 사이에 냉각수가 흐르도록하는 형식의 관상주형, 동판을 조립해서 철틀 속에 넣고 이 동판과 철틀과의 사이를 냉각수가 흐르도록 하는 형식의 조립주형 등이 있다.

관상주형은 구조가 간단하여 제작이 쉽지만 동관에 변형이 일어나므로 교정을 해야 하기 때문에 주로 단면이 작은 빌릿이나 슬래브용으로 사용되고 있다.

조립식 주형은 변형을 방지하고 이음매가 느슨해지는 것을 방지할 수 있는 대책이 필요하지만 큰 단면, 특히 슬래브용 주형으로서 경제성이 좋다.

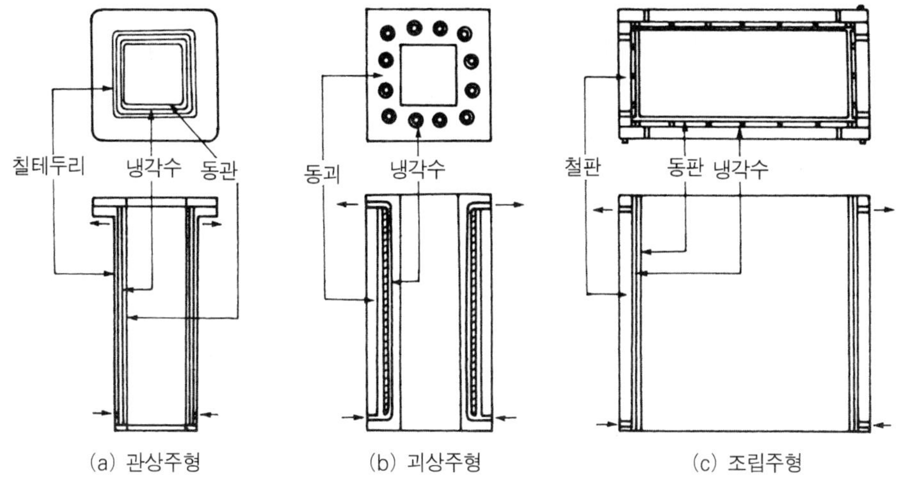

그림 7-9 강의 연속주조용 주형

주형의 길이는 Inland Steel Co.가 시험한 250mm가 최소이고 대부분은 600~900mm범위의 것이 사용되고 있는데, 소련에서는 1,500mm나 되는 긴 주형도 사용되고 있다.

주형 내에서 응고층이 성장하여 용강압에 견딜 수 있게 되면 냉각과 더불어 수축하여 잉곳(ingot)면과 주형면 간에 틈새가 생긴다. 틈새가 생기면 주형과의 접촉이 완전하지 않기 때문에 열전도율이 급속하게 떨어지게 되어 주형의 냉각 효과가 감소한다. 따라서 이 응고수축에 알맞게 주형도 같이 좁아지도록 하여 주괴와 주형 사이에 틈새가 생기지 않도록 하는데, 보통 1.5~2% 정도의 테이퍼를 준다. 또 틈새의 형성이 주형면에서 불균일하게 발생하면 잉곳의 응고층에 열응력이 생겨 주괴가 뒤틀리게 되므로 이러한 불균일한 수축을 피하기 위해서는 용탕이 좌우 대칭적으로 주입되도록 노즐의 위치와 형상에 주의해야 하며, 또 주형안의 냉각이 전체적으로 균일하게 이루어지도록 주형이 설계되어져야 한다.

주괴가 주형을 통과하도록 하는 데에도 여러 가지 방식이 있다. 주형이 움직이지 않도록 고정된 정지주형으로부터 주괴를 더미바로부터 잡아 빼는 방법, 즉 이 방법에서는 주괴가 주형면을 미끄러져 빠져나가게 되는 Boehler법, 정지주형으로부터 빌릿을 단속적으로 인발하는 Babcock & Wilcox법, 주형을 용수철 위에 설치해서 빌릿을 연속적으로 꺼내는 Bisra법, 주형을 연속적으로 상하 왕복운동시켜서 빌릿을 연속적으로 인발하는 Junghans-Rossi법 등이 고안되었다. 그러나 공업적으로 성공한 것은 Junghans-Rossi법으로서 현재 공업설비의 대부분은 강제적으로 주형을 상하왕복 운동시키는 방식을 채용하고 있다.

또한 주형과 주형하부 등에 전자교반장치를 설치하여 전기자기력에 의해 용강을 교반하기도 하는데 이것은 용강의 교반에 의해 등축품(等軸品)의 증대, 마이크로 편석 및 다공성의 방지, 주괴의 표면결함, 균열결함의 방지 등의 효과가 있기 때문이다

일반적으로 주형의 하강속도를 빌릿의 인발속도와 같게하고 상승속도를 빌릿과 등속 또는 수배의 속도로 실시한다. 가장 보편적으로 채용하고 있는 것은 1~3배 정도이다. 빌릿의 인발속도가 클 경우에는 주형의 하강속도를 빌릿의 인발속도 보다 약간 크게 한 특수 주형방식 등의 개량형도 고안되고 있다.

(3) 스프레이대

주형을 빠져 나온 주괴는 외부로부터 직접 살수에 의해 냉각을 진행시키며 이를 제2차냉각이라고 한다. 스프레이에 의한 냉각대는 주괴 내부의 응고를 진행시킴과 동시에 주괴의 단면형상을 똑바르게 유지하는 작용도 구비하지 않으면 안되기 때문에 그림 7-10과 같이 스프레이대의 분사 노즐과 롤러 에이프런을 조합한 것이 보통이다.

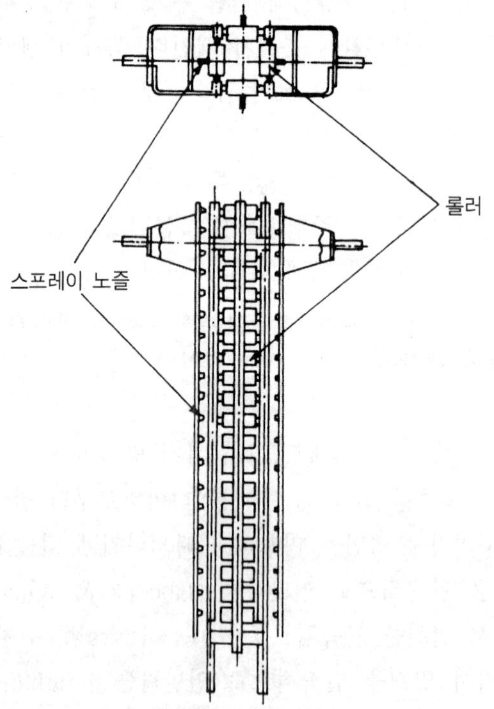

그림 7-10 롤러 에이프런의 한 예

즉 주괴의 표면에 접촉되도록 수평 롤러를 주형의 바로 밑에서부터 수십단의 에이프런 상태로 배치하고 이 롤러 바깥에서부터 롤러의 사이사이를 통하여 물의 스프레이가 주괴의 표면에 닿도록 스프레이 노즐을 배치한다. 스프레이 노즐 및 그 배치 방법은 주괴의 표면형상, 강의 종류 등에 따라 여러 가지로 고안되고 있다. 롤러가 하는 또 다른 역할은 주괴내부의 미응고된 용탕의 압에 의해서 주괴면이 부풀어오르는 것(bulging)을 막아주는 것이다. 즉 주괴의 표면층이 어느 정도 강도를 갖는다고 하지만 턴디시로부터 주괴내 깊숙이 존재하는 용탕의 압력에 충분히 견딜 정도는 아니어서 그대로 놔둔다면 내부압력에 의해 주괴가 부풀어오르게 되고 심한 경우 주괴가 터져 용탕이 분출할 수도 있다. 특히 슬래브연주기에서는 이 부풀음의 경향이 심하므로 로울러 에이프런의 간격 선정이 중요하게 된다.

(4) 절단장치

절단장치는 빌릿에서는 전단기(shear)를 사용하는 것도 있지만, 대부분은 가스토치에 의한 절단이 채용되고 있다. 이것은 주괴의 길이 측정장치와 연결되어 있어 자동적으로 소정길이의 주괴로 절단되는 것이 보통이다.

(5) 더미바(dummy bar)

주조작업이 시작할 때에는 주형의 밑바닥을 막아서 용탕이 주형안에서 응고가 진행하도록 하며, 하강작업이 시작되면 주괴를 주형으로부터 잡아 빼는데 사용하는 더미바가 있다. 이것은 연주기의 밑에서 위로 올리는 것이 많지만 대형 기계에서는 더미바의 길이가 길기 때문에 주괴의 최종부위가 빠져나갈 때에 곧바로 더미바를 위에서 집어넣음으로써 시간을 줄일 수 있도록 하는 방식도 채용되고 있다.

4. 연속주조의 주조작업

(1) 용강의 전처리

용강은 일반적으로 주조하기 전에 먼저 레이들내에서 불활성 가스를 취입하여 용강의 온도를 제어함과 더불어 개재물을 용탕 표면에 부상시켜 제거시키는 작업을 행한다. 또 고급강에서는 레이들과 턴디시, 턴디시와 주형간의 이동을 불활성 가스로 밀폐하여 용강의 산화를 방지하는 것도 일상화되어 가고 있다. 개재물을 제거하기 위한 방법으로 턴디시의 용량을 크게하여 개재물이 쉽게 부상할 수 있도록 하기도 한다. 그림 7-11에 스테인리스강에서의 불활성 가스 밀폐와 턴디시의 용량이 주편의 개재물에 미치는 영향에 대하여 나타내었듯이 이러한 방법의 효과가 매우 크다는 것을 알 수 있다.

그러나 이러한 방법에도 불구하고 용탕중의 개재물을 완전히 제거하지는 못하며 이밖에도 응고과정 중에 석출되는 개재물이 있기 때문에, 만곡형 연속주조기에서는 이러한 개재물이 부상하는 과정에서 만곡내측의 응고면에 모이게 되는 경향은 피할 수 없다.

따라서 개재물을 완전히 줄이고자 하는 목적으로 주형 및 주형에서부터 하부 수 미터를 수직으로 한 형식의 설비도 만들고 있다.

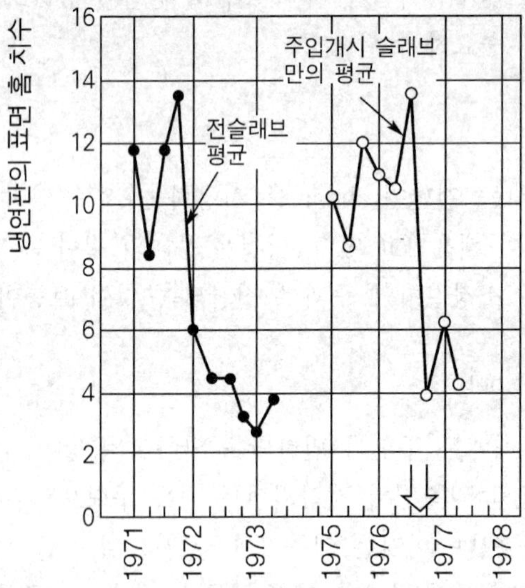

그림 7-11 불활성가스 밀폐와 대용량 턴디쉬에 의한 개재물 감소

(2) 주입온도

연속주조의 주조작업과 주괴품질에 미치는 주입온도의 영향은 매우 중요하다. 주입온도가 높아지면 주괴표면과 내부에 균열이 생기기 쉽고 응고층이 터지는(break out)일이 일어나기 쉽다. 반대로 주입온도가 너무 낮으면 턴디시 노즐 막힘을 일으키기 쉬워 조업상 문제가 많다.

개재물을 부상 제거하기 위해서는 용강의 온도를 높게 유지해 놓는 것이 바람직하지만 주괴내부의 조직과 편석을 개선하기 위해서는 주입온도가 아주 낮은 편이 좋다.

이런 것들을 고려하여 주조하는 강종, 주괴의 단면치수 등에 적합한 주입온도가 선택되고 있지만 일반적으로는 턴디시 내에서의 용강온도는 각 강종의 응고점 이상의 온도로서 슬래브는 10~30°C, 블룸, 빌릿에는 20~50°C정도로 관리되는 것이 많다.

(3) 주형내에서의 용강흐름의 제어

용탕이 주형내에서 어떻게 유동하는가에 따라 주괴의 주조조직, 표면균열, 개재물의 유입 등 주조작업과 품질에 영향을 미치게 되므로 주형내의 용탕 흐름을 제어하는 것도 연속주조에서는 중요한 기술이 된다.

턴디시 노즐은 빌릿의 경우를 제외하고는 거의 노즐의 배출구멍이 용탕에 잠기는 침적(浸積) 노즐을 사용하는 것이 보통이다. 따라서 이 침적노즐의 배출구멍의 수와 형상을 적절하게 선택하는 것이 중요하다. 그림 7-12에 냉연강판용 슬래브의 경우에 있어서 턴디시 노즐의 형상이 강판의 표면상태에 미치는 영향을 나타내었으며 이들의 영향이 아주 크게 나타나고 있음을 볼 수 있다.

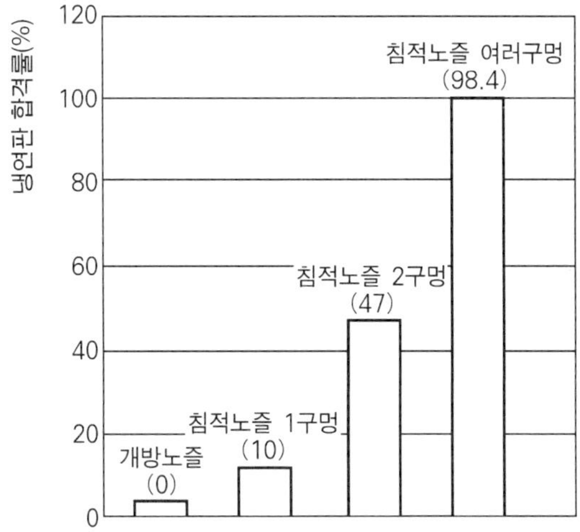

그림 7-12 턴디쉬 노즐 형상이 냉연강판의 표면상태에 미치는 영향

또 주편 내부의 조직, 편석 등을 개선하기 위해서 주형과 주형하부 등에 전자교반장치를 설치하여 전기자기력에 의해 용강을 교반하기도 하는데 이것은 용강의 교반에 의해 마이크로 편석 및 다공성의 방지, 주괴의 표면결함, 균열결함의 방지 등의 효과가 있기 때문이다.

(4) 스프레이대에서의 냉각과 주괴의 응고 제어

연속주조에 있어서 주괴의 응고는 매우 긴 거리에 걸쳐 이루어진다. 소형의 빌렛에서는 그 응고영역이 수 미터이지만 대형의 슬래브에서는 수십 미터에 달하는 것이 있다. 따라서 이 사이에 있는 주괴의 응고를 관리하는 스프레이대에서의 냉각은 조업, 품질 양면에 있어 매우 중요하다.

스프레이대에서의 냉각은 주괴의 길이방향에서는 주형직하(鑄型直下)를 최고로 강하게, 그리고 점차 냉각을 약하게 하는 모양으로 행한다. 한편 주괴의 폭방향에서는 균일냉각을 하는 것이 원칙이며, 이것을 잘못하면 주괴표면 또는 내부에 균열을 발생할 우려가 있다.

소정의 냉각패턴을 실현하기 위해서는 스프레이대의 물 및 노즐의 관리가 중요하여 언제나 올바른 스프레이대 또는 그 후의 방랭대(放冷帶)에서 주괴의 교정이 이루어지지만 이 교정점에 있어서 주괴의 표면과 내부에 균열을 발생시키지 않도록 다단(多段)교정 또는 압축주조 등을 사용하는 설비가 등장하고 있다.

(5) 주입속도

연속주조에 있어서 응고속도는 일반강괴의 응고시보다 매우 중요한 의미를 갖고 있다. 즉 주괴의 완전응고의 위치는 핀치 롤(pinch roll)과 주괴의 절단장소를 결정하게 되기 때문에 설비 전체의 높이를 지배하고 더욱이 설비의 용강처리능력을 좌우한다.

응고속도를 크게 하기 위하여 2차냉각을 강화하면 앞에서도 설명한 것과 같이 표면균열 등의 위험이 있고 주괴의 내부품질에도 크게 영향을 미치게 된다. 왜냐하면 이것은 주괴의 품질이 그 응고조직과 관계를 갖고 있고 이 응고조직은 응고조건에 의존하기 때문이다.

주입속도는 주괴단면의 치수 및 강종에 따라 표준적인 값이 있지만 일반적으로 그림 7-13에 나타난 바와 같이 주괴의 두께가 두껍게 됨에 따라서 주입속도는 저하된다는 것이 상식이다. 근년 주입속도는 증가하는 경향이 있고 220mm두께의 박판용 슬래브에서 0.03m/s를 실현한 경우도 있다. 물론 이 같은 고속주조를 실현하기 위해서는 연속주조설비의 길이를 길게 해놓는 것이 필수조건이지만, 이 경우 주입온도관리를 더욱 철저히 하고, 주형직하에 특수한 냉각판을 설치하는 등의 대책이 필요하다.

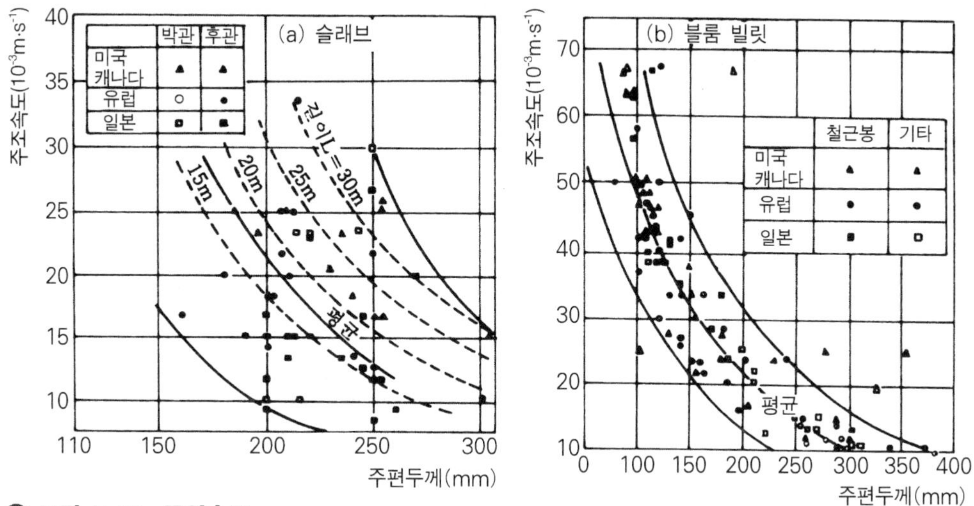

그림 7-13 주입속도

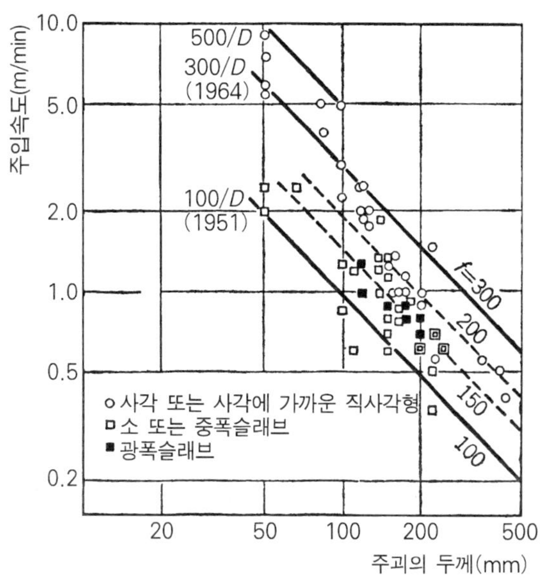

그림 7-14 각 단면 잉곳의 주조속도(perterson)

(6) 주조조건

주입온도와 주조인발속도는 연속주조에서의 중요한 주조조건 이다. 이러한 주조조건을 만족시키기 위해서는 용강의 주입속도와 주형 및 2차냉각대의 냉각능을 조절해야 한다. 즉, 주형에 유입된 용탕의 높이(미니스커스면), 냉각수량, 인발속도 등을 적정하게 조절하는 것이 중요하다. 주입온도가 너무 낮으면 노즐이 막히는 경향이 있고 또 너무 높으면 용강이 누설하기 쉬우므로 주입온도는 강종에 따라서 최적으로 유지해야 한다. 그런데 연속주조에서는 1개의 레이들로부터의 주입시간이 꽤 길어지므로 레이들내의 용강온도의 변화가 문제가 된다. 그 대책으로는 레이들의 예열을 충분히 행하고 또 출강온도도 20~50℃로 높게 한다.

주형내에서의 용강의 높이, 즉 미니스커스면을 제어하기 위해서는 미니스커스면을 측정하여 주입속도나 인발속도를 조절한다.

미니스커스면을 측정하는 방법으로는 Cs137 또는 Co60를 감마선원으로 해서 가이거관 또는 신틸레이션 카운터를 작동시키는 방법과 주형내의 형면 가까이에 등간격으로 열전대를 삽입하여 열기전력값의 분포도를 봄으로 알 수 있는 방법이 있다.

주조속도는 주괴단면의 두께, 형상에 따라서도 변화하고 또 강종에 따라서도 다르다. Peterson은 주조속도와 주괴 두께의 관계를 그림 7-15에 표시하고 주조속도(m/min)는 주괴 두께D(mm)에 반비례한다고 하여 다음 식을 제시하였다.

$$V=\frac{f}{D}$$

이 비례정수 f는 블루움에서 $f=200$, 광폭슬래브에서 $f=150$ 정도가 보통이다.

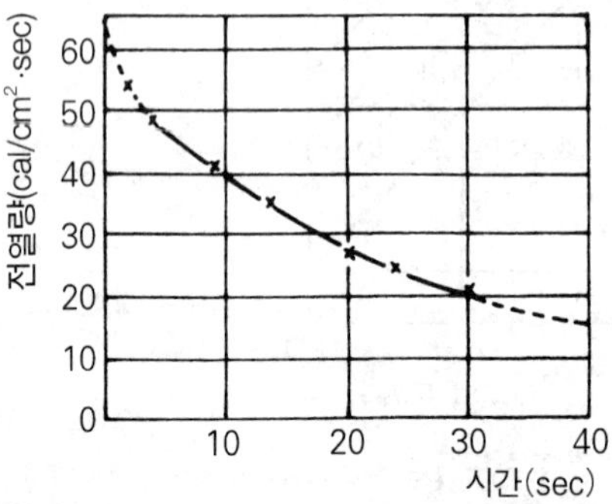

그림 7-15 주형에 있어서 전열량의 측정치(곡선은 $H=64-8\sqrt{t}$)

5. 냉각과 응고에 대한 기초이론

주형내에 있어서의 냉각과 응고는 용탕으로부터 열이 방출되는 결과로 일어나기 때문에 응고의 진행상황을 연구하기 위해서는 주괴로부터의 열방출을 계산할 필요가 있다.

Savage와 Pritchard은 정지상태의 수냉동관주형에 대한 열전달 속도 H(cal/cm^2 · sec)를 냉각수의 온도상승으로부터 구하여 다음과 같은 열전달식을 얻었다.

$$H=64-8\sqrt{t} \cdots\cdots (7\text{-}1)$$

여기서 t는 응고개시로부터의 시간(sec)이다. 이 관계는 약 40초까지의 시간(t)에 대해서 적용된다(그림 7-15참조). 또 시간 $0-t$초 사이의 주형에 의한 평균 열방출속도(Ha : cal/cm^2· sec)를 식 7-1로부터 구하면 다음과 같이 된다.

$$Ha=\frac{1}{t}\int_0^t H dt=\frac{64-16}{3}\sqrt{t} \cdots\cdots (7\text{-}2)$$

인발속도를 $v$cm/sec로 하고 주형의 길이를 λcm라 하면

$$Ha=64-\frac{16}{3}\sqrt{\frac{\lambda}{v}} \cdots\cdots (7\text{-}3)$$

로 되고 이것은 실측치와 잘 일치하고 있음을 나타내고 있다(그림 7-16 참조).

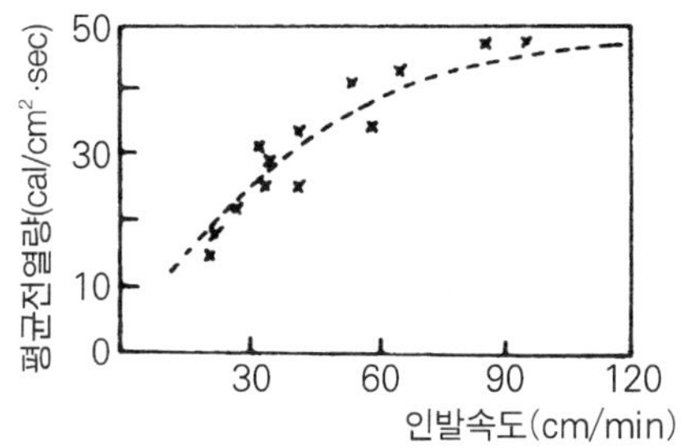

그림 7-16 주형에 있어서 평균전열량(곡선은 계산값, ×표는 실측치)

Savage는 열방출로부터 응고층의 두께를 구하려고 다음과 같은 해석을 하였다.

그림 7-17에 나타낸 바와 같이 시간 t초에서 두께 $y$cm의 응고층이 시간 $(t+dt)$초일 때는 두께가 $(y+dy)$ cm로 되고, 그 사이에 주형으로 Hcal/cm^{2}sec의 열량이 전달되었다고 하자.

내부의 미응고된 용강온도는 응고전선의 온도, 즉 액상온도 Φ°C와 같다고 가정하고, 시간 t와 $t+dt$의 사이에 있어서의 단위 단면적의 함유열량의 차 $(Ht-Ht+dt)$가 H와 같다고 생각하였다.

$$Ht = dy\rho(L + s\Phi) + y\rho\left(\Phi + \frac{\Theta}{2}\right)S \cdots\cdots\cdots\cdots\cdots\cdots\cdots\cdots\cdots (7\text{-}4)$$

$$Ht + dt = (y + dy)\rho\left[\Phi + \left(\Theta + \frac{d\Theta}{2}\right)\right]S \cdots\cdots\cdots\cdots\cdots\cdots\cdots (7\text{-}5)$$

여기서 L은 강의 용융잠열, Θ는 시간 t일 때의 주괴 표면의 온도, ρ및 S는 융점부근에 있어서의 강의 밀도 및 비열로서 액체이든 동일하다고 보고 있다.

$$H = \frac{Ht - Ht + dt}{dt}$$

$$= \frac{\rho}{2}\frac{dy}{dt}\left[2L + S(\Phi - \Theta) - \frac{\rho y S}{2}\frac{d\Theta}{dt}\right] \cdots\cdots\cdots\cdots\cdots\cdots (7\text{-}6)$$

또한 응고층의 열전도율을 K(cgs)라고 하면

$$H = K\frac{\Phi - \Theta}{y} \cdots\cdots\cdots\cdots\cdots\cdots\cdots\cdots\cdots\cdots\cdots\cdots\cdots\cdots\cdots\cdots (7\text{-}7)$$

실험에 의한 측정결과는 비교적 대형의 주괴로서 수분간 응고한 경우 Θ의 값은 퍽 천천히 내려가며, 1,200°C로 되고서부터 1,000°C로 되려면 다시 80분이나 걸린다는 것을 나타내고 있다.

따라서 대형의 주괴에 대해서는 표면온도가 일정하고 $\Theta = 1,100\,°C$라고 가정할 수 있다. 즉 $\frac{d\Theta}{dt} = 0$, $(\Phi - \Theta) = 400\,°C$로 하여 식 7-6 및 7-7로부터

$$\frac{\rho}{2}\frac{dy}{dt}(2L + 400S) = K\frac{400}{y}$$

$$\therefore\ y^2 = 1,600K\frac{t}{\rho}(2L + 400S)$$

$$y = \left[\frac{1,600K}{\rho(2L + 400S)}\right]^{\frac{1}{2}} \cdot \sqrt{t} \cdots\cdots\cdots\cdots\cdots\cdots\cdots\cdots\cdots (7\text{-}8)$$

K, ρ, L, S를 CGS단위로서 각각 0.07, 7.5, 64, 0.16이라 하고, 이를 식 7-8에 대입하면 응고층의 두께와 시간의 관계가 구해진다.

$$y[\text{cm}] = 0.28\sqrt{t}\ [\text{초}] \cdots\cdots\cdots\cdots\cdots\cdots\cdots\cdots\cdots\cdots\cdots\cdots (7\text{-}9)$$

즉 주괴의 표면온도를 일정하다고 하면 식 7-9의 관계가 성립하여 응고층의 두께와 시간의 관계가 성립됨을 알 수 있다. 그러나 연속주조의 경우에서

는 주형내의 시간은 짧고 더구나 θ는 일정하지 않고 $(\varphi - \theta)$도 시간에 따라 변한다.

한편 그림 7-16에 표시된 결과는 주형내의 초기에 있어서 열방출이 $60\text{cal/cm}^2\cdot\text{sec}$ 이하임을 나타내고 있다. t가 적을 때 식 7-6으로부터 S를 포함하는 항을 무시하면

$$H\int_0^t dt = L\rho\int_0^y dy, \quad y = \frac{Ht}{L\rho}$$

H, L, ρ를 각각 60, 64, 75라고 하면

$$y[\text{cm}] = 0.12t[\text{sec}] \quad \cdots\cdots (7\text{-}10)$$

로 되고 처음 수초간의 응고진행을 나타낸다.

실제로는 주괴와 주형의 사이에 공극이 생기기 때문에 공극 및 두께를 d, m이라고 하고, 이들 각각의 열전도율을 Ka, Kc, 주형외면의 온도를 β라 하면 식 7-7은

$$H = \frac{\Phi - \Theta}{\dfrac{y}{K} + \dfrac{d}{Ka} + \dfrac{m}{Km}}$$

로 되고 이것을 사용하여 해석하고, 수치를 넣어서 접근시키면 식 7-9에 상당하는 것으로

$$y = 0.335(\sqrt{1 + 0.95t} - 1)$$

의 관계가 얻어진다. 그러나 더 알기 쉽게 하기 위하여 식 7-7을 사용했다.

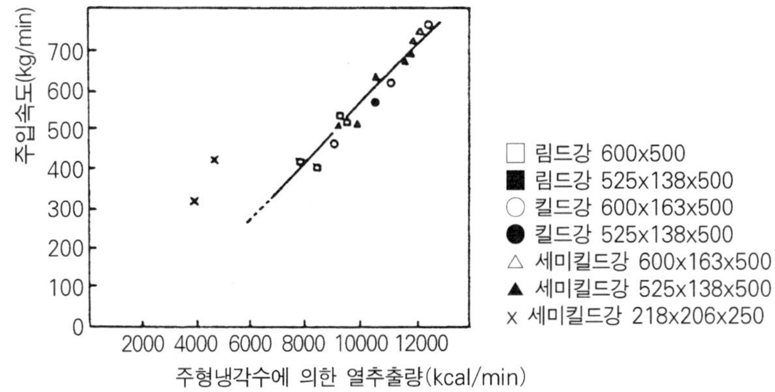

그림 7-17 림드 · 세미킬드 · 킬드강의 연속주조 (주형냉각수에 의하여 추출된 열량과 주입속도와의 관계)

Hills는 주형 중에 있어서의 열전달에 영향을 주는 인자가 극히 복잡하기 때문에 이것을 한 개의 인자로 생각하여 주형을 냉각시키는 냉각수의 열전달로부터 결정된다고 보았으며, 이것에 의해 연속주조의 열전달 방정식을 근사적으로 해석하고 있다. 그리고 문헌에 보고된 열전달의 데이터를 써서 열전달률을 계산해 보면 그림 7-18과 같이 주형내의 체류시간에 의해 생긴 변화보다도 주형에 의한 차이가 크다는 것을 나타내고 있다.

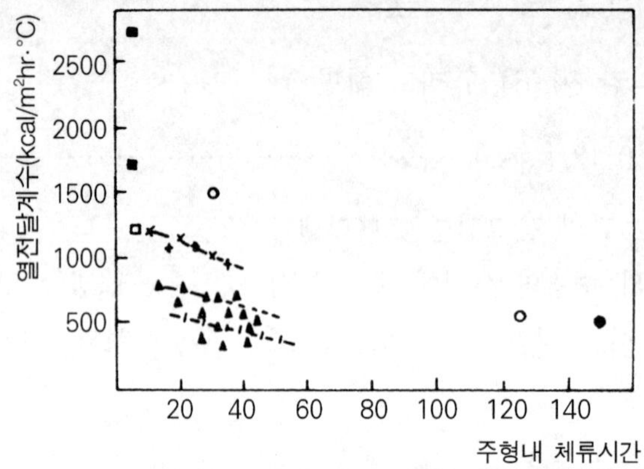

그림 7-18 주형내 체류시간과 열전달 계수

또 응고층 두께의 이론적인 예상치와 실측치를 그림 7-19 및 그림 7-20에 각각 나타내었다.

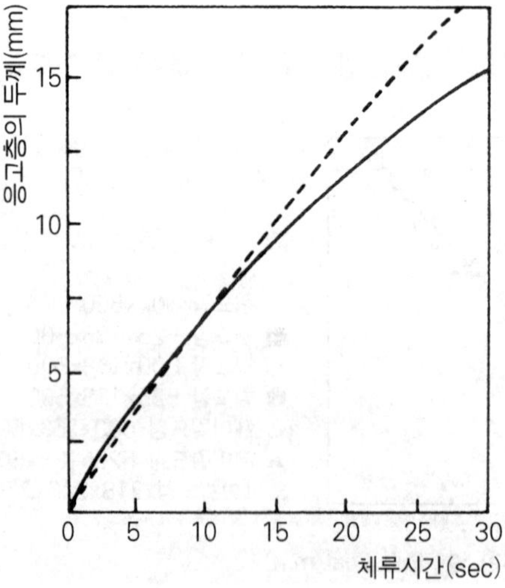

그림 7-19 이론값(실선)과 측정값(점선)의 비교

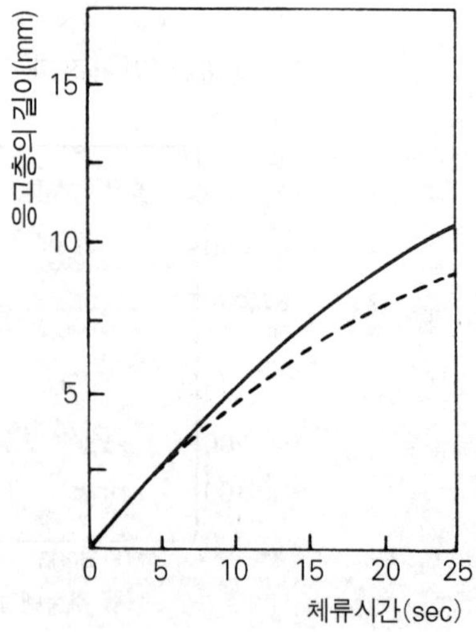

그림 7-20 이론값(실선)와 결과치와의 비교

Irving도 같은 방법에 의하여 주형 중의 열전달을 검토하였다. 주형과 주괴와의 사이의 공극을 횡단하는 열전달에서는 대류에 의한 전달은 무시할 수 있으나 복사에 의한 열전달은 공극이 클 때는 무시할 수 없음을 나타내고 있다(그림 7-21 참조).

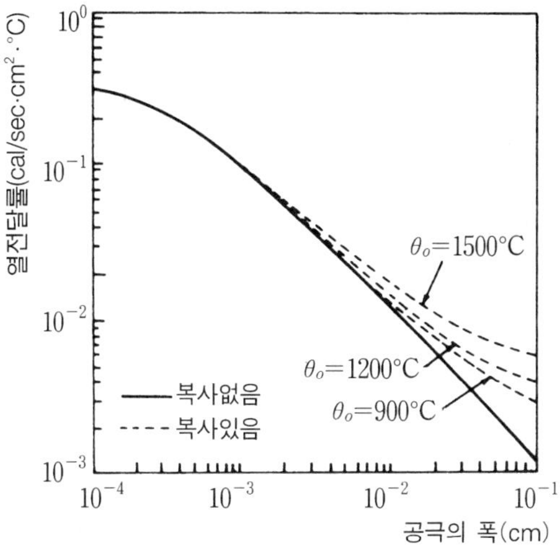

그림 7-21 공극의 복사에 의한 전열이 열전달률에 미치는 영향

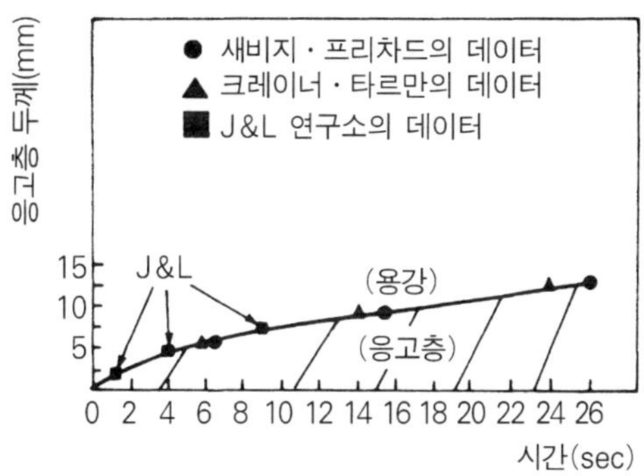

그림 7-22 응고층 단면의 형태에 대한 계산치와 실험치와의 비교

또 Mizikar는 연속주조주괴의 응고에 대하여 전자계산기를 사용한 수식계산을 가지고 해석했다.

주형내의 열전달에 영향을 미치는 것으로서는 주괴와 주형 사이, 주형벽 및 주형과 냉각수 사이의 전열에 대한 저항이 고려되나 이 중에서 주괴와 주형 사이의 저항이 가장 크고, 이것이 주형내의 전열을 지배한다. 따라서 계면의 상태에 따라 전열의 속도가 변화하나 지금까지는 공극의 생성 등에 대한 데이터가 적고, 주형에 있어서의 열전달을 시뮬레이트하는 실험이 이루어졌음에 불과하다. 그래서 데이터를 주형내 주괴표면의 경계조건으로 결정하는 데 사용하여 응고계면의 형태를 구한 것이 그림 7-22이다.

실험에 의하여 구해진 점은 계산치 곡선에 잘 일치하고, 이 곡선은 다음과 같은 식으로 표시된다.

$$D[\text{cm}] = 2.15\sqrt{t}\ [\text{분}] - 0.075 \quad \cdots\cdots (7\text{-}11)$$

열방출 속도로부터 응고층의 두께와 응고시간과의 관계로서 식 7-9를 구했으나 그 전부터 응고층의 두께 D(cm)와 응고시간 t(분)의 사이에는

$$D = k\sqrt{t} \quad \cdots\cdots (7\text{-}12)$$

의 관계가 있음이 알려져 있고 k는 응고상수로 불리워지고 있다. 따라서 응고속도 V는 식 7-12를 시간으로 미분하여 구한다.

$$V[\text{cm/분}] = \frac{dD}{dt} = \frac{k}{2\sqrt{t}} \quad \cdots\cdots (7\text{-}13)$$

이상에서 알 수 있는 바와 같이 응고의 진행을 알려면 k의 값을 알면 된다. k의 값을 구하는 방법으로서는 일정한 인발속도를 ν로 연속주조될 때에 주괴 각부의 응고층의 두께 D(cm)가 여하한 방법으로든지 측정만 된다면 $t = \frac{\lambda}{\nu}$ (λ은 주괴상면으로부터의 거리 cm)로 나타낼 수 있으므로 D와 t의 관계가 구해지고 식 7-12로부터 k값을 구할 수 있다.

보통의 강괴에서는 응고층의 두께를 적당한 시간마다 여러 차례 측정하지 않으면 안되나 연속주조의 경우에서는 항상 여러 가지 응고시간의 경우가 1개의 주괴 중에 포함되고 있기 때문에 비교적 간단하게 k를 구할 수 있다.

응고 중에 있는 연속주괴의 응고층 두께를 측정하는 데에는 다음과 같은 방법이 있다.

제1의 방법은 미응고의 용탕을 배출하여 응고층을 측정하는 용강배출법인데 단시간에 배출하기 어렵기 때문에 연속주조에서는 주형내의 응고를 조사하기 위하여 주형에 가까운 곳에서 응고층에 구멍을 뚫어 용강을 유출시키든가 또는 파손시킨 중공(中空)의 주괴를 사용하여 측정하는 정도이다.

제2의 방법으로서는 트레이서(tracer)법이라는 것으로서 주조 중에 있는 주괴의 용융풀(pool) 중에 응고가 완료된 후 어떠한 방법으로든지 간에 식별할 수 있는 물질을 투입하는 방법이다. 즉 황(S)을 투입하고 응고 후 주괴 종단면을 설퍼프린트(sulphur print)하여 황이 투입된 응고계면을 알아내는 방법

또는 인, 황 등의 방사선 동위원소를 투입하여 응고 후 주괴 단면을 방사선 투사(auto radiograph)에 의하여 계면 위치를 알아내는 방법 등이 있는데, 이는 비교적 손쉽게 실시할 수 있기 때문에 근래에 많이 쓰이고 있다. 다만 이 방법으로는 투입물질이 확산되기 힘들어서 응고완료점 부근의 식별이 어렵기 때문에 용융풀의 바닥을 알기 위하여 납이나 텅스텐 같은 비중이 큰 금속을 동시에 투입하는 수도 있다.

이 외에 응고속도를 측정하는 방법도 있으나 수 개소에서 온도를 측정해야 할 필요가 있고, 연속주조와 같이 이동하는 것에서는 적용이 어렵다. 또 최근 전자계산기의 발달에 따라 응고에 영향을 주는 많은 인자를 계산기에 넣을 수 있게 되었기 때문에 앞으로 전망이 밝다.

지금까지 연속주조주괴에 대해서 측정된 k의 값은 대부분 20~36 사이에 있으나 여러 가지 조건에 따라 다르다.

6. 주괴의 주조조직

(1) 주조조직

연주빌릿은 단면이 작고 냉각도 빠르므로 V편석대나 역편석부는 존재하지 않고 미세조직이며 주상정의 arm spacing도 작다. 따라서 균질화 소둔이 비교적 용이하며 압연비도 6정도로 주조조직이 소실되고 재질강도도 보통 잉곳에서 얻어지는 압연비 6~15의 것과 동등하게 된다.

(2) 비금속 개재물

연속주조에서는 대형 개재물이 적어서 탈산법에도 의하지만 일반적으로는 황화물 외에 Al_2O_3가 존재하여 압하율에 따라서는 C형의 양상을 나타낸다. 최근 탈산법의 개선이나 Ar가스처리, 레이들, 턴디시의 내화물의 개량, 침정 노즐채용, 주형내에서는 저융점분말 첨가 등의 기술적 개선에 의해서 강의 청정도는 개량된다.

(3) 표면성상

연주잉곳 주물표면에 발생하는 결함으로서는 기포주소(氣泡鑄巢), 표면균열, 오실레이션 마크 등을 들 수 있다. 기포주소는 잉곳 표면 또는 그 직하에 핀홀, 블로우 등의 형상으로서 나타나며 특히 0.13%C 이하에서 발생하기 쉬운데 이는 탈산부족이 원인이다. 스테인리스강에서는 수소에 의한 기포주소도 발생한다.

잉곳 표면에 발생하는 균열에는 모서리 균열, 수직 균열, 수평균열 등이 있다. 모서리 균열은 주형의 모따기 반지름이 적당하지 않기 때문에 생기게 된다. 수직균열은 주괴면의 중앙을 수직방향으로 발생하는 균열로서 대형 블룸, 광폭슬래브에서 발생하기 쉽다. 그 원인은 주형의 다듬질 정도나 화학조성에서 C, S, Mn/S비에 있다. 즉 0.17~0.25%C의 범위에서 가장 발생하기 쉽고 또 0.03%S 이상에서도 발생경향이 있으며 이것에는 또 C와 Mn의 함량도 관계한다.

수평균열은 주물표면의 오실레이션 마크에 평행하게 발생하는 일종의 스티킹현상에 의한 균열로 보아도 된다. 주형의 상하운동에 따라서 발생하는 오실레이션 마아크는 주입온도가 낮고 또 주조끌어내림 속도가 느릴수록 세게 나타나서 표면의 평활도가 저하하여 그것이 심하면 수평균열이 따르게 된다.

특히 균열이 발생하기 쉬운 강종이나 용강의 점도가 높은 강종에서는 표면결함을 억제하기 위한 고도의 조업관리 및 엄격한 검사를 해야 한다. 가령 산화물을 만들기 쉬운 합금원소를 함유한 강종으로서 Cr계 스테인리스강을 들 수 있는데 이런 유의 용강의 점성은 높고 유동성이 낮으므로 주물표면을 양호하게 유지하기 위해서는 특별한 주의가 필요하다. 또 이 Cr계 스테인리스강으로서 감마루우프에 걸리는 조성을 지닌 것이나 고Si의 강종에서는 표면균열 감수성이 높으므로 그 대책이 필요하며 주형설계, 주입조건, 1차냉각의 균일성, 턴디시 노즐설계, 윤활제(분말) 등을 충분히 고려해야 한다. 주괴표면의 기포주소의 원인은 주형에서 1차 냉각이 빠름으로써 냉각기포가 그곳에 트랩되거나 주형상하운동에 의한 미니스커스부의 파형, 부적정한 탈산용강 등 여러 가지가 있으나, 현재에는 정련, 탈산방법, 설비와 조업의 개선으로 말미암아 표면기포주소의 발생은 없어졌다.

7.3 비철금속의 연속주조

1. 비철금속 연속주조기와 조업의 개요

비철금속은 철강재료에 비해서 융점이 낮고 용해, 주조기술로서는 철강계에 비해서 용이하다. Junghans에 의해 연주기술이 실용화되어 1920년대에는 황동, 1930년대에는 Al의 연속주조가 시작하여 강의 연속주조 보다 훨씬 오랜 역사를 지니고 있다.

비철금속의 연속주조는 빌릿이나 슬래브 생산에는 반연속주조식의 수직연속주조가 대부분을 차지하며 Cu합금계의 소구경 빌릿을 생산하는데는 수평연주기가 주로 이용되고 있다.

또 Al계 재료는 융점이 낮고 용탕의 취급이 용이한데서 wire bar, sheet slab 등을 생산하는 특수연속주조장치가 개발되어 널리 사용되고 있다.

2. 연속주조기의 분류 및 특성

연속주조기는 크게 반연속주조(direct chill casting : DC주조)와 완전연속주조로 분류한다.

(1) 반연속주조(direct chill casting : DC주조)

Holding로를 거친 용탕은 Al, Cu 또는 흑연으로 된 수냉주형 속으로 유입된다. 주형내의 용탕열은 주형벽으로 전달되어 1차 냉각이 일어나면서 주괴의 표면부가 응고하며 몰드를 빠져나오면서 살수되는 냉각수(2차냉각)나 물로 채워진 수조에 직접 담겨져 주괴의 중심부까지 응고한다.

이와 같은 정지주형을 이용하여 주괴를 연속적으로 생산하는 것을 반연속주조 또는 DC주조라고 하며 크게 수직반연속주조(VDC)와 수평반연속주조(HDC)로 구별한다.

① 수직연속주조(Vertical Direct Chill Casting : VDC)

수직연속주조(VDC)에는 종래의 DC주조, hot-top주조, 기체가압식주조, 고체주형을 사용하지 않고 전자력으로 주괴형상을 보존하는 전자장주조(electromagnetic casting)등이 있고, HDC에는 주형의 종류에 따라 alcoa, reynolds, kaiser식 등의 여러종류가 실용화 되고 있다.

수직연속주조는 그림 7-23에서 이미 표시한 바와 같이 주조된 주괴가 밑의 수조의 냉각수에 잠겨져 2차냉각된 뒤 수조바닥 근처까지 내려가면 주입을 중단하고 주괴를 끌어올리는 방식이므로 완전연속주조와 구별하여 반연속주조라 한다. Al합금의 압출용 빌릿 등에서는 1개의 수조에 여러개를 동시에 주조하여 생산성을 향상시키는 방법이 취해진다. 이 때 유지로에서 주형군의 중심부에 있는 턴디시에 용탕을 유도하여 턴디시에서 각 주형에 용탕이 배분된다. Al합금에서는 용탕에 대하여 염소가스 취입법에 의한 탈수소가스처리, 미립화제첨가, 온도조절, 유리섬유 필터에 의한 불순물 제거 등의 작업이 필요하다. 주형으로의 용탕의 주입량은 부표를 이용해서 자동 조절되는데 그 예를 그림 7-24에 표시한다.

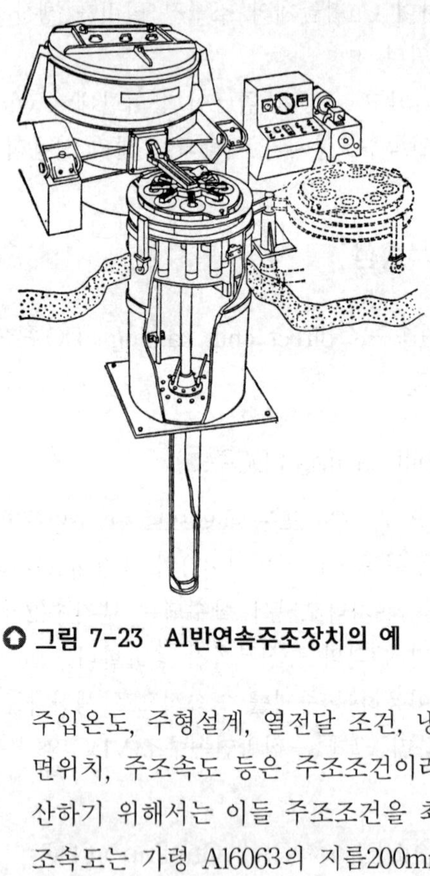

그림 7-23 Al반연속주조장치의 예

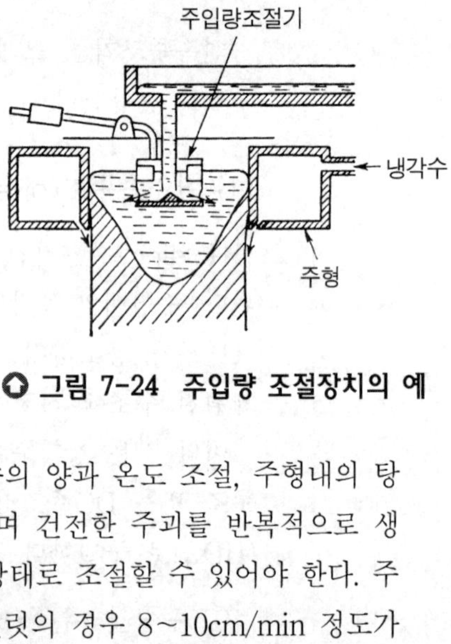

그림 7-24 주입량 조절장치의 예

주입온도, 주형설계, 열전달 조건, 냉각수의 양과 온도 조절, 주형내의 탕면위치, 주조속도 등은 주조조건이라 하며 건전한 주괴를 반복적으로 생산하기 위해서는 이들 주조조건을 최적상태로 조절할 수 있어야 한다. 주조속도는 가령 Al6063의 지름200mm 빌릿의 경우 8~10cm/min 정도가 표준이다. 주조속도가 빨라지면 급랭해야 하며 주괴 내부의 온도구배가 급해지는 관계로 열응력이 커져서 균열이 발생하는 경향이 있다. 대형 잉곳이나 복잡형상의 주괴에서는 주조속도를 느리게 해야 하며 3cm/min 정도까지 내릴 때가 있다. 또 균열감도가 높은 합금 가령 응고온도가 긴 고력Al합금이 되면 주조속도는 필연적으로 내려야 하며 또 미립화제를 첨가하여 조대조직이 되지 않도록 하는 것도 유효하다.

수직연속주조에서의 주형은 일반적으로 고정되어 있으며 강일 때와 같이 상하운동을 반복하는 방식은 적다. 주형은 물론 냉각식인데 그 재질로서는 Cu가 많으며 그 외에 Al, 황동, 흑연 등이 때에 따라서 사용할 수가 있다. 특히 융점이 높은 Cu합금계에서는 주로 흑연주형을 사용하는데 흑연주형은 윤활성이 좋으므로 별도로 윤활할 필요가 없다. Cu에 비해 열전도도가 떨어지지만 이것은 응고중의 금속으로 부터의 열방출속도를 제어하는데는 오히려 유리하다. 이밖에도 흑연주형은 완만한 냉각에 따라 주형내의 용탕에 발생하는 가스기포가 위로 빠져 나올 수 있는 시간적 여유가 많고 또 주형의 변형이 거의 없으므로 주괴의 냉각을 균일하게 할 수 있다는 것, 균열이나 이에 다른 용탕의 누설 사고를 방지할 수 있는 점 등의 많은 장점이 있다.

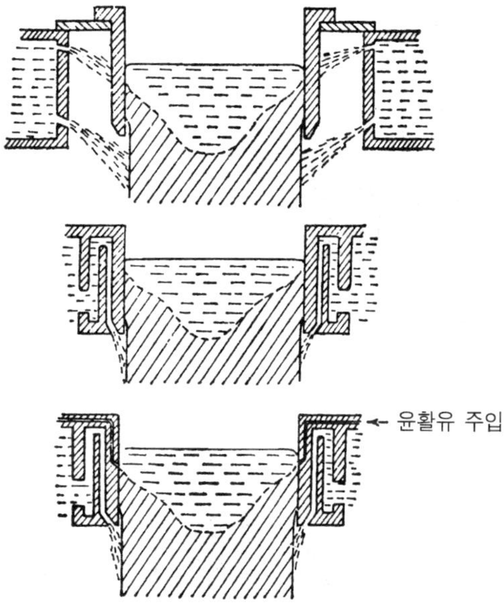

그림 7-25 Al용 연속주조금형의 예

주형의 설계에는 그림 7-25와 같이 스프레이냉각식, 자켓수냉식, 강제윤활식의 3방식이 있다. 스프레이식은 미니스커스면보다 밑의 주형부분을 완전히 적시고 수냉할 수 있게 스프레이의 수, 위치, 각도를 적당히 설계하고 또 하단스프레이는 주형에서 나온 주괴의 표면을 급랭할 수 있게 하면 효과적이다. 또 자켓식에서는 자켓내에 칸막이가 있으며 이것에 의해서 냉각수가 균등하게 주형을 냉각하고 또한 냉각효과도 좋아진다. 따라서 주형의 높이를 줄일 수가 있고 주형내의 용탕의 깊이가 얕아진다. 단, 스프레이식에 비해서 주조조직에 얼룩이 생기는 경향이 있다. 반연속주조에서는 주조길이가 그만큼 길지 않으므로 윤활제는 주입전에 주형내면에 칠하는 것으로 충분하지만 주조길이가 길어지면 주입중에도 윤활제를 주입할 수 있도록 강제윤활식의 주형을 사용하는 것이 좋다.

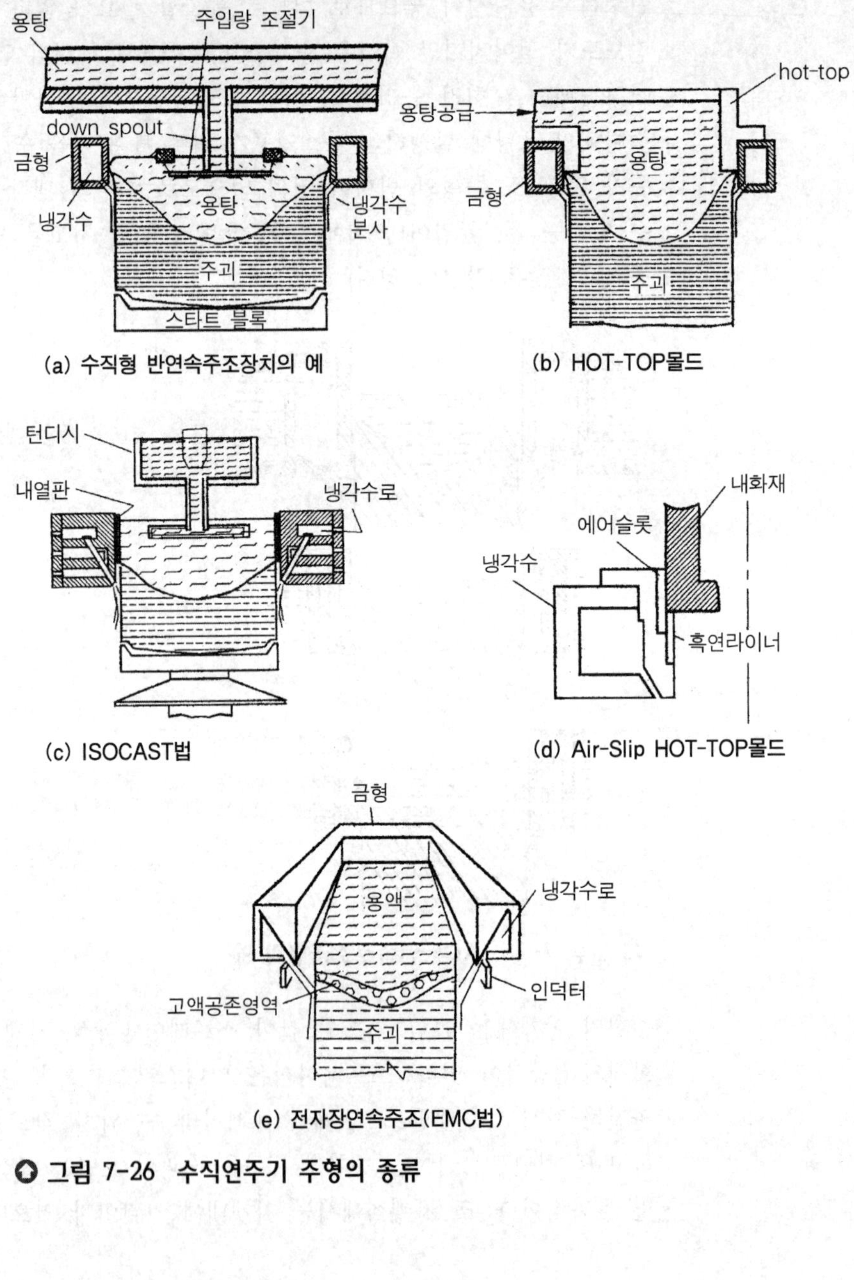

그림 7-26 수직연주기 주형의 종류

주형과 응고셀의 접촉상태에 따라서 용탕정압의 영향을 강하게 받는다. 그림 7-26(a)에서는 플로트(float)를 이용하여 스파우트(spout : 주입노즐)로부터의 용탕 유입량을 제어하여 탕면의 높이 및 그에 따른 용탕압을 일정하게 유지한다. 그러나 이 방법에서는 플로트부에 용탕이 격렬하게 거동하여 탕면높이를 일정하게 하는 것이 매우 어려울 뿐만 아니라, 가스흡수나 개재물의 유입이 생기기 쉽다. 또한, 탕면의 높이 변동이 크면 그 부분의 주형높이를 크게 할 필요가 있으며 주조속도도 올릴 수 없다(주편단면 50mm×1200mm 정도에서 보통 1.2mm/s 이하). 그래서 주형상부에 단열재료로 만들어진 용탕보온용의 헤더(header)를 설치하여 탕면의 단면적을 넓히고 탕면변동, 가스흡수, 개재물의 유입을 방지하여 주조속도를 올리는 핫톱법(hot top process)이 개발되고 있다. 그러나 이 방법으로는 헤더와 주형의 연결부에서의 응고가 불안정하고 표면편석 등의 문제가 생긴다. 그래서 헤더 하부에서 응고가 생기지 않도록 공기압으로 용탕과 주형 사이에 간격(gap)을 만들고 기름윤활을 행하는 기체가압법이 개발되어 표면편석, 요철이 적은 양호한 주괴가 얻어질 수 있도록 하였다.

그밖에 고체주형을 사용하지 않고 전자력으로 주괴형상을 보존하는 전자장주조법(electromagnetic casting)이 있는데, 주괴형상, 치수의 안정성에는 문제가 있지만 표면성상이 매우 좋은 주괴가 얻어진다.

위와 같은 알루미늄합금의 연속주조법은 알루미늄합금의 밀도가 작고, 강도가 있는 산화피막을 간단하게 형성하기 쉽다는 특징을 가지고 있다.

일반적으로 Al수직연속주조는 매시간 당 80t까지의 용탕을 소화하며 이때 사용되는 냉각수는 대략 6000ℓ/min정도 된다. 따라서 용융금속과 냉각수와의 접촉에 따른 폭발의 위험이 대단히 크다. 이 때문에 연주기의 개발 초기에는 안전운행이 주된 연구과제가 되었다.

위 아래가 관통된 원형 또는 직사각형 등의 단순한 형상을 갖는 수직연속주조의 주형은 냉각수에 의해 냉각되며 위쪽에서 주입된 용탕은 일정한 높이를 갖는 주형을 통과하면서 응고되어 밑으로 빠져나가고 그 양만큼 용탕은 계속 주입된다.

지금까지 실용되고 있는 수직연주기 주형의 종류에는

- 전형적인 DC주형(그림 7-26 (a))
- hot-top주형(그림 7-26 (b))
- isocast(그림 7-26 (c))

• 기체가압식(그림 7-26 (d))
• 자장연주(EMC)(그림 7-26 (e)) 등이 있다.

위에 열거한 연주기는 지금까지 여러 종류의 합금이나 각종 복잡한 형상을 갖는 제품을 생산하는데 이용되어 왔다.

② 수평반연속주조(Horizontal Direct Chill Casting : HDC)

이 방식의 것은 그림 7-27과 같이 보온로의 측면에 흑연주형을 장착하여 수평방향으로 주괴를 주조하여 빼내는 장치이다. 흑연주형은 수냉자켓에 의해 냉각된다. 구조는 간단하며 필요에 따라서 여러개를 평행하게 빼내서 생산속도를 올릴 수도 있다. 빼내기는 단속적으로 행하는 것이 일반적이며 주괴 표면에는 오실레이션 마아크가 나타난다. 수평식 연속주조로는 주철, Cu합금, 알루미늄 부스바(busbar) 등의 생산에 이용된다.

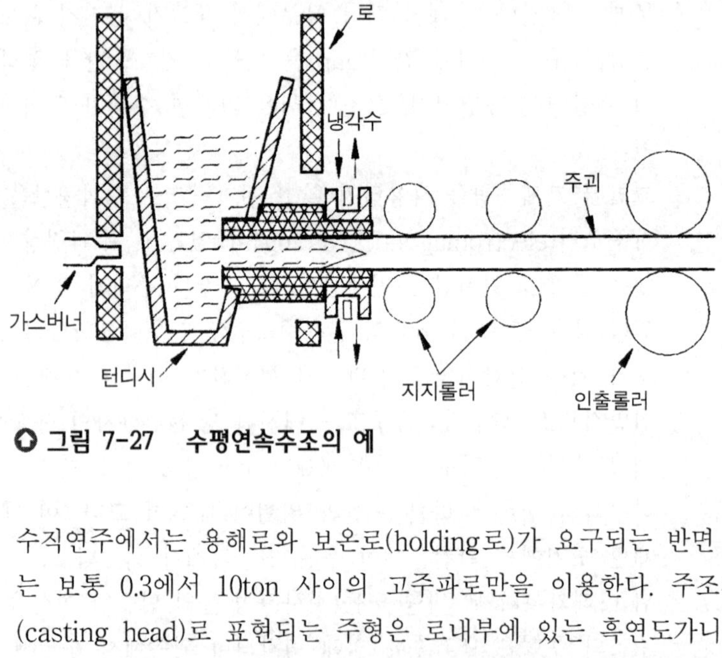

그림 7-27 수평연속주조의 예

수직연주에서는 용해로와 보온로(holding로)가 요구되는 반면 HDC에서는 보통 0.3에서 10ton 사이의 고주파로만을 이용한다. 주조의 핵심부(casting head)로 표현되는 주형은 로내부에 있는 흑연도가니와 연결되어 있으면서 냉각자켓에 둘러싸여 냉각되어지며 이곳에서 용탕이 응고되어 주괴를 형성한다. 이때의 주형재질로는 Al이나 흑연이 일반적인 것으로 busbar를 생산하는 경우에는 보통 Al으로 된 주형을 사용하며 윤활제도 사용하지 않으나 billet 나 wirebar를 생산하는 경우에는 윤활제 도입이 불가피하며 이때에는 윤활성이 좋은 griphite 주형이 유리하다.

주형에서 형성된 주괴는 스타터바(starter bar)에 연결되어 인출롤러에 의해 잡아당겨지고 이 양만큼 로에서 탕구를 거쳐 주형내로 용탕이 유입되는 것이다. 주형밖으로 인출된 주괴는 길이가 길고 자체 중량에 의해 휘어지기 쉬우므로 보조 롤러를 이용하여 지지하며 이송절단기로 일정한 길이만큼 절단하여 생산공정을 중단 없이 지속할 수 있도록 한다.

실용화되고 있는 수평연주기로는 Alcoa HDC, Kaiser HDC, Reynolds HDC 등이 있다(그림 7-28, 7-29, 7-30).

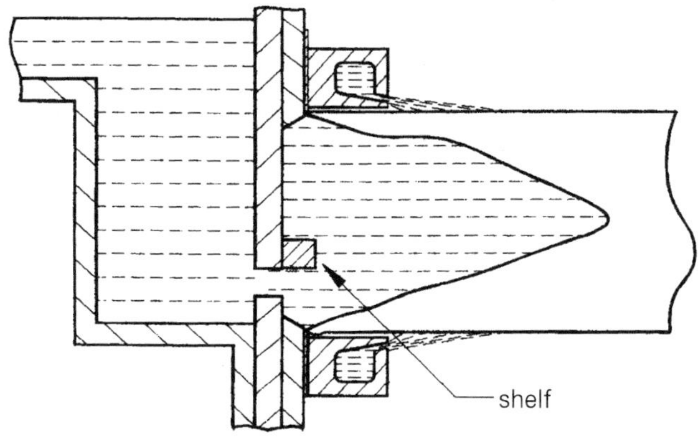

그림 7-28 수평연속주조장치의 예(Alcoa)

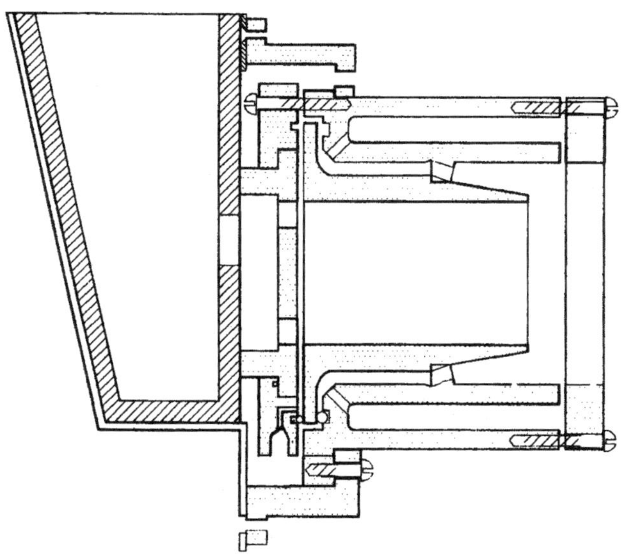

그림 7-29 수평연속주조장치의 예(Kaiser)

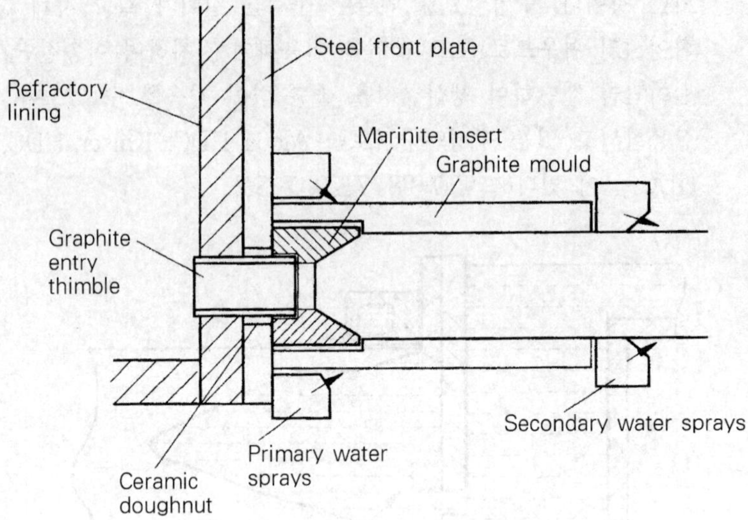

그림 7-30 수평연속주조장치의 예(Teynold)

(2) 완전연속주조(continuous casting)

일정한 길이로 생산된 주괴를 상온까지 냉각시킨 후 표면연삭 및 결함제거를 한 후 재가열하여 다음 공정인 압연,압출가공으로 연결되는 반연속주조와는 달리 용해로에서 부터 조괴 및 압연공정까지를 직결하여 제품의 수율과 생산성을 향상시킬 수 있는 연속주조 방법이다.

연속주조는 주로 가동주형을 이용하여 연속적으로 판,봉,선 등의 완제품에 가까운 형상을 생산하는 것을 말하나 일반 DC 주조에서도 이동절단장치(flying saw)를 이용하여 적당한 크기로 괴를 절단하면서 주괴를 연속적으로 생산할 때도 연속주조라 하기 때문에 이들을 굳이 구별하고자 할때는 전자를 완전연속주조 또는 연속압연주조라고도 한다.

강에서 완전히 실용화된 연속주조는 비철금속에는 아직 그만큼 보급되지 않았다. 그것은 위에 기술한 반연속주조장치가 구조가 훨씬 간단하고 생산비가 낮고 또 주형을 많이 설치해서 동시에 주조함으로써 비철금속에서 필요로 하는 생산 속도를 충분히 얻을수가 있기 때문이다.

특히 경합금에서는 완전연속주조를 사용하는데는 재고해볼 필요가 있다. 그러나 노동생산성에서 본다면 반연속주조에서는 각 주형으로의 용탕의 분배조정, 주입의 중단, 주괴의 끌어올림, 주입준비작업 등 불리한 점도 많으므로 반연속주조가 꼭 경제적이다고 할 수도 없다. 현재 비철금속에서 연속주조가 행하여지고 있는 것은 무산소동이나 소단면의 황동, 청동, 양은, 백동 등의 주괴이다, 특히 무산소동은 용해, 주입은 환원분위기 속에서 행하여야 하며 그러기 위해서는 작업을 중단하지 않는 연속주조가 적당하다. 특히 선재나 폭이 작은 스트립용의 주괴에서는 반연속으로는 생산성이 낮으므로 연속주조방식을 채용해야 한다.

일반적인 DC주조(수평연속주조, 수직연속주조)와 완전연속주조의 특성을 비교하면 다음과 같다.

<table>
<tr><td rowspan="2">반연속주조</td><td>수평연속주조</td><td>• 장점
① 수직연속주조 또는 Curve mould에서는 주괴의 길이만큼 지하를 파야하고 또한 주괴를 들어 올리기 위해서는 그 길이만큼 높은 지상공간이 필요하나 수평연주에서는 이를 생략할 수 있어 기본적인 설비비가 절감된다.
② 수직연주에서는 용탕의 break out이나 overflow에 의해 용탕이 설비를 손상시킬 위험이 있으나 수평연주에서는 몰드 아래에 모래상자를 준비해 둠으로써 위와 같은 위험을 피할 수 있다.
③ 수직연주에 비해 작업인원이 적다.
• 단점
① 균일한 냉각 및 윤활유 공급이 어렵다.
② 주조조건이 맞지 않으면 수축기공, 중심크랙, 탕경, 표면불량 등의 발생이 쉽다.
③ 작업조건이 VDC에 비해 민감하다.</td></tr>
<tr><td>수직연속주조</td><td>수직연주는 수평연주보다 설비비가 비싸며 작업인원이 많이 요구되는 등의 단점이 있으나 상대적으로 양호한 제품을 생산할 수 있다는 장점이 있다. 즉 슬래그, 산화물 및 가스 등이 위로 뜨므로 이들을 쉽게 제거할 수 있고 균일한 냉각에 따른 조직의 균일성과 편석 현상을 억제한다.</td></tr>
<tr><td></td><td>완전연속주조</td><td>선이나 박 등을 연속적으로 생산할 수 있으며 같은 양을 생산하는데 필요한 설비비도 종래의 DC주조법에 비해 20~50%정도 낮은 장점이 있으나 표면연삭의 공정이 없이 압연되기 때문에 표면편석이 적어야 하며 주조조직이 균일하여야 한다. 따라서 기포와 균열의 형성이 적고 표면형성이 좋은 순 Al, Al-Mn, Al-Fe 계 합금 및 Mg을 5% 까지 함유하는 Al-Mg계의 합금등은 가능하나 응고범위가 큰 고력합금에는 부적합하다.</td></tr>
</table>

(3) 특수연속주조

① 스트립 연속주조법

두께 50mm정도 이하의 판상주편을 연속적으로 주조하는 스트립 연속주조기(strip continuous casting machine)는 주로 비철금속에 사용되고 있으며 열간압연공정을 단축할 수 있다.

㉮ 쌍롤식 스트립연속주조기

그림 7-31에서 보는 바와 같이 롤(roll)과 롤의 사이에 용탕을 주입해 응고시키는 것으로 그림과 같이 주조방향이 수직상방향의 헌터법(Hunter process)이나 수평방향의 수평연속주조기(pechiney-coguillard process)가 있다. 한쪽의 롤은 고정되어 회전하고, 다른 한쪽의 롤을 이동하여 두께를 조절한다. 주조슬래브 두께는 6mm 이상이며 Al과 그 합금에 이용된다. 위에서 밑으로 수직되게 주조할 수도 있다.

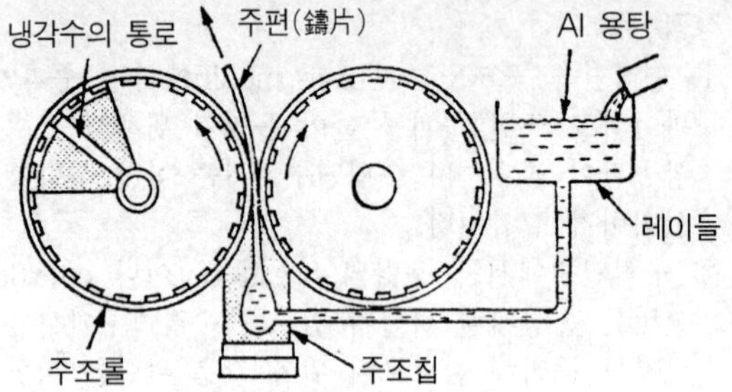

그림 7-31 롤스트립 연속주조기(Hunter법)

㉯ 쌍벨트식 연주기

이 방식의 연주기로서는 Hazelette법이 잘 알려졌는데 그림 7-32에 보는 바와 같이 롤로 구동되는 한 쌍의 강벨트와 금속제의 댐 블록으로 주형을 구성하고 응고시키는 방법이다. 알루미늄합금 외에 아연, 납, 동 합금 등에 이용되고 있으며, 두께 10~50mm, 폭 300~2000mm의 것이 생산되고 있으나 냉각수가 다량 필요하고 강벨트의 수명 등에 문제가 있으므로 그다지 보급되지는 않았다. 롤방식보다 생산성이 좋지만 롤방식만큼 얇은 strip은 제조할 수 없다.

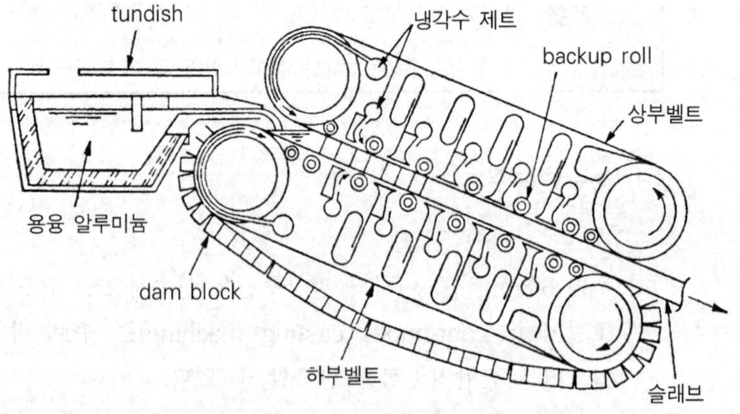

그림 7-32 쌍벨트식 연속주조법(Hazelett법)

㉰ 칠 블록 연속주조법

그림 7-32의 벨트 대신 칠 블록(chill block)을 이동시켜, 그 틈 사이에 주입하여 응고시키는 것이다.

칠 블록은 냉각박스에서 물 스프레이에 의해 냉각된다. 이 냉각박스는 물이나 수증기가 새어나가지 않도록 낮은 압력의 물을 사용한다. 또한, 칠 블록표면에 수분이 묻지 않도록 칠 블록은 적절한 온도로 유지되고 있다. 쌍벨트방식보다 생산성이나 냉각속도는 크며 두께 15~40mm, 폭 600~1700mm의 알루미늄합금이 30~80mm/s의 주조 속도로 생산되고 있다.

② 비철 금속선재의 연속주조법

전선용의 동선이나 알루미늄선 등은 연속주조후 직접 압연, 인발하여 선으로 늘이거나 거친 선재로 사용하는 것이 많다.

㉮ 휠-벨트식 연속주조기

그림 7-33에서 보는 바와 같이 홈이 파인 회전륜과 강벨트(steel belt)로 구성되는 부분을 주형으로 하여, 선재를 주조하는 것으로 properti식이나 south wire사에서 개발한 SCR기가 있다. Properti식에서 주조된 주조봉의 단면은 3120mm^{2}이며 바로 3방롤 압연기(17단)에 의해 9.5mm 정도의 선재로 압연하여 알루미전선용으로 사용하고 있다.

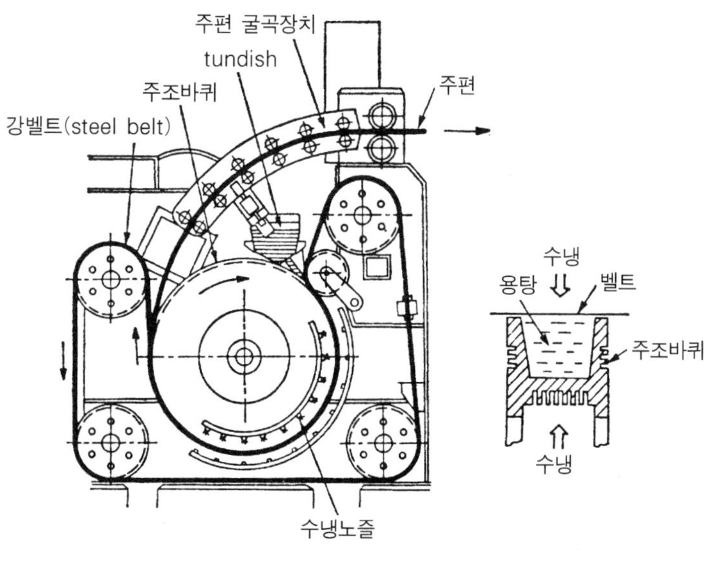

그림 7-33 벨트회전륜 방식(Properti법)

㉯ 쌍벨트방식

그림 7-32와 같은 방법으로 20mm 각(角) 정도의 것도 제조되고 있다.

㉰ 딥 포밍법, 인상(引上)방식

지름 10mm 정도의 심선(core wire)을 동의 용탕속에 통과시켜 용탕을 심선표면에 응고부착시켜서 지름 20mm 정도로 만든 후 바로 열간압연하는 딥포밍법, 한쪽 지름이 약 22mm의 흑연주형 내에서 용탕을 응고시켜, 상방향으로 간헐적으로 빼올리는 인상방식이 있다.

㉱ 가열주형법

그림 7-34에서 보는 바와 같이 가열주형을 이용하여 용탕을 보온하고, 냉각은 뽑아낸 주편를 통하여 수행하는 것으로 OCC프로세스라고 불려지고 있다.

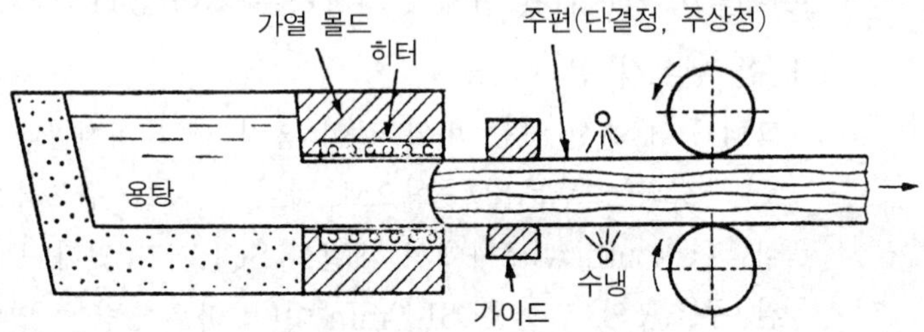

그림 7-34 가열몰드법(OCC프로세스)의 원리

이 경우의 응고계면은 종래의 경우와 달리 액상측에 볼록 또는 평탄하게 할 수 있으며 잔결정이 얻어진다는 특징이 있다. 또한, 주편표면이 상당히 매끄러워서 전자재료의 제조 등에 적합하다. 철계 합금에의 적용도 가능하다.

현재 실용화 되고 있는 Al연주기를 제품생산과 연계하여 분류하면 다음과 같다.

제 품	연주기
Sheet, Plate, Foil	Hunter, Pechiney 3C, mann, Alusuisse, Caster I, II, Hazellett
Rod, Bar, Wire	Properzi, Cegedur-Pechiney-Secim
Ingot, Slab, Billet	Clark, Wagstoff, Reynolds, Kaiser, Alcoa

3. 비철금속 연속주조의 생산성

주조공장에서의 작업인원은 일반적으로 주조라인의 수에 비례한다. 이 때문에 연속주조에서는 생산라인의 수를 가능한 줄이고자 하며 대신 각 생산라인의 규모를 확대하려 한다. 즉 주괴의 중량을 크게 하거나 주조횟수를 늘리는 것인데, 실제로 압연소재(slab)의 경우 개당 무게가 100ton이나 되는 주괴를 동시에 7개까지 주조하고 있으며, 빌릿의 경우 지름 200mm 크기의 주괴를 단 한번의 주조로 100개까지 동시에 생산할 수 있도록 되어 있는 설비도 있다. 근래에는 그러나 다품종 소량생산의 경향에 따라. 생산가의 절감은 큰 용량의 생산설비 보다는 컴퓨터를 이용한 자동화 설비로 작업인원을 감축함으로써 가능하다고 본다. 소규모 자동화 생산설비는 이밖에도 납기를 단축할 수 있으며 보관 창고에 드는 경비 또한 절감할 수 있는 이점을 갖게 된다.

4. Al수직연속주조에서의 품질

연주기의 발전방향은 점점 제품의 품질을 향상시키는 쪽으로 옮아가고 있다. 즉

① 주괴의 품질을 최종 소비자의 요구와 일치할 수 있도록 향상시키며
② 주괴를 가공함에 있어서 발생하는 스크랩 등의 양이나 가공공정을 줄임으로써 중간 가공단계의 공정비를 절감하고자 한다.

주괴가 어떠한 품질을 갖추어야 하는가를 알기 위해서는 먼저 가공소재의 이용기술과 품질향상을 위한 금속학적 공정(열처리 등)에 대한 정확한 지식이 필요하다.

아래에는 주괴의 품질에 관계되는 가장 기본적인 요소들을 네 가지(형의 균일성, 표면층의 결함, 주조조직, 비금속 개재물)로 분류하여 이와 관계되는 주조설비의 개선에 관하여 설명하였다.

(1) 형의 균일성

압출공정에서는 다이의 내벽과 빌릿 표면부와의 사이에 형성된 틈새로 임하여 압출재에 기공이 형성할 수 있기 때문에 압출재는 가능한 요철이 없이 다이 내부를 꽉 채워야 한다. 이러한 요구는 특별히 간접압출이나 전기재료의 생산시에 더욱 중요시되고 있다. 이밖에도 슬래브(slab)의 경우에는 표면절삭이나 주괴의 밑부분을 절단하는 등의 공정을 절약하기 위해 평활한 표면과 슬

래브의 끝부분이 양호한 주괴가 요구된다. 그러나 주괴는 보통 응고 또는 냉각수축에 따른 응력의 형성에 의하여 변형되거나 치수가 틀릴 수 있기 때문에 앞에서와 같은 요구를 충족시키는 데는 그리 간단하지 않다. 특별히 문제가 되는 것은 주괴의 가장 밑부분의 변형이다(그림 7-35).

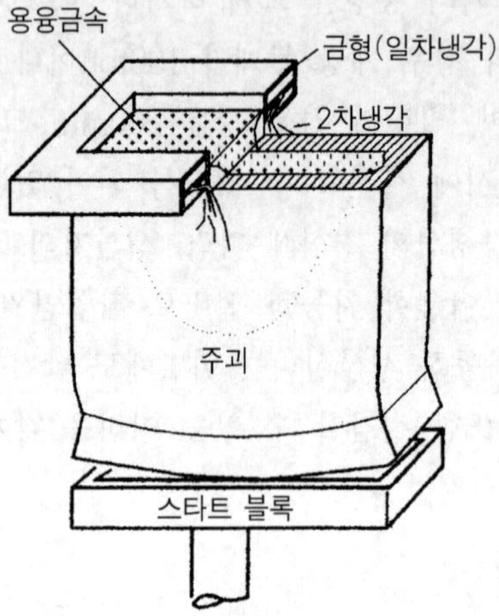

그림 7-35 블록하단부의 휘어짐 현상

밑부분의 변형은 주조초기에 형성되는데. 이는 이송받침대(dummy bar 또는 start bar라고 불리는 이송대의 머리부분)와 함께 하강하는 주괴에 냉각수가 분사됨에 의해 주괴는 수축하여, 밑바닥이 활모양으로 볼록하게 휘게되며, 이에 따라 주괴바닥의 양끝부분이 이송받침대로부터 크게는 100mm정도까지 들리게 된다. 그러나 이러한 현상은 주로 작업 초기의 냉각수량을 줄임으로써 피할 수 있다. 예를 들면 CO_2가스를 혼합하여 분사시키든가 아니면 냉각수를 펄스상태로 분사시켜 줌으로써 휨 정도를 보통 작업시 보다 1/2~1/4정도 줄일 수 있다.

이러한 분사방법은 작업의 안전을 위해서도 아주 유효하다. 즉 소재의 밑부분이 갑자기 휘게 됨으로써 응고된 얇은 표면층이 터져 용탕이 흘러나올 수 있으며 이에 따라 품질의 저하는 물론 조업의 중단이나 폭발의 위험성마져 있기 때문이다. 최신 연주기에서는 위와 같은 단계에서의 냉각수 조절을 자동화하고 있으며, 이로써 열간압연시에 주괴의 밑부분을 절단할 필요없이 곧장 가공할 수 있는 정도의 고품질의 주괴를 생산하고 있다.

초기 단계를 지난 후부터는 응고수축에 따라 형성된 응력이 수지상정간에 형성된 틈새를 통하여 유입된 잔류용액에 의해 상당량 제거되지만 인장응력으로 작용하여 주괴를 수축하게 한다. 이러한 수축량은 주조속도 등 주조조건을 변화시킴으로써 어느 정도 조절할 수 있다. 슬래브의 경우 체적수축은 긴 면의 중간 부분이 모서리쪽 부분보다 심하며, 이러한 현상을 보상하기 위해서는 주형의 내벽이 오목하게 휘도록 크라운을 주어야만 하나 주조초기의 단계에서의 수축은 계속되는 주조작업 중에서 보다 크므로, 위와 같은 형태의 주형을 이용할 경우 주괴의 밑부분은 다소 볼록하게 될 수 있음을 고려해야 한다.

(2) 표면층의 형성

연주에 의하여 생산된 제품의 표면은 대개 매끄럽지가 못하다. 표면거칠기는 작업조건에 따라 얼마간의 차이를 보이는데 이에 대하여는 응고과정과 관계하는 다음의 2가지 요인을 들 수 있다.

① 그림 7-36에 도시한 바와 같이 주형내벽 모서리 부분에 존재하는 용탕의 표면부(meniscus)가 공기층과 접촉하면서 응고되기 시작한다(a-e). 주조가 진행됨에 따라 이 부위는 연신되고, 어느 순간에 이르러 마침내 터지게 된다. 그 위로 용탕이 덮쳐, 새로운 표면층을 형성하면서(f,g), 탕경계(cold shut)를 형성하는 것과

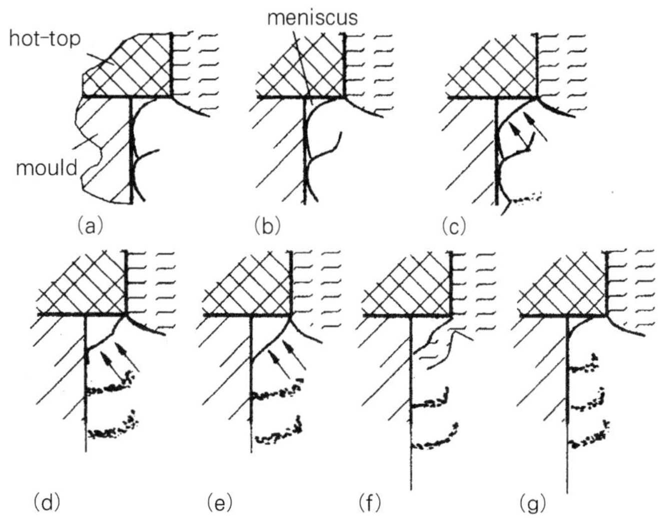

그림 7-36 HOT-TOP방식의 연속주조시 셀의 형성과정

② 그림 7-37 도시한 바와 같이 고액공존대에 존재하는 잔류용액이 위에서 누르는 용탕의 압력으로 인해서 막 응고된 엷은 피막층을 뚫고 나오는 표면편석 현상을 들 수 있다.

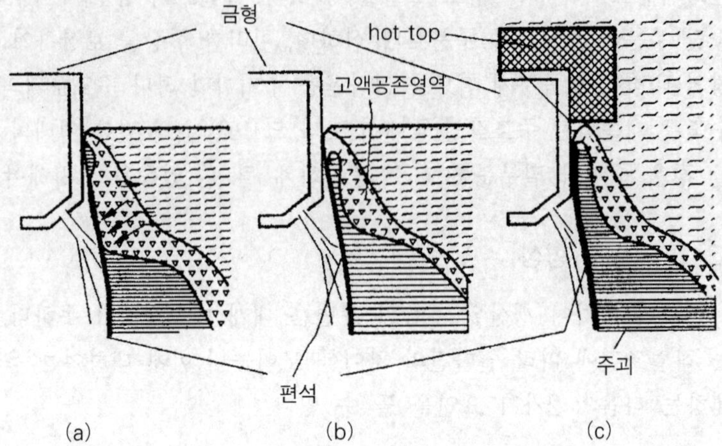

그림 7-37 일반연속주조(a, b)와 HOT-TOP(c)방식에서의 역편석 형성과정

탕경계는 특히 순 Al이나 응고영역이 비교적 좁은 Al합금의 경우에 발생하기 쉽다. 이를 개선하기 위하여는 주조속도를 크게 하거나 주조온도를 높이는 방법, 또는 주형에서의 열방출을 감소시키는 방법이 있다. 주형 내벽을 통한 열방출을 감소시키는데는 일례로 내벽에 여러 개의 가는 홈을 판 주형을 이용하기도 한다. 이와는 반대로 표면편석현상을 응고구역이 큰 고합금재료에서 두드러진다. 이 때 저용융합금층의 두께는 약 1~2mm에 달하며 이어서 저용융합금 원소가 상대적으로 적은 층이 표면으로부터 5~20mm까지에 걸쳐 존재하게 되는데, 이들을 소위 겉껍질층이라고 한다. 압출봉재의 경우 보통은 이들 겉껍질층은 제거되지 않고 압출가공을 하게 되는데, 만일 편석 등을 포함한 겉껍질층이 다이 내부에서 제거되지 못하고 제품에 들어가 제품의 표면층에 잔류하게 되면 양극산화처리시 얼룩의 원인이 되며 심한 경우에는 소재가 압출방향으로 갈라지기도 한다. 압연시에는 이들 표면편석층을 깍아내야 하는데, 그렇지 않은 경우에는 압연 가공 후 비늘과 같은 모양의 불량한 표면이 나타나는 것을 보게 될 것이다. 그러나 표면편석현상이 극히 적은 순 Al재료의 경우에는 제품이 허용하는 한 선삭을 하지 않고도 압연이 가능하다.

응고수축에 의하여 주형내벽과 주괴의 표면사이에 형성된 공기층의 형성으로 열방출은 감소하며, 이에 따라 표면편석의 형성이 더욱 용이하여지게 되므로, 이를 억제하기 위해서는 주형의 길이를 가능한 한 짧게 하는 것도 한 방법이다. 이밖에도 너무 높은 주조온도를 피하고 주형내에 주입된 용탕의 흐름이 주형벽 쪽으로 직접 향하지 않도록 하는 것이 바람직하다.

주형의 길이(주형의 내벽중에서도 실제로 냉각을 담당하는 부분)를 짧게하는 방법으로는 Alusuiss에서 개발한 'ISOCAST'법(그림 7-26 2-c)과 'hot-top법'(그림 7-26 b)이 있다. ISOCAST법에서 작업자는 주형에 주입되는 용탕의 높이를 기계식이나 유압식 등을 이용하여 조절하는데 이때에 용탕의 높이는 가능한 한 최소의 값을 유지하도록 한다.

주괴의 표면 결함을 거의 완벽하게 제거할 수 있는 방법으로 자장(magnetic field)을 이용한 연속주조 방법이 있다(그림 7-26 e). 이 방법에 의하면 자장력에 의해 용탕이 주형의 내벽으로부터 일정한 거리를 유지하기 때문에 용탕과 주형의 접촉에 따른 표면편석이나 탕경계와 같은 표면 결함의 형성을 피할 수 있게 된다. 이 때문에 자장주조에 의해 생산된 모든 Al합금의 슬래브는 표면선삭공정을 거치지 않고 직접 압연할 수 있으며, 빌릿 역시 앞에서 언급한 바와 같은 표면결함에 따른 가공상의 난점들을 피할 수 있기 때문에 고품질을 생산할 수 있게 된다.

(3) 주조조직

주괴의 주조조직을 개선하기 위하여, 과거에는 가능한한 미세한 입상형태의 결정립을 갖는 주조조직을 목표로 노력하였다. 그 동안에 Ti-B의 첨가제를 이용한 미세결정립의 제조기술이 개발되어, 이제는 특별히 고순도의 Al재를 생산하는 경우를 제외하고는, 결정립의 미세화 기술은 충분히 발달되었다고 본다. 이에 따라 최근에 있어서 주조조직에 관한 주된 연구 과제는 가능한 미세하고, 균일하게 분포한 마이크로조직을 얻는데 중점을 두고 있다. 미세하고 균일하게 분포한 마이크로조직이라하면 곧 금속간 화합물(중간상)이 기지조직내에 미세하고 균일하게 분포되어 있음을 말한다.

고체 Al은 Fe나 Si 등을 미소량 용해하기 때문에 보통의 순Al이나 이를 바탕으로한 Al합금들은 항상 중간상을 함유하기 마련이다. 이들 중간상의 미세분포도는 응고시 형성되는 2차 수지상정간 간격의 평균값으로 나타낸다. Flemings에 의하면 이 값은 국부응고시간의 3제곱근에 비례한다. 여기에서 국부응고시간이라 하면, 단위용액이 고상으로 변태하는데 걸리는 시간을 말하는 것으로, 이 이론에 따르면 수지상정간의 거리는 고액공존영역이 두꺼울수록 큰 값을 갖게 된다. 이것으로 볼 때 보통의 주형(깊이가 큰 주형)을 이용하여 생산된 주괴의 미세조직은 상대적으로 조대하며, 주형에서의 용탕의 높이가 클수록 이러한 현상은 더욱 두드러진다.

연속주조에 의하면 생산된 주괴를 가공함에 있어서 양극산화처리와 같은 많은 경우에 주괴의 껍질층에 형성된 조대한 미세조직은 품질을 저하시키는 요인이 된다. 이 때문에 주조시 주형의 냉각면(용탕으로부터 주형밖으로 열을 전달하는 면)을 가능한 짧게 하고자 하는데 이를 위해서는 isocast법이나 hot-top주형을 이용하면 매우 효과적이다.

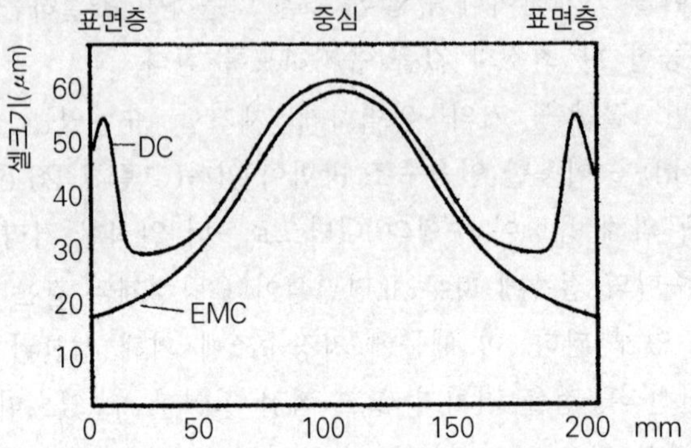

그림 7-38 전자장주조(EMC)와 일반연속주조(DC)에서의 미세조직 크기분포

그림 7-38은 주조조직에 있어서도 자장주조를 이용하면 표면부위의 조대한 주조조직을 거의 완벽하게 통제할 수 있음을 보여주고 있다. 이 방법에 의해 생성된 미세조직의 크기는 대략 15~25 μm 정도인 반면, 보통의 연속주조 설비에 의해 생산된 제품의 미세조직은 30~80 μm에 달한다. 일반적으로 미세조직을 갖는 재료는 열간가공성이 우수하여 모서리 부분에서 발생하는 균열 등이 나타남이 없이 열간압연을 할 수 있다는 것이 자장주조에 의해 생산된 주괴의 커다란 장점이다.

주괴의 표면층과는 달리 주괴내부에서의 미세조직은 주괴 두께에 의해 많은 영향을 받는다. 일예로 두꺼운 주괴를 생산하기 위해서는 주조속도가 작아야 하며 이에 따라 제품중심부에서의 미세조직은 조대하게 되어, 얇은 주괴에서보다 상대적으로 조대한 중간상을 얻는다. 실제로 두께 50mm인 주괴의 세포조직의 크기는 10~15 μm인 반면, 두께 500mm인 주괴에서는 100~150 μm의 미세조직이 나타난다.

미세조직의 크기를 변화시킬 수 있는 또 하나의 방법으로는 응고계면에서의 용탕의 유동상태를 조절하는 것이다. 응고계면에서의 유동상태는 용탕의 주입방법(spout형태)에 따라 변화한다. 일반적으로 고온의 용탕이 응고계면위에 직접 주입되는 부분은 주변의 요동속도가 느린 곳(사각지대)보다 미세한 미세조직이 나타난다. 응고계면에서 액상의 유동속도가 빠른가 느린가에 따라서 미세조직의 크기가 서로 다르게 되므로 주형내에 용탕을 와류상태로 주입하는 것은 피해야 한다.

용탕을 주입함에 있어서 응고계면에 형성하는 유체흐름을 억제시키는 데는

hot-top주형을 이용하는 것이 바람직하다. 이때의 hot-top은 막 주입된 용탕이 응고계면과 충분한 거리를 유지하도록 그 높이를 조정하여야 한다. 그림 7-37 2-a와 같은 주입방법에서는 용탕흐름에 따른 미세조직의 불균일성을 고려해야만 한다.

특히 AlCuMg이나 AlZnMgCu 등과 같이, 고액공존 구역이 넓은 합금에서는 주괴의 중심부에 수지상정간에 형성하는 기공들이 나타난다. 이러한 고장력 합금들은 항공우주 산업에 많이 이용되고 있는 관계로 기공의 형성은 강도나 피로관계에 악영향을 미치게 된다.

기공의 형성 원인을 살펴보면 다음과 같다. 단위체적을 갖는 Al재료는 용액상태에서 고상상태로의 응고가 진행됨에 따라 대략 7.5%의 체적수축이 일어난다. 응고계면에서 발생하는 이들 체적수축은 수지상정간의 틈새를 통하여 유입되는 용액으로 채워지게 된다. 만일 응고계면의 모양이 V자 모양으로 깊으며 액상선과 고상선의 거리가 상대적으로 먼 상태에서는 액상금속이 수축된 부위까지 유입되는 거리가 멀어서, 충진과정 중에 이 부위의 압력상태가 수소가스의 형성 압력 이하로 낮아지게 되어 기공이 발생하게 된다. 따라서 고장력 Al합금을 연속주조하는 경우에는 수소의 함량을 최소한으로 억제시켜야 하며 특히 응고계면이 깊숙히 파이지 않고 가능한 평탄하도록 주조속도를 아주 적게 하는 것이 중요하다. 만일 일직선의 응고계면을 얻을 수 있다면 연속주조시 형성하는 역편석 현상을 최소한으로 감소시킬 수 있을 것이다.

(4) 비금속 개재물

연속주조에 있어서 비금속 개재물은 품질 저하의 최대 요인이 되는데 이들 비금속 개재물을 일반적으로 다음과 같이 분류할 수 있다.

① 대략 1~20 μm 사이의 크기를 갖는 미세한 것들로, 이들은 이미 전해Al에 산화물이나 탄화물 형태로 존재하고 있거나 결정립 미세화를 목적으로 첨가한 합금(TiB_2)이 원인이 된다.

② 중간크기의 산화물 들로 주조공정 중에 로내에서 발생한다.

③ 200 μm 이상의 크기를 갖는 조대한 것들로, 보통 주조작업 중에 형성된다. 이러한 조대한 비금속 개재물의 형성을 억제시키기 위한 주조기술은 앞으로도 계속 개선되어야 할 과제로 남아있으며, 이는 무엇 보다도 난류형태의 용탕주입을 피해야 하며, 주조설비는 액상의 Al에 대하여 높은 안정성을 갖는 재료를 사용함으로써 가능할 것으로 본다.

5. 제품의 결함 및 품질향상을 위한 작업조건

HDC 에서 제품에 발생되는 결함으로는 크게 편석현상과 외관 및 주조조직이며 이들 결함을 최대한 억제 또는 제거할 수 있는 방법은 주조속도, 냉각수량 및 윤활류 등의 주조조건 과 몰드내메서의 용탕의 흐름을 조절하는 방법들을 생각할 수 있다.

(1) 주조속도

주조속도가 사용하는 몰드에 적합한지는 먼저 몰드안에서 응고되어진 주괴의 표면을 관찰해 봄으로써 알 수 있다. 즉 빌릿(billet)이나 슬래브(slab)에서는 주괴의 표면부에 그림 7-39와 같이 응고계면이 그대로 나타나 보이기 때문에 liquid sump의 깊이가 클수록 주조속도는 빠르다는 것을 알 수 있다. 이로서 주어진 냉각수량에 따른 최대-, 최소주조속도를 결정한다. 그러나 바(bar)의 경우에는 위와같은 방법으로는 불가능하며 이 경우에는 작업이 끝날 때 또는 용탕의 주입을 중단해 봄으로써 가능하다. 용탕공급이 중단되면서 몰드를 꽉 채우지 못한 용탕으로 주괴의 끝부분은 뾰쪽한 형태로 나타나며 이때의 주괴표면부에 나타나는 liquid sump의 형태로 주조속도를 추정할 수 있다.

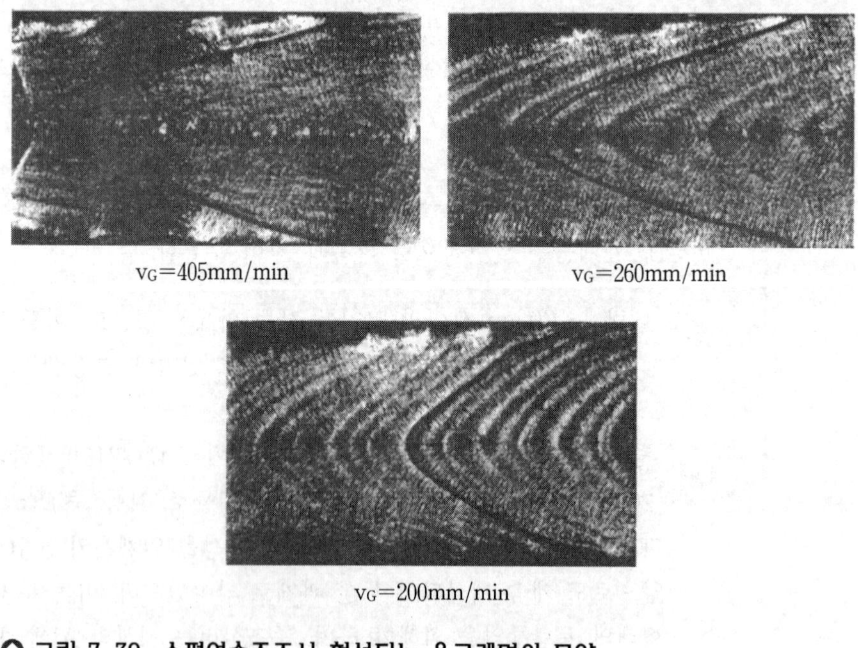

v_G=405mm/min

v_G=260mm/min

v_G=200mm/min

그림 7-39 수평연속주조시 형성되는 응고계면의 모양 (주조속도가 빠를수록 sump의 깊이가 깊다)

주괴의 거시적 조직을 관찰해 보면 그림 7-40과 같이 주조속도에 따라 중심부기 이동함을 볼 수 있다. 주조조직은 열방출 방향으로 성장하기 때문에 조직의 형태를 살펴 봄으로써 열흐름방향을 결정할 수 있기 때문이다. 그림에서 보면 주조속도가 작은 경우에 열중심선은 위쪽으로 향하며 단면에서 보는 조직의 분포는 비평형 상태가 된다.

(a) 낮은 주조속도

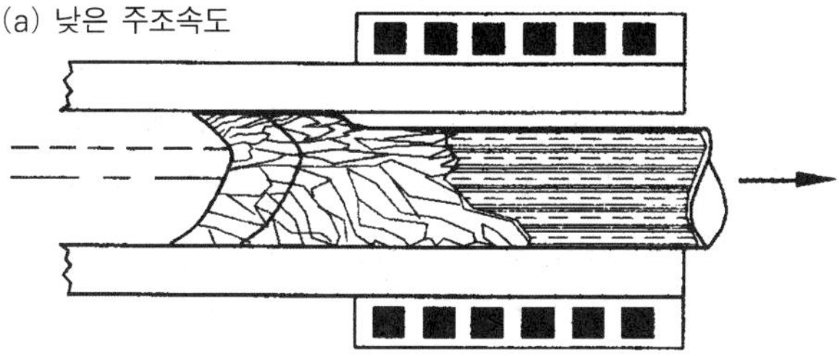

(a) 빠른 주조속도

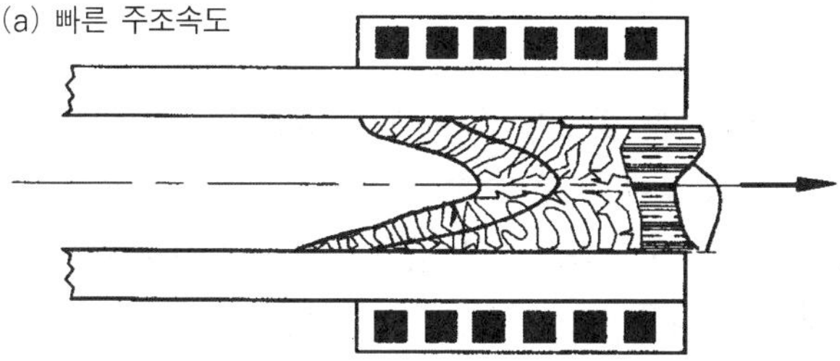

그림 7-40 주조속도에 따른 주조조직의 형성관계

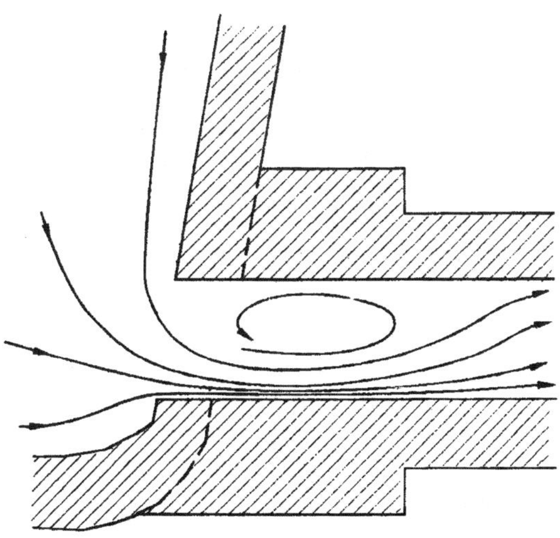

그림 7-41 몰드입구에서의 용탕흐름

낮은 주조속도에서는 그림 7-41과 같이 몰드내로 유입되는 용탕의 흐름이 층류가 되어 용탕의 혼합가능성이 적어진다. 한편 주괴의 아래부분은 금속자체의 중량에 의해 몰드내벽과의 접촉이 용이하여 쉽게 냉각이 진행되며, 이밖에도 상대적으로 낮은 온도의 금속은 비중차에 의해 아래부분으로 향하여 냉각의 진행이 빠르게 된다. 이와는 달리 주괴의 상부쪽은 응고수축에 따른 공기층의 형성으로 열전달 효과가 감소함으로서 자연히 응고속도가 감소한다.

용탕의 흐름외에도 낮은 주조속도에서는 용탕의 응고가 몰드의 입구에서부터 시작되므로 주괴내 sump의 길이가 길지 않기 때문에 높은 온도의 용탕이 상부쪽으로 이동하는 것을 방해하지 않는다. 또한 주괴는 응고시간이 길기 때문에 응고층이 상대적으로 두껍게 형성됨으로써 충분한 탕압에도 불구하고 상부의 응고층이 두껍기 때문에 변형없이 단지 응고수축에 의하여 몰드내벽과 주괴층에 공기층을 형성케한다.

높은 주조속도에서는 liquid sump가 길어 응고층의 두께가 얇고 연약하기 때문에 탕압에 의해 응고층이 연신되어 몰드 내벽을 꽉 채울 수 있다. 이로써 열전달의 효과는 감소하지 않으며 동시에 liquid sump내에서 형성하는 와류에 의해 상하부의 온도차이를 줄일 수 있게 된다. 결과적으로 주괴 상하부에 형성되는 조직불균형은 주조속도를 높임으로써 감소시킬 수 있으며 빠른 주조속도는 이밖에도 조직을 미세화하고 생산성을 향상시키는 효과가 있으나 과도하게 되면 용탕이 유출하는 위험성이 있어 그 한계를 결정 하여야 한다.

(2) 용탕의 공급

금속의 용해는 주로 고주파로를 이용하여 여기에서 용해된 용탕은 미리 가스버너 등으로 건조된 턴디시 또는 보온로로 옮긴다. 이곳에서 가스제거 작업이나 결정립 미세화를 목적으로한 개량처리 등을 행한다. 용탕의 온도는 chromel/alumel 열전대를 이용하며 주조온도의 5°C 이내로 조정하며 냉각수의 유입과 배출온도 역시 일정하게 유지시킨다.

(3) 용탕의 흐름

용탕의 흐름은 전도체 재료 등과 같이 접종재를 사용하지 않는 경우에는 결정립 형성에 영향을 미친다. 이는 용탕의 흐름이 응고계면에서의 열구배와 결정립을 형성하는 결정핵의 수에 영향을 미치기 때문이다.

몰드 내에서의 탕류형태는 주조속도에 따라 와류 또는 층상류가 형성될 수 있으며 탕구의 위치와 형상에 따라 그 흐름을 원하는 모양으로 조절, 선택할 수 있다.

그림 7-42에 있어서 고온의 용탕이 직접 와 닿는 상부쪽 응고계면은 높은 온도와 높은 열구배에 의해 깃털조직의 형성이 용이하여지며 반대로 하부쪽은 상대적으로 낮은 용탕의 온도, 작은 열구배 및 상부쪽으로부터 탕류와 함께 유입된 결정핵들에 의해 등축정의 많은 결정립이 형성한다. 높은 온도의 용탕이 상부벽쪽으로 심하게 유입될 때는 이밖에도 막 응고된 응고층을 재용해 시키면서 탕압과 함께 응고층이 팽창되고 이로 인하여 몰드의 내벽과 접촉되는 순간 응고되어 다시 수축하는 과정이 반복되면서 주괴상부의 표면이 매우 거칠어지며 탕경(cold shut) 등의 원인이 되기도 한다.

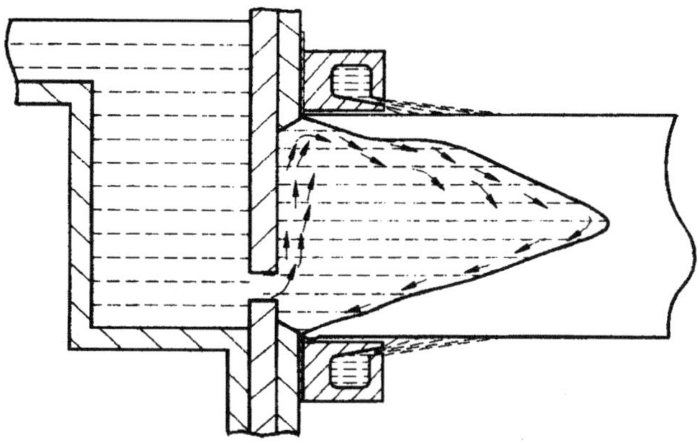

그림 7-42 몰드입구에서의 용탕흐름

(4) 냉각수와 윤활제

일반적으로 고강도합금의 경우 내외부의 균열, 내부기공 등의 형성이 쉽고 순금속보다 주괴의 표면이 거칠면서 편석 현상이 심하기 때문에 주조조건을 특별히 조정해야 할 필요가 있다. 특히 내부균열은 냉각수가 그 원인이 된다.

몰드를 냉각 시켜주는 냉각장치를 1차 냉각 또는 간접냉각, 몰드를 빠져나오는 주괴의 표면에 직접 살수하는 냉각을 2차 또는 직접냉각이라 한다. 내부균열은 표면부와 중심부 사이에 형성된 응고수축의 차에 따른 내부 응력이 그 원인으로 이러한 형상을 억제하기 위해서는 1차 냉각의 경우 가급적 냉각수량을 줄이고 2차 냉각의 경우에는 냉각수량을 조절하는 이외에도 냉각수와 공기를 혼합하여 분사시키는 방법을 택하기도 한다. 한편 표면산화를 방지할 목적으로 공기대신 불활성가스를 혼합분사 하기도 한다. 냉각수 통로의 지름을 좁게 함으로써 분사압을 크게 하여 냉각효과를 상승시키기도 하나 주조속도가 클 경우에는 냉각수량이 많아지고 이 경우 이 지역이 너무 좁으면 냉각수가 잘 빠져나갈 수가 없어 지체되므로 냉각수량 및 냉각수 통로의 크기를 선택함에 있어서 이러한 점을 고려하여야 한다.

윤활류를 사용하는 경우 사용된 냉각수에는 윤활류가 섞이게 되고 이 냉각수를 재사용할 경우에는 열전달 효과가 감소하기 때문에 이때의 냉각수는 반듯이 세척의 과정을 거쳐야 한다. 냉각수 안에 오일(윤활류)의 함유량이 50ppm 이상이 되면 몰드 내에서의 냉각효과를 줄이며 주괴 결함의 원인이 되기 때문에 반드시 세척을 해야 한다.

몰드 출구에서의 냉각은 냉각수가 주괴의 표면에 골고루 분사될 수 있도록 설계되어야 한다. 그렇지 않으면 응력에 의한 균열을 초래한다. HDC의 경우 설비구조상 이러한 균일한 냉각은 VDC와는 달리 매우 어려우므로 특별히 설계시 이점에 유의하여야 한다. 또한 분사시 냉각수가 몰드내부로 유입되는 것을 방지해야 하며 이를 위해서는 분사노즐각이 $7\sim10^{o}$를 초과해서는 안된다.

윤활류의 분배가 적절하지 못한 경우 윤활공급이 적절한 곳은 표면이 깨끗하고 윤활공급이 과하거나 부족한 곳에서는 원인(oil pit) 등 거친 표면을 형성하기 때문에 윤활류 역시 주괴의 표면을 따라 골고루 배분되어야 한다. 그 양 또한 적정량을 초과하지 못하도록 해야 한다. 과다한 윤활류는 어디에선가는 흐를 수 없어 지체되기 때문에 결함의 원인(oil pit)이 된다.

윤활류의 선택시 고려해야 할 사항으로는

① 과도한 기포를 함유하지 않을 것
② 몰드표면에 라크를 남기지 않을 것
③ 온도변화에 따른 점성의 변화가 적을 것 등이 요구되며

HDC에서 사용되는 윤활류로는 castor oil derivative나 synthetic diester 등이 있다.

6. 안전설비 및 작업시 주의사항

(1) 안전설비

주형의 설계는 품질을 좌우하는데 가장 중요한 요소로 양호한 제품을 생산하기 위해서는 고려해야 할 점이 많겠으나 여기에서는 안정성과 관계되는 점만을 고려한다.

연주기는 고온의 용액과 많은 양의 냉각수가 함께 하므로 이들이 혼합되지 않도록 완벽한 대책이 필요하다.

① 냉각수가 원활히 공급될 수 있도록 충분한 수압이 요구되며 유입구와 배수구 및 냉각수 통로(몰드내의) 등은 냉각자켓에 유입된 냉각수가 자켓안

에서 너무 오래 지체되어 냉각능이 저하되지 않도록 한다. 2차 냉각장치는 몰드출구에서 종축과 약 6~7°의 경사각을 갖도록 하여 주괴의 표면을 스치듯이 분사하여 접촉면을 크게 하며 냉각수의 비산과 역류를 방지하도록 한다.

② 로 또는 턴디시와 몰드의 밑바닥에는 용탕이 흘러나올 것에 대비하여 건조한 모래를 담은 받침대를 설치한다. 한편 2차 냉각장치에서 분사된 냉각수는 이들과 완전 분리될 수 있도록 별도의 받침대를 설치하여 배수되도록 한다.

③ 보온로 또는 턴디시에서 유사시에 탕구로 유입되는 용탕을 멈출 수 있도록 stopper를 설치한다.

④ 용해로에서 용해된 용탕은 홀딩로를 거쳐 턴디시로 유입되도록 하는 것이 일반적이다. 이는 여러 측면에서 바람직하다. 우선 보온로에서 탈가스 처리 및 접종 또는 개량처리가 가능하고 턴디시로 유입되는 과정에서 여과작업을 할 수 있다. 안전성에 있어서도 몰드와 연결된 턴디시의 용탕 용량이 상대적으로 적기때문에 손쉽게 처리할 수 있으리라 본다.

(2) 작업시 주의사항

작업자는 반드시 안전장구를 착용하여야 한다. 특히 운전자는 기계의 작동을 완전히 숙지하여야 하며 작업이 시작되기 전에 예비시험을 통하여 설비의 이상유무를 살피고 이상이 예상되거나 발견시에는 즉시 작업을 중단하고 이를 수정하여야 할 것이다. 몰드 내부 및 기타 용탕이 유입되는 부분들은 주조가 시작되기 전에 버너로 충분히 예열, 건조시키고 스타터바(stater bar)는 몰드에 너무 꽉 끼이지 않도록 적당한 여유를 준다.

용탕에 탈가스제나 개량처리 또는 합금금속을 첨가할 때에는 사용기구를 사전에 건조, 예열하여 사용할 것이며 이들 첨가제를 투입하는 과정에서 폭발적인 반응으로 용탕이 품어나오며 튀는 예가 많으므로 안전장구를 착용하고 장입기구는 비스듬히 경사지게 하여 조심스럽게 장입시켜야 한다. 탈가스 처리 후 용탕표면에 부유된 슬래그는 걷어내어 건조된 모래가 깔린 예비된 곳에 버리도록 한다.

현장관리자 또는 작업자들은 위와 같은 작업상 불안전하고 안전사고의 위험성이 발견되면 차후개선책으로 미룰 것이 아니라 그 즉시 적절한 대책을 세울 것이며 상황에 따라서는 작업을 중단하도록 한다. 이상과 같은 안전대책 이외에도 작업자가 있는 곳은 별도의 보호벽을 설치하는 것이 바람직하며 특히 컨트롤 박스의 운행자는 절대 자리를 떠나서는 안된다.

참고문헌

1. 백승일, 최정철, 신현진, 홍준표 : 한국주조공학회지 제12권 제3호, (1992) 203
2. 임수근, 허보영 : 한국주조공학회지 제14권 제1호, (1994) 5
3. 김원태, 문정탁, 김명한, 조형호 : 한국주조공학회지 제14권 제5호, (1994) 464
4. 류봉선, 박원욱 : 한국주조공학회지 제15권 제4호, (1995) 331
5. 류봉선, 지무성, 박원욱 : 한국주조공학회지 제16권 제2호, (1996) 116
6. 권혁천 : 한국주조공학회지 제16권 제4호, (1996) 273
7. 윤의한, 김윤규 : 한국주조공학회지 제16권 제4호, (1996) 283
8. M. S. Ji, W. Schmitz, S. Engler : Metall, 45, (1991) 148
9. H. Steen, L. Backerud : Scandinavian J. Metall., 7, (1978) 271
10. D. C. Weckmen, P. Niessen : Z. Metall., 75, 5, (1984) 332
11. Robert. B. Powers : Light Metal Age, 12, (1975) 5
12. E. F. Emley : Inter. Metals Tev., 6, (1976) 75
13. J. C. Attwood, D. W. Davies : Foundary Trade Journal, 10, (1983) 365
14. Utrich Heubner, Edgar Lossack, Bbruno Prinz : Z. Metall., Bd.72, (1981) 149
15. W. Schneider : Metal, 6, (1986) 568
16. R. E. Spear, R. T. Craig, C. R. Howle : J. Metals, 10, (1971) 42
17. R. G. Piesche : J. Inst. Met., 96, (1970) 339
18. J. Perry, P. R. Harison : Proc. Int. Conf. Copper and its Alloys, (1970) 43
19. T. Tanaka : J. Japan Copper & Brass Ressearch Association, vol.20, (1981) 37
20. P. Voss, W. Reichelt : Metals Forum, 7(2), (1984) 79
21. E. F. Emley : International Metals Reviews, June, (1976) 75
22. W. F. Barron : Wire Industry, November, (1979) 801
23. P. C. Regan : Light Metal Age, April, (1971) 10
24. T. R. Antong : J. Appl. Phys., Vol. 50, (1979) 245
25. L. Granasy : Mater. Sci. Eng., A123, (1990)L5
26. A. Ohno : J. of Metals, 1, (1991) 14
27. T. S. Plaskett, W. C. Winegard : Can. J. Phys., 38, (1960) 1077
28. T. Z. Kattamis, M.C. Flemings : Trans. AIME, 233, (1965) 992
29. A. Ohno, H. Soda : Trans. ISIJ, 9, (1969) 13
30. D. H. St. John, L. M. Hogan : Acta Metall., Vol.25, (1977) 77
31. W. A. Tiller : J. Appl. Phys., Vol. 34, (1963) 3615

제 8 장

고압주조법 : 용탕단조법

(squeeze casting)

8.1 개 요

고압주조법은 금형안에 용액을 주입하고 주입된 금속이 완전히 녹아있는 상태 또는 반용융 상태에 있을때 프레스를 사용하여 기계적으로 높은 압력을 가하여 제품을 성형하고 계속해서 응고가 완료할 때까지 가압을 유지하는 주조법이다. 이 방법은 용탕을 직접 가압성형한다는 점에서 용탕단조법이라고 부르기도 하고 주조와 단조의 두 가지 가공공정을 포함하는 복합가공법이라는 의미에서 단조주조(forging cast)법이라 하기도 한다. 액체금속은 단조가 안되기 때문에 고압주조법이라 하며 성형펀치를 금형안으로 압입시켜 성형함으로 이를 압입고압주조법(extrusion casting)이라 하기도 하나 최근에는 통상 Squeeze Casting 으로 불리워지고 있다.

고압력을 사용하여 용탕을 가압하는 대표적인 기술로는 보통 두께가 얇은 주물을 고속고압 주조하는 다이캐스팅을 들 수 있는데 다이캐스팅법은 용탕을 고속 · 고압으로 용입하는 것이 특징으로서 응고 도중에는 충분히 가압되지 않는다. 이에 비해 고압주조법은 저속충진 주조 후 고압력하에서 응고시킨다는 점에서 큰 차이가 있다. 고압에 의해 수축공, 블로우홀(blowhole) 등의 주조결함을 제거하고 균질화, 고밀도화, 조직의 미세화 등에 따른 기계적 성질의 향상과 양호한 주물의 표면을 얻을 수 있는 주조법으로 최근 자동차 산업의 경량화, 고품질화 및 경제적 양산화의 추세에 따라 비철분야를 중심으로 크게 발전하는 주조공법이다.

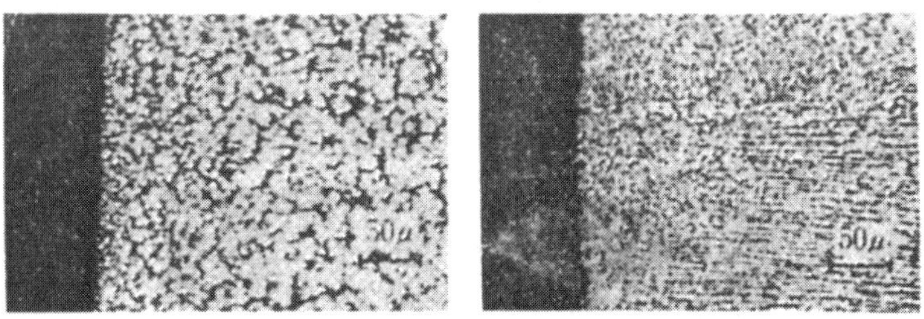

그림 8-1 다이캐스팅과 용탕단조의 미세조직

그림 8-1은 다이캐스팅한 것과 고압주조한 것의 현미경 조직이다. 고압주조법은 다이캐스팅의 결점인 기포의 발생을 예방하는 공법으로써 탕구 단면적이 크고 큰 탕구에서 0.3~2m/초라는 느린 속도로 용탕을 충진하는 방법으로 아큐라드법에 가깝다. 다이캐스팅 조직의 초정입자가 5~10μm 정도의 입

자모양으로 되어 있는 것과는 달리 고압주조의 조직은 용탕 상태로 금형에 접촉시킨 뒤 급냉된 칠(chill)조직으로 응고방식이 전혀 다른 것을 알 수 있다. 즉, 강도를 높이는 방법으로는 보다 미세하고 균일한 조직으로 만드는 방법과 주조조직 또는 강도의 불균일, 비금속개재물 등의 결함을 방지하여 강도를 향상시키는 두 가지 방법이 있다.

고압주조는 후자의 방식으로 금형주조와 다이캐스팅 사이를 보완하는 영역이라 할 수 있다. 균일하게 조직을 미세화시키기 위해서는 합금을 개량하고, 빠른 탕구속도를 위해서는 금형 재료, 냉각방법, 표면처리 등의 개량과 용탕의 탕구통과 현상 등의 연구가 필요하다.

8.2 특　　징

고압주조법의 기본 가압방식은 그림 8-2와 같이 플런저(plunger)가압응고법, 직접압입고압주조법, 간접압입고압주조법의 세가지 방식으로 분류된다. 이 분류는 기본적인 것이고 실제 생산에 있어서는 하부 또는 부분가압방식 등 여러 종류의 가압방식이 사용되고 있다.

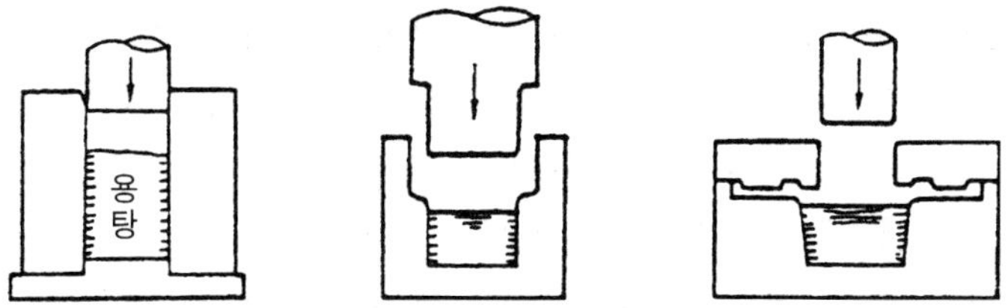

그림 8-2　고압주조의 기본가압방식

〔가압성형한 고압주조제품의 장점〕으로 다음의 특징을 기대할 수 있다.

① 응고시에 생기는 수축공에 대한 용탕보급이 충분히 이루어 짐으로 응고수축에 따른 주조결함이 없어진다.
② 기공의 원인이 되는 수소가스의 용해한도가 고압에서는 증대하므로 용탕중의 가스 특히 수소의 나쁜 영향에 의한 기공이 없어진다.
③ 용탕이 금형에 밀착하여 에어갭(airgab)이 없으므로, 그 결과 주물의 응고층과 금형이 밀착되기 때문에 응고속도가 빨라지고 그에 따라 응고조직이 미세화 될 수 있다.
④ 다이캐스팅과 같이 금형면에 가까운 뛰어난 표면마무리와 치수정밀도가 높은 제품을 얻을 수 있다.
⑤ 섬유상 또는 분말상의 충전물이 있을 때 용탕이 충전물 속으로 침입할 수 있으므로 복합재료의 성형이 가능하다.
⑥ 난유동성의 합금재료(전신재, 스크랩, 금속복합재료 등)의 건전한 주조도 가능하다.
⑦ 직접압입방식일 경우에는 탕도나 주탕시스템이 필요없이 95%의 높은 금속회수율이 가능하고 고품질의 내압주조품을 생산할 수 있다.

이상과 같이 용탕을 가압함에 따라 금속조직과 기계적 성질을 개선하는 한편 용탕에서 직접 제품을 성형할 수 있으므로 공정의 단축과 원료에 대한 제품회수율의 향상으로 재료의 절약 등 여러 가지 장점이 있다.

이상의 많은 장점이 있는 반면 〔**결점**〕으로는

① 금형수명이 짧다.
② 가압력이 주물 전체에 작용하는 형상 및 기구의 고안이 필요하다.
③ 조대한 편석이 생성될 수 있다.

따라서 기존의 주조법과 비교 검토하여 품질대비 생산원가를 정밀 분석하고, 최종적으로 고압주조법의 필요성을 판단하는 것이 매우 중요하다. 일반적으로 고압주조품의 품질신뢰성에서는 열간단조품보다는 떨어지지만 다이캐스팅이나 중력주조품 보다는 우수하다. 그러나 고압주조품은 다이캐스팅 보다는 경제성과 생산성에서 뒤진다는 점을 잘 고려하여 생산제품의 선정과 결정에 주의를 기울일 필요가 있으며 다이캐스팅으로는 불가능한 제품을 찾아 고압주조로 전환하는 것이 중요하다. 그러나 다이캐스팅 기술도 날로 향상이 되어 다이캐스팅 기기에 2차 가압 시스템 부착, 진동 시스템 부착, SC shot unit 시스템 부착 등으로 고압주조품에 필적할만한 다이캐스팅 제품이 개발되고 있다는 점을 유의할 필요가 있다.

대표적인 가공법인 주조 및 단조영역에 걸친 고압주조법의 위치는 그림 8-3과 같다. 고압주조에서 가한 압력은 성형과정에서 액상에는 정수압 작용에 따른 성형과 압탕효과를, 고상에는 외관상의 소성변형 작용을 주게 된다. 따라서 고압주조법은 건전한 주물과 강인성을 주는 가공법이라 말할 수 있다.

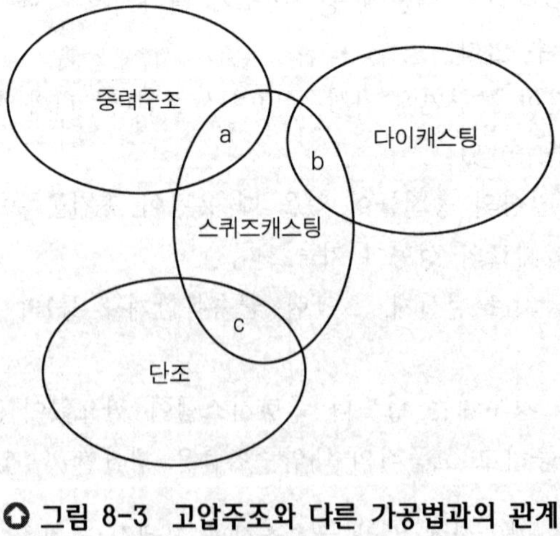

그림 8-3 고압주조와 다른 가공법과의 관계

이러한 점에서 표 8-1과 같은 부품에는 고압주조의 적용이 가능하다. 복잡한 형상의 부품을 만드는 것은 가공 공정이 많기 때문에 생산 단가가 높게 되는 단점을 가진다. 생산단가, 신뢰성, 생산성 등을 고려한 경우의 각 제조법의 장단점은 표 8-2와 같다.

표 8-1 대체 가능한 고압주조부품

스퀴즈캐스팅으로 대체 가능한 주조부품	
a	피스톤, 실린더, 기어박스, 휠
b	브레이크드럼, 클러치하우징, 엔진블록
c	컨넥팅 로드, 서스펜션 암, 피스톤

표 8-2 각 제조법의 적용기준

	중력 주조	다이캐스팅	단 조	스퀴즈캐스팅
경제성	C	A	D	B
신뢰성	C	D	A	B
디자인의 유연성	A	C	D	B
복잡성	C	A	D	B

8.3 고압주조법의 분류와 특성

고압주조의 작업공정은 중력금형주조와 다이캐스팅을 조합한 것과 같으며 그 기본 작업공정은 그림 8-4와 같이 기본적으로 다음의 여섯 공정으로 나누어지며 주조장치도 이들의 기능을 충분히 발휘할 수 있도록 되어 있어야 한다.

① 금형의 준비(예열, 도형)
② 정량주입
③ 프레스에 의한 용탕의 충진 및 가압 개시
④ 응고 완료까지의 가압유지(제품의 형성과 응고 완료)
⑤ 가압제거, 금형의 분리
⑥ 제품꺼내기

또한 가압의 효과는 가압 압력, 가압 개시, 가압 유지시간, 가압 속도, 주입 온도, 금형 온도, 이형재의 종류 등의 조건에 영향을 받게 된다. 이것은 모두 서로 관련되고 더구나 제품의 형상, 치수, 금형구성, 사용 합금 등에도 영향을 받으며 개개의 제품에 관한 최적 제조조건은 실험적으로 결정되어야 한다. 가압력을 높인다고 제품의 기계적 성질이 반드시 향상된다는 보장은 없다. 성질에 따라서는 가압력 보다는 오히려 다른 인자의 영향이 더 큰 경우도 있다.

기계적인 외력을 이용해서 응고과정을 적극적으로 제어하는 것을 목적으로 하는 고압주조법의 기본 방식은 가압방법에 따라 크게 플런저가압 응고법, 직접압입 고압주조법, 간접압입 고압주조법으로 분류되어진다.

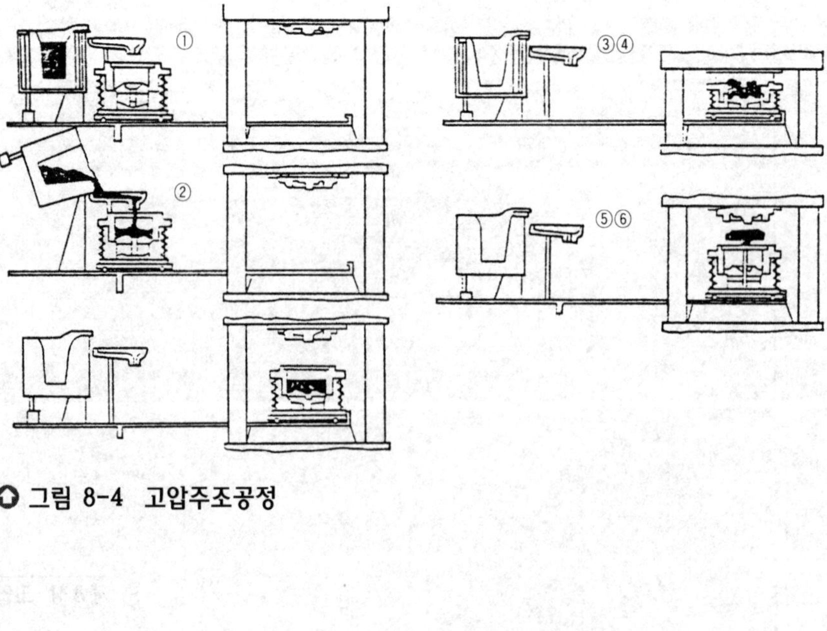

그림 8-4 고압주조공정

1. 플런저가압응고법

플런저 가압응고법이란 그림 8-5 (a)에 나타낸 것과 같이 용탕면에 직접 압력을 가하여 압축하면서 성형·응고시키는 방법이다. 가압할 때에 주형내에 들어있는 용탕을 상대적 이동을 하지 않고 가압·압축하여 응고시키는 방법으로 프레셔가압응고법(pressure crystallization casting)이라고도 한다. 이 방법은 잉곳 형태 또는 부싱(bushing), 플랜지(flange)류와 같이 비교적 형태가 단순하고 두께가 두꺼운 제품에 적합하다.

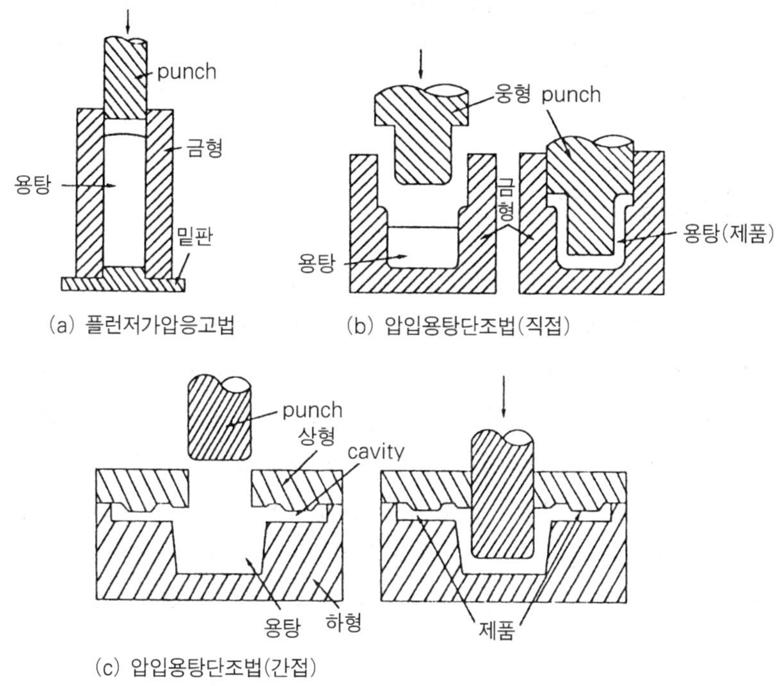

그림 8-5 고압응고주조법

용탕을 금형 내면에 강제로 밀착시킨 상태에서 응고하므로 금형과 주물간에는 에어갭(air gab)이 발생하지 않으므로 열전도가 양호하게 되어 보통의 금형주조와 비교해서 용탕은 급속히 냉각되고 응고시간은 중력주조에 비해서 1/3~1/4 정도로 현저하게 단축된다. 주물표면은 상당히 평활하게 되며 수축공이나 미세한 기공 등의 주조결함이 가압압축작용에 의해 소멸됨으로써 밀도가 높아지고 응고조직 특히 공정조직이 미세화되어 기계적 성질이 우수한 고품질의 주물을 얻을 수 있다. 고압력하에서는 가스용해도가 증대하므로 가스를 많이 함유한 용탕이라도 기공이나 핀홀 등의 결함을 제거할 수 있다.

이 방법의 응고양식은 압탕이 최후에 응고하는 중력주조일 때와는 달리 용탕이 접하고 있는 금형 벽면의 전 부분에서 급속히 시작하므로 응고계면이 비교적 평활하다. 일반적으로 주조용 합금에서는 응고수축이 고체수축보다 크므로 응고가 완료되는 시점에서 가압하는 압력이 외부 응고층의 변형저항보다 작거나 비록 가압압력이 충분하다고 해도 응고가 다 끝나기 전에 압력을 제거하게 되면 마지막으로 응고되는 부분에 수축공이나 가스결함 등이 발생하게 된다. 따라서 고압주조에서는 가압력을 응고가 완료되는 시점까지 유지시키는 것이 필요하다. 이에 필요한 압력은 일반적으로 Al합금, Cu합금 등의 비철합금의 경우 500kg/cm^2 이상, Fe계 합금일 경우 1000~2000kg/cm^{2}이다. 물론 필요한 압력은 합금의 종류외에 형상, 치수 등의 조건에 따라서 크게 달라지므로 실제의 적용압력은 이런 점을 고려한 뒤에 선정하는 것이 중요하다.

2. 직접압입고압주조법

금형 캐비티내의 용탕에 직접 기계적 고압력을 가하여 응고성형시키는 방법으로 플런저가압응고법 과는 달리 용탕이 상대적으로 이동을 함으로 압입고압주조법(extrusion casting)이라고 한다. 그림 8-5 (b)의 방법이 직접압입고압주조법의 기본형식이다. 용탕을 금형캐비티에 중력하에서 직접 주입한 후 수직가압프레스를 사용하여 상부 램을 하강시켜 형충진 및 가압응고시키는 방법으로, 용탕이 펀치의 운동과 반대 방향으로 윗 쪽으로 올려져서 캐비티를 완전히 채운 후 응고가 끝날 때까지 가압을 유지한다. 용탕은 완전히 액상, 또는 극히 소량의 고상이 섞여있는 상태이며 용탕의 흐름도 층류로 비교적 조용히 밀어올려져서 응고과정은 물론 응고종료 직후에도 소성변형할 수 있는 압력이 가해지고 있으므로 플런저가압응고법과 같이 용탕량에 의해서 영향되는 부분 이외에는 치수정도가 높고 윤곽이 날카로우며 주물표면이 우수하고 가스나 수축에 의한 주조결함이 없는 제품을 얻을 수 있다.

필요로 하는 압력은 일반적으로 플런저가압응고법에 비해서 작으며 건전한 제품을 얻기 쉽다. 단순한 컵 형태의 두께가 얇은 제품일 경우 Al 합금이면 200~300kg/cm^{2}의 가압압력으로 충분하다. 실용상의 가압압력은 개 개의 제품에 따라서 선정해야 한다. 이 방법은 주조가압장치가 간단하고 단순한 형상을 갖는 제품제조는 가능하나 단품 형태의 제조로서 생산성이 높지 않고 필요한 만큼의 용탕을 정확이 공급하기가 어려우며 금형과 높은 온도의 용탕이 장시간 접촉함에 따른 열부하의 증가, 응고층 및 산화물의 혼입 등의 문제가 많아 자동화나 다양한 제품제조에는 한계가 있다. 펀치와 금형과의 사이에서 금형공간(die cavity)을 구성하므로 과잉의 용탕을 배출(overflow)시킬 수 있도록 설계하지 않으면 압입된 펀치의 최종 위치가 용탕량에 따라서 변하게 되어 살두께가 변하게 된다. 따라서 일정한 양의 용탕을 주입하는 것이 중요한 기술상의 과제가 된다.

이 방법은 고품질의 내압제품을 제조하는데 적합하며 탱크용 알루미늄 휠이나 동합금의 금형을 제조하는데 이용이 되고 있으며 양산화되고 있는 제품들로는 700Al 재질의 전투용 장갑차량의 휠과 방탄커버, 드라이브, 댐퍼 등과 같은 방산부품 외에 차량부품 및 철도부품들이 있다.

3. 간접압입고압주조법

별도로 설치된 사출슬리브에 먼저 용탕을 주입한 후 사출슬리브의 가압플런저를 상승시켜 용탕을 금형 캐비티에 충진시키고 계속 가압시키면서 응고성형을 완료하는 방법으로 복잡형상의 제품을 양산제조하는데 유리하여 자동차용 알루미늄 경량부품 소재의 제조에 많이 활용되고 있다. 그림 8-5에 표시한 방법이 간접압입고압주조법의 기본 형식이다. 이는 별도로 설치한 정밀한 다이캐비티에 용탕을 압입하는 방식이며 수직형 다이캐스트와 아주 비슷하나 탕도를 되도록 굵고 짧게하여 용탕의 흐름이 안정되고 저속으로 연속성 있게 이동시키므로 다이캐스트에서 존재하는 와류는 발생되지 않고 다이캐비티내의 공기 추출도 용이하다. 따라서 비교적 간단한 형상의 두꺼운 제품에 적용하면 상당한 가압효과를 기대할 수 있으므로 치수정도가 높고 주물표면이 우수하며 가스함유량이 낮기 때문에 열처리가 가능한 제품을 얻을 수가 있다. 직접가압식에 비해서 금형 내의 사출이 기계적으로 제어되므로 안정되고 공기유입이 적고 성형성이 우수하며 급탕량이 다소 차이가 있어도 제품제조에는 큰 영향이 없어서 생산성이 향상된 스퀴즈캐스팅이 얻어진다. 그러나 이 경우도 용탕은 금형 캐비티가 열린 상태에서 사출시까지 지체되며 또한 슬리브 주탕거리가 멀기 때문에 산화물이 혼입될 수 있는 문제가 있다. 또한 사출슬리브의 청소 및 윤활처리도 어려움이 있다. 이 방법은 초기 수직다이캐스팅법 장치의 개조형태로 이용되었으나 최근에는 고품질, 고생산성, 저코스트를 이룰 수 있는 장치의 개발이 보고되고 있다. 치수정밀도가 높은 제품을 여러 개 얻을 수 있으므로 형상, 크기 등의 제약은 있더라도 대량생산 방법의 하나로서 발전이 기대된다.

상기의 세 가지 방식 가운데 어떤 방식을 선택할 것인가는 제품의 크기, 형상, 두께에 대한 요구 성질 등을 고려해야 한다. 예를 들면 얇은 두께의 제품이면 플런저가압법에서는 하부로의 유동성 불량이 우려됨으로 압입식이 바람직하다고 할 수 있다. 파이프 또는 부시(bush)류라도 두께가 두꺼운 경우는 플런저가압법, 수 mm정도로 두께가 얇은 경우는 직접압입법에 의하여 저부에 잔탕을 남게 하는 방법이 바람직하다. 이와 같이 원칙적으로 두께가 두꺼운 경우는 플런저가압법, 두께가 얇은 경우는 압입식이 선택의 기준이 된다.

4. 여러 가지 고압주조법

(1) 국부가압법

국부적으로 두꺼운 부위가 있는 다이캐스팅 주물에서는 통상의 방법으로는 얇은 부위가 먼저 응고함으로써 두꺼운 부위에는 가압력이 전달되기 어려워 수축공과 같은 주조결함이 생기게된다. 국부가압법은 이러한 부위를 용탕충전 완료 후에 국부적으로 가압하는 방법으로 수축공 발생이 쉬운 보스(boss)부나 두꺼운 부위 등의 후가공되는 부위에 용탕충전 직후의 시간에 맞게 유압실린더 등에 의해 가압플런저를 압입하여, 용탕을 가압하여 줌으로써 수축공 등의 주조결함 생성을 억제한다. 가압효과를 높일 때에는 가압압력, 시간, 속도 등이 중요하며 이로써 충분한 효과를 기대할 수 있지만, 제품에 혼입된 가스를 근본적으로 제거하기는 어렵기 때문에 열처리는 불가능하다. 부분 스퀴즈 다이캐스팅기의 개요를 그림 8-6에 나타내었다. 이러한 방법은 자동차 에어컨 컴프레서의 실린더 블록에 적용할 수 있다.

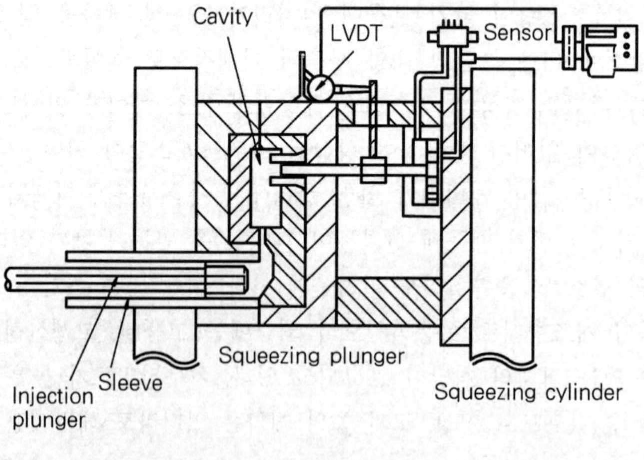

그림 8-6 부분 스퀴즈 다이캐스팅 장치

(2) 파라쇼트 시스템(Parashot system)

슬리브 내의 용탕이 저속으로 전진하기 시작할 때 용탕면 위에 주름이 생겨 공기가 휩쓸리기 쉽다. 파라쇼트 시스템은 저속-고압의 급격한 속도변화가 아니고 연속적으로 가속하면서 최후에 고속으로서 주조하는 방법이다. 이때문에 공기는 탕구에서 배출하기 쉽고 또 지름이 작은 슬리브 사용에 의해 충전율을 높일 수 있다. 실제로 주조한 다이캐스팅은 밀도가 0.2% 상승하고 불량률도 저하하고 있으나 주조기의 기구가 다르므로 곧 적용은 할 수 없지만 서구에서는 차츰 보급하기 시작하고 있다.

(3) 핫슬리브법

1984년 TOYOTA 중앙연구소에서 다이캐스트 조직 내에 기계적 성질을 저하시키는 이상조직층을 발견하고 조사 연구를 한 결과, 냉가압실 다이캐스트법의 금속 슬리브에 주탕된 용탕이 슬리브 표면에서 미리 응고하여 칠(chill)층을 형성하고 이것이 플런저 사출에 의해 캐비티 내로 혼입한 파단 칠층임을 발견했다. 핫슬리브법은 슬리브 내의 응고를 방지하기 위하여 슬리브를 가열하거나 열전도도가 나쁜 세라믹 슬리브를 사용하는 방법으로 슬리브 내의 온도를 550°C 이상으로 유지하면 슬리브 내의 응고층이 생기지 않아서 파단칠층에 의한 결함을 방지할 수 있다.

(4) Counter형 가압주조법

두께가 두꺼운 소형 부품에 유리한 공법으로 1983년 Toyota자동차에서 개발하여 로커암(rocker arm), 피스톤 등을 주조하고 있다. 급탕 및 가압은 그림 8-7에 보인 바와 같이 금속 슬리브 내에 카운터 팁(counter tip)을 두고 그 위로 급탕하여 가압과 동시에 카운터 팁을 하강시켜 메탈슬리브 내의 공기를 제거한 뒤 주조하도록 되어 있다.

이 방식의 특징은 저속충전과 안정된 용탕공급에 의해 공기제어 및 불순물, 산화물 등을 비스킷부에 포집시킬 수 있어 고품질을 얻을 수 있고, 주탕에서 가압 완료까지 3초 내외로 짧아 용탕온도 관리가 용이하여 소형 부품의 양산법으로 주목된다. 그러나 상부주탕식이므로 사출장치가 상부금형의 위쪽에 있어 주조장치의 소형화가 어렵고, 사출가압플런저와 카운터플랜저의 상대운동이 매우 정밀하고 효과적으로 조절되어야 하며, 카운터플랜저 부위에서 미리 응고된 응고층이 용탕충진시에 먼저 금형공간속으로 충진되어 품질의 저하를 초래할 수도 있다.

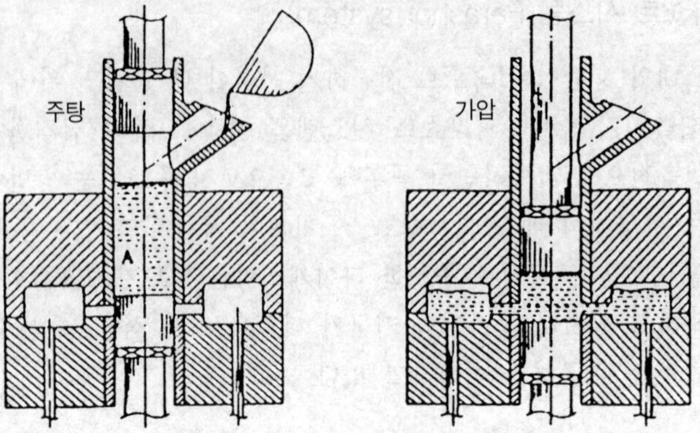

그림 8-7 Counter 가압방식에 의한 용탕의 가압충전법

공정의 변수로서 상부의 가압플런저의 압력이 중요하나 금형 캐비티로 용탕이 유입충진되는 탕도와 탕구치수도 중요하다.

도요타에서 조사한 카운터방식 수직형 스퀴즈캐스팅법에서는 주 가압력은 최소 30MPa 이상이면 주조결함이 크게 억제되고 진밀도의 제품이 얻어지며 탕구단면적/제품체적의 비가 $3.5X10^{-3}mm^{-1}$ 이상이면 건전한 제품이 얻어진다고 보고하였다. 1차가압으로는 복잡한 형상의 제품의 주조결함 제거가 한계가 있으므로 국부가압을 실시하는 장치의 도입도 가능하게 장치제작을 하였다고 한다. 도요타에서 이 고압주조법으로 개발 실용화한 제품들로는 control valve housing, delivery pipe, valve rocker arm, steering lug housing, FRM piston 등이 있다.

(5) 용탕하부 도관식 스퀴즈캐스팅법

그림 8-8은 간접가압방식에서 하부사출슬리브로 용탕을 직접 용탕도가니에서 장치를 사용하여 용탕도입관을 거쳐서 정량급탕을 하는 것이다. 정량급탕방식은 각 업체별로 고유기술로 개발하고 있는데 Hitachi나 Pechiney는 그림 8-8 (a)와 같이 저압주조와 같은 가스 또는 공기압을 이용하고 Toshiba는 그림 8-8 (b)의 전자펌프방식으로, Gibbs Diecasting은 그림 8-8 (c)의 금형내 진공흡입으로 하고 있다.

이 경우에 용탕의 온도 유지와 산화 억제, 주탕시간 감소 등의 효과가 있으나 용탕의 정량급탕의 제어, 용탕도입관의 부착 및 내구성, 사출실린더와 용탕간의 잔류물 처리 등이 실용화의 과제가 된다. 그러나 다른 방식에 비해서 자동화와 품질면에서 우수한 점이 있다고 평가된다. 이러한 방식들은 다른 스퀴즈캐스팅 방식들에 비해 자동화와 품질 안정성면에서 뛰어나므로 공정설비비 절감 및 공정안정화가 확보되면 고품질 주물 제조의 가장 효과적인 신고압 주조법으로 주목 받고 있다.

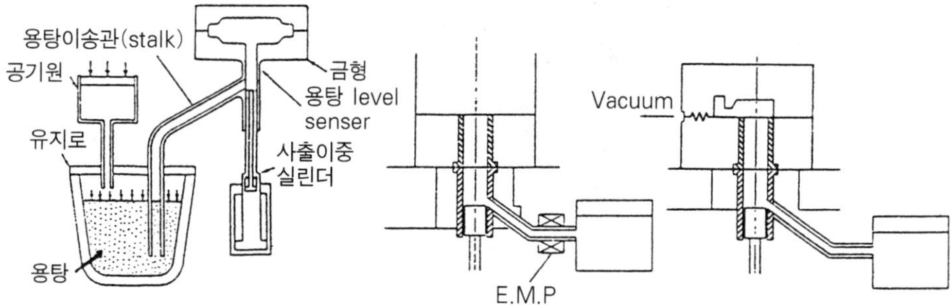

그림 8-8 용탕도입관식 간접가압 스퀴즈캐스팅법

(6) 경동슬리브식 스퀴즈캐스팅법

그림 8-9는 1970년대 말에 UBE에서 개발한 경동식(傾動式) 사출슬리브(tilting type injection sleeve)를 이용한 하주식(下鑄式) 간접가압방식의 스퀴즈캐스팅 장치를 보여주고 있다. 간접가압식에서 발생하는 주탕슬리브의 불안정성과 용탕온도 감소와 응고층 발생을 개선하기 위해 사출슬리브를 이동식으로 개량한 것으로 옆으로 기울여서 슬리브 내에 주탕한 후 슬리브의 하단을 중심으로 하부금형에 수직으로 세우고, 이 슬리브를 상승시켜 하부금형과 결합한 후에 사출플랜저를 상승시켜 용탕의 사출, 충진 및 가압응고를 동시에 수행하게 한다. 그러므로 이 방식은 다른 방법보다도 생산성이 높아지고, 슬리이브 내에서의 용탕의 온도감소가 적고 금형분할면에서 사출시 용탕이 새어나오는 상황이 없어져 금형의 손상 및 작업의 안정성면에서 유리하다. 또한 금형체결방식을 초기 수직형에서 다이캐스트와 같은 토글식 수평형으로 개선하여 금형체결의 안정, 공기방출, 생산성 및 다양한 주조부품의 제조 등에서 기존의 스퀴즈캐스팅보다도 뛰어난 성능을 가지고 있어 현재 용탕단조 전용 주조기로서 대표적인 위치를 차지하고 있다.

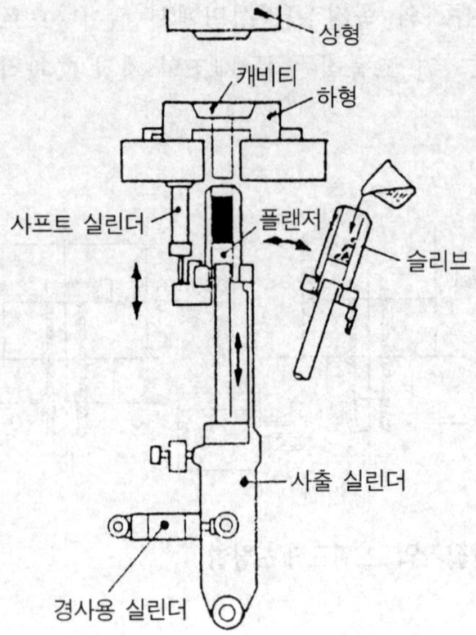

그림 8-9 Tilting식 스퀴즈캐스팅 장치(UBE)

(7) 이중가압 경동슬리브식 스퀴즈캐스팅법

그림 8-10은 1988년에 Izumi Ind.에서 개발한 스퀴즈캐스팅장치를 개략적으로 도시한 것이다. 이 방식은 UBE 방식의 용탕사출장치를 가지면서 사출플랜저가 어큐래드법과 같이 2중으로 외부플랜저에 의해 용탕을 사출슬리브에서 금형공간으로 중간 압력(50~100MPa)으로 충진을 실시하고, 그후 내부플런저는 높은 압력(150~300Mpa)으로 가압을 실시하는 2단가압방식이다. 이 장치로 FRM엔진피스톤을 주로 제조하고 있는데 외부사출플랜저의 중압충진으로 복합재료의 예비성형체(preform)의 변형을 방지하고, 중자(core)사용시 중자의 파괴방지와 용탕의 중자로의 침투를 방지할 수 있으며, 2단가압은 주조품의 두꺼운 부위의 수축공의 발생을 억제하고 복합재료의 복합화가 잘 이루어지는 효과가 있다.

따라서 일본 Izumi Industries, Ltd.에서는 고압주조법은 탕도계에, 중력금형주조법은 응고계에 도입하고 2중으로 고압력을 가하는 방식으로서 또는 금형의 주요구조는 수직다이캐스트와 같은 방식으로 하되 2단 가압 고압응고주조법, 이른바 Hi-CAST법을 완성하였다. 이 명칭은 High Productivity, High Pressure, High Quality, High Speed의 주조기술이 종합되어진 것을 의미한다. Hi-CAST법은 다른 주조법에 비해서 탕구유입 속도는 매우 낮다. 이것은 금형캐비티 내의 가스(공기)의 역압에 의한 미성형부가 생기는 것을 방지하고 탕구단면적을 크게 함으로서 저속층류 충진을 실시하게 된다. 이 때문에 주입온도는 다른 주조법에 비해서 고온으로 금형에 대한 열부하가 커서 비교적 금형재의 선정, 금형의 냉각방법 등이 중요하다. 2단 가압을 사용하면 두꺼운 알루미늄합금 주물이나 응고범위가 넓은 알루미늄합금(AC4C등)주물의 제조에 효과가 크고 고품질 고기능 제품을 얻는데 유리하다. 실제로 caster rotor, FRM 피스톤 및 금속복합재 제품 등의 생산에 응용되고 있다.

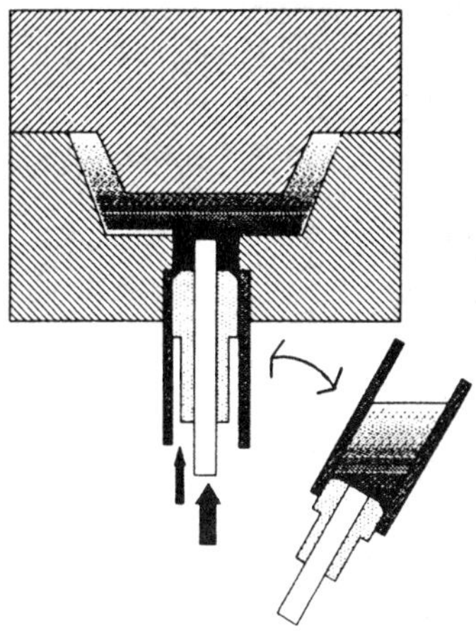

그림 8-10 Accurad식 가압/Tilting 스퀴즈캐스팅 장치(Izumi)

(8) 스퀴즈병용 다이캐스트법

그림 8-11은 도시바와 日本電氣(株)에서 공동개발한 고압주조법으로서 앞의 방식과 달리 일반다이캐스트 장치에서 사출후 일정시간 이후 주물의 두꺼운 부분을 국부가압(squeezing)하여 기포 및 수축공의 발생을 억제하게 하는 스퀴즈병용 다이캐스팅 방법이라고 한다. 이 방식은 다이캐스팅의 높은 생산성과 복잡한 형상이나 두꺼운 주조품을 제조할 수 있는 장점이 있다. 그러나 주탕 방법이 종래의 다이캐스팅법과 동일하기 때문에 공기가 혼입될 가능성이 많아 국부가압부위가 열처리시 부풀음(blister)이 생기거나 치수변화가 발생할 가능성이 있어 가압부위의 후가공이 필요하다.

이 스퀴즈병용 다이캐스트법의 목적은 기밀부품용 다이캐스트 주물의 내압기밀성의 향상으로서 그 결과 함침거리 생략, 불량률 감소 등으로 경제적으로도 효과를 가져왔다.

국내외적으로 많이 보급되어 있는 일반 다이캐스트에서도 최근 국부가압을 가능케하는 여러 가지 유압시스템을 가지고 있고, 중·대형 제품이나 복잡한 제품의 경우 스퀴즈 가압을 사출후에 1군데 이상 실시하고 있다. 즉 다이캐스트에서도 스퀴즈 기능을 이용하여 고품질 주물제조가 일반화되고 있는 추세지만 과연 주물의 스퀴즈가압을 어떠한 원리와 조건으로 할 때 양품이 얻어지고 생산성과 가격, 신속한 금형제조 및 생산성 향상을 기할 수 있는지는 거의 시행오차식의 경험에 의존하고 있다. 경험이 많은 선진국 등에서는 특허나 대외 비공개로 하고 있어서 이 분야의 연구 개발이 다이캐스트 품질 향상과 경쟁력 제고의 주요 과제가 되고 있다.

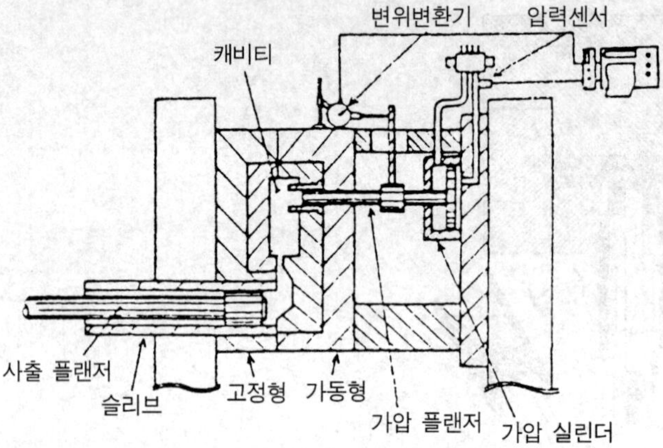

그림 8-11 스퀴즈병용 다이캐스트 장치

(9) Böhler 스퀴즈캐스트 사출 방식

다양한 두께와 향상, 내압성과 고강도 및 용접과 열처리가 가능한 고품질의 다이캐스팅 제품의 제조와 함께 마그네슘의 사용 증가, 팽창성 중자주물 (expendable core casting), 스퀴즈캐스팅, 반응고주조법 등에서는 각각 최적의 금형충진조건이 필요로한다. 1989년 Böhler는 다양한 주조조건을 만족시킬 수 있는 사출시스템을 가진 SC기계를 제작 보급하고 있다.

(10) VSC형 스퀴즈캐스팅

이 주조기는 열처리·용접이 가능한 품질의 주조품을 제조하기 위하여 개발된 입형주조기이며 그림 8-12에 전체를 그림 8-13에 사출기구를 나타내었다.

형부기구는 중앙부에 지름이 큰 램을 설치하고 외부에는 풀 백 램을 설치하여 하강·상승을 하고 있으나 하강시에는 급속하강하여도 감속이 확실히 이루어지도록 램에 속도제어기구가 설치되어 있고, 안정한 고속형조임이 가능해진다. 출기구는 그림 8-13에 나타낸 것과 같이 슬리브를 상하로 2분할하고, 머신의 밖에서 용탕을 받고, 기울어짐을 되돌려 금형으로 접촉시켜 사출하는 것으로 슬리브에 주탕후 사출까지의 시간을 최소로 하고, 용탕의 냉각을 방지하도록 고안되었다. 특히 이 기계에서는 사출속도를 정밀하게 하기 위하여 그림 8-14와 같은 방법을 사용하고 있다. 즉, 사출실린더의 로드측에 일정압의 유압부하를 주고, 용탕의 부하변동에 의한 실린더 헤드압의 변화 비율을 적게 하여 속도를 안정시키며, 사출 피스톤의 변위를 연속 검출하여 임의의 위치에서 속도를 변경할 수 있고, 또는 속도의 값도 각 지역에서 자유로이 설정하는 일을 할 수 있도록 한 것이다. 또한 주입시에 캐비티 안에서의 가스 빠짐을 용이하게 하기 위하여 사출시에 형조임을 다단으로 변경하는 회로를 가지고 있고, 매우 안정한 고품질의 제품을 주조할 수 있다. 이 방법 이외의 주조법에 의한 제품을 비교한 것이 표 8-3이며, 그 품질이 매우 뛰어나고, 열간주조와 거의 같은 특성을 얻을 수 있다.

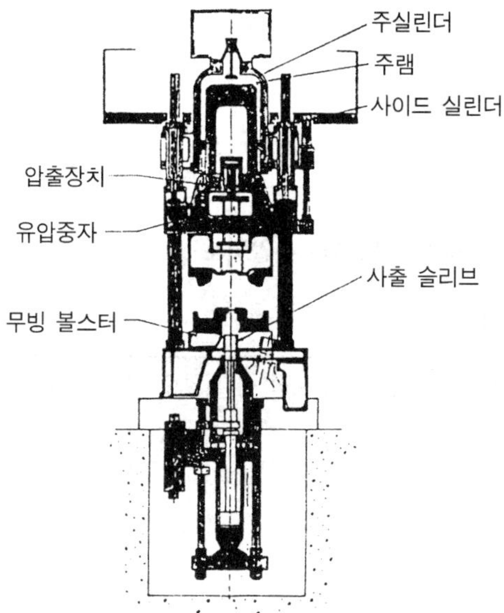

그림 8-12 VSC형 스퀴즈캐스팅 머신

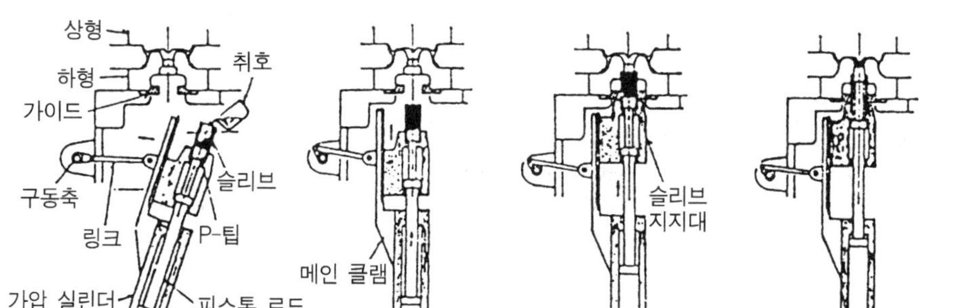

(a) 취호에서 탕을 슬리브로 옮긴다.
(b) 메인 클램이 수직 위치까지 이동
(c) 슬리브 지지대가 상승하여 슬리브와 금형이 접촉
(d) P-팁이 금형내까지 상승하여 탕을 사출 가압한다.

그림 8-13 VSC형 스퀴즈캐스팅 머신의 사출기구

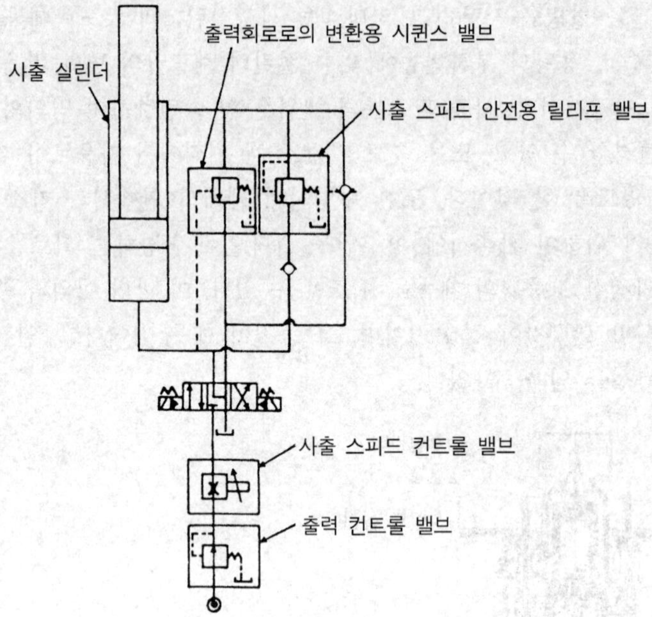

그림 8-14 VSC형 스퀴즈캐스팅 머신의 유압회로

표 8-3 다른 제조법과의 비교

No	비교요목	본개발법	다이캐스트법	저압주조법	열간주조법	비고
1	재 질	JISAC4C		JISAC4C	A6061	
2	인장강도 kgf/mm^2	29.5		28	32	
3	연 신 율 %	12.5		2.4	19.6	
4	경 도 H_V5Kg	105		103	105	
5	샤르피 값 kg·m/cm^2	1.8		0.3	0.4	
6	피로강도	12.4		8.5		
7	중 공	X선검사에서 이상의 중공은 전무				
8	용 접 성	양 호	팽창의 억제 불가능	팽창의 억제 불가능	양 호	
9	열처리에 의한 팽창	T4열처리 (525°C)에서도 팽창 전무	470°C 이상으로 하면 팽창 발생	470°C 이상으로 하면 팽창 발생		

(11) 국산모델 스퀴즈캐스팅 기계

그림 8-15은 KIST에서 개발한 국산모델의 스퀴즈캐스팅기계를 도시한 것이다. 이 스퀴즈캐스팅장치의 주요 특징은 다음과 같다.

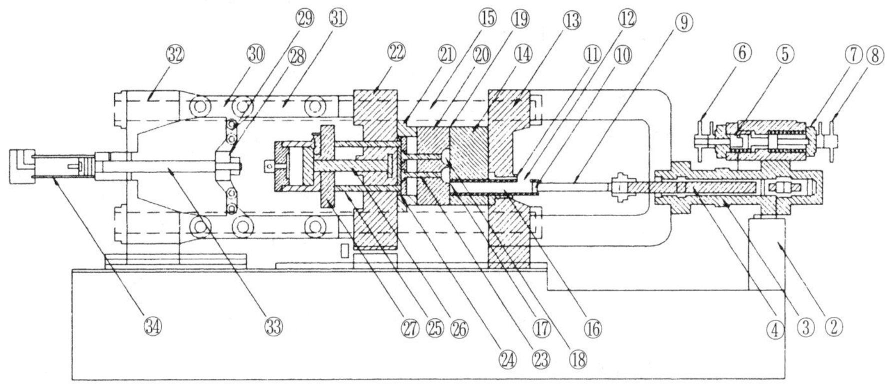

① 고정대	② 사출 실린더 지지대	③ 사출 실린더
④ 사출 피스톤	⑤ 저속사출 속도조절밸브	⑥ 저속사출 속도조절손잡이
⑦ 고속사출 속도조절밸브	⑧ 고속사출 속도조절손잡이	⑨ 사출 봉
⑩ 사출 플랜저	⑪ 사출 슬리브	⑫ 용탕 공급 탕구
⑬ 고정 금형 지지대	⑭ 고정 금형	⑮ 타이버
⑯ 사출통로	⑰ 탕구	⑱ 금형공간
⑲ 공기 배출구	⑳ 이동 금형	㉑ 금형 지지대
㉒ 이동 금형 지지대	㉓ 압출/국부스퀴즈 핀	㉔ 압출판
㉕ 압출봉	㉖ 압출 피스톤	㉗ 압출 실린더
㉘ 토글 브랫킷	㉙ 제1토글 링크	㉚ 제2토글링크
㉛ 제3토글링크	㉜ 토글 지지체	㉝ 토글 피스톤
㉞ 토글 실린더	㉟ 용탕 퇴적부	㊱ 주조 제품

그림 8-15 국산모델 스퀴즈캐스팅기계

① 수평형 Toggle link기구 금형체결방식

이 장치의 수평형 체결은 다이캐스팅법과 유사한 높은 생산성, 다양한 제품의 제조를 가능하게 하였으며, 금형체결도 강력하고 신속하며 정확하게 되도록 하였으며, 공기배출도 수직형일 때에 비해서 보다 효과적으로 배출되는 이점이 있다.

② 수평형 측면 사출방식

일반적으로 스퀴즈캐스팅에서는 용탕의 정적 유동과 보호면에서 수직형을 사용하고 있으며 신속한 주탕 및 생산성 위주에서는 수평형이 사용되고 있다. 이 기계에서는 장치의 소형화와 주탕의 용이성과 범용성을 고려하여 수평형으로 하였다. 측면 사출시에 가스혼입이나 불순물 유입문제를 해결하면서 스퀴즈캐스팅에서 요구되는 저속고압 정적충진을 위하여 그림 8-16에 도시한 바와 같이 작동하는 스퀴즈캐스팅용 수평사출장치를 고안하였다.

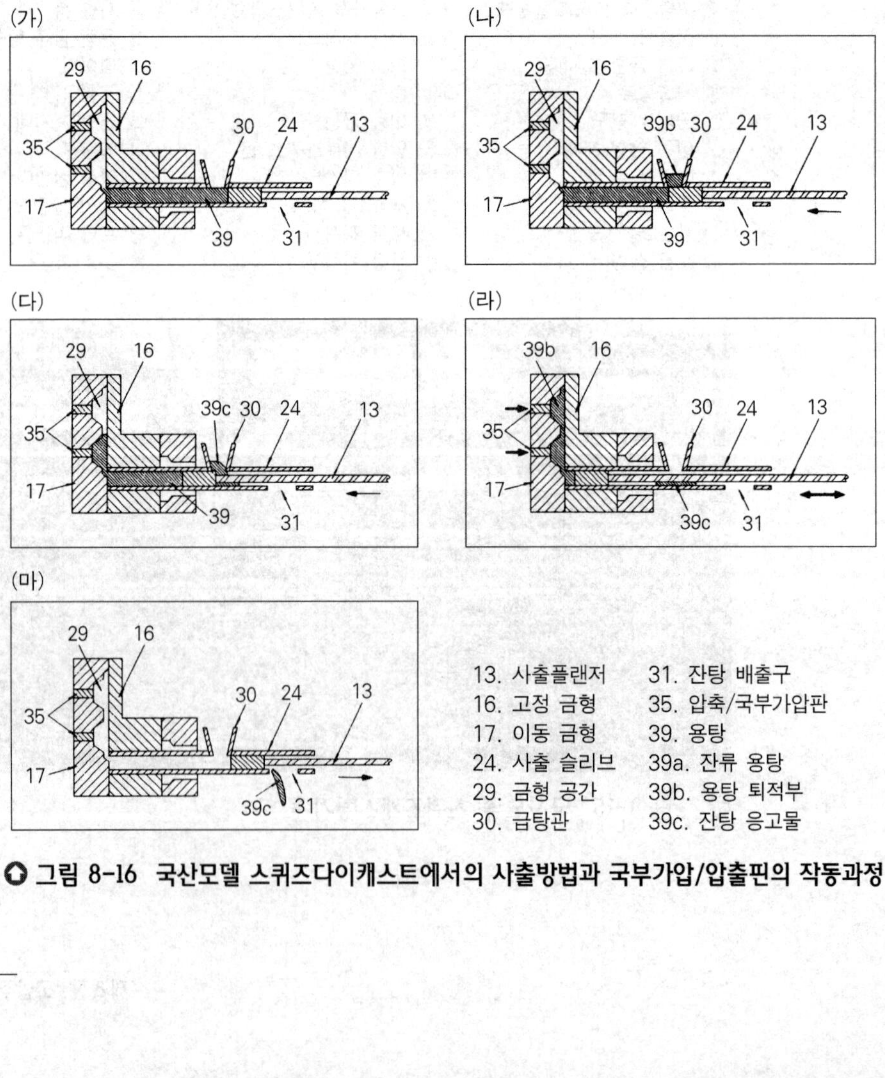

그림 8-16 국산모델 스퀴즈다이캐스트에서의 사출방법과 국부가압/압출핀의 작동과정

그 과정을 보면 금형이 체결된 다음 사출플런저를 급탕관 근처에 위치시키고 보온성이 우수한 재질을 가지며 안정된 급탕이 되도록 원추형으로 제작된 급탕관을 통하여 용탕을 주입하여 사출슬리브를 가득 충진시키고, 이어서 사출플런저를 저속으로 전진시켜 급탕관 부분을 통과하고 이때에 슬리브에서 넘치는 용탕은 사출플런저 뒤에 잔류하게 된다. 사출풀런저가 급탕관을 지나면서 슬리브 압쪽의 용탕을 탕구를 거쳐 금형케비티를 충진하고 가압하에서 응고완료를 하게된다. 사출플런저 뒤에 잔류된 용탕최적부는 슬리브안에서 응고가 되며 플런저 후진시에 사출슬리브 후미에 위치한 잔탕배출구를 통하여 슬리브 밖으로 제거하게 된다. 그 후에 다시 사출개시 위치로 가압플런저는 이동하여서 주조 1 사이클이 된다. 이러한 방식에서 용탕의 보온, 가스혼입억제, 신속하면서 안정된 연속주조작업을 도모할 수 있으며 이 사출장치에 대해서 국내특허출원이 되어있다.

8.4 고압주조에서의 이론

1. 열전달 향상 효과

고압주조를 행하면 금형과 주물의 접촉이 개선되어 열전달 향상효과에 따라 급속한 열방출이 이루어진다.

$$-K_s\frac{\partial T_s}{\partial X}=-K_M\frac{\partial T_M}{\partial X}=h(T_s-T_M) \cdots\cdots\cdots\cdots\cdots\cdots\cdots (8\text{-}1)$$

K_s, K_M : 주물, 금형의 열전도도
h : 계면열전달 계수

위 식에서 용탕이 가압됨에 따라 금형-주물간의 열전달 계수가 증가되므로, 주물에서 금형으로의 열전달이 빠르게 진행되어 급냉 효과를 얻을 수 있게 된다.

가압력에 따라 주물과 금형간의 열저항치가 감소하는 관계를 그림 8-17에 나타내었다. 도형제 두께에도 열저항치는 변화되고, 도형이 얇을수록 급격한 열전달이 이루어진다.

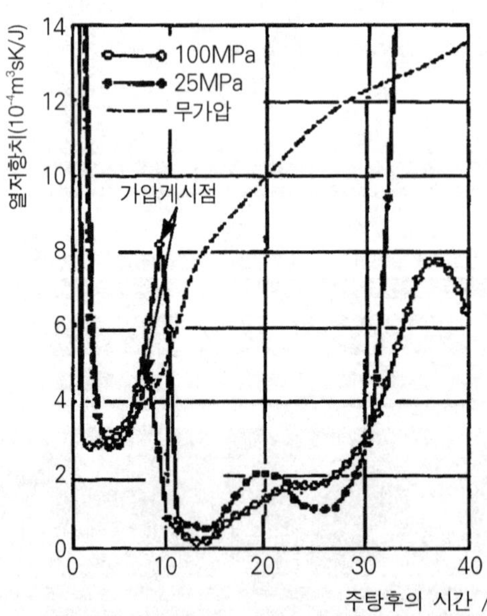

그림 8-17 주형-금형간 열저항치에 대한 가압력의 영향

2. 단열압축에 의한 온도상승

단열압축에 의한 온도상승으로 과냉효과를 얻을 수 있게 된다. 고압주조법은 용융 또는 반용융상태에서 급격히 액상을 압축해서 고압상태로 유지하는 것으로 열역학적으로는 단열적 압축에 해당된다. 액상을 냉각도중 높은 압력으로 급격히 압축하면 온도상승 현상이 나타난다. 단열적 압축에 의한 온도상승 T는 다음 식으로 나타내어진다.

$$\Delta T = \int^{p} \left(\frac{\partial T}{\partial P} \right)_s dP \quad \cdots\cdots (8\text{-}2)$$

순 Al용탕의 경우 100Mpa 가압의 경우 약 4°, 200MPa 가압의 경우 약 8^o의 단열압축에 따른 온도 상승이 보고되고 있다. 용탕의 가압개시온도에 따라서도 온도상승 폭은 변화된다.

3. 응고점 온도의 상승

가압에 따라 용탕의 융점이 상승하여, 이 또한 과냉 효과를 나타낸다. 가압에 의한 융점 상승효과는 클라시우스 클라페이론(Clausius-Clayperon)식으로 계산될 수 있다.

$$\frac{dQ}{dP} = \frac{T_f \Delta V}{H_m} \quad \cdots\cdots (8\text{-}3)$$

- dQ : 열량(전이열)
- dP : 압력
- T_f : 용융온도
- ΔV : 용융시 부피 변화
- H_m : 용융잠열

예를 들면 순수한 Mg의 경우 $\frac{dQ}{dP} = 6.97 \times 10^{-3}$ [K/atm]이다. 따라서 200기압을 가했을 때, 약 1.4K의 융점상승 효과가 있다. 즉 융점 T는 압력의 증가에 따라 증가함을 알 수 있다. 용탕에 대한 압력과 응고점(융점)과의 관계는 그림 8-18과 같다.

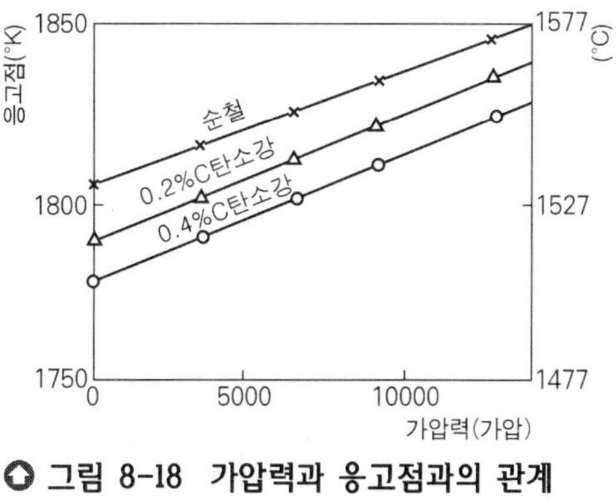

그림 8-18 가압력과 응고점과의 관계

4. 응고핵생성

응고시 핵생성과 압력과의 관계는 다음 식으로 나타낼 수 있다.

$$r^* = 2\sigma\frac{V^s}{G_v}, \text{ 단 } \sigma = \sigma_o\left(1 + 2a\frac{P}{3}\right) \cdots\cdots(8\text{-}4)$$

식 8-4에서와 같이 핵이 성장하기 위한 임계핵반지름은 압력증가에 따라 증가한다. 즉 고압하에서의 핵생성이 어려워지게 되는 것이다. 그러나 이러한 임계핵생성반지름의 변화는 통상 고압주조에서와 같이 수백MPa의 압력하에서는 매우 미미한 것이다.

위와 같은 과냉효과에 따른 과냉정도는 그림 8-19와 같이, 응고점온도의 압력에 따른 상승분에서 단열압축에 따른 온도상승의 차로서 표현될 수 있는데, 이 과냉은 용탕에의 압력증가에 따라 증가하여, 결국 핵생성을 크게 촉진하여 응고조직을 미세화시킨다.

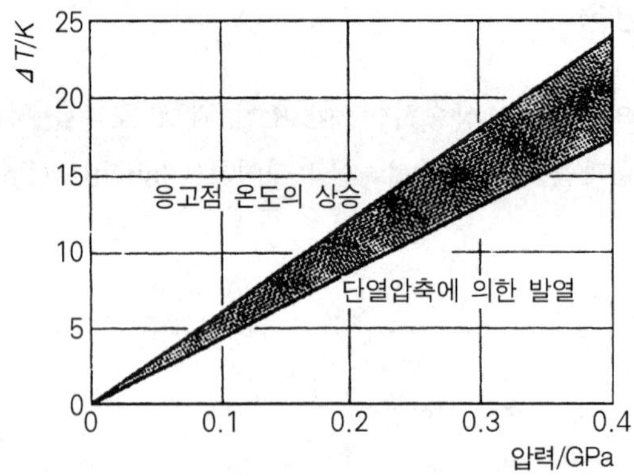

그림 8-19 단열압축에 따른 액상 Al의 발열과 응고점 온도상승의 차에 의한 과냉부분

위의 과냉효과 외에 용탕 응고시 압력을 가함으로써 가스 및 응고시 수축에 의한 기공의 형성을 억제할 수 있으며 이로 인해 치밀한 제품을 얻을 수 있다.

5. 가스용해도에 미치는 가압의 영향

응고시 가압으로 가스의 고용한을 확대 시킴으로서 가스결함이 적은 주물의 생산이 가능하다.

시베르트(Sievert)의 법칙에 의해

$$[H] = K(P_{H2})^{1/2} \quad \cdots\cdots (8\text{-}5)$$

┌ $[H]$: 액상에서의 수소가스의 농도
│ P : 가스의 압력
└ K : 액상에서의 용해도 계수

즉, P가 증가함에 따라 가스의 용해도는 증가한다. 순 Al을 각종 압력하에서 응고하여 이 시료를 압연소둔하면 가스 결함의 존재를 blister의 발생으로 관찰할 수 있다(그림 8-20).

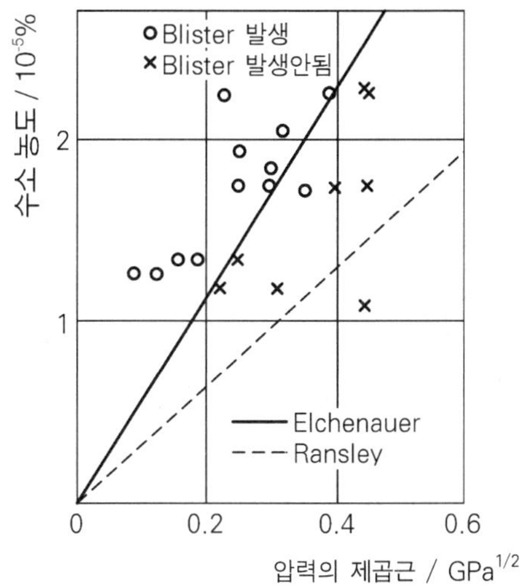

그림 8-20 가압력과 수소량의 변화에 따른 blister의 발생상황

또한 가스의 용해도는 온도의 함수로서 P가 일정할 때

$$[H] = B_e^{\frac{Q}{RT}} \quad \cdots\cdots (8\text{-}6)$$

┌ B : 상수
└ Q : 금속 중에 가스원자 1mole이 도입되는데 필요한 에너지

식 8-6에 의해 온도가 떨어지면 가스의 용해도는 급격히 감소되고 그 결과 과포화상태가 된다.

8.5 고압주조 작업시 고려해야 할 작업조건

고품질의 주조품을 제조하기 위한 조건으로서 주조품 내부에 기공이나 수축공 등의 주조결함이 없어야 한다. 따라서 금속용탕이 케비티 속으로 충진될 때 사출슬리브나 금형공간속의 공기와 혼입되지 않아야 하고, 산화물 등의 불순물이 용탕속에 혼입되지 않도록 하여야 하며, 또한 용탕이 응고완료할 때까지 충분한 압력이 용탕으로 전달되도록 하여야 한다. 이외에도 용탕의 흐름이 안정되고 저속으로 연속성이 있어야 한다.

1. 용해조건

용탕 중 가스의 영향은 가압효과에 의해서 무시할 수 있다. 이것은 함유가스의 용해도가 가압에 의해 증대하고 응고시의 가스방출에 의한 기포가 가압·압축으로 인해 생성되지 않기 때문이다. 이와 같이 중력단조법에서는 비교적 크게 영향을 주는 인자라도 가압효과에 의해 억제된다. 그러나 불순물이 제품에 혼입하면 기계적 성질의 저하, 품질 불량이 되기 쉽다. 다이캐스팅의 경우 고속충진으로 불순물이 미세하고 균일하게 분산하는데 비하여, 중력주조나 고압주조의 경우는 분산하지 않는다.

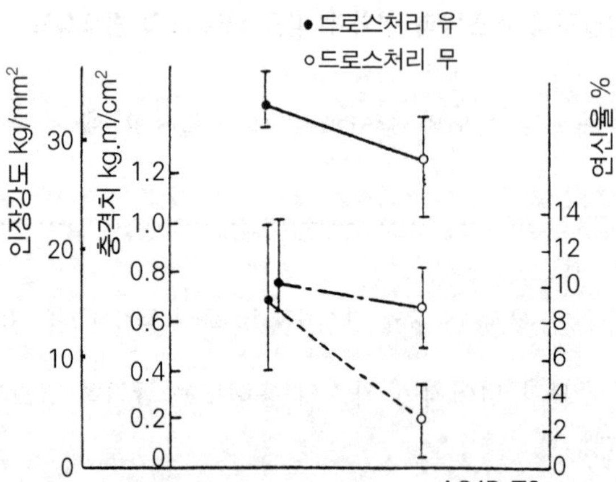

그림 8-21 인장시험 및 충격시험 결과

가압의 효과로 인한 기계적 성질의 향상과 부품의 신뢰성과는 반드시 상관관계가 없고, 부품으로써의 하한강도를 어떤 방법으로 향상시키는가 하는 것은 중요한 문제이다. 그 때문에 충분히 드로스(dross)를 제거한 깨끗한 용탕을 사용하는 것이 전제 조건이 된다.

그림 8-21은 용탕의 드로스 제거처리의 유무에 따른 기계적 성질을 비교한 결과로서 드로스를 제거하지 않은 경우는 연신율 편차가 크다.

2. 주입온도와 금형온도

주입온도가 다소 과열됨에 따른 악영향은 가압효과에 의해 보상되어지기 때문에 거의 영향을 받지 않는다. 이는 가압으로 인한 냉각속도의 가속에도 하나의 원인이 있는 것 같다. 보통은 작업조건의 자유도를 크게 하는 뜻에서 높은듯한 주입온도가 사용되며 금형의 예열온도는 보통 200~300°C가 적당하다.

3. 금 형

중력주조의 경우와 같이 깨끗한 용탕을 저속, 저압에서 충진할 필요가 있으며, 그 결과 복잡한 부품에서는 용탕의 유동성이 나쁘다. 따라서 통상 다이캐스팅법에 비해 약간 높은 금형온도의 설정이 필요하고 일반적으로는 200°C~300°C 범위에서 사용된다. 높은 금형온도는 주물의 응고속도를 느리게 하기 때문에 고압주조의 가압응고에 따른 금속조직의 개선에 문제가 있다. 그 때문에 될 수 있는 한 낮은 금형온도에서 용탕의 유동성을 개선하는 방법이 필요하므로 다이캐스팅과 같이 금형에 분할면과 그 외에 배기구멍을 설치하기도 하고 금형내를 진공으로 하는 것이 유효한 수단이 된다. 금형내로 용탕이 충진됨에 따라 금형내 공기의 온도가 상승 및 압축이 되고, 용탕에서도 가스를 방출하므로 금형내의 압력변화는 예상 이상으로 크다.

용탕이 금형내에 유입되면 금형의 미소한 틈새로 측정된 압력은 $5kg_f/cm^2$ 이상이 되며, 용탕의 유동성은 금형온도 보다도 오히려 금형내 공기의 영향쪽이 크다.

금형의 수명은 그 재질 및 주조방안에 의해 결정되지만 고온에서 작업이 이루어질 뿐만 아니라 압력이라는 요인이 추가되기 때문에 극히 엄격한 조건이 요구된다. 즉 고온강도와 내마모성이 커야 하고 급열 급랭이나 열피로에 충분히 견디어야 한다.

가압응고법에 사용되는 금형은 가압으로 인해서 금형과 주물의 접촉이 좋기 때문에 틈새(공극, air gab)의 형성이 억제되므로 열전도가 빨라지게 된다. 그러므로 금형의 재질 선정이나 제작(주조방안)에 있어서도 용탕이 접하게 되는 표피부분과 중앙부분의 가열냉각에 따른 문제점을 생각하여야 한다. 이를 위해서는 주형의 온도상승 상황을 기록하여 주조방안과 금형두께를 결정하는데 참고가 되도록 하여야 한다.

금형의 내구성은 제품의 치수정밀도가 낮은 경우에는 S15C강(0.15%C, 0.9%Mn)이 3,000회, 치수정도가 엄격히 요구되는 경우에는 S20C강(0.2%C, 0.9%Mn)이 300회 정도 밖에 사용할 수가 없다. 이 때의 주형의 예열온도는 150~200°C이다.

4. 가압력

고압주조의 기본은 금형과 용탕, 또는 플런저와 용탕의 동시 주입이 되도록 구성하는 것이 필수적이며, 어떤 방법으로 유효하게 가압력을 주는가가 최대 문제가 된다. 저속충진을 전제로 하기 때문에 플런저와 금형을 동시에 침식시키므로 일반 다이캐스팅 이상으로 용탕의 금형내 충진성에 영향을 준다. 침식이 심하게 되거나 플런저와 금형이 접할 때 틈이 좁을 경우에는 겉보기 가압력을 크게 하지 않으면 용탕으로의 유효가압력은 감소하게 된다.

플런저와 금형과의 간격 크기는 다이캐스팅에서와 같이 금형의 열용량, 금형의 구성, 주조 사이클, 주입 중량, 주입 온도, 금형 온도 등으로 정해지는 열팽창량을 고려하여 결정되어야 한다. 이 간격의 크기는 다이캐스팅에서 보다 크게 설정하는 것이 보통이다. 실제의 가압 작동시에는 열팽창으로 간격이 거의 0이 되고, 가압 제거 후 플런저의 후퇴시에 수냉하여 간격을 확보함으로써 수명을 연장시키는 방법이 취해진다.

비철합금에서는 보통 플런저가압응고법 및 간접압입고압주조법이면 500~1000kg/cm^2, 직접압입고압주조법이면 250~500kg/cm^{2}가 되고 철강에서는 더 큰 압력이 필요하며 플런저가압응고법 및 직접압입고압주조법 모두 1000~2000kg/cm^{2}이다. 필요로 하는 가압 압력의 선정에 있어서는 제품의 형상, 치수, 합금조성 등에도 관계되므로 개 개의 제품에 관해서 경험적으로 결정할 수밖에 없다. 그림 8-22에 나타낸 바와 같이 기공이 없어지는 가압의 크기는 재질 또는 형상에 따라 다르다. 그리고 가압력의 대소는 그 제품의 기계적 성질을 좌우하며 특히 가압력이 작을 때에는 조대한 수지상(dendrite) 조직을 나타내고 기공(porosity)을 형성하게 되지만 가압력이 충분히 크면 조직은 미세해지고 기공은 소멸된다. 따라서 가압의 크기는 주물의 재질과 형상에 따라 결정되어야 한다. 일반적으로 500kg/cm^2 이상의 압력을 가하게 되면 가압효과가 현저하게 증가한다.

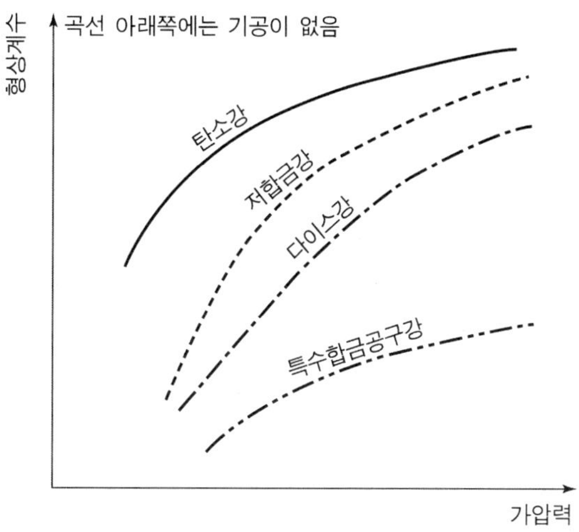

그림 8-22 가압력과 합금 중의 기공과의 관계

5. 가압개시시기

주탕 직후의 완전한 액상 상태에서 가압을 개시하는 편이 좋은 결과를 거둘 수 있다. 가압개시를 늦게하여 상당량의 고상이 존재하는 고액공존 상태에서 직접압입법에 의하여 가압하게 되면 저융점의 공정성분만이 상단부로 압상(押上)되고 밑부분에는 대부분 상만이 있게 된다. 따라서 단조와 같은 소성변화를 기대한다는 것은 어렵기 때문에 완전한 상태에서 가압성형 및 응고의 과정이 진행되도록 해야 한다. 즉 가능한 한 먼저 가압하는 것이 바람직하다. 그러나 성형과 가공에 대한 효과를 고려하여 결정해야 한다. 실험결과에서 단조와 같은 소성가공을 기대하기란 곤란하다. 가령 직접압입법일 경우 가압개시를 아주 늦게 하여 웬만큼 고상이 존재한 상태에서 가압하면 저융점 성분만이 위 쪽으로 압출되어서 아래부분은 이상하게 초정이 풍부한 현상이 된다.

6. 가압유지시간

주조금속의 융점과 금형과의 온도차, 제품의 살두께, 형상, 도형재 등에도 관련이 있으나 응고가 완료될 때까지 가압을 유지해야 한다. 응고완료시간은 중력금형주조법의 1/2～1/4정도이다. 가압유지시간은 일반적으로 살두께

50mm까지의 Al합금일 때에는 5sec/cm, 살두께 100mm까지의 Cu합금일 때에는 15sec/cm로 되어 있으나 전술한 바와 같이 여러 가지 요인에 따라 달라진다.

7. 사용재료

고압주조의 특징은 가스에 의한 기공이나 응고에 수반하는 수축공이 없는 건전하고 강인한 주물 또는 단조에 준한 기계적 성질을 가지는 제품을 얻을 수 있는 점이다. 사용합금 또는 사용합금 중의 성분이 변하면 주조결함은 없는데도 불구하고 뛰어난 특성을 얻을 수 없는 경우가 있다.

기공에 민감하지 않은 합금, 예를 들면 AC8A에서는 중력주조재의 기계적 성질과 큰 차이가 없다고 말할 수 있다. 이 합금의 원소를 여러 종류로 바꾸면 연신율이 개선되는 경우가 있다. 강도와 연신율의 균형을 취한 합금의 선택은 고압주조법을 채용할 경우 신중히 검토하지 않으면 안되는 문제이다.

8. 편 석

고압주조에서는 용질원소가 국부적으로 편재하는 이상 편석이 생기기 쉽다. 용탕의 응고가 꽤 진행한 시점에서 가압하면 주물내에서 계속 발생하고 있는 수축공에서 융점이 낮으며 용질농도가 높은 용액이 가압력에 이해 밀려가서 편석이 된다. 그림 8-23과 같이 덴드라이트에서 배출된 용질원소는 덴드라이트 암 간격(dendrite arm spacing) 또는 결정입계에 포착되어 미세편석이 되는 것이 보통이다. 이때 가압력을 가하면 덴드라이트 간격이 좁아지면서 미세편석이 집합되어 수축부로 충진되어 응고하는 것이다.

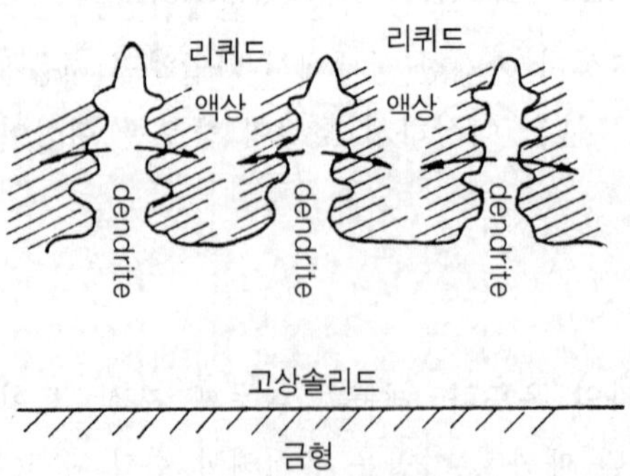

그림 8-23 편석발생의 모델 I

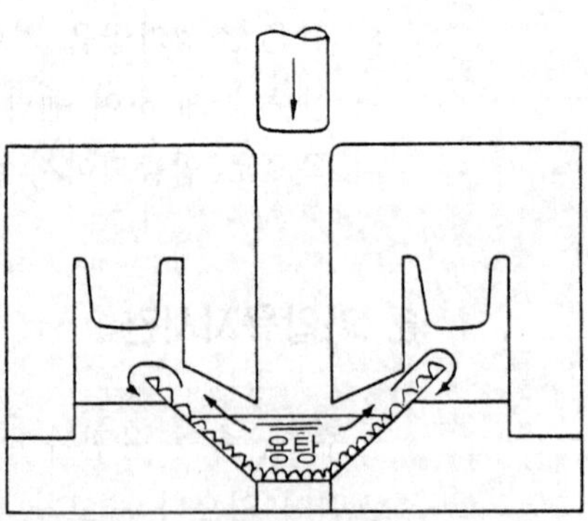

그림 8-24 편석발생의 모델 II

고액 공존 상태의 용탕에서 압력은 우선적으로 액상부에 작용하기 때문에 저융점의 용질원소는 이동하기 쉽게 된다. 이것은 내부 수축공을 채워버린다고 하는 점에서는 좋은 영향을 주지만, 편석이 없는 쪽을 원하기 때문에 지향성 응고가 바람직하며, 또 다른 형태의 편석을 일으키므로 좋지 않다.

그림 8-24와 같이 주형내의 용탕이 주형벽에서 응고를 시작해서 어느 정도의 칠층이 생길 때, 플런저를 밀어 넣으면서 동시에 용탕은 충진되지만 칠층이 파괴되지 않고 주형벽에서 떨어진 때에는 미응고 용탕이 칠층과 주형벽 사이에 채워지며 충진가압하게 된다. 모델1과 같이 주형벽에서 응고가 시작되고 칠층에 용질농도가 높은 용액이 가압력에 의해 밀려온다. 이 경우는 제품의 표면근처에 편석이 존재하여 표면 결함의 하나가 되는 것이다. 금형온도, 용탕의 충진속도, 가압 개시시기를 조절하면서 특히 주의해서 해결하지 않으면 안되는 문제이다.

9. 도형재

도형재가 실용상 매우 중요하다. 가압개시까지는 중력주조법과 같은 효과가 있으나 압력이 가해지면 용탕은 강제적으로 금형표면에 눌리게 되므로 단열효과는 매우 작아진다. 흑연계 도형재가 비교적 많이 사용되고 있다.

8.6 고압주조주물의 개발시 고려사항

고압주조기술은 많은 장점을 가지고 있으나 아직도 역사가 짧아서 실용화에 따른 해결해야 할 기술적인 문제점도 많다.

① 고압주조에 적합하도록 부품설계가 되어야 한다. 고압주조는 기존제품보다 20~30%의 기계적 특성이 향상되므로 부품설계시에 이러한 점이 고려되어야 한다. 부품의 형상, 두께를 경량화시켜 원재료의 원가절감과 동시에 이에 적절한 주조방안을 통해서 불량율 감소를 가져올 수 있도록 부품의 경량설계가 중요하다.

② 기존 주조법으로 거의 생산이 불가능한 고급기능 부품을 찾아 고압주조의 가능성을 확인하는 노력이다. 예로서 예비성형체(preform)를 이용한 금속복합재료의 부품개발은 좋은 예가 된다고 하겠다.

③ 고압주조용 신합금 개발을 통한 편석 제거와 더 높은 기계적 특성을 가지도록 하는 합금설계 연구가 필요하다. 가압응고의 특유한 현상으로 고액구간이 넓은 합금계, 예를 들면 Al-Cu계 합금에서는 저융점 성분이 최종응고부위에 정편석을 동반한다. 이런 현상의 규명과 억제방법에 대한 합금 설계 연구가 요구된다.

④ 후가공(기계가공과 열처리 공정)을 단축하여 원가절감을 기하도록 하는 연구 노력이다. 고압주조품은 열처리시간을 1/2로 줄일 수 있고 치공구의 수명을 1.5배 향상시키는 장점이 있다고 알려져 있다. 열처리 시간을 단축하기 위해서는 수요자와 공급자가 상호 납득이 될 수 있는 기초실험 데이터가 있어야 할 것이고 이에 대한 연구노력이 필요하다.

⑤ 가능한 한 고압주조장치의 직접설계제작이다.

1. 적절한 고압주조공정 선정

주물제품의 제조개발에서 우선적으로 제조공정의 선택이 중요하다. 요구하는 품질, 수량, 단가, 납가 등에 기초하여 고압주조법으로 제조가 가능하고 경제성을 포함하여 적절한 고압주조방식과 주조기의 선정이 요구된다. 고압주조장치의 개발이 활발히 이루어지고 있으나 경쟁적으로 다른 주단조법-다이캐스트, 형단조, 중력 및 저압주조 등에서도 고품질, 고생산성의 공정개발이 이루어지고 있어서 엄밀한 비교분석이 요구된다. 실제로 고압주조방식으로 주로 이용되는 것은 직접가압방식과 UBE전용주조기(VSC,HVSC)와 다이캐스트에서 스퀴즈가압기능도입방식 등 3가지가 되며, 국내에서는 UBE기기가 주종이나 국내 기술개발과 경쟁력 확보면에서는 소량 다품종, 경제성과 효용성이 큰 직접가압장치와 스퀴즈다이캐스트의 개발 실용화에 보다 관심을 가져야 할 부분이다.

2. 효과적인 주물 및 주조방안 설계

적절한 주조공정 장치를 선택한 후에는 주물의 설계 및 주조방안의 확립이 뒤따른다.

기본적으로 주물설계의 기본 원리는 고압주조법에서도 동일하게 적용된다. 즉, 주조응력의 최소화(균열 방지), 기계적강도와 내구성을 위한 강도설계 지향성응고 방안, 유동을 고려한 설계, 원가 절감 방향 등을 고려해야 한다. 특히 고압주조시에 고려해야 할 사항으로는

① 압탕부가 최종응고가 되도록 탕구, bisquit, runner방안 선정
② 용탕이 금형 충진시 회전되어 주물내부로 초탕이 돌지 않게 하고, overflow부로 효과적 제거가 되게 한다.
③ 응고층의 주물내 유입방지용 응고층포집부를 탕도에 설정한다.
④ 급격한 주물두께변화나, 복잡형상은 억제한다.
⑤ 고압주조 공정과 주물의 특성에 맞게 구조와 기능을 분석 설계한다.
⑥ 2차가압, 중자도입, 특수표면처리 등의 요건에 대응한 설계를 한다.

8.7 알루미늄 휠 적용의 예

자동차용 알루미늄 휠은 종래의 철강재에 비해 단가는 비싸지만 세련된 디자인과 차량중량의 경감으로 급속하게 인기상품이 되었다. 휠은 회전부품으로 충분한 강도가 요구되고 인성도 필요하다. 생산성, 신뢰성 및 사용재료의 품질 개선을 위해 78년 초부터 고압주조에 의한 Al휠 생산을 하고 있다.

사용합금은 고압주조의 장점이 충분히 발휘될 수 있는 Al-7% Si-0.3% Mg-0.3% Fe의 JIS AC4C 상당합금이며, 사용되는 주조기는 1,500톤 입형 다이캐스팅 기계이고 이 장치의 장점은 형체의 결합과 용탕의 주입 충진, 가압을 동시에 할 수 있는 점이다.

그림 8-25와 같이 슬리브가 금형 밖으로 나온 상태에서 주입할 수 있기 때문에 생산성이 좋고 슬리브내 용탕의 온도저하가 적고, 금형의 맞춤면에 주입시 용탕이 넘치니 않기 때문에 금형의 손상 및 작업 안정성 면에서 유리한 이점을 가지고 있다.

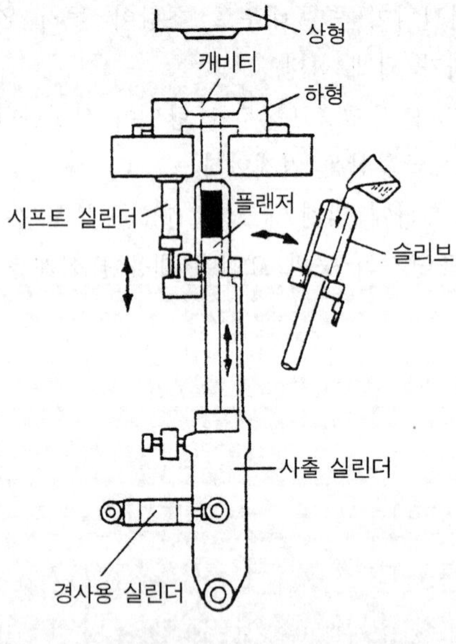

그림 8-25 용탕의 충진, 가압장치

그림 8-26는 같은 디자인의 고압주조제 휠과 저압주조제 휠을 강제적으로 파괴한 때의 파괴 에너지를 비교한 것으로서 고압쪽이 강도면에서 유리한 것을 알 수 있다.

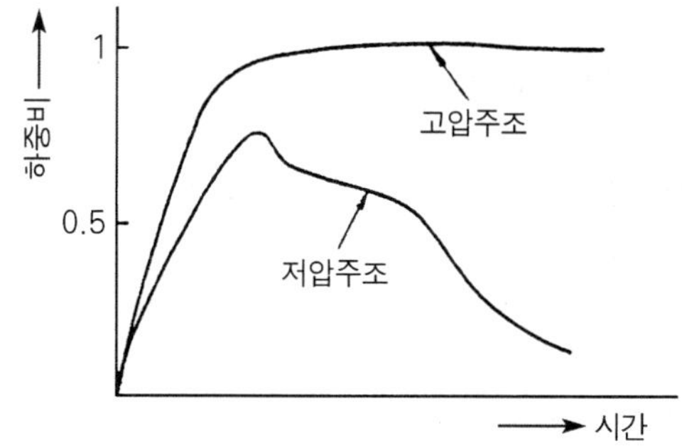

그림 8-26 휠의 강제파괴 에너지 비교

저압주조 휠에서는 사용재료 성분에 주의하면서 금속조직 미세화를 위해 용탕개량처리를 하고 더구나 휠의 인성을 확보하기 위한 열처리조건이 채용되는 것이 일반적이지만, 고압주조의 경우에는 가압에 의해 응고속도가 빠르기 때문에 용탕의 개량처리는 필요 없고 열처리로 높은 연신율을 얻을 수 있다.

참고문헌

1. 김경현, 정인상 : 알루미늄 다이캐스팅 제조기술, 대광서림, (1994)
2. 이호인, 한국주조공학회지, 특집호, (1996)
3. 박익민, 신광선, 이명호 : 한국조조공학회지, 제17권 제5호, (1997)
4. 여인동, 이지환 : 한국주조공학회지,제15권 제4호, (1995)
5. 한요섭 : 한국주조공학회지,제16권 제6호, (1996)
6. 김광천, 조영서, 이성학, 박익민 : 한국주조공학회지, 제16권 제6호, (1996)
7. 박현, 김도향 : 한국주조공학회지, 제13권 제1호, (1993)
8. 주물편람, 대광서림
9. 특수주조, 한국직업훈련관리공단, (1993)
10. G. A. Chadwick and T.M.Yue : Metals and Materials, Jan, (1989) 6
11. J. R. Morton : Metallurgia, Aug, (1994) 227
12. M. P. Martin : Die casting Engineer, sep. (1996) 28
13. M. Sasaki, Y. Nishihara and E. Okamura : SAE Transaction, 910434, (1991) 614
14. T.Sakamoto : The 3rd Int. Conf. On SSP of alloys and composites, (1994, 6) 137
15. K. P. Young and K. Brissing : Die Casting Engineer, May, (1996) 12
16. H. Fukunaga : proc. Of the 9th ICCM, Madrid, (1993) 355
17. P. Rohatgi and R.Asthana : J. of Metals, 5, (1991) 35
18. S. Lee, K.S.Shon, I. M. Park, K. M. Cho, : Metals and Materials Vol. 1, No 1, (1995)
19. M. C. Flemings et al. : Met trans., 32A, (1991) 957
20. N. G. Handerson, et al. : Processings of 2nd Int. Conf. On the Semi-Solid Processing of Alloys and Composites, (1992) 349-358.
21. Kattamis et al. : Processings of 2nd Int. Conf. On the Semi-Solid Processing of Alloys and Composites, MIT, (1992) 237.
22. E. J. Lavernia, N. J. Grant : Mat.Sci. and Eng., 89, (1988) 364

제 9 장

원심주조

9.1 개　　론

원심주조란(centrifugal casting) 주입시에 주형을 회전시켜 주입된 용탕에 원심력을 이용하여 주물을 주조하는 방법으로 제품의 형상에 따라 원심력의 이용 방법이 다르며 일반적으로 아래와 같이 세 가지로 분류된다.

1. 진원심주조(true centrifugal casting)

액체를 원통상의 용기에 넣고 그림 9-1과 같이 수직축 또는 수평축의 둘레를 회전시키면 원심력 때문에 액체가 주형의 내벽에 압착되는 원리를 이용하여 주조하는 방법이다. 그림 9-2에 진원심주조의 예를 나타내었으며 이 원리를 사용해서 단면이 원형모양을 한 수도용 주철관, 실린더 라이너, 슬리브, 베어링, 부싱 등 관상, 고리상의 제품을 코어를 사용하지 않고 만들 수 있다. 제품 두께는 주입되는 용탕의 량으로 조절되며 다공질결함, 수축공 등의 결함이 없고 치밀한 조직을 갖는 제품을 얻을 수 있다. 또한 코어를 사용하지 않기 때문에 생산성이 좋고 압탕과 탕구가 필요없기 때문에 주조수율도 높고 원가가 싸다는 장점을 갖는다.

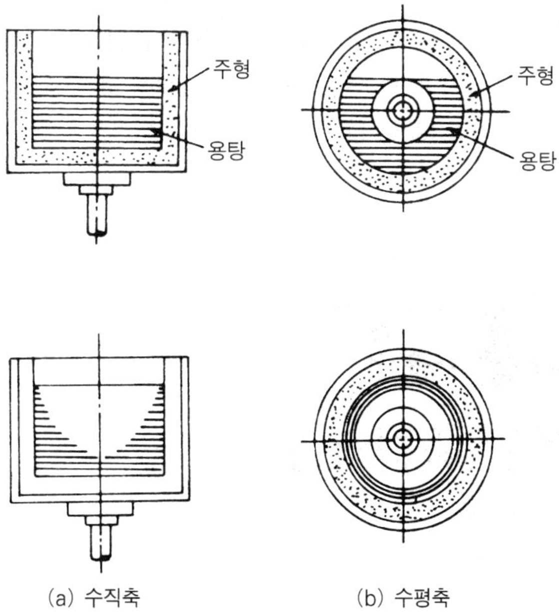

그림 9-1 원심주조의 원리

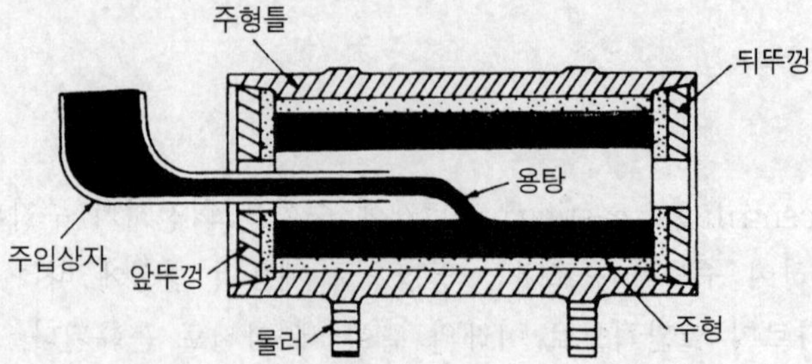

그림 9-2 진원심주조

진원심주조는 생산성이 좋고 주조수율 및 품질이 좋아서 많이 이용되며 주형의 회전축 방향이 수평축 또는 수직축인가에 따라 수평식 원심주조와 수직식 원심주조의 두 가지로 분류된다. 일반적으로 긴 관상의 주물에는 수평식 원심주조를 이용하고 짧은 원통상, 환상의 주물에는 수직식 원심주조를 이용한다.

2. 반원심주조(semi centrifugal casting)

그림 9-3과 같이 원판상의 기어(치차), 차륜, 풀리 등과 같이 대칭축을 회전축으로 하여 축의 둘레로 주형을 회전시키면서 회전축 중앙의 탕구에서 용탕을 주입시키는 방법으로 제품의 전체면이 주형에 의하여 만들어 진다는 점이 진원심주조와 다르다. 용탕은 원심력에 의해 중앙의 탕구로부터 바깥쪽으로 압축되면서 주형에 채워지며 단면이 얇아도 원심력에 의한 압탕효과 때문에 충진율이 좋게 된다. 기공(blow hole), 수축공 및 비금속개재물 등을 없애는 효과는 진원심주조방법 보다는 못하다.

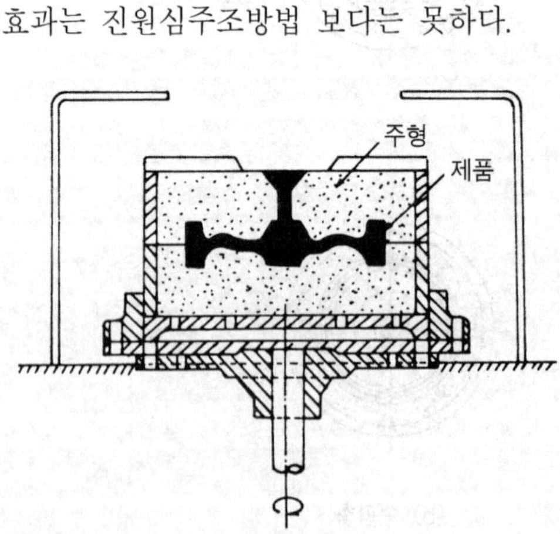

그림 9-3 반원심주조

3. 원심가압주조(centrifuged casting)

그림 9-4와 같이 불규칙한 형상의 제품을 중앙의 탕구로부터 방사상의 탕구에 붙여서 배치하고 탕구를 회전축으로 하여 수직축의 주위로 주형을 회전시키면서 주입하는 방법이다. 주입압력을 증가시키는데 원심력을 이용한다는 점에서 반원심주조와 비슷한 주조법이다.

일반적으로 반원심주조와 원심가압주조에는 수직식 원심주조가 이용된다.

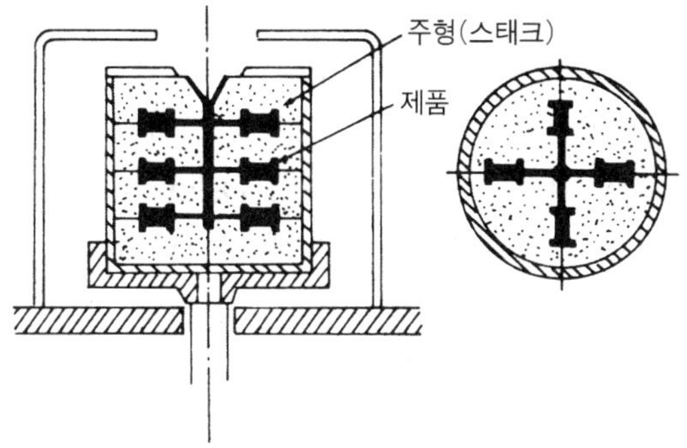

그림 9-4 원심가압주조

9.2 주조장치

1. 주형 회전장치

일반적으로 원심주조의 주형을 회전시키는 장치에는 세 가지 방법이 있다.

(1) 직접구동식 원심 주조기

주형 또는 주형의 회전축에 직접 회전을 전달하는 주조기이다. 수평식 원심 주조에는 그림 9-5와 같이 주형의 외주에 치차를 부착하고 이 치차에 따라 회전하는 포신용의 독일식 원심주조기, 주철관용 Delavaud process의 원심주조기(그림 9-6), 그림 9-7과 같이 주형의 일단에 부착한 회전축을 베어링으로 고정하고 이 회전축에 전동기를 직접 연결하든가 풀리를 끼우고 벨트를 걸어서 회전을 전달하게 하는 편지식 원심주조기가 있다.

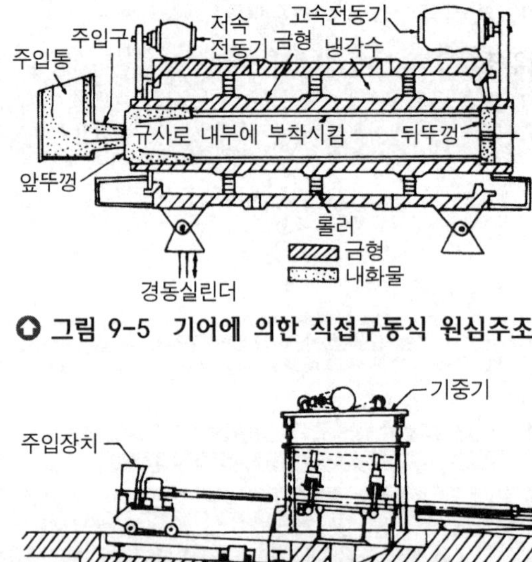

그림 9-5 기어에 의한 직접구동식 원심주조기(포신주조용, 독일 Edelsthalwerke)

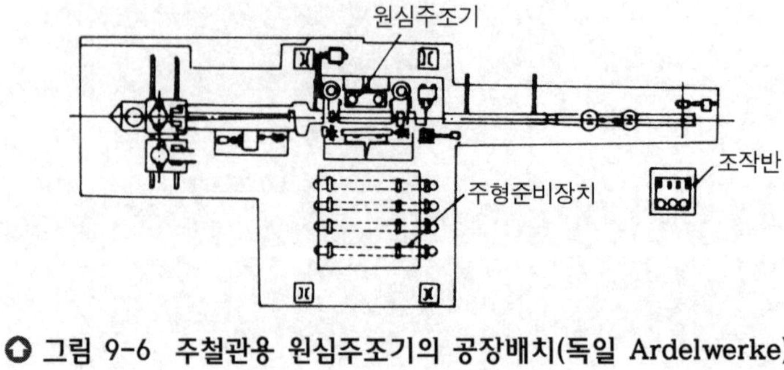

그림 9-6 주철관용 원심주조기의 공장배치(독일 Ardelwerke)

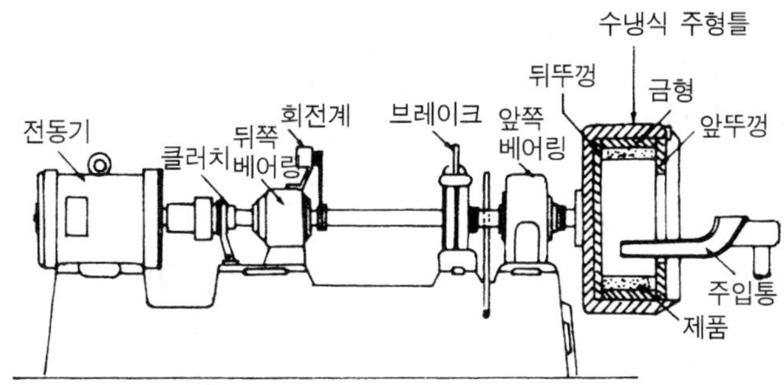

그림 9-7 편지식(扁持式) 원심주조기

수직식 원심주조기로는 그림 9-8과 같이 주형의 하단에 부착시킨 회전축을 베어링에 따라 고정하고 치차 또는 풀리에 따라 회전하게 하는 원심주조기가 있다. 이러한 원심주조기에 치차를 사용하는 것은 회전의 손실이 없어 정확한 회전 속도가 주어지므로 가속 또는 감속을 빠르게 조정할 수 있고, 효율도 좋으나 구조는 복잡하게 된다.

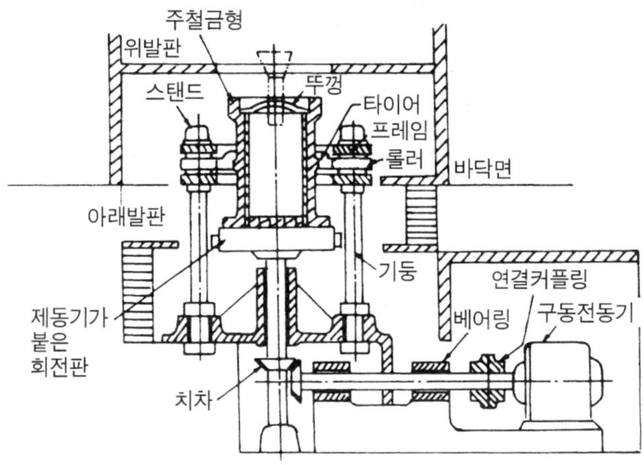

그림 9-8 기어구동식 수직형 원심주조기(독일 Thyssen Hütte)

(2) 간접구동식 원심주조기

직접구동식과는 달리 간접구동식에서는 주형을 직접 회전시키는 것이 아니고 우선 롤러를 회전시킨 다음 주형의 자중에 의한 마찰력을 이용하여 롤러로부터 주형에 회전을 전달하는 방식이다. 그림 9-9, 그림 9-10에서 보는 바와 같이 베어링으로서 시작된 두 개의 평행축에 각각 두 개의 롤러를 끼우고 그 네 개의 롤러 위에 두 개의 주형타이어가 접하도록 주형을 얹고 한쪽의 축을 회전구동하여 주형을 회전시킨다.

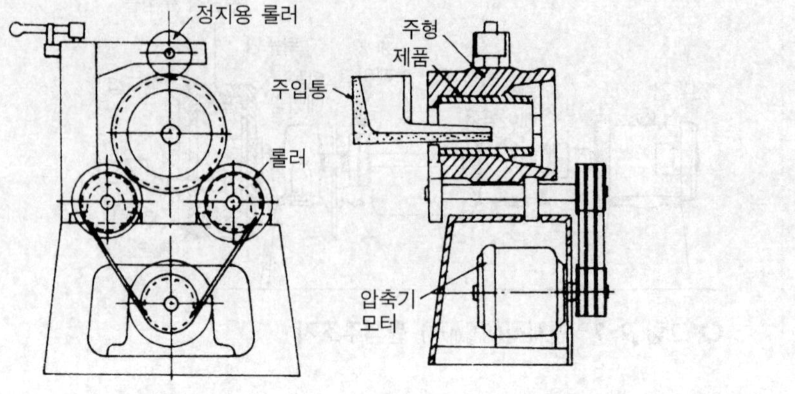

그림 9-9 간접구동식 원심주조기(실린더 라이너용)(독일Ruhrstahl A.G)

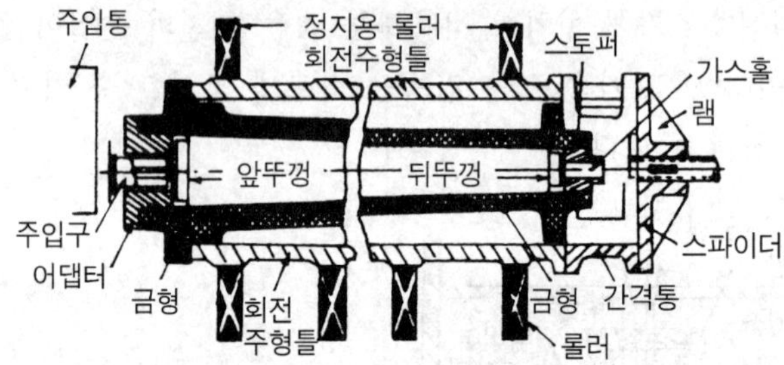

그림 9-10 간접구동식 원심주조기(포신주조용, Watertown Arsenal)

주형의 자체중량이 가벼울 때에는 주형이 진동하기 쉽기 때문에 위쪽에서 흔들림을 방지할 수 있도록 정지용 롤러가 설치된다.

일반적으로 주형의 진동은 주형의 균형이 잡히지 않았거나, 롤러의 회전축이 평행이 아닐 때, 주형의 타이어나 롤러의 지름치수가 같지 않을 때, 롤러축이 회전 중에 약간 휠 때, 기계가 공진할 경우 등에서 일어난다.

수평식 원심주조기는 보통 간접구동을 이용하는 것이 많다. 이 간접구동주조기는 롤러의 마모가 커서 진동을 쉽게 일으키고 고속회전이 곤란한 점 등의 결점이 있지만 구조가 아주 단순하고 주형의 지름이 큰데 비해 비교적 융통성이 있고, 주형의 크기가 일정하지 않을 경우에 매우 편리하다. 실제로 주철관과 같이 큰 주물로부터 실린더 라이너 같은 작은 주물까지 광범위하게 사용되고 있다.

그밖에 특수한 것으로는 마찰판 구동식 원심주조기가 있다. 이 원심주조기는 그림 9-11에 나타난 바와 같이 마찰판의 회전에 따라 롤러를 회전시키고 이 롤러에 따라 주형을 회전시키는 것으로서 변속은 마찰판의 구동 롤러의 위치를 바꾸어 줌으로써 가능하다.

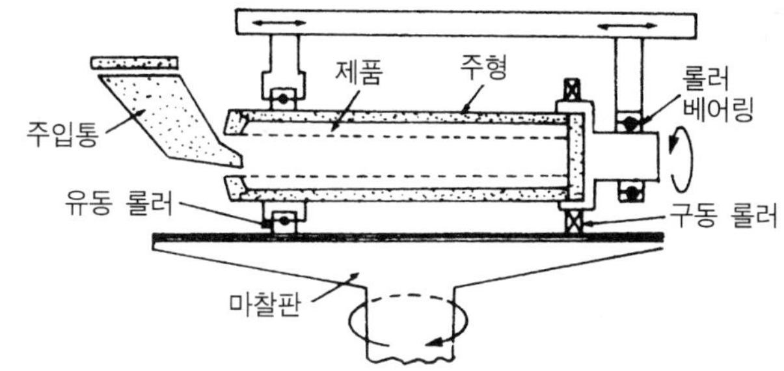

그림 9-11 마찰판 구동식 원심주조기(소련)

(3) 수직축 회전식 주조기(spin casting)

그림 9-12와 같이 수직축 회전식 주조기의 축 중심에 원반형 실리콘고무(silicone rubber)로 만든 주형을 고속으로 회전시켜 주조하는 방식이다.

이 공법은 주형재료가 실리콘고무인 관계로 Sn이나 Zn과 같은 저융점합금에 적용할 수 있으며 미려한 표면과 미세한 입자의 조직을 가지는 다품종 소량생산에 적합하다.

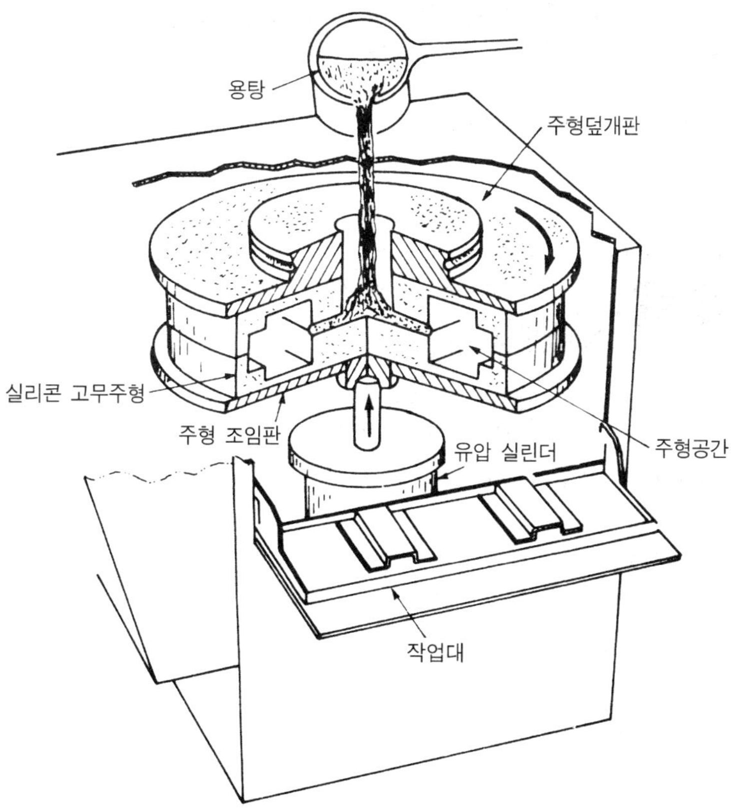

그림 9-12 수직축 회전식 스핀캐스터(미국)

2. 용탕주입장치

원심주조에서 용탕을 주입하는 장치에는 고정식과 이동식의 두 방법이 있다.

(1) 고정식 주입법

그림 9-13과 같이 주입통을 고정한 채로 회전 중의 주형에 용탕을 주입하는 것으로서 주입기구가 간단해서 많이 사용되는 주입방법이다. 그림 9-14에서 보는 바와 같이 주입구를 주형의 가운데 삽입하여 용탕을 주입하거나 또는 주입구로부터 유출하는 용탕의 유속을 이용하여 주형 안에 비입하는 비입주조법(jumping in pouring)을 사용한다.

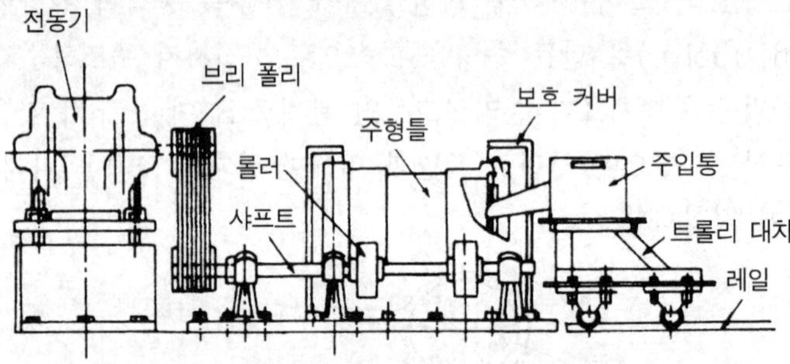

그림 9-13 고정식 주입법

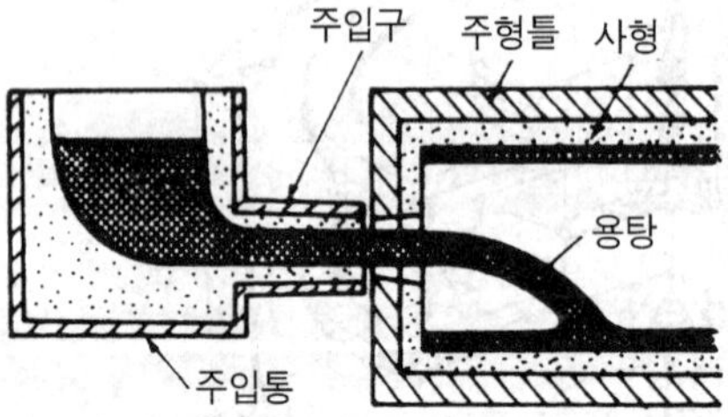

그림 9-14 비입식 주입법

주입속도를 일정하게 하기 위해서는 그림 9-15 (a)와 같이 스토퍼(stopper)가 장착된 주입통에 용탕을 받아서 주입할 때 한꺼번에 주입되도록 한다. 이 밖에도 그림 9-15 (b)와 같이 단면이 반원형인 용기에 주입용탕의 전량을 가득 채우고 이 용기를 주형에 삽입한 후 기울여 주형전체에 한꺼번에 주입하는 반전경주식 방법이 있다.

수평식 원심주조 또는 경사형 원심주조에서는 깔때기 모양의 주입통을 사용한다. 주입구로부터 배출된 용탕은 그림 9-16에 나타낸 바와 같이 주형의 아래쪽 중앙에 떨어지도록 주입통을 고정한다. 이 주입통에는 그림 9-17에 나타낸 바와 같이 슬래그 유입을 방지할 수 있도록 댐을 설치하는 방법도 사용된다.

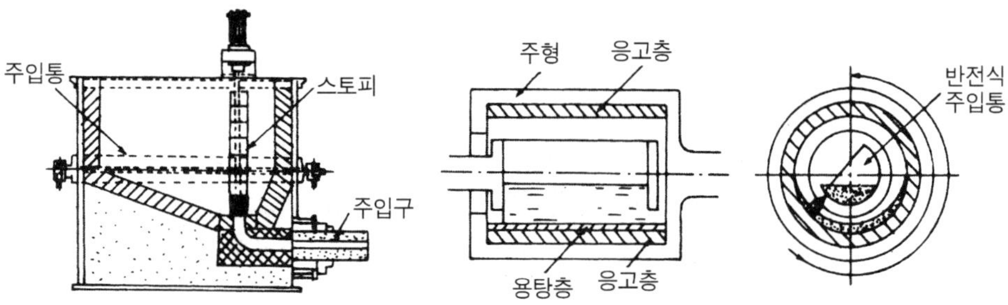

(a) 스토퍼식 (b) 반전경주식

그림 9-15 수평형 원심주조의 특수한 주입통

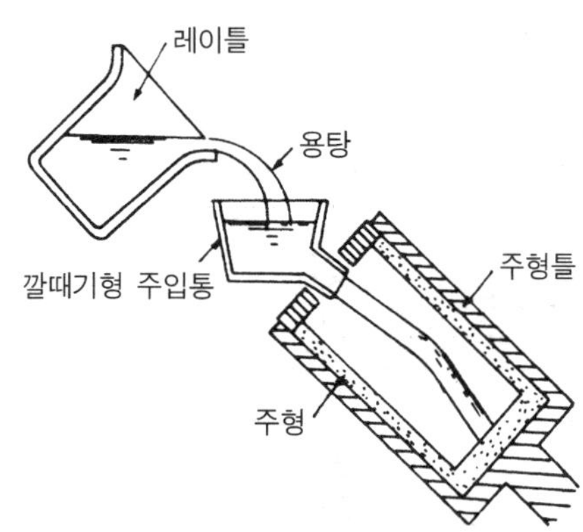

그림 9-16 경사형 원심주조의 주입법

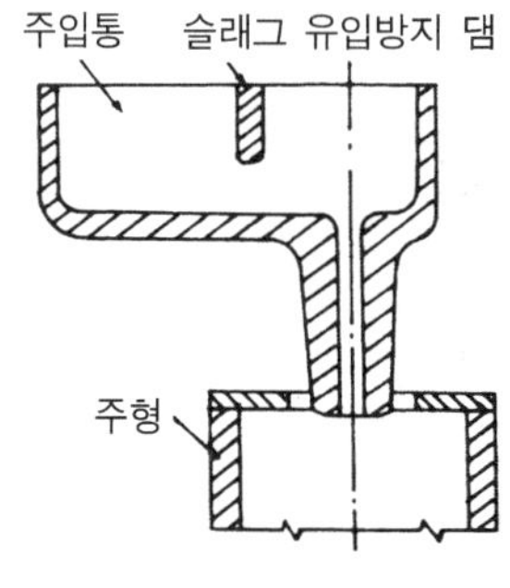

그림 9-17 수직형 원심주조의 슬래그 댐식 주입통

(2) 이동식 주입법

수평식 원심주조기로서 얇은 두께의 관재를 만들 때 사용하는 방법으로 용탕을 주형에 주입할 때 주입구의 위치를 이동하면서 주입한다.

고정식 주입법과 같이 용탕이 주형의 일부에만 집중적으로 낙하하지 않고 주형전체에 걸쳐 나선상으로 고르게 분포되어 가므로 긴 관재를 만들 때에도 탕경계와 같은 결함을 생성하지 않고 두께의 치수차도 최소로 할 수 있다.

이동식 주입법에는 De Lavaud process가 대표적인 것으로 그림 9-18에 나타낸 바와 같이 주입 중에 주형이 일정속도로 후퇴하도록 되어 있다. 또 독일의 Ardelwerke의 주철관용 원심주조기는 거꾸로 주입통이 주입 중에 후퇴하도록 되어 있다.

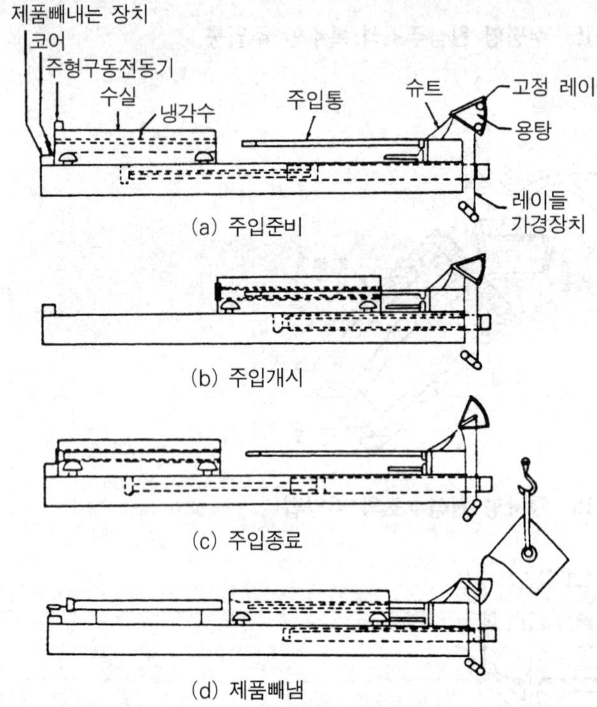

그림 9-18 드라바드 프로세스의 제조공정도

(3) 주형냉각장치

원심주조의 원리상 중량차에 따른 편석이 발생하게 되는데 이러한 결함을 없애고 또 주기시간(cycle time)을 단축하여 능률을 올리기 위해 주형을 강제 냉각시키는 장치이다.

주형을 냉각시키는 방법에는 보통 다음 세 가지가 있다.

① 공랭(air cooling)

원심주조의 주형은 보통 공기의 대류에 의하여 냉각시킨다. 이 공기냉각법은 사형과 금형에서 사용되고 있다. 다만 이 경우에 금형은 상당히 두껍게 하지 않으면 안된다.

이러한 공기냉각법을 사용하는 주조기는 사형에서는 주철관용의 moore snad spoon process의 원심주조기, 금형에서는 주강포신용의 watertown arsenal의 원심주조기 등이 있다(그림 9-10참조).

② 분무식 냉각(water spray cooling)

주입 후 주형의 주위에 물을 분사시켜 냉각하는 방법이다. 냉각효과도 상당히 크며, 구조가 간단하여 주형을 꺼내는 것도 용이하다. 주물의 제작 수가 많지 않을 때 사용하기가 편리하다.(그림 9-19참조)

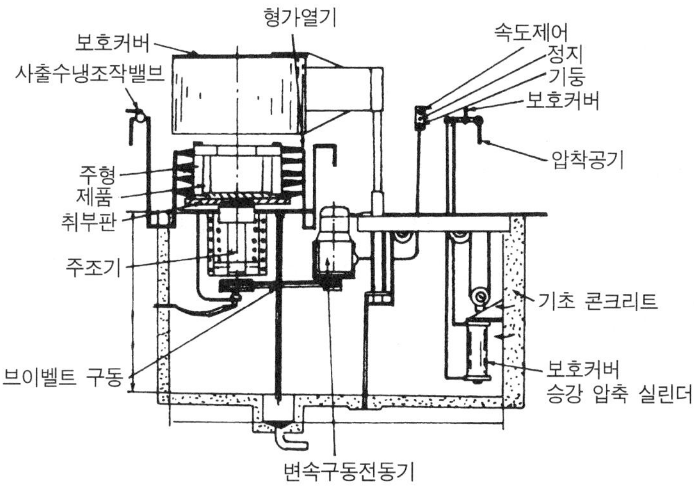

그림 9-19 사출수냉식 원심주조기

③ 수중냉각(water bath-cooling)

냉각수를 순환시키는 물통 속에서 금형을 회전시켜면서 주입하는 방법이다. 냉각수의 밀봉이라는 문제와 구조가 복잡하게 되는 단점이 있지만 냉각효과가 매우 좋아서 생산성이 높다. 이 경우 금형은 상당히 두꺼운 것이 사용된다. 이 물통에 의한 냉각법을 사용하는 주조기로는 주철관을 주조하는 De Lavaud process의 원심주조기(그림 9-20 참조)와 주강포신을 주조하는 독일식 원심주조기(그림 9-5 참조)가 있다.

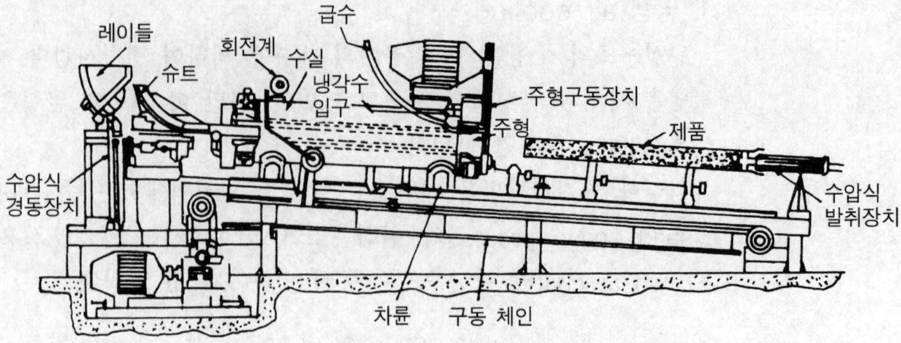

그림 9-20 주철관용 드라바드 프로세스 원심주조기와 공장배치

(4) 제품발취장치

주형으로부터 주물을 빼내는 방법으로는 앞쪽으로 꺼내는 방법, 반대쪽으로부터 압출하는 방법, 반대쪽으로부터 약간 압출하여서 앞쪽으로 완전히 꺼내는 방법 등 세 가지 방법이 있다.

무어샌드스푼 프로세스와 같은 간접구동의 롤러식 원심주조기에는 주형의 수를 충분히 준비하여 교환하면서 주입능률을 올려야 하기 때문에 주형을 차례로 원심주조기로 내려보내서 원심주조기로부터 떨어진 곳에 설치한 발취장치까지 운반하여 발취하고 있다.

(5)부속장치

원심주조기에는 용탕계량장치, 용탕비산방지 보호장치, 도형장치 등과 같은 부속장치가 있다. 이외에도 사형원심주조에서는 특수한 조형장치, 주형건조장치, 탈사장치, 주형운반장치 등을 설치한다. 주철관과 같은 관재를 만들 때 그 두께는 용탕의 양에 따라 결정해야 하기 때문에 계량이 필요하게 되며 이 계량은 중량 또는 용량에 따라서 결정된다.

중량은 칭량기를 사용하며 용량의 경우에는 체적으로 계량한다. 주물이 작을 때는 체적으로 계량하는 것이 편리하다.

주입할 때는 주형의 회전에 의하여 용탕이 비산하여 위험하므로 보호장치를 설치하여야 하는데, 소형 주조기에서는 철판으로된 보호 커버를 부착하고 대형 주조기에서는 콘크리트벽을 설치하고 있다. 또 기초가 불충분하면 기계가 진동하는 원인이 되기 때문에 주의해야 한다.

9.3 원심주조용 주형

1. 주형의 종류

원심주조에 사용되는 주형은 영구주형, 반영구주형 및 합성주형의 세 가지로 분류되며 어느 주형을 사용하는가 하는 것은 주물의 형상, 요구품질, 제작수량 등에 따라 결정된다.

(1) 영구주형(permanent molds)

주입을 할 때마다 고치지 않고서도 반복 사용하는 것이 가능한 주형으로 비교적 수명이 긴 것을 영구주형이라 부르고 금형은 이것에 해당한다.

(2) 반영구주형(semi-permanent molds)

반복사용이 가능한 주형으로서 비교적 수명이 짧은 것을 말하며 흑연주형, 내화점토주형 등을 말한다.

(3) 합성주형(composite molds)

회전주형틀 안에 주형재를 붙여서 주형을 만들고 주입할 때마다 주형틀 안에 다시 붙여서 만드는 주형을 합성주형이라 한다.

주형안에 붙이는 방법으로는 주형틀과 모형 사이에 주형재를 채워서 스탬프하는 다짐법(ramming method)과 주형틀을 회전하면서 원심력을 이용하여 주형재를 주형틀 안에 붙이는 부착법의 두 가지가 있다. 또 이 부착법에도 건조상태의 주형재를 붙이는 건조법과 축축한 상태의 주형재를 붙이는 습식법의 두 가지가 있다.

일반적으로 다짐법에는 사형의 재료가 많이 사용되는 반면, 부착법에는 건식부착법으로 레진사(resin sand)주형과 단순히 건조된 모래를 붙이는 것, 내화재료로 피복 건조한 주철편을 붙이는 것 등이 있다.

그 외에 최근에 개발된 실리콘 고무(silicon rubber) 주형은 일정 두께의 성형성 고무판으로 된 수겹의 원형 디스크 내에 모형을 균형있게 배치하여 가열처리 후 모형을 제거하여 탕구 등을 따내는 주형제작법도 있다.

2. 금 형

금형은 일정한 주물을 대량 생산할 때에 사용되며 주물은 주형으로부터 용이하게 빼낼 수 있는 간단한 형상의 것에 한정된다.

(1) 금형의 특성

① 장 점

- 주형의 열전도도가 크기 때문에 용탕의 응고속도가 빠르고 결정립이 미세화되며 편석이 적게 되고 비금속개재물의 분포가 균일하다.
- 용탕의 응고시간이 짧아서 생산성이 좋다
- 주물의 치수 정도가 좋다.

② 단점

- 치수상으로 융통성이 없기 때문에 주물의 치수에 제약을 받는다.
- 주형의 제작비가 많이 든다.
- 회전속도와 주물의 두께의 관계를 조정하지 않으면 열간균열이 생기기 쉽다.
- 주형의 냉각효과가 크기 때문에 탕계를 만들기 쉽다.
- 도형이 접착하기 어려워 박리하기 쉽다.

(2) 금형의 재질

금형의 제작비가 많이 들기 때문에 수명이 문제가 된다. 보통 금형에 사용하는 재질은 강괴제작용 주형(ingot case)에 가까운 내열주철 또는 몰리브덴을 첨가한 내열강이다.

주철은 강에 비해서 강도가 낮고 마모가 쉬우며 열전도도가 적으나 설비비가 적게 들고, 열에 의한 변형이 적으며 또 열응력에 의한 균열이 적기 때문에 넓게 이용되고 있다. 특히 큰 금형을 만들 때 또는 주물의 제작 개수가 적을 때에 경제적으로 유리하다.

내열강에 대해서는 C 0.1~0.25%, Cr 1.10~2.5%, V 0.1~0.4%, Ni 0~0.4%, Mo 0.42~1.05% 범위의 강재나 Cr 1.8~2.7%, Mo 0.3~0.6% 첨가한 인장강도가 낮은 강을 실험적으로 권장하고 있다. 그러나 실제로 수냉 재킷(water jacket)식 금형에는 수냉효과가 있기 때문에 비교적 인장강도가 높은 강재를 사용하고 있다.

독일의 주철관용 수냉 재킷식 금형은 C 0.35%, Cr 1.5%, Mo 0.25%의 내열강이 사용되고 있고 이 금형의 두께는 40~50mm, 냉각수 온도는 60°C 이하를 유지하고 있다. 그리고 금형의 수명은 주물의 두께가 20mm 이하인 경우 1,000회, 100mm일 때는 500회 정도라고 한다. 또 미국의 주철관용 수냉 재킷식에 SAE 4130(C 0.28%~0.33%, Mn 0.4~0.6%, Cr 0.8~1.10%, Mo 0.15~0.25%)의 내열강이 사용되고 있다.

이러한 수냉 재킷식 금형은 주입온도가 높은 고합금강관을 만들 때에는 단순히 경제적인 면에서 SAE 1020(C 0.18~0.23%, Mn 0.30~0.80%)의 보통 탄소강을 사용하고 있다.

공랭식 금형은 주철을 사용하고 두께는 수냉 재킷식보다도 상당히 두껍다. 독일과 미국에서는 주강포신용 수직식 원심주조기에 주물두께의 6-8배 두께의 공랭식 주철금형을 사용하고 있다. 그 외에 Cr-V강 실린더 라이너용의 수평식 원심주조기에서도 같은 모양의 공랭식 주철금형이 사용되고 있으며 그 수명은 500회 정도이다.

동합금용 원심주조기에도 주철금형을 사용하고 있으며, 그 두께는 주물두께의 2배로 하고 수명은 500회 정도이다.

그밖에 독일의 청동용 원심주조기의 주철금형이 있으며, 이 금형은 주입할 때에 얇은 동판을 금형의 내면에 부착시켜 놓고 용탕을 주입한다. 이 동판은 기공을 막고 마무리 작업을 적게 하며 금형의 수명을 길게 하는 효과가 있다.

(3) 금형의 제작

금형은 사용하기 전에 충분히 균형을 잡아둘 필요가 있다. 균형을 잡지 않고 사용할 때에는 회전수의 증가에 따라 주형이 진동하기 시작하여 끝까지 원하는 회전수가 될 수 없다. 이 때문에 금형은 일반적으로 전면 가공한다.

금형의 소재는 건전하고 결함이 없는 것을 사용하지 않으면 안된다. 결함이 있으면 사용중 내면에 그 결함이 나타나 주물빼기가 곤란하게 될 뿐만 아니라 회전 중에 금형이 파괴될 우려가 있어 위험하다.

금형의 형식은 일반적으로 일체식이 사용되나 특수한 것으로는 분할하여 클램프하는 것, 중앙에서 분리하여 플랜지로 볼트조임하여 이은 것 또는 구조틀에 금형을 맞추어 넣은 것 등이 있다.

간접구동 롤러식에서는 금형의 양단에 각각 중앙에 구멍이 있는 뚜껑을 붙이고, 직접구동의 직결식에서는 금형의 한 끝을 회전축의 어댑터판(adapter plate)에 붙이고 다른 끝에는 중앙에 구멍이 있는 뚜껑을 붙인다. 뚜껑을 붙이는 방법에는 그림 9-21과 같이 볼트체결식, 쐐기조임식, 플라이 웨이트식(fly weight) 등이 있다.

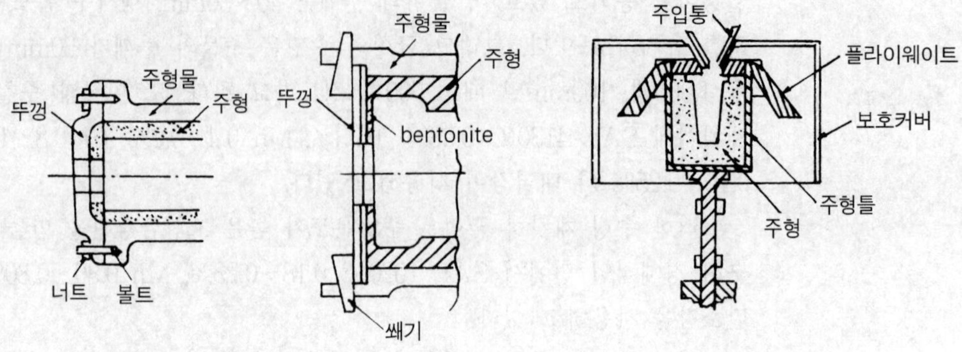

그림 9-21 뚜껑을 붙이는 방법

또 제품빼기를 용이하게 하기 위해 금형의 내면에 빼기구배를 준다. 그 크기는 주입금속의 수축률의 크기에 따라 가감된다. 보통 길이 300mm에 대하여 지름에다 3~5mm 정도를 준다. 그러나 주물의 지름에 대하여 길이가 짧을 때, 예를 들면 지름 200~230mm에 길이가 150~180mm정도 이하의 주물에서는 빼기구배를 붙이지 않아도 좋다. 금형의 두께는 보통 주물의 두께의 2(1/3)배 이상을 필요로 한다.

(4) 금형의 열응력

금형에 용탕이 주입될 때마다 금형의 내면은 고온이 되고 열응력의 작용이 반복된다. 그 결과 금형의 내면에 균열이 생기거나 또는 금(crazing)이 생겨서 금형에서 주물을 꺼내는 것이 곤란하다.

금형에 용탕이 주입되면 금형의 내측이 급격히 가열된다. 최초 금형내의 열구배는 대단히 크지만 시간이 지남에 따라 내측에서 외측으로 점차 전달되어 금형의 외측도 가열되고 열구배가 작아져서 완만해진다. 따라서 금형은 처음 내측의 열로 인해 압축응력이 발생하고 외측은 단순한 기계적 인장응력을 받는 상태가 된다. 그 경우 내측의 압축력은 탄성한계를 가끔 넘지만 외측의 인장응력은 대체로 항복점을 넘지 않는다. 더욱 시간이 경과하면 외측도 가열되므로 내측의 압축응력은 인장응력으로 변해간다. Königer에 의하면 주철관을 제작할 때에 최초 내측에 발생하는 압축응력은 5초 이내에 25kg/mm^{2}에 이르며 이 압축응력은 약 2분 후에 80kg/mm^{2}의 인장응력으로 변한다고 한다.

(5) 금형의 표면처리

금형의 내면은 주입할 때 고온에 이르게 되어 열충격을 받는다. 그래서 주입작업을 반복하는 동안 그 내면에 균열이 발달하여 마침내 사용불능이 된다. 이것을 방지하기 위해 금형 내면에 숏피닝(shot peening), 인텐팅(intenting), 그루빙(grooving), 에칭(etching) 등 기계적으로 표면처리를 하는 수가 있다. 이와 같은 표면처리가 균열이나 금의 발생을 방지하는 이유는 명확하지 않으나, 숏피닝과 인텐팅은 냉간가공에 의해 항복점이 상승하기 때문에 열응력에 견디게 하고, 그루빙이나 에칭은 그 패인 홈에 의해서 균열과 금의 발달이 억제되어 퍼지지 못하게 되는 때문이라고 할 수 있다. 이러한 표면처리는 균열 방지외에도 도형의 부착을 용이하게 하고 박리를 방지하는 효과가 있다.

(6) 금형의 도형

금형은 보통 주입 전에 도형하여 사용하는데, 이는 주입되는 용탕이 금형에 융착되지 않도록 절연층을 만들어서 금형표면을 보호하고 수명을 길게 하는 데 있다.

도형에는 도형재료의 분말을 현탁용액으로 하여 사용한 용액도형(wet wash)과 도형재료의 분말을 그대로 건조상태에서 쓰는 분말도형(dry wash)이 있다. 용액도형은 보통 내화재료의 분말에 점결제와 현탁제를 배합하여 물을 첨가하고 적당한 점도로 한 다음, 예열한 후 회전중인 금형에 스프레이건(분무기)으로 균일한 두께로 분사하는 방법으로 가장 일반적으로 사용되고 있다. 이 경우 분무된 도형의 작은 방울은 금형의 내면에 부착하여 곧 금형의 열에 의해 그 수분은 증발하고 내화재료는 금형면에 접착한다. 금형의 예열온도가 너무 높아지면 이 작은 방울은 금형에 부착하는 도중에 수분이 증발하기 때문에 도형이 되지 않게 되므로 예열온도는 도형의 성질과 도형방법에 따라 적당한 온도로 하지 않으면 안된다. 보통 150~200°C로 예열하고 있다.

도형의 두께는 보통 0.25~2.00mm로 하며 그 두께가 적당하면 주물의 냉각속도를 지체시키지 않고 또한 주입할 때 용탕의 선단이 냉각되어 뒤따라 주입되는 용탕과의 탕경 결함을 방지할 수 있다.

도형표면의 거칠기는 그림 9-22와 같이 스프레이건의 노즐에서 금형까지의 거리, 노즐의 분사각도, 에어의 압력, 분사속도에 의해 변하지만 그 거칠기를 적당히 하면 용탕의 미끄럼이 억제되어 용탕의 선단이 미끄러져 얇게 되는 일이 없으며 또한 용탕이 금형의 회전에 따라 가속되기 때문에 탕경 및 내부결함이 없어진다.

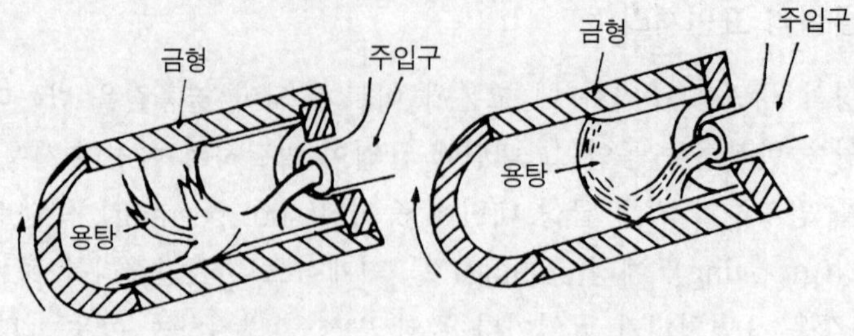

○ 그림 9-22 도형의 거칠기의 영향

도형의 성질은 주입되는 금속, 주물의 크기, 두께에 따라서 달리할 필요가 있다. 이 성질은 내화재료, 점결제, 현탁제의 종류, 배합방법 및 도형의 방법에 따라서 변하므로 용도에 따라서 적절히 선택을 하지 않으면 안된다. 특히 도형은 용탕에 의해 박리되지 않고 주입온도에서 용융하거나 분해되는 일이 없도록 하여야 한다.

도형의 내화재료로는 보통 규사, 지르콘사 및 흑연의 분말이 사용되고 그 밖에 알루미나, 목탄, 활석, 운모, 탄산칼슘, 규조토 등의 분말도 사용되고 있다. 주강에는 주로 규사, 지르콘사, 알루미나를 쓰고 흑연, 목탄은 가탄되기 때문에 사용되지 않는다.

점결제나 현탁제로는 보통 벤토나이트가 사용되지만 그 밖에 규산소다, 수지, 역청, 타르, 폴리비닐, 알콜, 아마인유, 염화나트륨, 황산마그네슘 및 비누 등이 사용되고 있다.

분말도형은 특수한 것으로서 주철관을 만드는데 사용하고 있다. 흑연 또는 페로실리콘의 건조한 분말을 단독 또는 혼합하여 주입 전에 회전 중의 금형에 스프레이건으로 분사하고 원심력에 의해서 부착시키면서 용탕을 주입한다. 이 경우 페로실리콘(Fe-Si)은 주물표면의 흑연화를 촉진하는 것이므로 주입 후 칠(chill)제거를 위한 어닐링이 불필요하게 되고 또한 금형표면의 산화철과 반응해서 기공의 발생도 방지한다.

3. 사형(sand mold)

주물의 형상, 치수가 자주 변하는 경우에는 보통 사형을 쓴다. 금형은 주물을 주형에서 빼낼 때 형상적으로 제약을 받으나 사형은 이와 같은 제약이 없으므로 복잡한 형상을 가진 것을 만들 때 적당하다. 또 긴 관형 주물을 만들 때에도 그 길이가 지름의 15배 이상일 때는 사형을 쓰는 것이 좋다.

(1) 사형의 특징

① 장 점

- 주형틀에 대한 열영향이 적기 때문에 수명이 반영구적이며 주형비가 저렴하다.
- 주형의 열전도도가 적어서 용탕이 급랭되지 않고 탕경이 잘 생기지 않는다. 따라서 길이가 긴 주물을 만들기가 용이하다.
- 용탕이 비교적 장시간 용융상태로 유지되므로 비금속개재물이 내면에 모이기 쉽다. 따라서 내면의 기계가공에 의해서 깨끗한 재질의 제품을 얻을 수 있다.
- 주형이 모래로 만들어지기 때문에 치수와 형상의 융통성이 있다.
- 열간균열이 발생하기 어렵고 또 그의 발생을 방지하는 조치도 쉽게 할 수 있다.

② 단 점

- 사형의 경도와 아울러 건조도가 불균일하기 쉽고 소착, 거치러기(fin) 등이 발생하기 쉽다.
- 사형의 침식, 스캐브(scab) 등에 의해 주물에 모래가 붙기 쉽다.
- 관형 주물을 만들 때는 주형틀과 주형이 편심되기 쉽다.
- 냉각속도가 느리므로 주입에서부터 제품을 뽑아낼 때까지의 시간이 길게 되어 능률이 좋지않다.

(2) 주형틀

주형틀도 원심주조기에 의해 회전하므로 금형과 같이 사용 전에 충분한 균형을 잡아놓지 않으면 안된다. 또 주형틀의 주위에는 일정간격으로 구멍을 뚫어 건조 또는 주입할 때 발생하는 주형의 가스빼기를 쉽게 한다. 뚜껑은 필요에 따라 용탕에 닿는 부분에 도형 또는 모래를 붙이며 모래를 붙일 때에 뚜껑은 가운데 파진 것을 사용한다. 이 뚜껑 붙이는 법은 금형과 같은 방법으로 한다.

주형틀은 열영향이 적으므로 금형과 같이 두껍게 할 필요가 없으나 내부결함이 있으면 회전할 때 파괴될 위험성이 있으므로 주의해야 한다. 주형틀의 재질은 일반적으로 주철을 쓰고 있지만 튼튼한 점으로는 강철이 좋으며 보통의 일체식으로 전면 가공하여 만들고 길이가 긴 것은 도중 분할해서 플랜지를 볼트로 조여 연결하는 수도 있다. 또한 주입할 때마다 사형을 바꾸어 끼우는 간접 구동 롤러식 원심주조기에서는 능률을 좋게 하기 위해 상당수의 주형틀을 준비한다.

출탕량과 주기시간(cycle time)에 의하여 주조기의 소요 대수를 구하고 조형능력, 건조능력 등을 고려하여 원활히 작업을 할 수 있게 주형틀의 소요 수를 결정한다.

(3) 사형의 조형

롤러식 사형원심주조기에서는 먼저 준비한 사형을 차례로 바꾸어 주입한다. 이 사형을 조형할 때에는 먼저 주형틀을 조형대 위에 수직으로 고정시키고 그 틀 중앙에 모형을 놓은 다음 주형틀 상단에서 모형 주위에 모래를 적당히 보급하면서 샌드 래머(sand rammer)로 다진다. 모래다지기가 끝나면 호이스트(hoist)로 중앙의 모형을 빼어내고 도형을 하여 건조시키고 양단에 뚜껑을 붙여서 조형을 끝낸다.

모래붙이기 두께는 보통 40~50mm로 하며 모형의 위치가 주형틀의 중심선에서 벗어나면 모래 붙은 두께가 같지 않게 되어 주입 때 주형의 진동을 일으킬 뿐만 아니라 주물도 두께가 일정하지 않게 된다. 그래서 모형의 하단은 조형대 위에 놓고 주형틀의 중앙에 붙이며 주형틀의 상단에는 진동을 방지하는 치구를 갖다 붙여서 모형과 주형틀의 중심선을 일치시킬 필요가 있다.

모형의 지름은 제품의 지름에 수축여유, 가공여유, 도형여유를 더한 크기로 하고 통상 빼기구배는 주지 않는다. 길이는 주형틀 위로 다소 나올 정도의 길이로 한다.

지름이 크고 길이가 긴 주물로서 제품과 크기가 같은 모형을 사용할 수 없을 경우에는 주물의 일부모양을 갖는 모형을 주형틀의 밑바닥 중앙에 붙여놓고 작업자가 주형틀의 속에 놓인 모형 위에 올라 앉아서 그 모형 상단까지의 조형을 끝내도록 한다. 계속해서 호이스트로 이 모형을 주형 속에 약 30cm 남긴 상태까지 끌어 올려 다시 이 모형의 상단까지 조형한다. 이 작업을 되풀이하면서 주형틀의 상단까지 다져 올려 완성하도록 한다.

조형은 주형 전체에 걸쳐서 경도의 불균형이 없이 필요한 경도가 얻어지도록 조형하지 않으면 안된다. 경도가 너무 낮을 때는 거치러기 또는 소착이 일어나고, 경도가 너무 높을 때는 모형빼기가 곤란하다. 그러므로 조형에는 어느 정도의 숙련이 필요하고 적당한 배합을 갖는 조형사를 선택하는 것이 필요하다.

조형이 끝나면 도형장치를 써서 도형하고 건조한다. 건조는 건조로를 써서 완전 건조하거나 중유버너 또는 가스버너를 써서 표면건조를 한다.

직결식 사형원심주조에서는 미리 준비한 코어형을 주형틀의 가운데에 바꿔 끼워 주입한다. 이런 경우 반원심주조나 원심가압주조에서는 될 수 있는 한 많은 주물을 한꺼번에 주입하여 주조수율을 올리기 위해서 쌓아올리는(stack)형으로 한다. 코어형을 주형틀에 끼울 때는 원심력에 의한 코어의 파손과 용탕의 유출을 방지하기 위하여 코어와 주형틀을 완전 밀착시키고 빈틈이 없도록 꽉 조여 붙여야 한다.

코어형의 강도는 건태압축강도 60kg/cm^2(AFA)이상이 필요하며 보통은 건조형 또는 오일 코어가 쓰이고 있다. 그리고 용탕이 낙하하는 부분 등 깨지기 쉬운 곳에는 특별히 강도가 큰 코어, 샤모트 벽돌 및 못 같은 것을 써서 보강하고 있다. 그 외 생형, CO_2형을 쓰는 수도 있다.

조형방법으로는 최근 졸트 몰딩머신, 샌드슬링거, 스퀴즈 등이 사용되며 이밖에도 수평식 원심주조로 관재를 만들 때 주형틀을 조형대에 세우고, CO_2형으로 조형하여 조형대 밑의 중앙에서 주형내로 CO_2가스를 취입하면서 모형을 빼내어 차례로 경화시키는 방법 등이 있다.

(4) 사형의 도형

원심주조에서는 용탕에 큰 원심력이 작용하고, 사형에 용탕이 침투해서 용탕침투(penetration)에 의한 소착이 일어난다. 그러므로 보통 사형의 표면은 튼튼하게 도형을 하여야 한다. 도형제로는 주강에는 규사 또는 지르콘사의 미분말에 10% 내외의 점결제를 배합한 것, 주철에는 흑연, 코크스분, 석탄분 및 목탄분을 용도에 따라 혼합하고 10% 내외의 점토, 벤토나이트 및 당밀 등을 배합하며 또한 동합금 및 경합금에는 흑연, 활석분, 운모분에 10% 내외의 점토를 배합한 것에 물을 첨가해서 적당한 점도로 만든 현탁수용액을 쓴다. 그러나 작업조건에 따라 이와 같은 도형제를 알콜 용액으로서 쓰는 일도 있다. 이 도형은 불을 붙이면 건조하기 때문에 생형 또는 CO_2형을 쓰는 때에도 이용된다.

4. 흑연주형

흑연주형은 금형보다 수명이 짧으나 주형의 제작이 용이하고 주조비가 싸므로 다음과 같은 세 가지의 경우에 쓰인다.

① 양산품의 금형의 형상, 치수를 결정하기 위한 시작품 제작과정의 주형을 만들 때

② 금형을 써서 양산할 만큼의 제작수는 못되나 어느 정도 제작수가 모아졌을 때

③ 형상이 복잡해서 금형으로는 제작이 어려울 때

(1) 흑연주형의 특징

① 장 점

- 기계가공이 용이해서 제작시간이 빠르고 주형비가 저렴하다.
- 열충격에 강하다.
- 팽창이 매우 적어서 주형온도가 주물의 치수에 영향을 주지 않는다.
- 주형이 가볍고 취급이 용이하다.
- 열전도도가 크므로 조직이 양호한 주물을 얻을 수 있고 생산성도 향상 된다.
- 주물이 주형에 용착하지 않고 표면도 곱게 된다.

② 단점

- 재질이 연해서 주물을 잡아 뺄 때 마모하기 쉽다.
- 강도가 취약해서 파손하기 쉽다.
- 열전도도가 커서 주물이 칠이 되기 쉽다.

(2) 흑연주형의 재료

흑연주형의 재료로서는 인조흑연전극이 쓰이고 있다. 인조흑연전극의 비열은 0.2kcal/kg°C이고 철의 0.1kcal/kg°C에 비해 약 2배이고 열전도는 100~130kcal/mh°C로서 철의 30~45kcal/mh°C에 비하여 약 3배이고 냉각효과가 크며 주물의 냉각이 빠르게 된다.

또 팽창계수는 $20 \sim 35 \times 10^{-7}$cm/cm°C로 철의 $90 \sim 110 \times 10^{-7}$cm/cm°C에 비해서 적으므로 주형온도가 주물의 치수에 미치는 영향이 적다. 인장강도는 0.3~0.7kg/mm^{2}로 주철의 20~30kg/mm^{2}보다 매우 작고 취약함으로 주형의 취급에 주의하여야 한다. 그런데 사형에서는 보통 압축강도가 60kg/cm^{2}이면 별 영향이 없다고 할 수 있다. 인조흑연전극은 이 압축강도가 120kg/cm^{2}이므로 주형의 강도로는 충분하다고 할 수 있다. 또 기공률은 15~30%로 주입시 가스가 주형의 기공을 통하여 빠져나갈 수 있기 때문에 주물의 표면이 좋고 또 주형에 용탕이 스며들지 않아 용착이 일어나지 않는다.

전극의 인조흑연질은 기계가공이 용이해서 매끈한 가공면을 얻을 수 있고 산화소모가 적은 것이 바람직하다. 보통 밀도나 강도가 높고 균일하고도 미세한 입도의 양호한 조직의 것을 택한다.

(3) 흑연주형의 제작

흑연주형은 주형틀에 맞추어 넣어 회전한다. 이 경우 주형과 주형틀에 맞추어 넣을 때 틈이 생기면 원심력에 의하여 주형에 균열이 생기고 주물의 열간균열의 원인이 되며 또 주형이 편심되면 진동이 생기게되고 주물의 살두께가 일정하지 않게 된다.

흑연주형의 기계가공은 선반으로 저탄소강의 바이트를 쓰고 고속으로 깎아낸다. 절삭속도가 느리면 흑연입자가 떨어져 가공면이 거칠고 오목자국이 되는데, 이 자국에 용탕이 들어가 주물을 빼내는데 곤란하게 된다.

주형틀의 안지름은 소재로서 쓰이는 전극의 바깥지름보다 6mm 작게 하고 이 주형틀의 안지름에 맞추어서 정확하게 끼워 맞도록 전극의 바깥지름을 절삭하고, 계속해서 길이와 주형의 안지름을 소정의 치수로 마무리한다. 이 주형의 안지름은 주형의 사용온도에 따라서 일정한 팽창치수를 고려하여 가공여유를 가산한 주물치수가 되도록 가공한다.

이와 같이 해서 만든 주형은 반복 사용하여 내면이 거칠어져 주물을 빼내기가 곤란할 때는 몇 번이고 깎아 고쳐서 차례로 지름이 큰 주물의 주형에 사용하고 두께가 얇아서 쓸 수 없을 때까지 사용한다. 사용 가능한 최소두께는 25mm이나 특수한 경우 6mm두께의 것도 사용되고 있다. 이와 같이 두께가 얇을 때는 특히 주형틀과의 합형에 대하여 주의하여야 한다.

주형의 빼기구배는 주형과 주물의 두께와의 관계, 주입간격, 주입되는 금속의 수축률 등을 고려해서 결정한다. 일반적으로 빼기구배는 1/65로 하지만 특히 수축률이 적은 금속일 때는 1/60로 한다. 그러나 주물의 지름에 비해 길이가 짧을 때는 빼기구배가 필요 없다.

주입되는 주조재료는 주철, 비철합금, 저탄소 스테인리스강 등이며 주형으로부터의 가탄은 거의 없다고 할 수 있다.

(4) 흑연주형의 도형

흑연주형은 재질이 연하기 때문에 주물을 빼낼 때 마모하기 쉽고 또 열전도도가 커서 칠이 되기 쉽다는 결점이 있으며 이러한 결점을 보안하기 위해 필요에 따라 도형을 한다.

도형제로서는 건조한 벤토나이트분이 쓰이며 이 분말은 분무기를 이용하여 회전 중의 주형에 절연층을 만들고 주물을 뽑기 쉽게 하며 주형의 마모를 방지함과 동시에 칠도 방지한다. 또 반복된 주입으로 주형에 균열이 생겼을 때는 이것을 메움으로써 용탕이 스며들지 않아 주물을 뽑을 때 주형의 파손도 방지한다. 도형은 얇게 하지 않으면 안되며 도형이 너무 두꺼우면 용탕에 씻

겨 주물에 말려 들어간다. 그러므로 주입이 끝나고 재도형할 때에는 공기로 깨끗이 불어낸 다음에 해야 한다.

(5) 주형의 소모

주형의 수명은 주물의 크기, 형상, 재질 등에 따라 다르지만 일반적으로 50~280회 정도이다. 주형은 보통 공기 중에서 사용하므로 산화소모가 적어야 한다는 것이 필요조건이 된다.

흑연주형의 소모량은 다음과 같은 식으로 계산한다.

$$\text{주형의 중량}(lb) \times \frac{SH(t_1 - t_2) + HFm}{25(800\,°\text{F} - t_3)} = \text{주형의 소모량}(lb)$$

SH : 금속의 비열(BTU/1b/oF)
HFm : 금속의 용해열(BTU/1b)
t_1 : 금속의 주입온도(°F)
t_2 : 금속의 취출온도(°F)
t_3 : 금속의 예열온도(°F)

따라서 주입온도를 높게 하고 주물의 빼기온도를 낮게 하여 주형의 예열온도를 높게 하면 주형의 소모가 커지고 수명이 단축된다. 그러나 예열온도가 낮으면 탕경이 생성되기 때문에 적당한 온도를 유지해야 한다. 이 때문에 최초의 주입은 예열용으로 하고 그 뒤부터는 주입간격에 의하여 온도를 조절한다. 일반적으로 주조된 주물이 적열상태일 때 집어내고 주형온도는 260°C 이하가 되도록 하면 좋다. 뽑아낼 때는 주형의 기계적 마모가 적도록 주의해서 조작하는 것이 필요하다.

5. 특수주형

(1) 레진사 주형(resin sand mold)

원심주조로서 주철관을 만들 때는 금형을 쓰면 능률이 좋으나 주물이 칠화되기 때문에 이를 제거하기 위하여 815°C 이상의 어닐링이 필요하게 된다. 레진사는 이 어닐링을 없애기 위하여 개발된 것이지만 최근은 주철 외에도 탄소강, 저합금강, 스테인리스강, 비철합금 등에 적용된다. 이 방법에 의하여 금형의 수명도 길어진다.

이 주형은 금형을 예열하고 회전시키면서 열경화성수지를 첨가한 건조규사를 금형에 투입하고 원심력에 의하여 얇고 균일하게 금형 내면에 분포시켜 금형의 열에 의해 경화시켜서 모래를 붙인다. 붙인 모래의 두께는 주물의 살두께에 따라 변화시키지 않으면 안되지만 Conpland는 경험적으로 다음 식에 의하여 결정할 것을 제안하고 있다.

$$T = 0.756\sqrt{t}$$

[T : 모래를 붙이는 두께(mm)
t : 제품의 두께(mm)]

건조규사의 입도는 AFS 100정도(70~200mesh 70%)로서 미분이 적은 것을 쓰고, 수지(resin)는 페놀 프롬알데히드 레진에 경화촉진제로서 헥사메틸렌 테트라민 10%를 첨가한 2단계형의 것도 쓴다. 이 수지의 첨가량은 1.5~5%로 분말 레진사(resin sand) 또는 코팅샌드(coated sand)로서 사용한다. 모래붙임의 두께는 모래의 양에 의해서 조절한다.

미리 저울에 단 모래를 단면이 U자형인 긴 상자형의 홈에 채우고 그 상자를 회전하고 있는 금형의 가운데에 집어넣고 신속하게 반전하여 모래를 원심력에 의해서 금형의 내면에 균일한 두께로 분포시킨다.

금형의 온도는 175~200°C로 유지하기 때문에 그 열에 의해 수지가 중합되어 모래가 경화한다. 이 경우 금형의 회전수는 소구경에서는 50rpm으로서 모래를 붙인다. 그러나 대구경일 때는 먼저 375~525rpm으로 모래붙임의 절반을, 다음에 675~790rpm으로 가속시켜 나머지 절반을 붙인다. 또 대구경에서는 가속시키면서부터 나머지 절반의 모래에 수지 외에 흑연과 산화철을 첨가하며, 수구경에서는 모래붙이기가 끝나면 수지와 탄소질을 첨가한 미립의 건조 규사를 표면에 붙이는 것으로서 도형을 완성한다.

금형의 두께는 제품두께의 3배 이상으로 하고 배기구멍을 75~100mm 간격으로 뚫는다. 이 배기구멍의 안지름은 3mm, 바깥지름은 9mm의 기울기를 주어서 구멍을 만든다.

(2) 세라믹 주형(ceramic mold)

세라믹 주형은 최근 American Cast Iron Pipe Co.가 개발한 특수주형이다. 주형을 회전시키면서 내화재료의 슬러리를 흘러보내고 원심력에 의하여 슬러리 중의 수분을 내측으로 분리하고 내화재료를 주형틀의 내면에 균일하게 라이닝한다. 그리고 내화재료가 슬러리 중에 균일하게 분산하도록 현탁제를 첨가한다.

주형의 라이닝 두께는 유입하는 슬러리의 량에 의하여 조정하며 또 주형틀의 회전은 유입한 슬러리가 선단까지 균일하게 될 때까지 저속으로 하고 난

다음 곧 가속하고, 고속회전하여 균일하게 라이닝을 한다. 주형의 건조는 천천히 온도를 높이면서 95℃에서 유리수분을 제거하고, 다시 온도를 315℃로 올려서 결합수분을 방출시킨다.

이와 같이 한 주형틀의 라이닝 외측은 거칠고 내측으로 갈수록 미세하게 되어 내면에는 미립이 모이므로 평활하고 치밀한 주형면을 가지며 통기성이 좋은 주형을 얻게된다. 따라서 주형면에는 도형이 필요 없고 도형박리의 문제도 해소되어 건조가 완전하게 된다.

주형의 밀도는 보통의 사형보다 약 20% 크게 되고 강도도 증가한다. 또 모형을 쓰지 않으므로 편심되는 일이 없다. 주물의 지름은 슬러리의 양을 가감함에 따라 자유로이 바꿀 수 있고 더욱이 금형과 같이 주물에 열간균열이 생길 염려가 없고 충분히 회전수를 올릴 수 있으므로 주물의 두께가 상당히 커도 완전한 것을 만들 수 있다.

금형은 주입할 때 열의 영향을 받아서 팽창하므로 그 안지름이 크게 되지만 세라믹주형을 쓰면 내화재료는 주위가 주조틀에 구속되어 있기 때문에 고속회전을 하여도 그 외곽층에 열간균열이 생기지 않는다. 실제로 이 주형을 써서 100~150G의 고속회전으로 두께 115mm의 균열 없는 주물을 만들고 있다.

(3) 시멘트 주형(cement sand mold)

포틀란드 · 시멘트 약 10%와 물을 규사에 첨가하여 조형하고 1.5~2일 이상 건조해서 만든 주형으로 반원심주형, 원심가압주조의 코어로 사용하고 있다. 강도가 크므로 주형틀을 쓸 필요가 없으나 주물이 냉각할 때 주형의 강도가 크기 때문에 주형이 주물의 수축을 방해하게 되어 열간균열이 생기기 쉽기 때문에 경합금 등에는 적당하지 않다.

(4) 건조규사를 이면사로 한 주형(unbounded sand mold)

수냉금형의 수평식 원심주조기로 주철관을 만들 때는 금형의 팽창과 주물의 수축이 동시에 일어나므로 주물과 금형에 공간이 생기므로 주물에 균열이 생긴다. 이 균열을 방지하기 위하여 0.2~0.6mm 지름의 건조규사를 상자형의 긴 홈에 채워서 회전 중의 금형에 삽입, 반전 낙하시켜 그 규사를 원심력에 의하여 금형 속에 라이닝한 다음 용탕을 주입한다. 이 경우에 모래붙이기가 두꺼우면 주입할 때 규사가 흘러내려 주조품이 거칠어진다. 또 얇아도 제품에 균열이 생기므로 실제로는 약 5mm의 모래붙이기가 좋다.

(5) 동판을 내장한 주형(copper sheet lined mold)

금형원심주조기로 청동의 주물을 만들 때는 주물의 표면에 기공이 생기기 쉽다. 그러나 동판을 내장한 주형을 쓰면 이 기공을 방지할 수 있다. 청동 이외에 황동, 니켈청동, 모넬(monel)메탈 등에도 같은 목적으로 응용된다.

금형에 두께가 1~3mm의 얇은 동판을 둥글게 끼워넣고, 원심력으로 금형에 밀착시켜 두고 용탕을 주입한다. 이 동판을 제거하기 위하여 바깥지름에는 표면에 3mm의 가공여유를 준다.

9.4 원심주조품의 특성

1. 원심주조에 있어서의 편석

원심주조에 있어서 용융금속이 응고할 때에 정출되는 초정이 액체의 비중과 다를 때 원심력이 개개에 작용하므로 비중차에 의해서 내외벽의 어느 한쪽에 초정이 이동하여 편석현상을 일으킨다.

가령 Cu-Pb베어링합금에서 정출되는 초정 $SbCu_3$의 비중은 8.56이며 액체의 비중은 대략 11이 되므로 Cu는 내벽에 많이 모이게 된다. 주철에서는 초정으로 정출되는 MnS의 비중이 약 4.0이므로 내벽에 MnS가 상당히 많이 편석된다. 따라서 편석이 크다고 생각되는 합금을 원심주조할 때에는 응고를 되도록 빠르게 하고 또 주입온도를 가능한한 낮게 하는 동시에 회전수를 rainning현상이 일어나지 않을 정도로 낮게 해야 한다. 편석의 예로서는 주철, 주강에 있어서의 MnS, Cu-Zn합금에 있어서의 Cu, Cu-Pb합금의 Pb, Cu-Sn합금의 Sn 등이다.

2. 기계적 성질

원심주조에 의한 주조품의 기계적 성질은 보통의 주조법에 비해서 향상된다. 이는 원심력에 의한 압력의 작용과 비중이 가벼운 비금속 불순물이 내벽으로 유리하거나 또는 순차적인 응고에 의한 것이다. 편석의 발생은 부분적으로 기계적, 물리적 성질을 저하시키므로 편석의 영향을 충분히 고려하는 동시에 이 부분을 절삭과 같은 방법으로 제거하는 것도 더불어 생각해야 한다. 일반적으로 내벽에 불순물이 집중하므로 다듬질여유, 성분의 선택, 냉각속도의 조절 등을 고려한다. 내벽은 극단적으로 경도와 강도가 저하하며, 외벽과 내벽의 차는 살두께가 작아질수록 적어진다.

3. 회전수와 함유가스

회전수의 증가와 더불어 주조된 제품의 함유가스량은 감소하며 회전수와 함유가스와의 관계를 그림 9-23 및 9-24에 도시하였다. 또 함유가스량은 응고속도가 느리고 점성이 작은 것일수록 적으며 따라서 편석과는 반대현상이 되므로 편석을 적게 하기 위해 회전수를 적게 하고 응고를 빠르게 하는 금형

원심주조 등일 때에는 용해할 때 탈가스를 충분히 하는 동시에 주형으로부터 발생하는 가스를 되도록 적게 하는 등의 고려가 필요하다. 또한 실린더 라이너와 같이 비교적 편석의 염려가 적은 것에서는 회전수를 많게 하고 냉각시간을 길게 하는 것이 좋다. 특히 합금의 원심주조에서는 편석과 함유가스량을 같이 생각해야 한다.

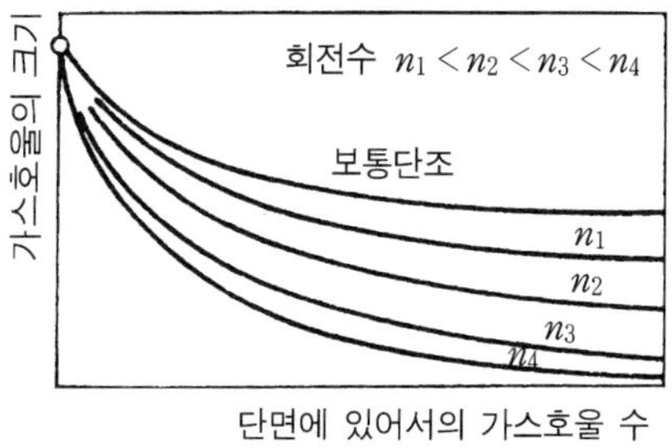

그림 9-23

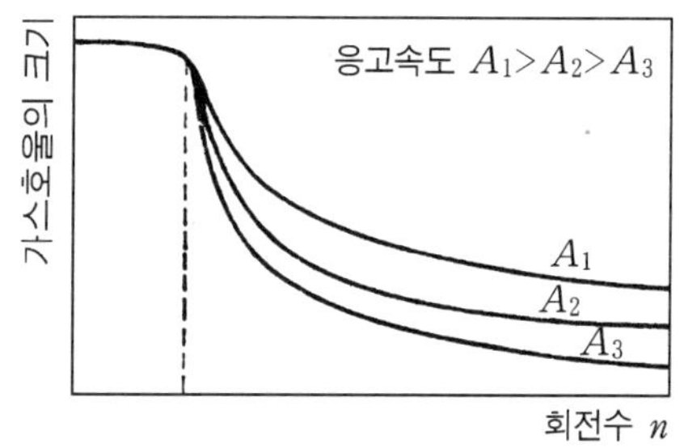

그림 9-24

9.5 원심주조법의 계산

1. 원심주조용 전동기의 마력계산

원심주조용 전동기의 마력계산은 주형을 회전시키는 소요 이론 마력을 먼저 구하고 그것에서 주조기의 종류, 용도, 구조 등을 고려하여 주조기의 효율 및 여유율 등을 결정하여 실제 소요마력을 계산한다.

주형을 회전할 때에는 다음과 같은 관계가 있다.

$$F = ma \cdots\cdots (9\text{-}1)$$

$$m = \frac{W}{g} \cdots\cdots (9\text{-}2)$$

$$a = \frac{v_2 - v_1}{t} \cdots\cdots (9\text{-}3)$$

$$F = ma = \frac{W}{g} \cdot \frac{v_2 - v_1}{t} = \frac{W}{g} \cdot \frac{\pi D \Delta n}{t} \cdots\cdots (9\text{-}4)$$

- m : 주형의 질량(kg)
- W: 주형의 질량(kgm/sec^2)
- a : 주형의 가속도(m/sec^2)
- g : 중력가속도(m/sec^2)
- v_1 : 주형회전의 최초속도(m/sec)
- v_2 : 주형회전의 최종속도(m/sec)
- F : 주형에 작용하는 접선방향의 분력(kg · m/sec^2)
- Δn : v_1에서 v_2로 가속할 때의 증가 회전수(rps)
- t : v_1에서 v_2로 가속될 때에 요하는 시간(sec)

이 경우의 토큐(torque)는 다음과 같다.

$$T = FR \cdots\cdots (9\text{-}5)$$

$$T = FR = \frac{W}{g} \cdot \frac{\pi D \Delta n}{t} \cdot \frac{D}{2}$$

$$= \frac{W}{2g} \cdot \frac{\pi D^2 \Delta n}{t} = \frac{W}{6.25} \cdot \frac{D^2 \Delta n}{t} \cdots\cdots (9\text{-}6)$$

$$T = \frac{\dfrac{WD^2}{6.25N}}{60t} = \frac{\dfrac{WD^2}{375N}}{t} = \frac{WD^2 N}{375t} \cdots\cdots (9\text{-}7)$$

- T : torque(kg·m)
- D : 주형의 회전 지름(m)
- R : 주형의 회전 반지름(D/2m)
- N : 주형의 회전수(rpm)

즉 구조상의 제원, 소요회전수, 가속에 필요한 시간이 결정되면 소요의 토큐를 구할 수 있다.

다음에 전동기의 이론마력을 구하면

$$P = \frac{T\varpi}{75} \quad \cdots\cdots (9\text{-}8)$$

$$\varpi = \frac{2\pi N}{60} \quad \cdots\cdots (9\text{-}9)$$

$$P = \frac{T}{75\frac{2\pi N}{60}} = \frac{6.28\,TN}{4,500} = \frac{TN}{716.2} \quad \cdots\cdots (9\text{-}10)$$

P : 전동기의 이론마력(HP, 1HP=75kgm/sec)

으로 되고, 그 이론 마력으로부터 소요 전동기 마력을 구한다.(1Hp=0.736kW)

$$\text{소요전동기마력} = k\left(\text{이론마력} \times \frac{1}{\eta}\right) \quad \cdots\cdots (9\text{-}11)$$

$$P = \frac{kTN}{726.2} \cdot \frac{1}{\eta} \quad \cdots\cdots (9\text{-}12)$$

$$P = \frac{kTN}{973} \cdot \frac{1}{\eta}\,[\text{kW}] \quad \cdots\cdots (9\text{-}13)$$

k : 마력의 여유율
η : 원심주조기의 효율

이 여유률 k는 마력의 여유로서 원심주조기의 종류 또는 용도에 따라 결정되는 것으로 10~30%의 여유를 주어 1.1~1.3으로 한다. 또 주조기의 효율 η는 원심주조기의 마력전달기구 등에 따라 20~30%의 손실을 감안하여 0.6~0.8로 한다.

2. 원심력

주형 $1cm^2$에 가해지는 원심력은

$$F = \frac{\gamma\varpi^2}{3g}\left(r_2^2 - \frac{r_1^3}{r_2}\right)[\text{g/cm}^2] \quad \cdots\cdots (9\text{-}14)$$

γ : 물질의 밀도(g/cm^2)
g : 중력에 의한 가속도
ϖ : 각속도

즉 원심력 F는 금속의 비중 및 안지름과 바깥지름의 차에 비례한다. 수평형 원심주조에서는 g의 영향을 받아서 그림 9-25와 같이 주입된 금속이 액체로 되어 있는 동안은 상하의 살두께에 차가 생겨서 외주와 내주와의 중심점이 동일하지 않다. 그 중심간의 거리를 e로 하면

$$e = \frac{g}{\omega^2} \quad \cdots\cdots\cdots\cdots\cdots\cdots\cdots\cdots\cdots\cdots (9\text{-}15)$$

로 부여되며 e는 회전수의 증가로 인해, 또는 금속이 응고함에 따라서 작아진다.

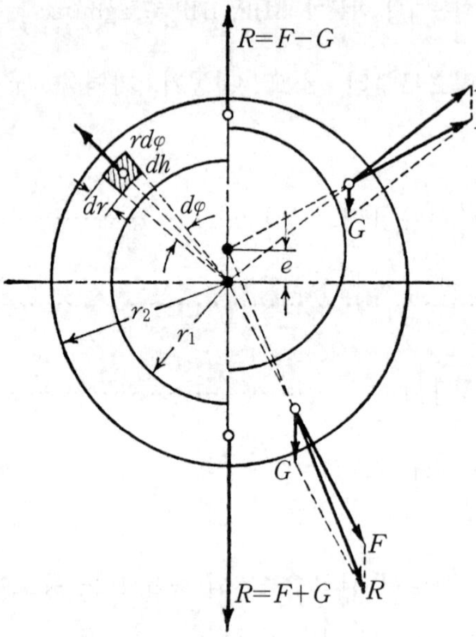

그림 9-25 수평형 원심력에서의 액의 상태

실제의 조업일 경우 내주의 중심은 다소 회전 방향과 반대쪽으로 처진다. 지름과 살두께가 그리 크지 않은 것의 주조에서는 e의 영향을 무시할 수 있으나 지름이 매우 큰 것으로서 살두께가 70mm 이상인 것을 주조할 경우 e의 영향이 나타나서 주조를 시작하면 쇠틀에 진동이 발생한다. 그러나 내면의 응고가 끝남과 동시에 진동은 바로 정지한다. $\frac{r_2}{r_1} = 1.15$일 때의 주형 1cm^2에 가해지는 원심력을 도시하면 그림 9-26과 같다.

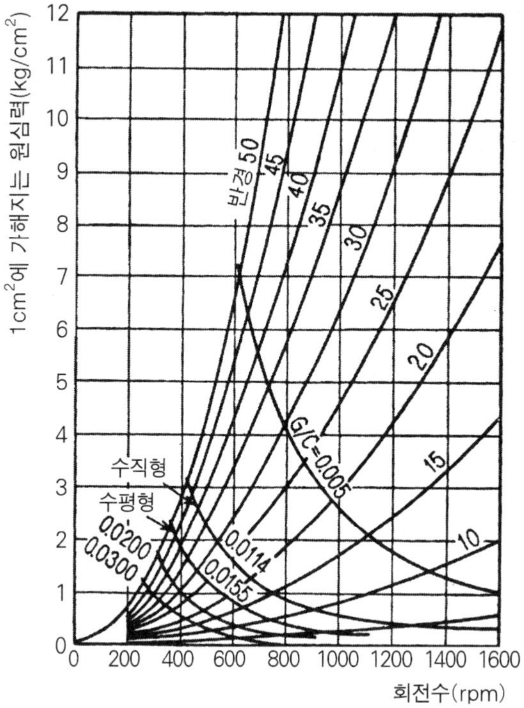

그림 9-26 원심력에 의한 외주의 압력 (비중 7.2를 지닌 주철의 경우 ; A. Vath)

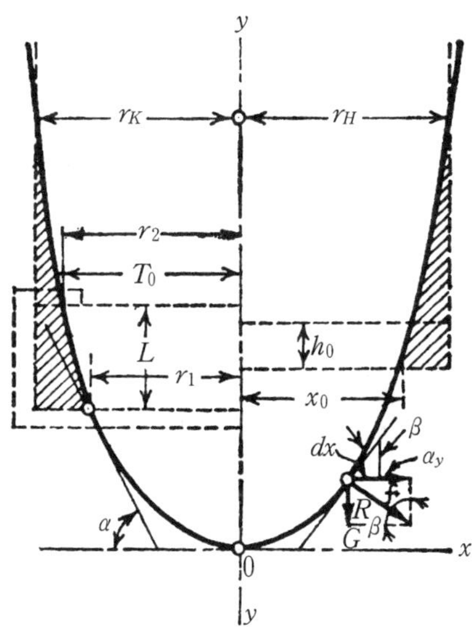

그림 9-27 수직형 원심주조에서의 액의 상태

수직형 원심주조일 때는 그림 9-27과 같이 내면의 액면은 포물선을 그리는데 다음 식으로 표시된다.

$$X^2 = 2\left(\frac{g}{\varpi^2}\right)Y \text{ 또는 } Y = r^2\frac{\varpi^2}{2g} \quad \cdots\cdots (9\text{-}16)$$

이 포물선의 일부를 수직형 원심주조에서 사용하는데 그 길이를 L로 하면

$$L = \frac{\varpi^2}{2g}(r_2^2 - r_1^2) \quad \cdots\cdots (9\text{-}17)$$

또 N. Lilineberg는 높이와 안지름의 관계에 관해서 다음 식을 발표하고 있다.

$$r_1 = \sqrt{r_k - 598.19\left(\frac{r_k}{n}\right)\sqrt{h_o}} \quad \cdots\cdots (9\text{-}18)$$

r_1 : 저부의 반지름(cm)
r_K : 주형의 반지름(cm)
n : 주어진 회전수(rpm)
h_0 : 정지상태에서 용융금속을 주형에 채웠을 때의 용융금속의 높이(cm)

3. 회전수

(1) 정수법에 의한 산출

수평형 원심주조일 때의 최소회전수는 다음식으로 부여된다.

$$n = \frac{298.8}{\sqrt{r}} \quad \cdots\cdots (9\text{-}19)$$

그러나 실제로 주형에 부여된 회전력은 용융금속의 마찰에 의해서 내부에 전해지므로 위식보다도 큰 회전력을 부여해야 한다. 주철관의 경우

$$n = \frac{850}{\sqrt{r}} \quad \cdots\cdots (9\text{-}20)$$

를 최소로 하고 있다. 또 R. Moldenke 등은 다음식을 부여하고 있다(주철인 경우).

$$\text{R. Moldenke} \quad n = \frac{1550}{\sqrt{r}} \text{ (단위는 in)} \quad \cdots\cdots (9\text{-}21)$$

L. Cammen $n = \frac{1670}{\sqrt{r}}$ (단위는 in) ······························(9-22)

A. Vath $n = 1800 \sim 3000\sqrt{r}$ (단위는 cm) ························(9-23)

수직형 원심주조일 때의 회전수의 산출에는 다음식이 있다.

E. Lewicki $n = \dfrac{30}{\pi\left(\dfrac{g}{r \cdot \tan\alpha}\right)^{1/2}}$ ······························(9-24)

J. E. Hurst $n = 423\sqrt{\dfrac{L}{(r_2^2 - r_1^2)}}$ ······························(9-25)

이제 $n = \frac{C}{\sqrt{r}}$ 로 하여 정수 C를 각종 원심주조일 경우 구해 재질마다의 곡선을 그려본다면 그림 9-28과 같으며 재질별의 대략의 경향을 알 수 있다. 즉 일반적으로 재질의 비중이 작아짐에 따라서 C를 증가시켜야 한다.

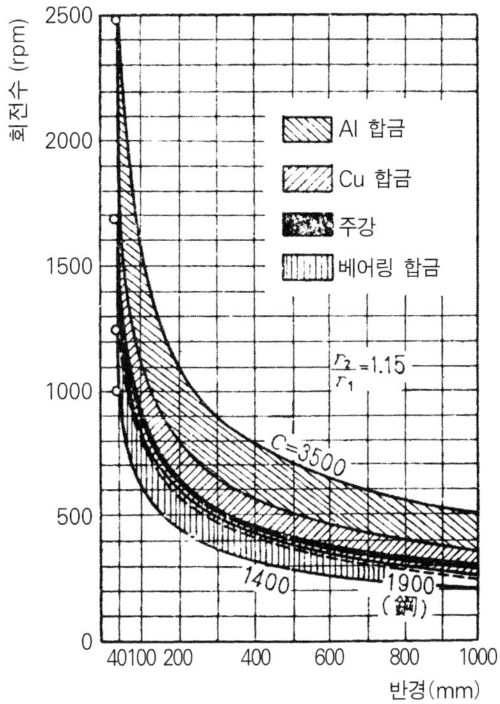

그림 9-28 각종 합금에서의 정수 C의 변화

(2) No times of gravity에 의한 회전수의 산출

현재 원심주조의 회전수 산출에 가장 일반적으로 사용되고 있는 방법으로서 원심력에 의한 가속도를 중력에 의한 가속도로 나눈 값을 No times of gravity라고 하며 이 값을 정함으로써 회전수를 산출하는 방법인데 Moor 등에 의해서 제창되었다. No times of gravity는 다음 식으로 표시된다.

$$G_{NO} = \frac{Dn^2}{179000} \quad \cdots\cdots (9\text{-}26)$$

G_{NO} : No times of gravity
D : 지름(cm)

G_{NO}에 대해서 Moor는 주철에서는 100전후가 좋다고 하고 또 일본기계학회는 실린더 라이너에 대하여 110~120을 부여하고 있다. Nathan, Janco는 Cu합금 원심주조일 때에 사형원심주조에서는 G_{NO}=60~75, 금형 또는 흑연주형에서는 G_{NO}=40~60을 부여하는 것이 가장 좋다고 발표하고 있다. 계산은 그림 9-29 또는 그림 9-30을 이용하는 것이 간단하며, G_{NO}산출에 있어서 기준이 되는 지름은 안지름을 기준으로 하는 것이 좋다.

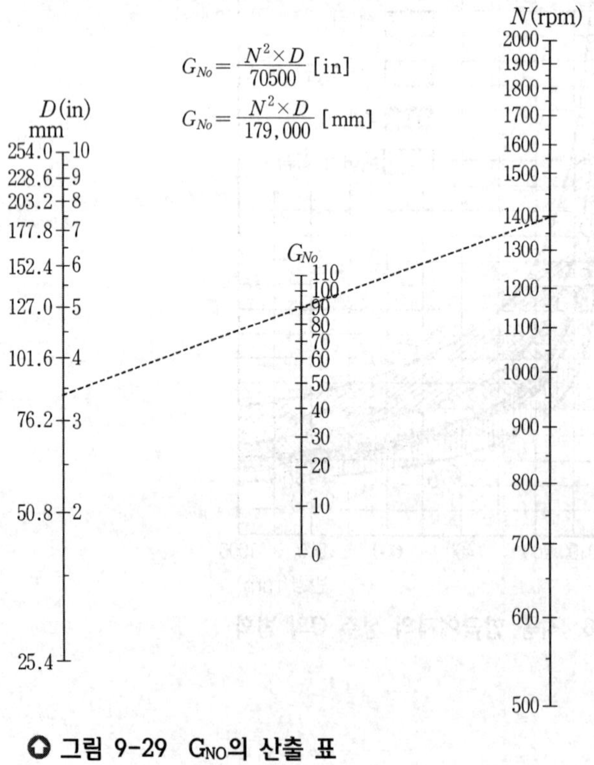

그림 9-29 G_{NO}의 산출 표

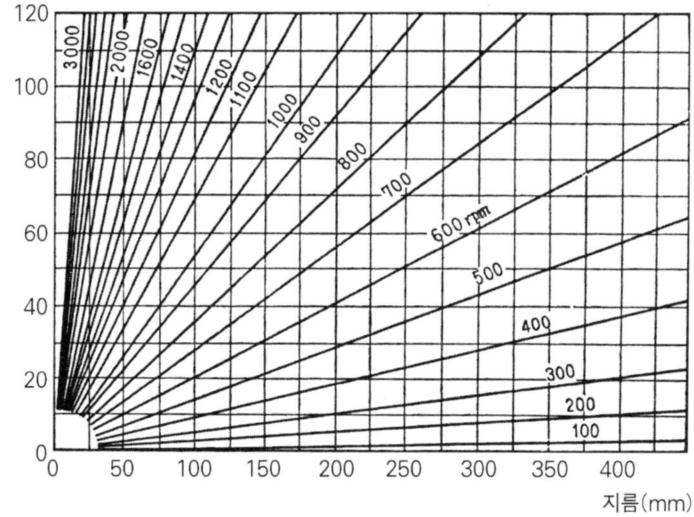

그림 9-30 G_{NO}의 산출 표

(3) 회전수의 예

G_{NO} 수 또는 C 정수의 결정은 각각 재질과 주형에 따라 다르다. 구체적인 예를 표시하면 주철제 사형 실린더 라이너의 경우 그림 9-31과 같으며, G_{NO} =110~120의 회전을 택하는 것이 좋다. 이밖에도 그림 9-32에 Al합금 금형 원심주조에서의 적정한 회전수를 나타내었다.

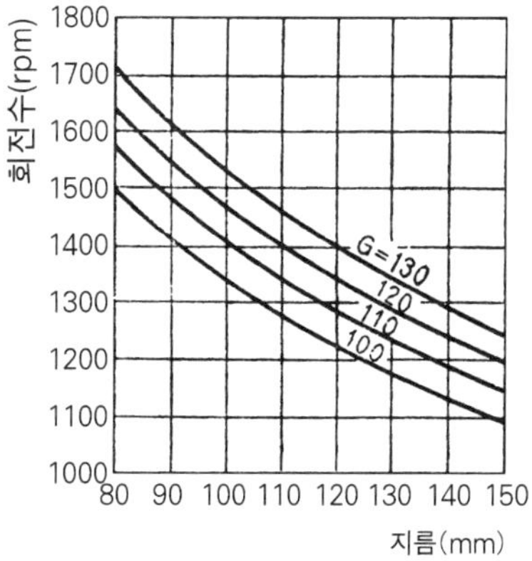

그림 9-31 주철제 사형 실린더 라이너의 양호한 회전수

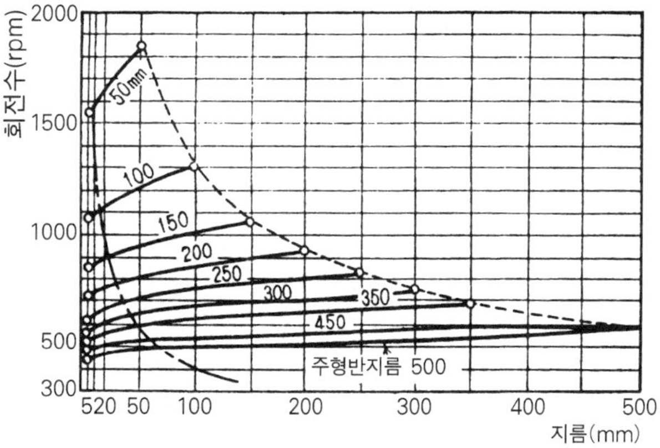

그림 9-32 Al합금의 양호한 회전수 C=3500(A. vath)

제 10 장

스핀캐스팅

(수직축 회전식 주조기)

10.1 원 리
10.2 스핀캐스팅용 금형재료
10.3 제품 제조용 재료
10.4 주조조건
10.5 몰드의 종류
10.6 스핀캐스팅의 작업

10.1 원　　리

스핀캐스팅이란 저융점 금속이나 액상 플라스틱으로부터 원하는 제품을 빠른 시간 내에 얻을 수 있는 신기술이다.

스핀캐스팅 주조기는 일반적으로 그림 10-1과 같이 용해로와 금형제작기 및 주조기로 구성되어 있으며 그 원리로는 만들고자하는 형상, 즉 마스터 패턴을 금형재료가 되는 실리콘으로 형을 재현하고 이 실리콘을 경화시켜 주형을 만든 후에 그림 10-2와 같은 주조기에 안착시킨 후 회전시키면서 주조하는 방법이다.

고압주조의 경우에는 외관은 아주 균일하고 고운 입자를 가지고 있으나 그 내부에는 차가운 금형에 용탕이 고압으로 들어가면서 생기는 기포 등의 결함이 있게된다. 그러나 회전주조법은 원심력이 작용하여 각 캐비티에 금속을 고루 분배해 주며 또 기포나 수축의 발생을 억제하며 입자가 작고 고르게 분포되기 때문에 기계적 성질이 향상된다. 만일 제품에 기포가 발생할 경우에도 모두 표면에 발생하기 때문에 아주 쉽게 개선할 수 있다.

이 스핀캐스팅 기술을 이용하면 일반 다이캐스팅이나 플라스틱 사출에 비교할 수 없는 아주 싼 비용으로 정밀한 부품을 주조할 수 있으며 그 장점으로는 다음과 같다.

① 제품의 제작에 걸리는 시간이 빠르다. 마스터 패턴이나 모델을 가지고 제품을 만들 경우 3~4 시간이면 충분하며, 아주 어렵고 복잡한 형상의 물건이라도 약 8~10시간 정도면 제작이 가능하다.

② 제작비용이 적게든다.

③ 일반적으로 금형을 제작하는데는 숙련된 기술과 특수한 공구들이 필요하지만 스핀캐스팅 몰드를 제작하는데는 그러한 기술들이 필요없어도 가능하다.

시작품의 제작에서부터 제품 개발 단계의 소량 생산에까지 이 회전 주조법은 가장 경제적이고 빠른 방법이긴 하지만 회전주조법은 많은 수량을 필요로 하는 경우 다이캐스팅이나 플라스틱 사출을 대치할 수는 없다. 수량이 많아져서 고가의 다이캐스팅 금형이나 사출금형의 감가상각비가 해결된다면 물론 다이캐스팅이나 사출이 더 좋은 방법이 된다.

그림 10-1 스핀캐스팅 설비

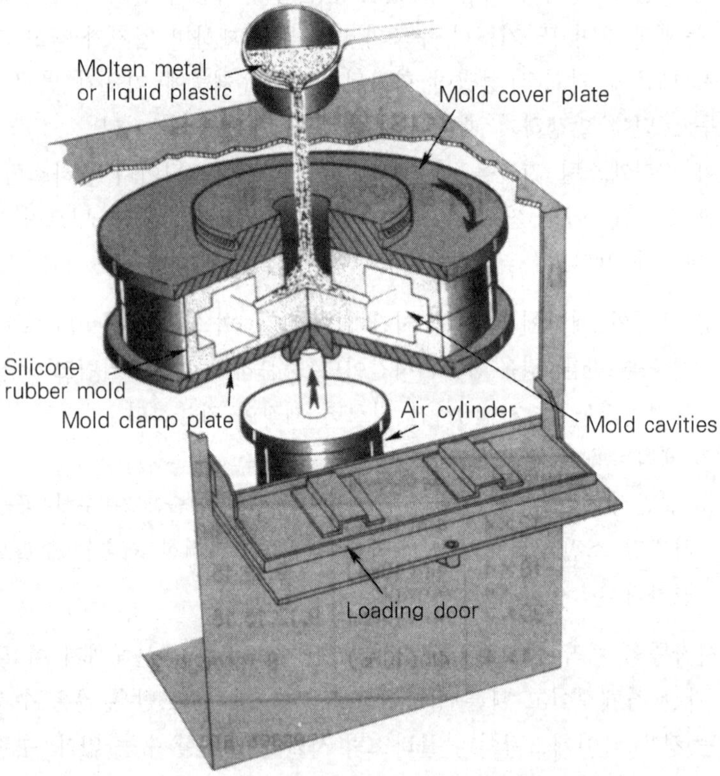

그림 10-2

표 10-1은 스핀캐스팅과 타 주조법과의 장단점을 비교하여 나타내었다.

표 10-1

구분 공정	Tekcast 회전주조	다이 캐스팅	석고 금형주조	사형주조	정밀주조	철형주조	흑연주조	사출성형
금형재	Vulcanized "Teksil" rubber	Machined tool steel	plaster	Sand	Ceramic	Machined iron, steel	Machined graphite	Machined aluminum, brass or tool steel
소재	Zinc, tin lead, epoxy, polyester	Zinc, aluminum, magnesium	Most nonferrous metals	Most foundry castable metals	Most foundry castable metals	Zinc, aluminum, magnesium	Zinc,	Most thermo-plastics
평균 금형 개발비	$35~250	$10,000~250,000+	$1,000~25,000+ (wood or metal pattern)	$500~10,000 (wood or metal pattern)	$1,000~25,000+ (machined aluminum)	$5,000~125,000+	$2,000~30,000	$5,000~150,000+
경제적 주문량	1 & up	25,000* & up	100 & up	100 & up	1,000 & up	10,000* & up	5,000 & up	15,000* & up
실용적 부품두께	1/2″~12″ 1.25~30cm	1/2″~24″ 1.25~60cm	4″~36″ 10~90cm	3″~36″ 7.5~90cm	1″~24″ 2.5~60cm	4″~24″ 10~60cm	4″~24″ 10~60cm	1/2″~24″ 1.25~60cm
실용적 부품크기	<1/8″~1/2″ .3~1.25cm	<1/8″~3/4″ .3~2cm	1/8″~1″ .3~2.5cm	1/4″~1″ 6~2.5cm	1/8″~1″ .3~2.5cm	1/4″~1″ .6~2.5cm	1/4″~1″ .6~2.5cm	<1/8″~1/2″ .3~2.5cm
주조공차	Very Close	Closest	Close	Lowest	Very Close	Loose	Loose	Closest
설계변경 용이성	Easiest	very Difficult	Difficult	Easy	Very Difficult	Difficult	Difficult	Very
단가	Very Low	Lowest	Very High	Very Low	Highest	Low	High	Lowest
2차 가공여부	Very Little	Lowest or none	Low	Highest	Very little or none	Low	High	Lowest or none
소요시간	4hrs~2days	12~24wks	6~12wks	4~12wks	8~16wks	12~24wks	8~16wks	12~24wks

상기 주조기법들은 금형 개발비에 크게 의존함

10.2 스핀캐스팅용 금형재료

금형제작용 특수 실리콘 재료에는 크게 나누어 Black Rubber라고 불리는 Organic Rubber와 Silicone Rubber의 두 종류가 있다.

Organic Rubber는 인장강도나 찢어짐 강도가 좋고 Silicone Rubber는 내열성과 작업성이 뛰어나다. 따라서 Organic Rubber는 언더컷이 많은 제품이나 주석이나 납 등의 낮은 용융점을 갖는 백색 금속을 작업할 때 적합하며 Silicone Rubber는 아연합금의 주조나 많은 양의 백색 금속을 주조할 때 사용된다.

10.3 제품 제조용 재료

스핀캐스팅에서는 538℃ 이하의 융점을 가지고 있는 모든 주조용 금속 합금이외에도 열경화성 액상 플라스틱, 정밀주조용 패턴 왁스 등의 주조가 가능하다. 538℃ 이하에서 용융되는 금속으로는 주석, 납, 아연 합금 등이 있고 그 중에서도 특히 아연 합금은 일반적인 황동 주물이나 알루미늄 주물뿐만 아니라 저 탄소강이나 주물과 비교하여 강도나 물성치가 거의 동일하기 때문에 생산 현장에서 가장 많이 사용되고 있다. 따라서 대부분의 경우 이들 합금을 이용하여 다이캐스팅 또는 사형주조로 생산하는 부품들을 기능이나 성능의 저하 없이 아연을 이용하여 만든 스핀캐스팅 부품으로 대치할 수 있다.

600~650℃에서 용융되는 알루미늄 합금도 역시 주조가 가능하나 아직까지는 작은 부품의 극소량(약 10~15 쇼트)만이 가능하다. 황동이나 청동 같은 동 계열의 합금이나 주철 같은 고 융점 금속은 용해온도가 teksil mold를 손상시키는 온도 이상이기 때문에 회전주조를 이용할 수 없다.

플라스틱 부품의 경우에는 회전주조용 플라스틱과 일반 사출용 플라스틱과는 약간의 차이가 있다. 일반적으로 사용되는 열가소성 플라스틱(PE, PP, PVC 등)의 강도는 회전주조용 고강도 열경화성 플라스틱으로 쉽게 얻을 수 있다.

폴리우레탄, 폴리에스터, 에폭시등과 같이 급속히 경화되고 고강도인 액상 플라스틱이면 가능하다. 이러한 3 계열의 열경화성 수지를 사용하여 일반 사출성형에서 사용되는 열가소성 수지의 기계적 성질을 대부분 만족시킬 수 있다.

그림 10-3, 10-4는 스핀캐스팅법에 사용된 재료와 생산된 제품을 나타내었다.

그림 10-3 스핀캐스팅으로 생산된 산업, 전자, 기계부품의 여러 형태

그림 10-4 스핀캐스팅으로 생산된 여러 가지 장식 부품

10.4 주조조건

최적 주조 조건을 위한 변수들은 다음과 같다.

회전속도, 형체력, 냉각시간, 용융금속의 온도, 회전 방향, 스프레이 유무, 금형 온도, 장입 속도, 금속의 질, 부분 형체력, 캐비티 수, 금형 변형 정도

최적의 조건이라는 것은 각 금형마다 모두 문제가 다르기 때문에 정답은 없다. 하지만 위에 열거한 변수들을 하나씩 바꾸어 가면서 가장 좋은 주조 조건을 찾는 것이 바로 해결 방법이 된다. 이때 주의할 점은 한 번에 여러 개의 조건을 모두 바꾸어 작업을 하게 되면 해결이 되더라도 무엇 때문인지를 알 수 없기 때문에 한 번에 조건 하나씩 만을 바꾸어 작업하는 것이 바람직하다. 만약 금형을 깎아 내면 다시는 되살릴 수 없기 때문이다.

10.5 몰드의 종류

몰드의 종류는 제작 목적과 제작 기법 및 마스터의 패턴에 따라 아래와 같이 분류할 수 있다.

1. 제작목적에 따른 분류

(1) 마스터 몰드(Master mold)

여러 가지 마스터 패턴을 한 몰드에 넣고 제작한 몰드로 10개 내외의 제품에 필요하거나 아니면 10개 내외의 서브 마스터 패턴을 만들 때 이용하는 몰드이다.

(2) 양산 몰드 (Production mold)

마스터 몰드에서 제작된 서브 마스터 패턴을 이용하여 수백개에서 수천개의 제품이 필요할 때 제작하는 몰드이다.

2. 제작 기법에 따른 분류

(1) Build-up mold

복잡한 형상의 파팅라인을 가지고 있는 몰드

(2) Multi section mold

코아를 가지고 있는 몰드

(3) Top gated mold

기어나 풀리와 같이 파팅라인이 바로 제품의 성능에 영향을 주는 제품으로 후 가공을 최소화하기 위하여 작동면 이외의 면에 게이트를 주어 제작한 몰드

(4) Py mold

제품의 필요 수량이 수천개에 달해 몰드를 계속해서 제작해야 할 경우 첫 번째로 제작한 몰드를 original mold로 이용하여 몰드를 copy할 수 있다. 이 방법을 이용하면 빠른 시간에 몰드를 다시 제작할 수 있어 많은 제품을 요구하는 몰드 제작에 자주 이용된다.

(5) Match plate mold

알루미늄이나 기타 금속으로 제작한 Match plate를 이용하여 제작한 몰드로 제품의 필요 수량이 수만개에 이를 경우 주로 이용하는 방법이다. 이 제작방법은 제품의 캐비티는 물론 게이트까지 전부 Match plate에서 나오기 때문에 언제나 같은 제품을 생산할 수 있다.

3. 마스터 패턴의 종류에 따른 분류

(1) Teksil mold

마스터 패턴이 Teksil silicon이 경화하는 온도와 압력에 견딜 수 있는 경우로 이것을 견딜 수 있는 재료로는 금속류, 엔지니어링 플라스틱류 등이다.

(2) RTV mold

마스터 패턴이 열과 압력에 견디지 못하는 재료로 일반적인 플라스틱류나 나무, 종이 등으로 제작된 모델의 경우에 상온에서 응고하는 RTV Silicone(room temperature vulcanized silicon)을 이용하여 몰드를 제작하는 방법이다.

10.6 스핀캐스팅의 작업

1. 금형의 준비

마스터 패턴을 경화하기 전의 “Texsil”실리콘 고무금형에 안착시키다. 이때 마스터 패턴의 표면에 묻은 지문까지 나중에 제품에 영향을 미치게 됨으로 먼저 마스터 패턴의 표면에 있는 오일, 페인트, 그리스 및 오물류 등의 이물질을 제거한다.

경화되기 전의 금형은 찰흙과 같아서 맨손으로 취급하기 쉽다. 금형의 parting line(분리선)과 분리선의 위치(높낮이)는 제품 형상에 따라 결정된다.

몰드에 마스터 패턴을 전부 안착시킨 후에 이형재, 즉 파팅 스프레이를 뿌리는데 이 파팅스프레이가 뿌려지지 않은 곳은 경화 후에 떨어지지 않게 된다. 이형재를 뿌린 후 상하 금형의 위치를 맞추기 위하여 “Acorn”너트를 금형주위에 배열하여 상하금형이 잘 맞도록 해준다.(그림 10-5)

그림 10-5 상하 금형이 잘 맞도록 Acorn넛트를 금형주위에 배열한다

2. 경화(vulcanization)

상하 금형을 맞물리게한 후, 전기적으로 가열되는 경화기에 금형을 올려 놓는다. 여기에서 가열된 상하판을 유압으로 압축하므로 중간에 있는 금형소재가 마스터 소재나 금형의 빈곳에 잘 채워지게 된다. 일단 경화된 금형판은 탄성이 있기 때문에 언더컷이 있는 제품의 착탈에도 어려움이 없다.

3. 게이트, 런너, 배기구(air vent)설치

탕구, 배기구 및 런너는 칼로 오려내어 만들며 1차 주조 후 변경이 필요한 경우에도 칼이나 드릴 등으로 수정, 보완할 수 있다.(그림 10-6)

그림 10-6 탕구, 배기구 및 런너의 형상을 칼이나 드릴 등으로 작업한다.

4. 주 조

금형판을 회전주조기에 안착시키고 회전속도, 클램핑 압력, 생산속도 등의 작업조건을 조절한다.

5. 용탕의 주입 및 응고

회전이 시작되면 용액상태의 금속이나 플라스틱을 주입한다. 원심력에 의해 발생한 압력은 용액을 런너를 통하여 금형의 세밀한 부분 및 빈공간에 채워지도록 한다.

6. 제품 추출과 재주조

주조품은 응고가 완료되면 금형으로부터 쉽게 추출할 수 있으며 손으로 런너나 탕구, 배기구에 생긴 부산물을 제거하여 준다. 회전주조는 정밀주조이므로 특별한 표면처리 없이 착색, 도금 등 2차 후가공을 할 수 있다.(그림 10-7)

그림 10-7 상하 금형을 분리하여 주조된 부품을 빼내고, 다시 조립하여 재주조를 실시한다.

제 11 장

일방향응고법

11.1 일방향응고법의 특징

11.2 일방향응고법의 이용

일방향응고법은 용탕이 보유하는 열을 주형의 수직방향으로 전달시켜 결정을 열흐름과 반대방향인 한 방향으로만 성장을 제어하여 응고시키는 방법이다. 이 방법은 재료 전반에 걸쳐서 응고에 관한 연구의 기초적 수단으로서 널리 이용되고 있다.

11.1 일방향응고법의 특징

1. 응고조건과 응고조직의 관계

예를 들면 수지상정 형태(dendrite), 수지상의 층간 간격 (dendrite arm spacing), 공정형태, 공정의 층간 간격, 정출상(비평형 준안전상도 포함)의 종류, 형태, 분포 등 응고조직의 생성을 이해하기 위하여 응고의 진행과정을 단순화해서 이들을 실측하고, 그때의 응고조건도 함께 측정하여 양자의 관계를 알 수 있다. 이러한 관계를 연구실 규모의 실험에서 측정 검토하여 생산현장의 복잡한 공정해석에 응용하고 있다. 그 한 예로서 연속주조편의 dendrite arm spacing의 실측으로부터 주편의 응고조건을 추정하는 것을 들 수 있다. 이 응고조건의 파악으로부터 응고시뮬레이션에 의하여 연속주조의 응고과정을 보다 고품질, 고생산성으로 하기 위해서는 요소기술을 어떻게 전개하고 응고제어 할 것인가의 방법을 채택할 수 있다.

2. 응고조직과 특성의 관계(structure-properties relationship)

응고조직을 특징짓는 인자와 기계적 성질을 연관짓는 것이다. 한 예로서 강도와 연성이 요구되는 Al합금주물의 응고조직에는 dendrite arm spacing을 어느 정도 미세하게 하면 좋은가, 또는 비평형 정출물의 양 및 분포를 어느 정도로 하면 좋은가를 이 관계에서 알 수 있다. 이상과 같이 기존 재료의 응고과정의 이해 및 생산공정 중의 응고 제어를 위하여 일방향응고법은 널리 적용되고 있다.

공업적으로는, 결정성장방향의 이방성을 적극적으로 이용하는 경우와 일방향응고에 의한 건전한 주물, 주괴를 제작하는 경우로 크게 대별되어 이용되고 있다. 전자는 영구자석재료, 내열합금 등에, 후자는 대형강괴, 태양전지용 다결정 Si주괴 등에 응용되고 있다. 또한 단결정 성장을 공업적으로 사용하는 것으로는 반도체 재료를 비롯하여 많은 예가 있다.

11.2 일방향응고법의 이용

1. 영구자석재료

철의 자화축(磁化軸)은 <100>방향이고, 입방정의 우선성장방향은 <100>이다. 따라서 일방향응고에 의해서 <100>방향으로 우선 성장시키는 것은 자기특성을 향상시키는 수단으로서 매우 유효하다. Alnico합금계에 있어서의 예를 표 11-1에 나타내었다.

표 11-1 2종류의 Alnico 합금의 자기 특성에 미치는 주조조직의 영향

합 금	화학성분 (wt%)	보자력 ($H_c/10^3$ A·m^{-1})	잔류자속밀도 (B_r/T)	최대에너지 적 ($(BH)_{max}$/J·m^{-3})
Alnico 5 (등축정)	24Co, 14Ni, 8Al, 3Cu, Fe	50	1.23	40
Alnico 7 (주상정)	24Co, 14Ni, 8Al, 3Cu, Fe	61	1.28	58
Alnico 8 (등축정)	35Co, 15Ni, 8Al, 4Cu, 5Ti, Fe	100	0.90	40
Alnico 9 (주상정)	35Co, 15Ni, 8Al, 4Cu, 5Ti, Fe	119	1.10	80

2. 내열합금

고온에서 장시간 사용되는 경우에 결정립계가 취성적으로 되는 경우가 많다. 따라서 내열재료로서는 결정립이 작다든지, 또는 응력방향이 일정한 부품재료에서는 (예를 들면, turbine blade) 주상정이 바람직하고, 극단적으로는 단결정이 좋다. Turbine blade에 있어서의 고온 파괴강도의 응고조직 제어에 의한 개선 예 및 거시조직을 그림 11-1 및 11-2에 나타낸다.

이와 같이 내열합금에 있어서의 단결정은 고액계면형상이 반도체재료에서 볼 수 있는 평활상이 아니고 통상 dendrite 형태를 하고 있다. 방위에 따라서 고온강도는 다르지만 <100>(001)단결정이 내피로 특성이 양호하며 바람직하다. 단결정 제조방법으로는 종자법 또는 select법이 이용되고 있다(그림 11-3).

<100>(001)단결정의 경우 <100> 우선 방위를 입체적으로 제어해서 단결정화하고 있다.

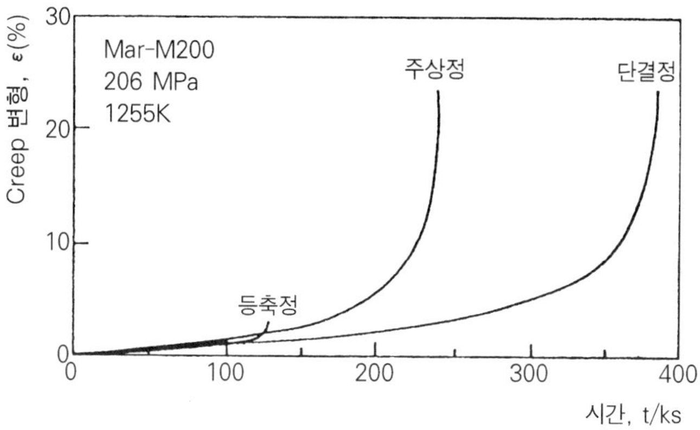

그림 11-1 Mar-M200의 1255K에서의 크리이프 특성

그림 11-2 Turbine blade의 시험제작

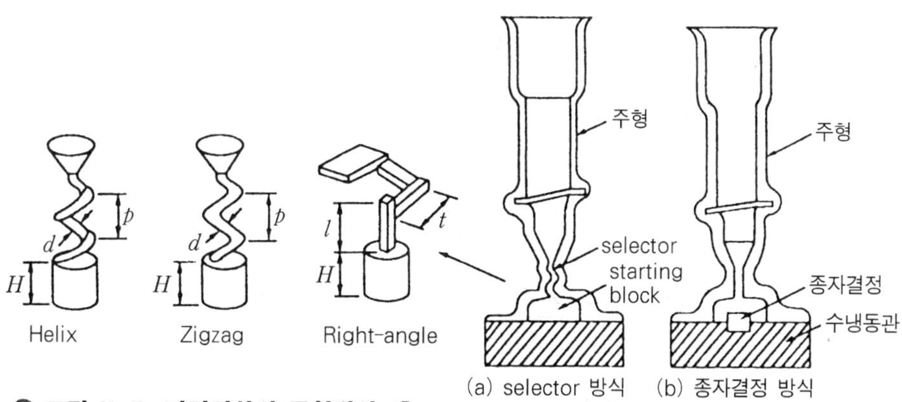

그림 11-3 단결정화의 주형방안 예

3. 태양전지용 다결정 silicon 주괴

단결정 및 다결정 silicon은 이미 등대, 섬 지방의 태양전지로서 실적을 쌓아가고 있다. 태양광 발전에 의한 태양전지를 일반용 전력원으로 이용하기 위해서는 더욱 원가절감을 목표로한 원료 및 응고기술의 발전이 요구되고 있다.

응고기술 중에서 일방향응고법은

① 조대한 결정립을 용이하게 일방향으로 얻을 수 있고, 이 결정립은 광전변환효율에 영향을 주지 않는다.

② 응고 중에 고순도화를 기대할 수 있다.

③ 단결정 성장법(crystal pulling법, 부유대 용융법으로 대표된다)과 비교해서 비교적 단순한 제조법이고 대형 사각형(현재 최대치수는 0.45×0.45m^2 정도, 정방향은 태양전지로서 최적), 주형이 반복해서 사용 가능하다는 등의 이유 때문에 많은 연구개발이 이루어지고 있다.

광전변환효율은 이 방법에 의해서 15% 이상의 것이 안정하게 얻어진다. 그림 11-4는 일방향응고법의 모식도이다.

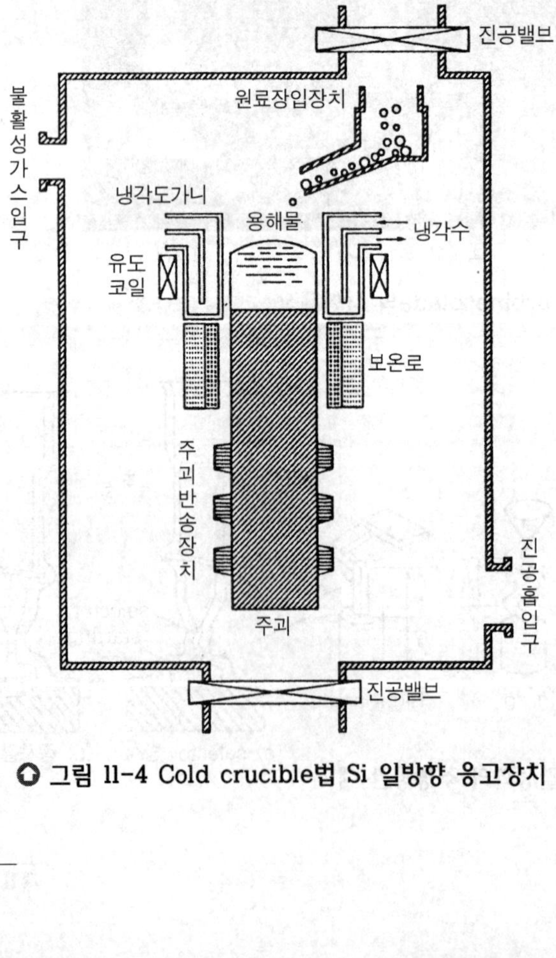

그림 11-4 Cold crucible법 Si 일방향 응고장치

4. 일방향응고 강괴 주조법

조강의 90% 이상이 연속주조에 의해서 조괴되나 아주 두꺼운 강판용 강괴 등은 보통 조괴법에 의해서 제조된다.

이들 대형 강괴에 있어서는 편석, 수축결함부위(응고수축이 충분히 보상되어 있지 않은 저밀도 부분), 비금속 개재물 등이 없는 것이 요구된다. 특히 품질상 가장 문제가 되는 역 V 편석은 응고시에 저밀도의 용질이 농축 부상해서 생성된다.

이에 대한 방지대책으로서는 저밀도 용질성분의 감소, 높이/지름비의 감소, 강제냉각 등이 유효하다. 일방향응고법은 그림 11-5에 나타낸 것처럼 높이/지름비(H/D)를 1 이하로 하고, 강괴측면에는 발열 또는 단열 보드, 상부에는 보온재를 이용해서 냉각을 하부면에서만 이루어지게 하는 것이다. 100ton정도까지의 대형 강괴가 이 방법에 의해서 만들어지고 있다. 통상 상부면 제거 등이 필요하므로 회수율의 향상이 요구되고 있다.

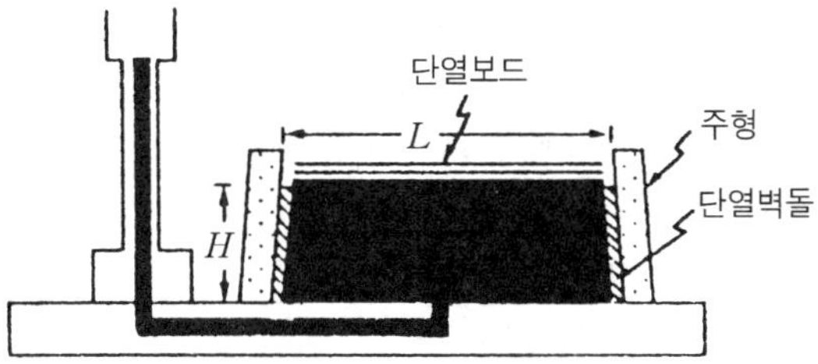

그림 11-5 일방향 응고강괴의 제조방법

참고문헌

1. G. J. Abbaschian, M. C. Flemings : Metall Trans. 14A, (1983) 1147
2. D. L. Albright, G. A. Colligan : Trans. AIME 227, (1963) 1282
3. B. Chalmers : Principles of Solidification. Robert E. Krieger Publishing Co., Huntington, New York
4. M. C. Flemings, Y. Shiohara : Mat. Sci. and Eng. 65, (1984) 157
5. J. J. Frawley, W. J. Childs : Trans. AIME 242, (1968) 256
6. M. E. Glicksman, W. J. Childs : Acta Met. 10, (1962) 925
7. J. H. Holomon, D. Trunbull : Trans. AIME 191, (1951) 803
8. W. Hug : Dissertation, Giesserei-Institut der RWTH Aachen, (1986)
9. W. Axmann : Dissertation, Giesserei-Institut der RWTH Aachen, (1986)
10. H. Hones : Rapid Solidification of Metals and Alloys. Inst. Of Metallogists, London, (1982)
11. T. Z. Kattamis : J.Crystal Growth 34, (1976) 215
12. T. Z. Kattamis : Bulk Undercooling. In : Fundamentals of alloy Solidification Applied to Industrials Processes. NASA Conf. Publ. No2337, 15, (1984)
13. T. Z. Kattamis, M. C. Flemings : modern casting 31, (1967) 97
14. T. Z. Kattamis, M. C. Flemings : Trans AIME 236, (1966) 1523
15. B. Lux, W. Kurz : Z. Metallkunde 63, (1972) 594
16. C. V. Thompson, F.Spaepen : Acta Met. 27, (1979) 1855
17. D. Turnbull : NASA Conf. Publ. No 2337, 7
18. D. Turnbull, R.E.Cech : J.Applied Physics 21, (1950) 804

제 12 장

저압주조법

12.1 개 요

압력을 이용한 주조법으로는 저압주조법, 다이캐스팅법, 고압응고법(또는 용탕단조법)을 들 수 있다. 이들 주조법은 크게 용탕을 주형내에 주입하기 위해 압력을 이용하는 가압주입법과, 압력을 가한 상태에서 용탕을 응고시키는 가압응고법으로 나눌 수 있다.

가압주입법은 저압주조법, 다이캐스팅법, 어큐래드법 등으로 분류되며 가압응고법은 고압주조, 용탕단조, 플렌저 가압법 등으로 분류된다. 이때 사용되는 가압력은 저압주조법의 0.1MPa 이하의 저압력에서부터 다이캐스팅법의 50~100MPa, 고압응고법의 50~200MPa에 이른다.

저압력 주조법 또는 저압금형 주조법이라고도 불리는 저압주조법(low pressure die casting)은 밀폐된 로안에 설치된 도가니의 용탕표면에 0.01~0.05MPa정도의 저압력의 공기(또는 불활성 가스)압을 가해서 도가니안에 장치된 급탕관을 통하여 용탕을 중력과 반대방향으로 밀어올려서 급탕관 상단에 설치된 주형에 주입하는 주조이다. 소정시간 가압한 후에 압력을 제거하면 주형내의 용탕은 응고되지만 탕구 이하의 용탕은 급탕관을 역류하여 아래쪽에 있는 도가니로 떨어진다..

그림 12-1은 저압주조장치의 개략도를 나타낸 것으로 보온로, 도가니, 급탕관 삽입구 또는 용탕 보급구를 가진 밀폐용 뚜껑, 급탕관(stoke), 주형, 주형 개폐장치 등의 기본적인 부분으로 되어 있는 것을 볼 수 있다.

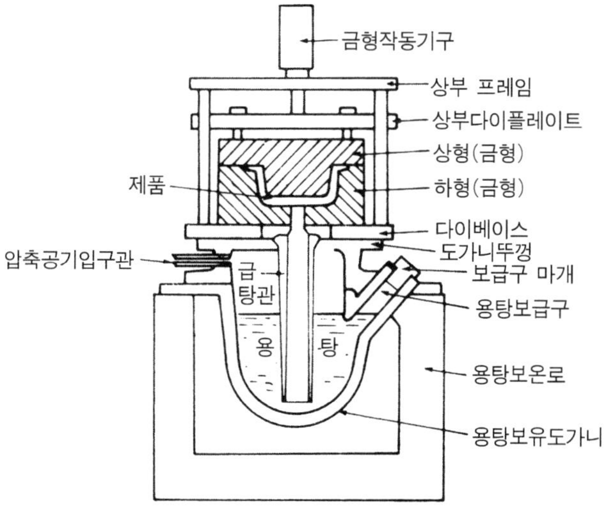

그림 12-1 저압주조장치의 개략도

Al합금의 저압주조에서는 주형재료로 주로 금형을 사용하지만 주입압력이 낮으므로 쉘 몰드나 CO_2형과 같이 강한 사형이면 사용이 가능하며 특히 형상이 복잡한 주물일 경우 금형에 쉘 코어 등을 사용할 수 있는 것도 저압주조의 특징이다. 또 급탕관 과 도가니에 흑연 등의 내기밀성, 내열재를 사용하면 Cu합금, 주철 등의 고용융점합금의 주조도 가능하며 용탕면으로의 가압에 불활성가스를 사용하면 Mg합금의 주조도 가능하다.

저압주조법은 Al합금 주물에 적용될 때가 많으므로 이하 주로 Al합금일 경우에 관해서 기술한다.

12.2 저압주조법의 특징

저압주조법은 사용하는 주형에 있어서 금형주조법과 비슷하나 용탕을 주입할 때에 중력과 반대방향으로 주입하는 것과 주입속도를 제어하면서 주입한다는 점이 다르며 아래에 이러한 저압주조법의 장단점을 정리하였다.

〔장점〕

① 용탕이 절약된다. 금형주조법에서는 탕구나 압탕이 크기 때문에 제품주물의 2.5~3배의 용탕이 필요하며 주조수율이 50~60%에 불과하지만 저압주조법에서는 탕구가 응고하는 시점에서 압력을 제거하면 탕구부(stoke)의 용탕은 도가니로 되돌아가고 또한 압탕이 필요 없기 때문에 주조회수율이 크다. 저압주조 방법의 주조수율은 90~98%로서 다이캐스팅법의 75~80% 보다도 높다. 이러한 용탕의 절약으로 용해비용이 절약된다.
② 방향성응고가 쉽게 이루어지기 때문에 다공질결함(porosity), 수축공의 발생이 적고 주물의 밀도가 높아 기계적 강도에 대한 신뢰성이 높다.
③ 도가니가 밀폐되어 있으므로 용탕의 산화가 적고 주입시 산화물의 혼입이 적다.
④ 치수정도 및 주조표면이 아름답다.
⑤ 대개의 경우 압탕이 필요 없으므로 압탕, 탕구절단 등의 후처리, 가공비가 절감된다.
⑥ 용탕주입속도의 조절이 가능하며 장치조작의 자동제어가 용이하다.
⑦ 주형은 금형, 흑연형, 셸주형, 수지주형, 탄산가스주형 등을 사용할 수 있다.
⑧ 비교적 복잡한 모양을 갖거나 살두께가 얇은 주물의 주조도 가능하다.
⑨ 대형주물의 제작이 가능하고, 설비비가 적게 든다.

〔단점〕

① 생산성이 좋지 않다.
② 사용합금의 종류에 제한을 받는다.
③ 전반적으로 엄밀한 관리가 필요하다.
④ 제품 중간에 목 부분이 있는 경우에는 밑에서 올려 밀기가 어렵다. 그러므로 경우에 따라서는 중력금형주조만 못한 경우가 있다.

12.3 주조기

그림 12-1에 저압주조기의 기본적 구조를 나타내었으며 기능적으로 금형지지 개폐기구, 용탕보온기구, 공기가압 제어기구의 부분으로 구분된다.

1. 금형지지 개폐기구

금형의 주조와 열적 조건은 중력금형주조의 경우와 비슷하며 금형개폐기구와 특별히 다른 점이 없다. 급탕관 및 도가니의 점검, 금형의 탈착이 용이함과 동시에 급탕관과 금형과의 사이에 기밀을 유지하는 것이 중요하다. 간단한 형상의 주물인 경우에는 탕구가 밑에 있고 수평분할형이 사용되기 때문에 금형의 개폐는 상형만이 상하로 이동하지만 제품이 복잡해지면서 수평개폐기구를 병용하는 경우도 많아졌다. 작동원은 공압, 수압, 유압, 수동 등이 있지만 유압을 이용하는 경우가 가장 많다.

2. 용탕보온기구

보온로는 용탕보온 도가니, 용탕 보급구, 급탕관, 삽입공, 압축공기의 도입 및 배기구를 가진 밀폐용 뚜껑으로 구성된다. 보온로의 열원으로 중유, 가스, 전기저항 또는 저주파유도에 의한 방법이 있지만 온도의 제어를 용이하게 그리고 정확하게 하기 위해서는 전기적 방식이 좋다. 저주파유도로는 작은 용량의 경우는 가격이 다소 높다. 도가니와 급탕관은 보통 용탕에 접하고, 특히 급탕관내는 주조할 때마다 용탕이 오르내리기 때문에 재질 및 도형재의 선정이 중요하다. 재질은 용탕에 침식당하지 않고 기계적 강도나 열충격에 견디고 또 저렴한 것이 요구되며 일반적으로 회주철을 많이 사용하고, 도형제로는 탄산칼슘과 규산소다 용액을 사용한다.

도가니의 용량은 100~300kg의 것이 많다. 도가니의 높이가 큰 것은 주조를 반복하게 될 때 가압조건에 영향을 주게 되므로 지름/높이의 비가 크고 높이가 낮은 것이 바람직하다.

급탕관은 보통 한 번 사용되지만 주조품의 크기, 형상에 따라 두 번 사용하는 경우도 있다. 안지름은 60~100mm의 것이 많고, 탕구에 접하는 상단을 좁게 하는 경우도 많다.

알루미늄합금 용탕에 침식당하지 않는 것으로서 알루미나계, 흑연계 등의 내화물도 시험되고 있지만 기계적 강도와 기밀성, 가격 등 문제점이 많다. 용탕온도를 제어하기 위해서는 용탕 중에 열전대를 삽입하고 온도를 측정하는 직접검출방식과 도가니벽의 온도나 노내의 온도를 측정하여 제어하는 간접검출방식이 있다. 직접검출방식에서 사용하는 삽입열전대의 보호관은 급탕관과 마찬가지로 도형을 해주어야 한다. 저주파 유도로를 사용하는 경우는 철판 외피에 흑연도가니를 내장하고 양자 사이의 틈에 흑연분말을 채워서 열전도를 좋게 한다. 흑연도가니는 알루미늄합금 용탕의 침식을 막고 용탕 중의 철분의 증가를 막는다.

3. 공기가압 제어기구

주탕속도를 제어하기 위해서 용탕면에 가하는 공기압력과 가압방식을 제어한다. 용탕의 주형내의 충진성, 충진속도와 유입상태는 도가니내의 용탕면에 가해지는 압력의 크기 및 압력의 상승속도(가압속도, $kg/cm^2 \cdot sec$)에 의해 결정되므로 저압주조법에 있어서 가압제어기구의 역할은 매우 중요하다.

용탕면에 급격히 어떤 크기 이상의 압력이 가해지고 또 도가니내의 송풍량이 많아지는 경우, 즉 가압속도가 커지는 경우는 용탕이 급탕관을 따라 금형내로 분출되는 스플래시 현상과 끓어오름 현상을 일으키게 되어 주조결함의 원인이 된다. 따라서 가압제어 방식에 있어서는 압축공기의 유량을 조절하는 밸브를 열 때 처음에는 압축공기가 조용히 도가니내로 들어가게 하는 것, 가압속도를 쉽게 변화시키는 것, 최고가압의 설정이 용이하고 변화시킬 수 있는 것, 이들의 재현성이 확실한 것 등의 조건을 만족시키는 것이 필요하다.

공기가압제어기구는 감압 밸브와 유량조절 밸브의 조합에 의한 유량조절방식과 도가니내 압력의 상승속도 자체를 자동제어하는 자동압력조절방식의 두 가지 형식이 개발 실용되고 있다.

압력의 설정은 고정밀도의 감압밸브를 수동으로 조정하고 유량은 오리피스를 유량조절 밸브로서 제어하고 이것들을 타이머 전자밸브로 조합시킨 더욱 간단한 1단 가압방식의 회로도를 그림 12-2에 나타내었다. 그림 12-3은 각각 적당한 조건으로 설정한 그림 12-2와 같은 회로를 둘 또는 세 개 병렬해 놓은 다단가압방식이고, 그림 12-4의 가압곡선도에 나타낸 바와 같은 1차 가압, 2차 가압과 같이 가압속도가 바뀌어진다. 그림 12-4는 특수한 자동압력조절 밸브를 사용한 압력조절방식이다. 이외에 프로그래밍콘트롤 방식의 가압장치도 개발되어 있다.

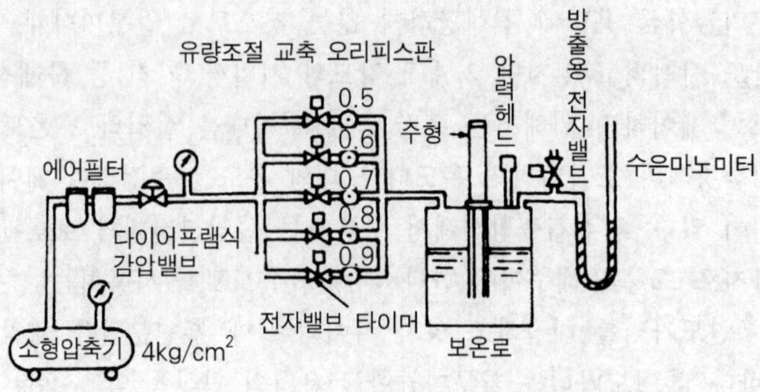

그림 12-2 유량조절식 1단 가압회로도(각 orifice의 지름이 다른 것을 적당히 선택함)

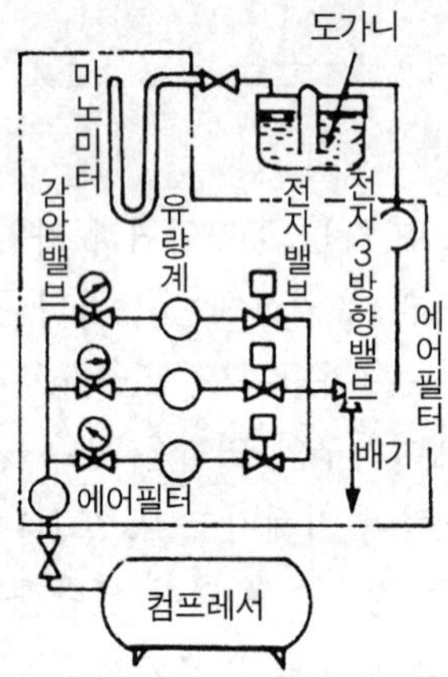

그림 12-3 유압조절식 다단 가압회로도

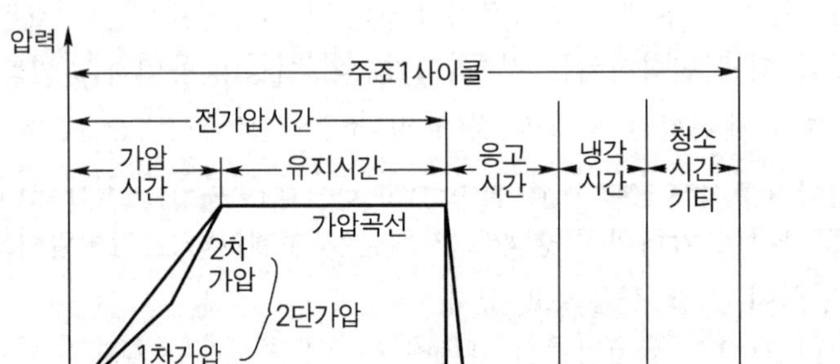

그림 12-4 주조 1사이클과 가압곡선도

원리적으로는 압력조절방식이 유량조절방식보다는 정밀한 가압제어가 되지만 보통 생산에는 간단한 유량조절 방식으로도 큰 지장은 없다. 즉 유량조절에 일정 단면적의 오리피스를 사용한 병렬회로를 선택하는 방식이 간단하고 재현성도 좋다.

12.4 금　　형

저압주조의 금형은 중력금형주조의 경우와 기본적으로 거의 동일하다. 그러나 탕도와 압탕 등은 대개 불필요하고 탕구와 주입구가 똑같다. 그림 12-5는 금형분할법, 그림 12-6은 주조방안의 일례를 나타낸 것이다.

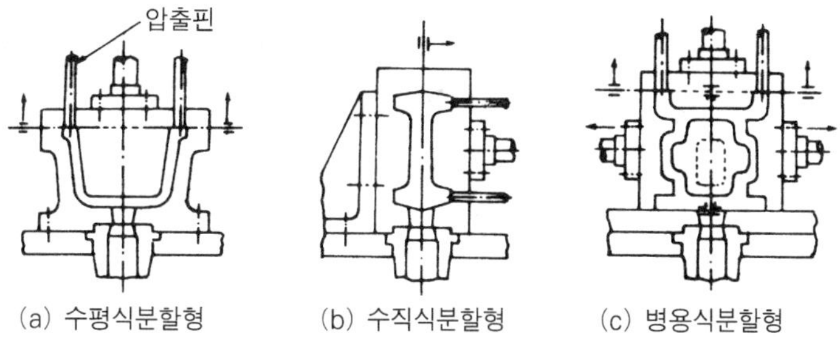

그림 12-5 금형분할법

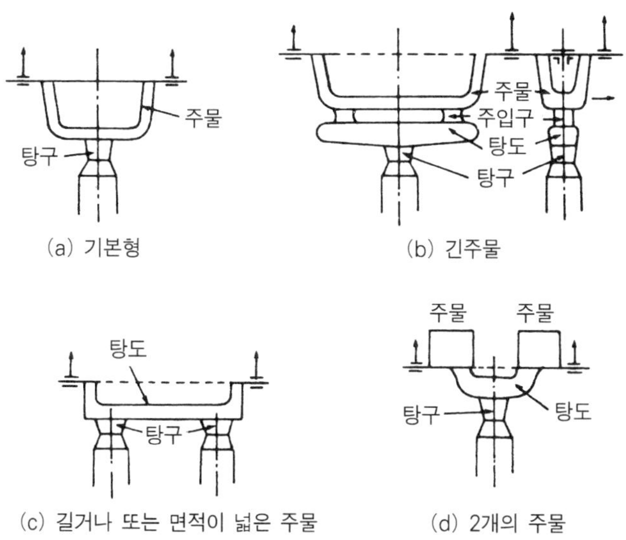

그림 12-6 주조방안

금형재질로서는 보통주철, 미하나이트주철이 일반적으로 쓰여지고 가이드핀, 압출 핀 등에는 탄소강, 다이스강이 사용된다.

코어에는 금속제 이외에 셸형 또는 붕괴성이 우수한 푸란계수지 코어가 자주 사용된다.

도형제로서는 도가니나 급탕관의 경우에서와 같이 탄산칼슘과 규산소다의 수용액이 쓰이고 있다.

저압주조법은 주물이 응고할 때에 두께가 얇은 곳에서부터 두꺼운 부분으로, 부피가 작은 곳에서부터 큰 곳으로 지향성응고를 하며 또한 탕구를 통하여 충분한 압탕효과를 얻을 수 있기 때문에 건전한 주물이 얻어지는 것이 특징이다. 따라서 주물부품을 저압주조로 주조하고자 할 때 또는 주물부품이 저압주조에 적합한 가의 여부를 판정하고자 할 때는 위에 기술한 점에 우선 유의해야 한다.

또 주조방안을 정하여 금형을 설계함에 있어서는 주물의 응고가 위에서 아래로 진행하여 탕구부가 충분한 압탕효과를 받으면서 최후에 응고할 수 있도록 금형의 분할, 탕구의 위치, 크기, 금형의 온도분포, 가열냉각방법 등을 고려해야 한다. 탕구의 크기, 위치, 수는 주물의 품질(용탕회전의 양부, 수축주조의 유무 등)에 직접 영향을 주는 중요한 조건이다. 탕구의 최소부 단면적은 식 12-1에 의해서 구할 수 있다.

$$a = G \cdot \frac{1000}{t\mu r\sqrt{2gh}} \quad \cdots\cdots(12\text{-}1)$$

a : 탕구의 최소부 단면적(cm^2)
G : 주물중량(탕구를 포함)(kg)
t : 탕구부 보다 앞의 주입시간(s)
μ : 저항계수(보통 0.3~0.4)
r : 용탕의 비중
g : 중력가속도
h : 水頭(cm), 도가니내의 용탕면(용탕 감소에 따르는 최고, 최저의 평균값)에서 주물까지의 높이를 나타낸다.

탕구단면적의 형상은 원형이 좋은데 이형(異形)일 때의 최소단면폭은 이 부분의 과냉을 방지하기 위해 탕구 부근의 제품부 살두께의 2배 이상으로 하는 것이 좋다.

탕구의 위치는 최대 살두께부에 붙이는 것이 좋으며 탕구는 보통 1개이지만 주물의 형상, 크기에 따라서는 복수로 만들기도 한다. 그림 12-7에 이러한 탕구방안의 예를 표시하였다.

또 탕구로부터 떨어진 곳에 두꺼운 부분이 있어서 탕구로부터의 압탕효과만으로는 충분하지 않을 때에는 그림 12-8과 같이 블라인드압탕을 붙이면 효과가 있다.

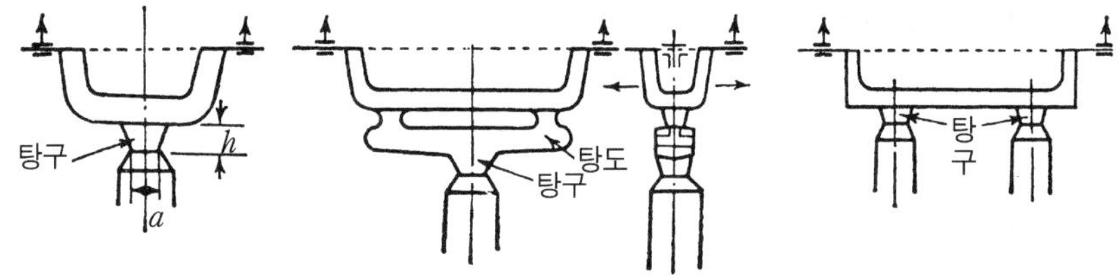

그림 12-7 탕구방안의 예

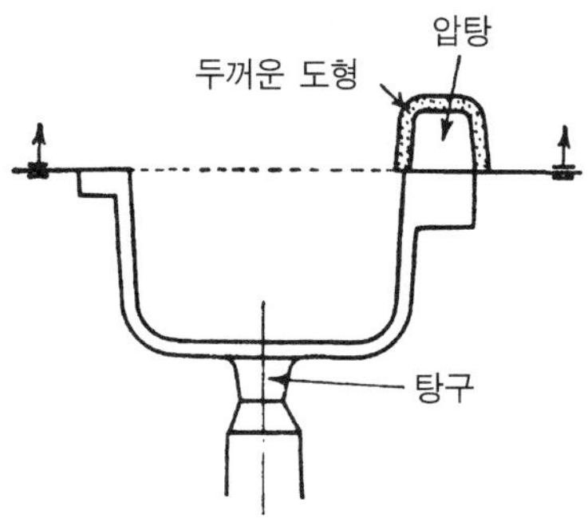

그림 12-8 블라인드 압탕

1. 금형의 재질

보통주철(GC20~GC30, 미하나이트), 탄소공구강, 합금공구강(다이스강) 등을 열적조건, 주조개수 등을 고려해서 사용한다.

2. 가스빼기

탕구가 아래쪽에 있으므로 가스빼기는 금형의 상부 또는 주물의 선단부에 설치한다. 또 옆으로 넓은 평탄부는 용탕이 활유하여 공기가 모이게 되므로 이것을 제거하기 위한 가스빼기도 필요하다.

3. 드래프트

금형의 온도가 높으므로 이형온도가 높고 주물의 강도도 충분치 않을 때에 이형하므로 드래프트는 되도록 크게하는 것이 좋다. 일반적으로 겉쪽은 2° 이상, 안쪽은 3° 이상으로 하는 것이 좋다.

4. 압출 핀

3.과 같은 이유로 압출핀의 지름을 굵게 하고 수를 많게 한다.

5. 수축여유

5/1000~7/1000(금형온도는 평균 350°C정도)로 한다.

6. 코 어

금속코어 또는 쉘코어를 사용하는데 특히 쉘코어를 사용할 때에는 주입시 가스발생이 많으므로 외형의 가스빼기를 충분히 붙여야 한다.

12.5 주조작업

1. 주조온도

알루미늄합금의 경우 적당한 주조온도는 650~750℃이며 형상, 살두께 및 합금에 따라서 적당한 온도를 구한다.

2. 금형온도

금형온도는 300~400℃이고 금형 하부쪽이 열원에 가까우므로 금형의 온도분포는 탕구부근이 50~100℃정도 높으며 방향성응고를 위해 적합한 온도기울기를 나타낸다.

금형을 폐쇄한 후 가압을 시작하면 도가니내 압력의 상승과 함께 용탕은 급탕관내를 조용히 상승하고 주형내를 충전한다. 소정시간 가압을 유지하였다가 압력을 제거하면 주형속에서부터 탕구부까지의 용탕은 응고하지만 탕구부 이하 급탕관내의 용탕은 다시 도가니에 거꾸로 돌아간다. 금형은 얼마동안 그대로 유지하며 냉각을 기다렸다가 금형을 개방하고 주물제품을 꺼낸다. 금형을 청소하고 다시 금형을 폐쇄하고 주조작업을 반복한다. 이것이 저압주조의 1사이클이다.

3. 주입압력

주입압력은 용탕을 용탕면에서 주물의 상부까지 밀어 올리는데 필요한 압력을 말하며 다음과 같은 식에 의해 구할 수 있다.

$$P = k\frac{Hr}{13.6}\ [\mathrm{cmHg}]$$

- H : 용탕의 상부 높이(cm)
- r : 용탕의 비중
- 13.6 : 수은의 비중

k는 용탕과 벽면의 마찰저항, 금형내의 공기저항, 용탕의 점성증가에 의한 저항 등에 의해 실험적으로 정해지는 계수인데 Al합금일 경우 1.25~1.5정도이다. 주조가 진행하는 과정에서 용탕면이 점차로 낮아지므로 용탕이 상승해야 할 높이가 높아지며 이에 따라서 압력을 점점 높게 해야 한다.

4. 주입속도, 주입시간

주물의 성형성에 영향을 미치며 주입온도와 금형온도와의 상대적 관계에 의해서도 좌우된다. 정성적으로 두꺼운 주물은 속도를 느리게, 얇은 주물은 빠르게 한다. 또 주입 속도는 너무 크면 공기, 가스, 산화물이 말려 들어가게 되므로, 주물의 형상, 크기 등도 고려해서 결정해야 한다. 주입시간과 속도는 보통 다음과 같은 식을 사용한다.

$$v = \frac{V}{at} \quad \text{또는} \quad t = \frac{V}{av}$$

- V : 탕구 및 제품부의 체적
- a : 탕구의 최소부 단면적
- v : 탕구최소단면부의 용탕속도
- t : 주입시간

Al합금일 경우 는 1.5~1.6m/s 이하가 좋으며 이 이상이 되면 난류가 발생하기 쉽게 되므로 이런 때에는 탕구의 단면적을 크게 하거나 여러 개의 탕구로 하는 것이 좋다.

그림 12-9는 1사이클의 가압곡선도를 나타낸 것이다. 일반적으로 가압력으로는 0.15~0.7kg/cm^2 정도이고 적당한 가압속도는 0.025~0.060kg/cm^2 · sec 이다. 가압시간, 유지시간, 냉각시간 등은 각각의 제품의 형상, 치수, 두께에 따라 실험적으로 결정된다.

저압주조법은 상술한 바와 같은 주조방법이기 때문에 금형주조법과 비교해서 주조 제조건의 관리는 한층 더 주의를 필요로 한다.

주철제의 도가니나 급탕관을 사용하는 경우 이들이 침식되어 용탕 중의 철분이 증가하고 주조결함의 원인이 되므로 도가니와 급탕관에 적당한 도형을 하여 철분을 일정치 이하로 관리하는 것이 중요하다. 주조의 반복에 의해서 도가니내의 용탕면은 저하하고 제품까지의 높이차가 커지기 때문에 가압력을 증대하는 등 가압조건을 변화하는 경우도 있고, 용탕면의 저하가 어느 수준에 달하면 탕면을 먼저 상태로 유지하기 위하여 용탕을 보급한다.

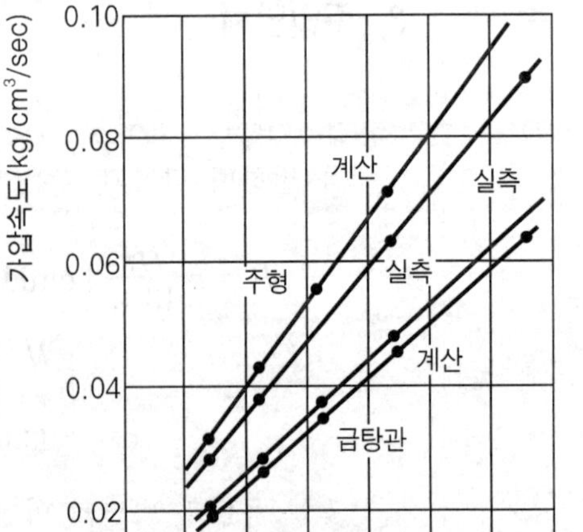

그림 12-9 풍량과 가압속도와의 관계

12.6 저압주조주물의 품질

저압주조법에서는 도가니에서 깨끗한 용탕이 주형하부로부터 조용히 금형내에 유입하는 것으로서 주형내의 공기 또는 가스의 제거는 금형일 때보다 쉽다. 따라서 주물내에 공기와 산화물 등의 영향이 적다. 또 전술한 바와 같이 금형의 하부가 상부보다 50~100°C정도 높은 온도기울기가 자연히 만들어지기 쉬우므로 금형내에 충진된 용탕은 상부부터 점차 아래쪽으로 향해서 지향성 응고를 하는데 알맞고 탕구부가 최후에 응고할 때까지 가압효과가 있다. 이 결과 수축공이 없는 정밀하고 건전한 주물이 만들어진다. 따라서 대부분의 경우 압탕이 거의 불필요하게 된다. 그 예로서 실린더 헤드를 저압주조할 경우 용탕중량 8.1kg을 가지고 제품중량 7.93kg의 주물이 얻어짐으로써 98%의 주조수율을 얻을 수 있게 된다.

저압주조주물의 치수정밀도는 종래의 금형주조주물과 같은 정도이고 다이캐스팅주물과 셸형주물의 대략 중간이라 할 수 있다. 제품외관은 금형의 도형상태에 따라 달라지지만 중력금형주조보다 다소 양호한 편이다. 푸란계수지형 코어를 사용한 주물의 안쪽 표면은 가압효과가 큼으로써 오히려 금형주조품보다 다소 나빠지는 경향이 있다.

12.7 주조용 합금

저압주조법에 적합한 알루미늄합금으로서 유동성이 우수한 Al-Si계 합금을 세계 각국에서 가장 많이 사용하고 있다. 일본에서는 AC2A, 2B, 3A, 4B, 4C, 4D, 7A, 7B, ADC12에 상당하는 합금 등이 쓰이며 각종 공랭 및 수랭 실린더 헤드, 실린더 블록, 클러치 하우징, 풍차, 브레이크 드럼 등이 제조되고 있다. 미국에서는 356합금(AC4C상당)이 실린더 헤드, 크랭크 케이스, 하우징류 등에 쓰이고 있으며 독일에서는 실린더 헤드 등에 GASi12(Cu)가, 영국에서는 실린더 블록, 실린더 헤드에 LM9(AC4A상당)이 사용되고 있다.

12.8 기타금속의 저압주조

1. 철강의 저압주조

강주물의 분야에 저압주조법을 응용한 예로는 미국의 Griffin Wheel Co.의 주강제 철도용 차륜의 제조가 있다. 차륜의 중량은 약 328kg이고 그의 성분은 C 0.65~0.85%, Mn 0.60~0.85%, Si>0.15%, P<0.05%, S<0.05%이다.

주형에는 zircon sand를 도형한 흑연을 사용하는데 수명은 약 1,000회 정도이다. 장치는 그림 12-10과 같고, 원리는 알루미늄합금의 경우와 똑같다.

압탕이 일정한 높이까지 올라가면 가압공기를 빼낸다. 이 때 플런저가 내려가서 급탕관내의 용탕이 낙하한다.

주탕온도는 1,622°C로서 약 20초면 주형에의 충전이 완료된다. 1일 3교대 작업으로서 하루 480개의 생산량을 올릴 수 있다고 한다. 이 외에도 두께 127~152mm, 폭 686~1,321mm, 길이 2,440~7,920mm의 슬래브를 제조하는 데 이용되어 탄소강뿐만 아니라 스테인리스강에도 활용된다.

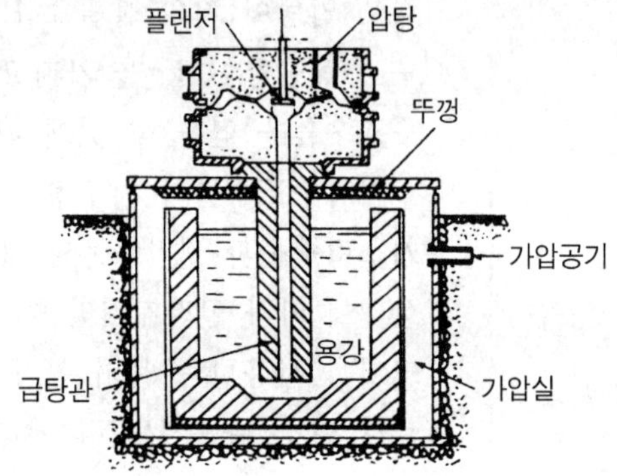

그림 12-10 주강제 차륜의 저압주조장치

2. 동합금의 저압주조

유럽과 미주지역에서 위생도기용 수전금구(sanitary fittings)제조용 원재료로 황동을 사용하며 우리나라도 한국공업규격 KS-D-6001에 의거 황동주물 3종(BsC-3)으로 수전금구를 생산하고 있다.

유럽지역은 일찍부터 황동의 중력식 금형주조 기술로 수전금구를 생산하여 오다가 수전금구가 요구하는 품질 즉, 제품의 내압성, 미려한 제품표면, 패션적 감각 및 양산성을 해결하기 위하여 수전금구업계 내에서 자생적으로 저압주조기술을 개발하게 되었다.

국내의 수전금구업계에서는 1989년에 저압주조가 시작되었다.

(1) 용해방식

황동과 알루미늄 합금의 저압주조 용해 방식은 다음 표와 같다.

내 용		황 동	알루미늄
보온로에의 재료공급방식		정련된 잉곳	정련된 용탕
보온로의 형식	전기저항식 도가니로	곤 란	적용가능
	가스연소식 도가니로	곤 란	적용가능
	저주파유도로/부정형식	적용가능	적용가능

(2) 원재료

① 원재료구비조건

황동의 금형주조용 원재료로서 구비하여야 할 가장 중요한 요소는 먼저 좋은 유동성을 가져서 금형 내에서의 충진성을 향상시키며 결정화 응고과정시 평활계면 표피응고 형태의 응고를 하여 주조품에 중심선 미세수축공을 남기지 말아야 하므로 순금속, 공정응고형 및 포정응고형의 성분이 요구되며 또한 미려한 제품 표면을 얻기 위해서는 소요되는 합금성분을 제외하고 불순성분이 극히 낮은 Polishable grade이어야 한다.

② 합금성분

합금성분 규격(GK-Ms-60기준)

	Cu	Al	Pb	Fe	Ni	Mn	Si	Sn	P	Zn
%	50 ~60	0.5 ~0.7	1.0 ~2.0	0.003 ~0.2	최대 0.2	최대 0.01	최대 0.01	최대 0.2	0	나머지

③ 합금원소의 영향

합금원소	범 위	원소의 영향
Pb	3% 이상	주조성을 해친다.
	1% 이하	가공성은 저해되나, 주조성은 개선된다.
Fe	0.15% 이상	Sn과 공존하면 hot-tearing의 결함을 증가시킨다.
	0.03% 이하	입자미세화처리 효과의 감소, 내압성의 저하
Al	규격값 이상	0.15%의 Al증가는 0.9%의 Cu증가(Al의 Cu당량)
	규격값 이하	Zn손실의 증가, 제품표면균열의 증가
Cu	규격값 이상	유동성 감소, 내압성 감소, 응고범위의 확대
	규격값 이하	Hot-tearing의 발생, 주조성 양호
P	0.02% 이상	미세화처리 효과 없음

(3) Polishable grade의 조건

연마 후 주조품 표면에 열점(hot spot)이 나타나지 않기 위해서는 Cr, Si, Mn, Ni, Al_2O_3 등과 같은 고융점 금속 및 비금속 개재물이 허용치 이상이어서는 안된다.

(4) 응고형태의 개선을 위한 입자미세화 처리

Cu-Zn(39~43%)합금의 경우, 사형주조시 스폰지-요철계면 형태의 응고조직을 나타내지만 저압주조용으로 사용되는 Cu-Zn(36.8~37.5%)합금의 경우에는 요철계면형으로 보다 개선된다. 특히 냉각속도를 증진시키는 금형주조를 하게 되면 평활계면형에 가까운 응고형태를 갖으며, 여기에 입자미세화 처리를 하게되면 완전히 평활계면형의 응고형태를 띄게 된다.

평활계면형 응고를 위해서는 보온로에서 용해하는 도중에 입자미세화 처리를 실시한다. 입자 미세화는 붕불화칼륨(KBF_4)나 붕불화나트륨($NaBF_4$)을 황동 용탕 250kg에 대해 50kg정도 포스퍼라이저로 처리함으로써 이루어진다. 처리온도는 1000°C정도이다. 입자미세화 처리 전후의 응고형태변화를 그림 12-11에 나타내었으며 그 조직상태의 변화를 그림 12-12에 나타내었다.

황동의 금형주조에서 입자미세화처리는 상기한 바와 같이 응고형태의 개선에만 있는 것이지 알루미늄합금에서의 Na개량처리에서와 같이 기계적 성질을 개선시키는 것은 아니다. 또한 알루미늄합금에서는 개량처리시간이 개량효과에 영향을 주지만 황동의 경우에는 처리시간에 영향을 받지 않으며, 한번 미세화처리를 하면 그 결과가 계속 이어진다는 점도 알루미늄과 다른 점이다.

따라서 수전금구 등과 같이 주조제품의 표면이 미려해야 하는 경우에는 계속적인 미세화처리에 의해 미세화제가 과다석출되어 결함이 발생되지 않도록 재사용재의 관리 및 장입기준에 유의해야 한다.

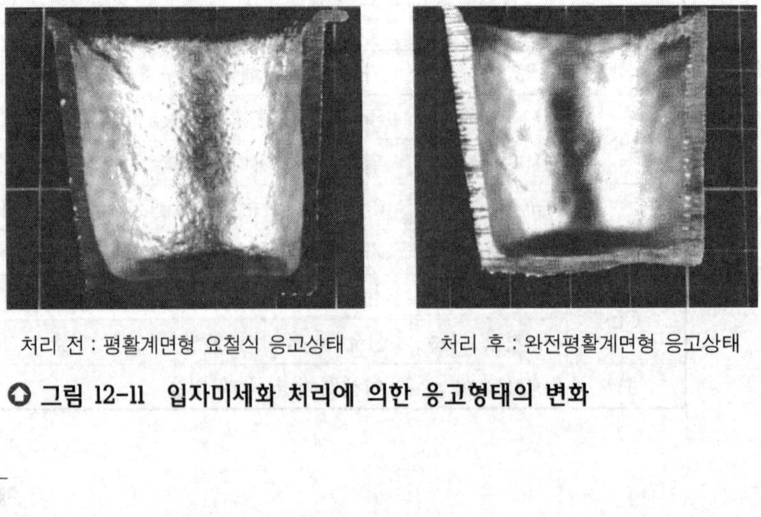

처리 전 : 평활계면형 요철식 응고상태　　처리 후 : 완전평활계면형 응고상태

그림 12-11 입자미세화 처리에 의한 응고형태의 변화

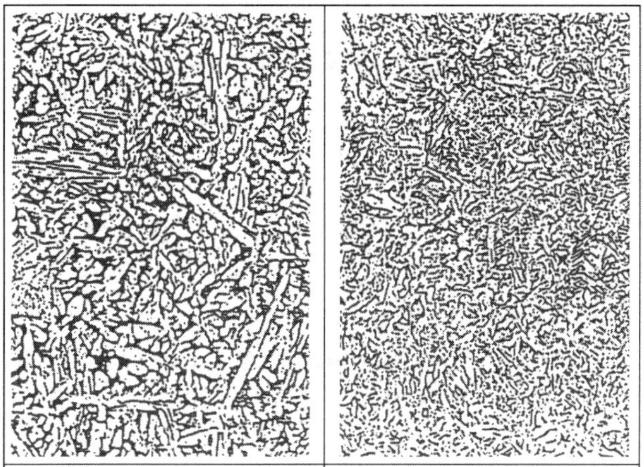

처리 전(100X)	처리 후(100X)

그림 12-12 입자미세화 처리에 의한 조직의 변화

(5) 금형의 도형

① 도형재 : 흑연(분말상 토상 흑연 : 탄소함량 75%이상 급)+물
② 흑연농도 : 부피비율 10~20%
③ 도형제 온도 : 40~60°C
④ 금형온도 : 150~180°C

(6) 중 자

황동의 금형주조는 빠른 냉각속도 때문에 사형주조에서와 같이 셀코어를 사용하기가 어렵다. 단지 모양이나 구조가 간단한 것은 셀코어를 사용할 수 있으나, 일반적으로 hot-box법에 의한 중자를 사용한다. 따라서 탈사성을 보충하기 위해 사용하는 hot-box법용 레진은 열경화 속경성 요소인 푸란수지를 사용한다.

(7) 금형소재

황동의 금형주조시 금형의 열응력을 빨리 해소시키기 위하여 우수한 열전도도를 갖는 Be-Cu합금을 금형용 소재로 사용한다. 시제품 개발시는 강을 대용하기도 하나 양산과 고품질의 제품을 생산하기 위해서는 Be-Cu를 사용하여야 하며 강의 경우보다 그 수명이 3배 이상이 된다.

참고문헌

1. 주물편람 : 대광서림
2. 특수주조 : 노동부, 한국직업훈련관리공단, (1993)
3. 이정근, 박종성, 김명호 : 한국주조공학회지. 제18권 제 3호, (1998)
4. N. Roy, A. M. Samuel and F. H. Samuel : Metal. Trans., 27A, (1996) 415
5. R. N. Grugel : J. of Mat. Sci., 28, (1993) 677
6. K. Radhakrishna, S. Seshan and M. R. Seshadri L AFS Trans., 87-88, 695
7. O. Vorren, J. E. Evensen and T. B. Pedersen : AFS Trans., 84-162, 459
8. John E. Gruzleski, Bernard M. Closset : AFS. Inc., (1990) 143
9. W. Laorchan, J. E. Gruzleski : AFS., 92-39, 415

제 13장

진공주조

13.1 개　　요

금속의 정련 및 주조에 진공을 이용하는 것은 20세기 초부터 시작되었으며, 1940년경부터 진공기술, 진공장치 및 기계의 급속한 진보와 금속재료 성능에 대한 요구로 최근에는 금속정련 및 주조의 각 분야에서 활용되고 있다.

주조작업에서 진공기술은 용탕을 진공 중 또는 감압하에서 용해하거나 주입하는 방법이 가장 많이 실용되고 있다. 즉 진공용해법, 진공주조법, 그 외에 진공처리법 등이 있다.

진공용해법은 용탕의 원재료를 진공하에서 용해하는 방법이며 이것을 계속 진공하에서 주조하거나 또는 대기중에 되돌려서 주조한다. 진공용해는 대기 중에서 용해하는 것에 비하여 전압(全壓)이 낮고 용금에 접하는 각종 가스의 분압이 낮은 것이 특징이며, 전압은 진공용해에서는 10~3mmHg 이하, 대량의 강을 취급하는 진공탈가스에서는 1mmHg 정도이며 분위기 중의 각 가스 성분의 분압은 그 이하이므로 용금 중의 탄소, 산소, 질소, 수소 등의 가스는 분위기 중에 있는 같은 종류의 가스 분압과 평형하는 농도까지 낮아지려고 하며, CO, CO_2, H_2O 등의 휘발성 화합물을 만들기 쉬운 경우에는 이들의 생성 가스로 낮은 분위기 분압에 평형할 때까지 감소하므로 용탕의 가스 제거가 잘 진행된다.

진공주조법(vacuum casting)에 있어서 용해는 대기압하에서 하고 주조만은 진공하에서 하는 방법도 있다.

그 밖에 진공처리법으로는 대기압하에서 용해된 용탕을 레이들에 받을 때 또는 레이들에 받은 후에 진공처리하며 이것을 진공하에서 또는 대기압하에서 주조하는 방법 등이 있다. 이것을 간단하게 정리하면 다음과 같다.

① 진공용해 ➡ 진공주조, 대기주조 또는 분위기주조
② 대기용해 ➡ 진공주조
③ 대기용해 ➡ 진공처리(레이들 내의 용탕 또는 레이들에 받을 때의 용탕을 대상으로) ➡ 대기주조 또는 진공주조

이상에서 ① 방법은 중량 1,000kg이하 소규모인 경우에만 적용되고 주로 Cr, Ni, Co 등을 주체로 한 초경합금, 전자재료, 특수고합금강, 원자력용 재료 또는 동 및 그의 합금, Ti, Zr, Mo, W 등의 용해에 사용된다. ②, ③ 방식은 주로 철강 제조에 많이 사용하고 있다.

이들 각종 방식은 각기 이점을 가지고 있으나 대개 공통적으로는

① 용해와 주조과정에서 분위기의 오염을 방지할 수 있다.
② 수소, 산소, 질소 등의 유해가스성분을 제거할 수 있다.
③ 유해한 불순물 원소를 제거할 수 있다.
④ 진공처리에 따라 정련반응을 촉진할 수 있다.
⑤ 활성금속합금을 용해할 수 있다.

등의 이점을 들 수 있다.

13.2 진공주조의 이론

용융금속은 진공 또는 감압하에서 탈가스, 증발, 화합물의 해리, 기타 화학반응의 촉진 등의 현상을 나타낸다. 그러나 진공 또는 감압하에서 이들 현상에 대한 기초적인 연구는 충분히 진행되어 있지는 않으나 현재까지 얻어진 지식을 정리하여 진공주조시의 여러 현상에 대하여 기초적 고찰을 하기로 한다.

1. 탈가스

(1) 용융금속에 대한 가스의 용해

용융금속에 대한 가스용해반응은 다음 식으로 표시된다.

$$A(\mathrm{g}) \longrightarrow \underline{A} \qquad \cdots\cdots (13\text{-}1)$$

- $A(\mathrm{g})$: 가스성분 A의 가스상의 경우
- $\underline{A}$: 가스성분 A의 용해상태의 경우

식 13-1의 반응은 질량작용의 법칙에 따라 다음 관계가 성립한다.

$$K_A = \frac{P_A}{a_A} \qquad \cdots\cdots (13\text{-}2)$$

- P_A : 기상(氣相)에 있어서 A의 분압
- a_A : 용융금속 중의 A의 활량
- K_A : 평형상수

따라서 용융금속 중의 A의 평형농도는 기상 중의 A의 분압에 따라 정하여지고 P_A가 적어지면 식 13-2에 따라 A의 농도는 감소한다. 만약 수소, 산소 및 질소가 단순히 용탕 중에 용해할 경우에 대하여 생각하면

$$\frac{1}{2}H_2 \longrightarrow \underline{H} \quad \underline{H} = K_H\sqrt{P_H} \qquad \cdots\cdots (13\text{-}3)$$

$$\frac{1}{2}O_2 \longrightarrow \underline{O} \quad \underline{O} = K_O\sqrt{P_O} \qquad \cdots\cdots (13\text{-}4)$$

$$\frac{1}{2}N_2 \longrightarrow \underline{N} \quad \underline{N} = K_N\sqrt{P_N} \qquad \cdots\cdots (13\text{-}5)$$

- K_H, K_O, K_N : 평행상수
- $\underline{H}$, $\underline{O}$, $\underline{N}$: 용탕 중의 농도
- P_H, P_O, P_N : 각각 기상(氣相) 중의 준압(기압)에 대한 보정값

Saito, Gawasin에 의하면 1,600°C에서 K_H, K_O, K_N는 대개 2,830, 0.0025, 0.040이고 용탕 중의 수소, 산소, 질소의 활동도는 그 농도와 같다고 가정하고 각 가스압력과 용탕 중의 용해도와의 관계를 나타내면 표 13-1과 같다.

표 13-1 용탕 중의 수소, 산소 및 질소의 용해도와 분압과의 관계

분압		용해도		
기압	mmHg	H(%)	O(%)	N(%)
1	760	25×10^{-4}		400×10^{-4}
10^{-1}	76	7.9×10^{-4}		126×10^{-4}
10^{-2}	7.6	2.5×10^{-4}		40×10^{-4}
10^{-3}	7.6×10^{-1}	0.79×10^{-4}		12.6×10^{-4}
10^{-4}	7.6×10^{-2}	0.25×10^{-4}	2.83	4×10^{-4}
10^{-5}	7.6×10^{-3}	0.079×10^{-4}	0.28	1.3×10^{-4}
10^{-6}	7.6×10^{-4}	0.025×10^{-4}		0.4×10^{-4}
10^{-7}	7.6×10^{-5}	0.0079×10^{-4}		0.13×10^{-4}
10^{-8}	7.6×10^{-6}	0.0025×10^{-4}		0.04×10^{-4}

즉 용탕 중에서 수소는 $P_H = 10^{-3}$기압에서 이미 평형용해수소량이 ppm 단위 이하로 되나 산소는 단지 진공처리만 가지고는 감소되기 불가능하다. 가령 $P_O = 10^{-6}$기압에서 평형산소함유량은 수 %이고 이 경우 산소는 포화한다. 또 질소의 경우도 P_N의 저하에 따라 평형용해질소량은 많이 감소한다. 따라서 이들 가스가 단순히 용해하고 있을 경우 진공처리에 의해 수소, 질소는 제거가능하나 산소는 불가능한 것을 알 수 있다.

(2) 용융금속으로부터 가스의 방출

앞에서는 단지 평형관계로부터 탈가스를 고려한 것이나 실제 작업에 있어서는 가스가 용융금속으로부터 빠져나가는 속도가 문제시된다. 지금 성분 A 및 B로 된 균일한 용융금속으로부터 가스성분 B가 증발하는 경우를 생각하자. 우선 B성분의 액상 중에서 조성이 균일하다고 하면 그 조성에 상응한 증기압을 나타내며 진공 중에 B성분의 증발속도 W(g/sec)는 Langmuir식으로 주어진다.

$$W = \frac{K}{\alpha\sqrt{\frac{M_B}{2\pi RT}}\,P_B A} \cdots\cdots (13\text{-}6)$$

- α : 적용계수(accommodation coefficient)로 가스분자가 응축상에 충돌하였을 때, 그 표면에 응집할 경우를 표시하는 수치
- K : Clausing factor라 부르며, 증발가스 또는 도가니 등에 따라 영향을 받는 것에 대한 보정치
- M_B : 증발가스 B의 분자량
- P_B : 증기압
- A : 증발면적

지금 증발에 따라 t시간 후에 y(g)의 B성분이 증발하였다고 하면, 그 증발속도는 식 13-6에 의하여

$$\frac{dy}{dt} = \frac{KA}{\alpha\sqrt{2\pi RT}} \cdot \sqrt{M_B}\, r_B N_B P_B^O \cdots\cdots (13\text{-}7)$$

- r_B : 용융금속상내 B의 활량계수
- M_B : mole농도
- P_B^O : 순수상태에 있어서의 증기압

Henry의 법칙이 성립하는 농도범위에서는 식 13-6의 농도를 중량%단위로 나타내며 B의 증발로 인한 농도의 감소는 다음 식으로 나타낸다.

$$-\frac{d[\%B]}{dt} = \frac{100A}{\rho V} \cdot \frac{\sqrt{M_B}}{2\pi RT} \cdot k[\%B]$$

따라서

$$\ln\frac{[\%B_{O}]}{[\%B]} = \frac{100A}{\rho V} \cdot \frac{\sqrt{M_B}}{\sqrt{2\pi RT}} \cdot kt \cdots\cdots (13\text{-}8)$$

- ρ : 용탕의 비중(g/cm^3)
- V : 용탕의 체적(cm^3)
- k : 헨리 법칙의 비례상수

이와 달리 B의 증발속도의 율속단계(律速段階)가 기체와 액체의 경계면에서 B성분에 대하여 농도기울기를 갖는 경계층 를 통하여 B가 확산하는 속도라고 하면 (그림 13-1참조)

$$\frac{\partial C_B}{\partial t} = -A\left(D_B\frac{\partial C_B}{\partial x} + C_B \cdot V_x\right) \cdots\cdots (13\text{-}9)$$

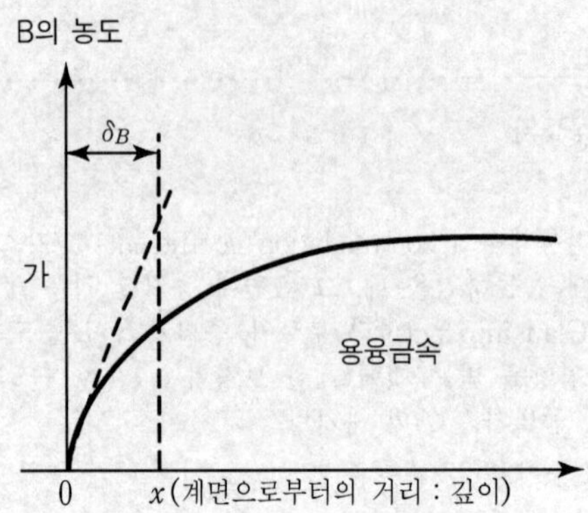

그림 13-1 기-액계면에서의 경계층

$C_B \cdot V_x$는 교반에 의한 유동에 기인하는 항이고 V_x는 액체의 x방향의 유동속도로서 V_x의 평가는 곤란하다. 그러나 경계면에서 $V_x=0$이므로

$$\frac{\partial C_B}{\partial t} = -AD_B\left(\frac{\partial C_B}{\partial x}\right)_{V_{x=0}} = -\frac{D_B}{\delta_B} \times (C_{B_{x=0}} - C_B bulk)$$

$$\therefore \; -\frac{d[\%B]}{dt} = \frac{A}{V} \cdot \frac{D_B}{\delta_B} \times ([\%B]_{bulk} - [\%B]_{surface})$$

따라서

$$\ln\left(\frac{[\%B]_O - [\%B]_{surface}}{[\%B]_{bulk} - [\%B]_{surface}}\right) = \frac{A}{V} \cdot \frac{D_B}{\delta_B} \cdot t \quad \cdots\cdots\cdots (13\text{-}10)$$

$[\%B]_O$: 최초의 B농도
D_B : B의 확산 계수
δ_B : 확산층의 두께(경계 유동층의 두께)

식 13-10은 시간 t내에 증발에 의하여 균일용융금속상에서 B성분이 증발하는 상황을 나타낼 때의 식이다. 예를 들면 철강 중의 각종 성분의 증발속도 등은 이 식에 의하여 구해진다. 따라서 식 13-8에 따라서 증발속도는 증기압, 증발, 가스분자량, 증발면적 및 온도에 단순히 의존하는 것 같이 보이나 실제로는 확산속도, 확산막 두께 등에도 영향을 받는다. 많은 연구결과에 의하면 용융금속 중에서 반응율속도단계가 반응성분의 확산에 있다는 것이 알려져 있고 용융금속으로부터 가스의 방출속도식으로서는 식 13-10이 실측 예와 잘 일치되고 있다.

2. 합금성분의 증발

앞에서는 성분 A 및 B로 된 균일한 용액금속으로부터 빠져나오는 가스성분 B가 증발하는 경우에 대해서만 생각하였다. 그러나 실제로는 A성분도 B와 똑같이 진공의 영향을 받아 B와 함께 증발한다. 이 양자의 증발비율은 예를 들면, A성분과 함께 함유된 불순물 또는 불필요 성분 B를 제거하는데 있어서 기본적 관계를 가지고 있다. 지금 A성분에 대해서도 식 13-7에 의한 B성분과 동일한 관계가 성립된다. 즉

$$\frac{dx}{dt}=\frac{KA}{\alpha\sqrt{2\pi RT}}\cdot\sqrt{M_A}\cdot r_A\cdot N_A\cdot P_A^O\cdots\cdots\cdots\cdots\cdots\cdots(13\text{-}11)$$

단 기호의 뜻은 식 13-7에 준한다.

식 13-7과 식 13-11에서

$$\frac{dx}{dy}=\frac{\sqrt{M_B}}{M_A}\cdot\frac{r_BN_BP_B^O}{r_AN_AP_A^O}=\frac{\sqrt{M_B}}{M_A}\cdot\frac{r_BP_B^O}{r_AP_A^O}\cdot\frac{b-y}{a-x}\quad(13\text{-}12)$$

여기서 a 및 b는 A 및 B성분의 최소함유량이다.

지금 용융금속상이 B성분에 대하여 희박용액이고 $r_A=1$, $r_B=$일정(constant)하게 볼 수 있는 범위(헨리의 법칙이 성립하는 범위)에서는

$$\sqrt{M_A}\cdot r_BP_B^O\sqrt{M_B}\cdot r_A\cdot P_A^O\equiv\alpha=\text{일정}$$

이니까 식 13-12로부터

$$\frac{y}{b}=1-\left(1-\frac{x}{a}\right)^{\alpha}\cdots\cdots\cdots\cdots\cdots\cdots\cdots\cdots\cdots\cdots\cdots\cdots(13\text{-}13)$$

식 13-13으로부터 $\alpha=1$일 때는 $\frac{x}{a}=\frac{y}{b}$, 즉 A, B 양 성분의 증발 비율은 같으며 조성은 변하지 않는다. $\alpha>1$일 때는 B성분은 증발에 의하여 농도는 감소되고 제거되며 α가 클수록 제거되기 쉽다. $\alpha<1$일 때는 B성분이 증발하는 것보다 A성분의 증발이 활발하고 B성분은 농화한다.

$\frac{x}{a}$와 $\frac{x}{b}$와의 관계는 그림 13-2와 같이 된다. 또한 예로서 2원계 철합금의 경우의 의 값을 나타내면 표 13-2와 같다.

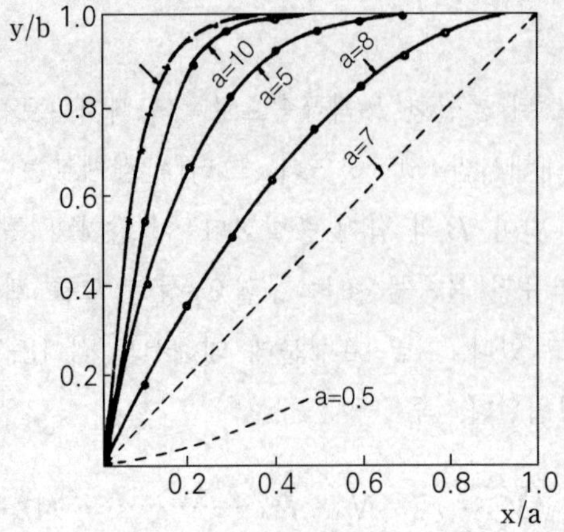

⊙ 그림 13-2 진공상에서의 증발의 비율

⊙ 표 13-2 2원계 철합금의 증기압 및 값

원소	1,600°C에 있어서의 증기압(mmHg)	용탕 중에 있어서의 활량계수	1,600°C에 있어서의 증기압(mmHg)		α	
			0.2%	1.0%		
Mn	4.2	1.3	0.11	0.55	900	150
Al	1.9	0.031	0.00024	0.0013	1.4	–
Cu	1.0	8.0	0.014	0.070	12.5	60
Sn	0.8	1	0.00076	0.0038	9.1	18
Si	0.42	0.0072	0.000012	0.00006	0.07	10
Cr	0.19	1	0.004	0.02	3.3	–
Co	0.013	1	0.00006	0.0003	0.5	-
Ni	0.029	0.67	0.000036	0.00018	0.32	-
S	>760					7.5
As	>760					3
P	>760					0.6

이와 같은 결과로부터 망간, 동, 석 등 α가 큰 것은 철의 증발손실이 없이 증발제거가 가능하지만 코발트, 니켈, 크롬, 실리콘과 같은 α가 적은 것은 증발제거가 불가능함을 알 수 있다.

3. 화합물의 분해

대부분의 금속들은 산소, 수소 및 질소와 반응하여 화합물을 형성한다. 이 반응들은 대개 발열반응이며 충분히 높은 온도로 가열을 해주면 화합물이 분해되어 원래의 구성 원소로 돌아간다. 그러나 대부분의 금속 산화물은 상당히 안정한 상태로 되어 있어 실제로 분해가 일어나려면 온도는 높고 반면에 압력은 낮아야 된다. 고진공하에서 산화물, 질화물 및 황화물 등은 해리한다. 가령 산화물을 예로 들면

$$M+\frac{1}{2}O_2=2MO \quad \text{단, } M\text{은 2가의 금속}$$

위의 식의 표준자유에너지는

$$\Delta G^{O}=-RTInP$$

- ΔG^{O} : 표준자유에너지
- P : 산화물의 해리압
- R : 기체상수
- T : 절대온도

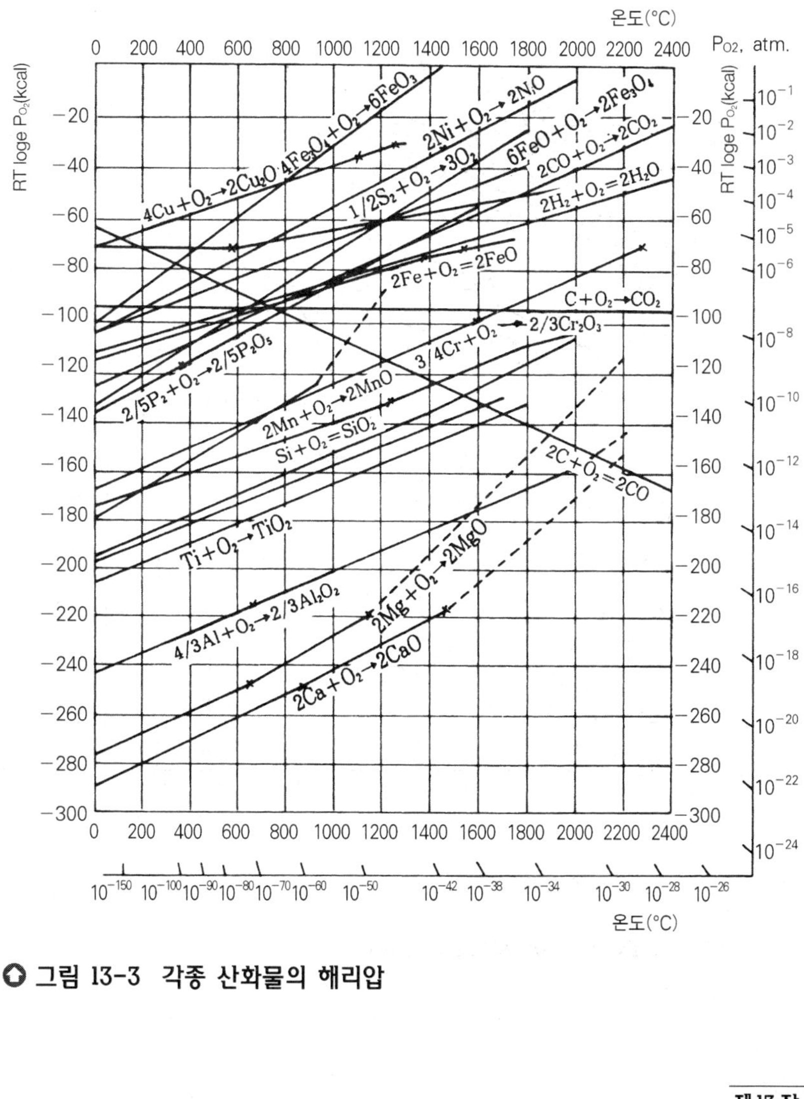

그림 13-3 각종 산화물의 해리압

따라서 ΔG^0를 알게 되면 각 온도에 있어서 P는 용이하게 구할 수 있다. Richardson과 Jeffes는 산화물과 황화물에 대하여 Pearson과 ende는 질화물에 대하여 각종 온도에서의 표준자유에너지와 해리압을 그림 13-3, 그림 13-4, 그림 13-5에 각각 나타내었다.

이들 데이터에는 실험적으로 부정확한 것과 저온에서의 결과를 고온까지 적용한 것도 있다. 그러나 이들 결과로 볼 때 현재 실용되고 있는 진공주조에서의 진공능력으로는 대부분의 각종 화합물을 해리시킨다는 것은 불가능하다고 할 수 있다. 따라서 산화물, 황화물 및 질화물의 산소, 황 및 질소를 저압에서의 해리에 의하여 제거하는 것은 대부분의 경우 곤란하다.

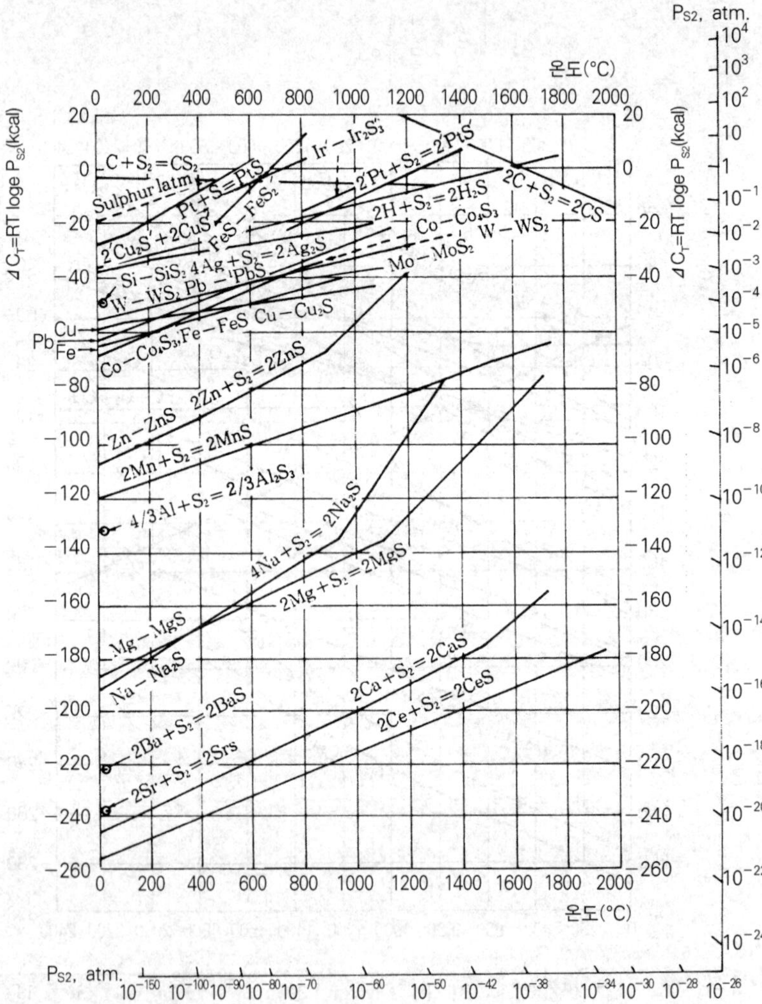

그림 13-4 각종 황화물의 해리압

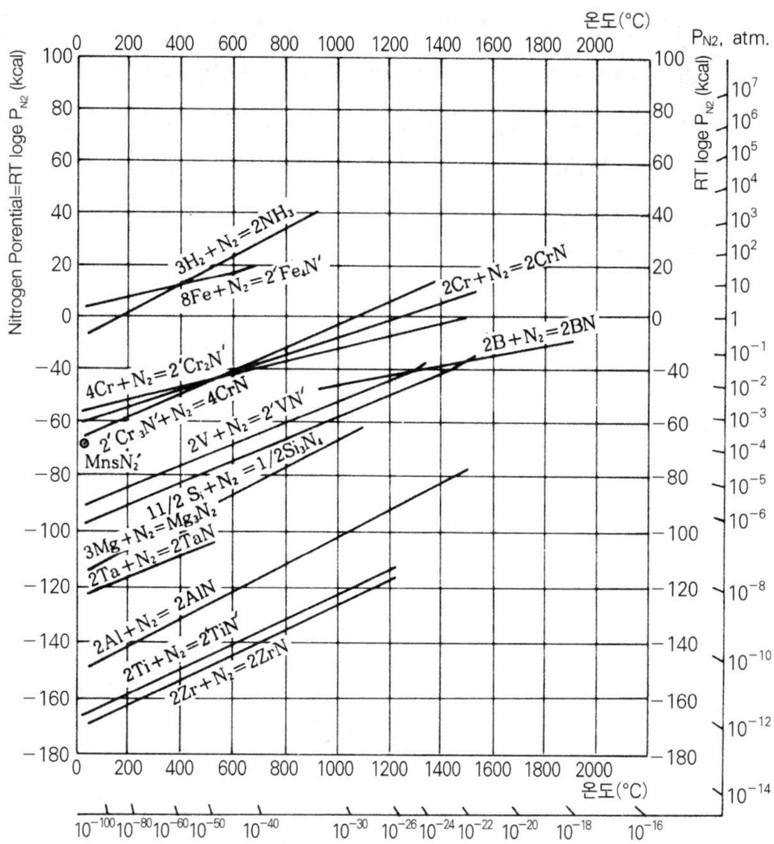

그림 13-5 각종 질화물의 해리압

4. 화학반응의 촉진효과

생성계가 가스상태의 화학반응을 통하여 언제나 그 생성가스를 떼어내어 주면 화학반응이 촉진된다. 따라서 생성가스를 항상 배기하고 있는 진공하에서 이 반응은 한층 촉진된다. 이 때문에 반응계 중에서 제거하기 힘든 것이 함유되어 있을 경우, 가령 철강의 탈산은 공존하는 탄소와의 반응에 의하여 위 원리를 이용하여 효과적으로 제거할 수 있다. 즉 용탕 중에 존재하는 탄소와 산소는 다음과 같이 반응한다.

$$\underline{C}+\underline{O}=CO$$

$$K_{CO}=\frac{P_{CO}}{C}\cdot O$$

여기서 P_{CO}를 적게 하면 반응은 오른쪽으로 진행하고 저압에서 탄소와 평형하는 산소량은 매우 적어진다. 따라서 대기압하에서 평형을 유지하고 있는 탄소-산소관계도 진공처리로 다시 반응을 일으켜서 비등상태가 되고 탈산이 진행한다. Fujii는 저압에서 용강 중의 C-O관계에 대해서 실험하고 Marshall과 Chipman이 1~20기압의 조건하에서 실험한 바 있으며 아래의 식이 적용된다고 보고하고 있다.

$$\log K_{CO}\left(\frac{P_{CO}}{a_C \cdot a_O}\right) = \frac{1,860}{T} + 1,654$$

a_O : 산소의 활량
a_C : 탄소의 활량

따라서 이보다 저압에 있어서 탄소-산소 관계를 구하고 다른 원소와 산소와의 평형관계를 같이 나타내면 그림 13-6과 같이 된다. 이 관계는 $a_C = \underline{C}$, $a_O = \underline{O}$ 라고 가정하고 있으며 반응속도에 문제가 있어 실제적으로는 반드시 그림 13-6에 나타낸 관계처럼 되지는 않으나 저압에서는 미량의 탄소가 존재함에 따라 용강 중의 산소량은 현저히 감소한다.

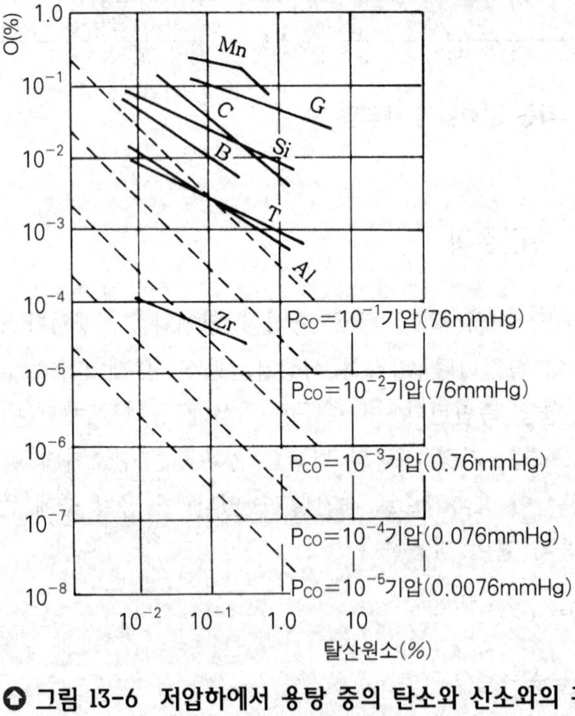

그림 13-6 저압하에서 용탕 중의 탄소와 산소와의 관계

가령 P_{CO} 가 760mmHg이면 탄소 0.1%의 존재는 대기압하에 있는 알루미늄 0.1%의 탈산력과 같은 효과를 나타내고 있다. 더욱이 용탕 중에서 각종 산화물 등은 단순히 압력을 떨어뜨리는 것만으로는 제거하기 곤란하지만, 탄소가 존재하면 탄소의 탈산방응과 꼭같이 저압하에 있어서는 환원반응이 진행하기 쉽게 된다. 즉

$$MnO + \underline{C} = \underline{Mn} + CO$$
$$SiO_2 + 2\underline{C} = \underline{Si} + 2CO$$
$$Al_2O_3 + 3\underline{C} = 2\underline{Al} + 3CO$$

로 되는 반응은 오른쪽으로 진행한다.

이들의 반응개시온도와 P_{CO}와의 관계는 그림 13-7에 나타낸 것과 같으며 $P_{CO} = 1$기압에 있어서는 고온이 아니면 진행하지 않는 반응도 기압을 떨어뜨림으로써 상당히 저온에서도 진행됨을 알 수 있다. 이와 같이 진공처리 함으로써 새로이 화학반응을 촉진하여 불필요한 성분을 효과적으로 제거할 수 있다.

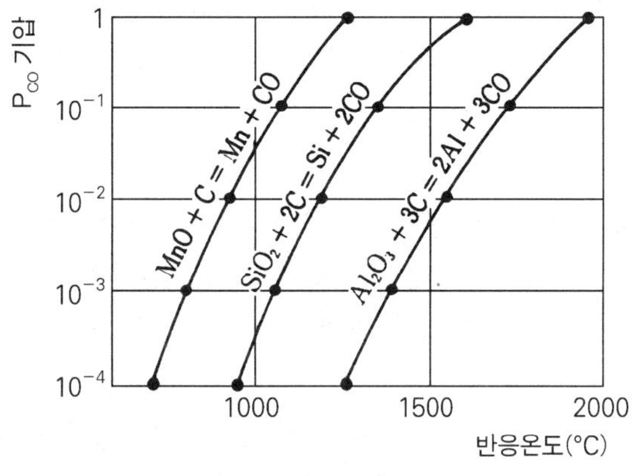

그림 13-7 탄소에 의한 각종 산화물의 환원

13.3 진공용해법

1. 진공유도용해법

유도로를 진공 중에 설치해서 용해정련하는 방법으로서 진공유도용해법(vacuum induction melting)을 약해서 VIM이라 한다. 진공용해의 연구방법은 이미 19세기 말에 나타났지만 생산규모로의 용해는 1920년대이고 1950년대에는 제트엔진 재료에 대한 대폭적인 수요증가가 계기가 되어 급속하게 발전했다. 또한 이것을 가능하게 한 것은 대용량 진공펌프의 개발과 진공 기기류의 성능향상에 있다. 그 특징은 진공하에서 용해가 행하여지기 때문에 분위기로부터의 오염이 없는 것, 용강 중의 C와 O의 반응에 의하여 유효한 탈산이 이루어지는 것, 활성금속을 포함하여 성분조정이 극도로 정확하고 용이한 것 등이 있다. 그러나 결점이라면 증발하기 쉬운 성분에 대해서는 조정이 곤란하고 응고형태는 진공아크 재용해법과 다르고, 보통 조괴의 경우 성분편석은 피할 수 없다는 것이다. 또한 발열성인 압탕 보온재를 사용하므로 회수율이 증가한다. 이 때문에 진공아크 재용해법과 조합하여 사용하는 예가 많다. 일본에서는 자성재료, 전자기기재료에 VIM이 채용되고 있다.

(1) 설 비

용해용량은 500kg~25×10^{3}kg이지만 최대급으로서는 미국에 60×10^{3}kg로가 있다. 진공유도용해로는 진공 용기내에 유도로를 설치하고, 외부로부터 전력을 공급하여 도가니내에 원재료를 용해함으로써 진공 중에서 주탕한다.

이 기본적인 형식은 그림 13-8과 같고 이 외에 유도전류 발생장치와 진공배기계통을 갖추고 있다. 유도로는 수냉동관코일, 무철심형의 코일, 수냉 케이블, 접속부, 진공탱크 관통부 등에 대한 진공절연이 중요시되고 있다. 연속용해를 위해서는 원료장입실, 주형실이 용해실과 분리되고 밸브에 접속해서 각각 별개의 배기계통에 연결되어진다.

전원주파수는 소형로 일수록 높지만 공업용 로에는 전동발전기의 500~3,000Hz 주파수, 여배(勵倍)방식의 150~540Hz 상용주파수가 채용되고 있다. 진공배기계통으로서는 5,000kg정도까지의 중규모 설비에는 유압회전 펌프, 기계적 중압기(mechanical booster), 유압확산펌프의 계열이 사용되고, 도달진공도 약 10^{-2}Pa(10^{-4}Torr), 조업시는 10^{-1}Pa(10^{-3}Torr)정도이다. 대형설비에는 증기분사기(steam ejector)가 사용된다.

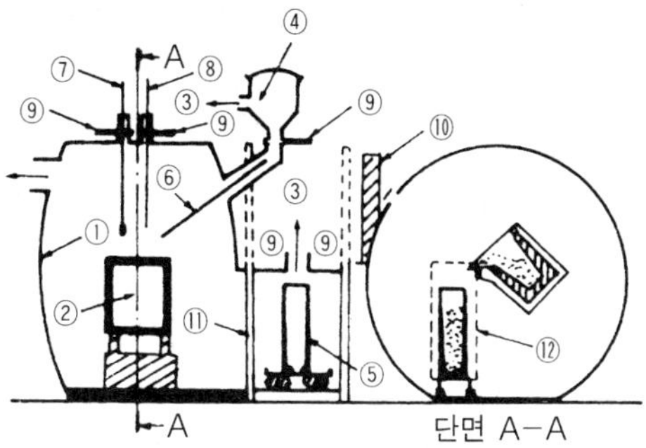

그림 13-8 진공유도용해로

(2) 조업과 효과

중형로 이하에는 냉재장입방식이고 대형로에서는 아크로 등에서 예비용해한 용강을 장입하는 용탕장입(hot charge)방식이다. 냉재장입방식은 Ti, Nb, Al과 같은 활성원소를 많이 함유한 합금의 용해에는 적합하지 않으나 그것들을 함유한 고철칩 등의 활용에 적당하다.

대기중 용해와는 달리 진공하에서는 내화물과 용탕의 반응이 촉진됨으로 도가니 또는 라이닝의 선정에 주의해야 한다. 냉재장입에는 장입재료가 완전히 용해한 후 진공도를 올려서 진공정련을 행한다. 이것에 의해 H, N, O 등이 제거되고 또한 등기압이 높은 Zn, Sn, Sb, Pb 등의 제거가 기대된다. 질화물 생성원소가 없어지면 용강 중의 N은 [C]−[O]반응에 수반되는 비등(boiling)에 의해서 제거가 촉진된다. 진공정련과 병행해서 비활성 성분의 조정, 극저탄소강이라면 탈산정련을 행한다. 잇달아 활성성분이 조정되고 진공중에서 상주 또는 하주에 의해서 잉곳(ingot)을 만든다.

진공법에 의하면 가스성분의 감소, 열간 가공성의 개선에 효과가 있고 산화물계 개재물이 감소하기 때문에 피로특성, 충격치, 크리프강도가 개선된다. 또한 스테인리스강에는 내식성과 용접성이 향상되고 자성재료의 자성특성이 향상된다. 그러나 진공 아크 재용해법과 엘렉트로 슬래그(electro slag) 재용해법 등의 발전으로 대상 품종의 대체가 행하여지고 있다.

2. 진공재용해법

진공아크 재용해법으로서 현재 공업적으로 광범위하게 사용되고 있는 소모전극식 진공아크 재용해법(consumable electro vacuum arc remelting)을 약칭해서 간단하게 VAR이라 부르고 있다. 그 원리는 고진공하에서 수냉동판

주형 중에 피용해재(즉 소모전극)를 용해해서 잇달아 그 상태대로 적층응고하게 한다. 이것이 순차로 소량씩 진행해서 진공정련, 개재물의 부상분리, 응고 조직의 개선에 의해서 품질이 향상한다.

원래는 고융점 금속, 활성금속의 용해용에 개발되어 1953년에는 W.J.Kroll에 의한 티타늄 잉곳의 공업생산으로 발전했다. 잇달아 1950년대 후반부터 1960년대에 걸쳐서 철강에의 이용이 진행되어 일본에서서는 최초로 신호 제강소에서 1958년 이후 실용화되어 10^3~ 25×10^3kg 용량의 로가 10여기가 가동하고 있다. 현재 세계 최대의 로는 미국의 60×10^3kg급이다.

(1) 설 비

개략도는 그림 13-9와 같고 이것에 급수설비, 진공배기계, 전극구동계와 전원이 접속된다. 진공용기는 상부 커버와 주형으로 되고 유휴시간을 작게해서 생산성을 향상하게 하는 주형틀(mold station)을 2개 설치해서 상부 커버를 이동, 선회해서 교대로 사용한다.

아크 용해시에 전류에 의한 자장 때문에 용탕이 회전해서 성분편석의 우려가 있으므로, 주형 또는 수냉재킷(jacket)에 코일을 감아 그 전류에 의해서 자장을 제어하는 일이 많다.

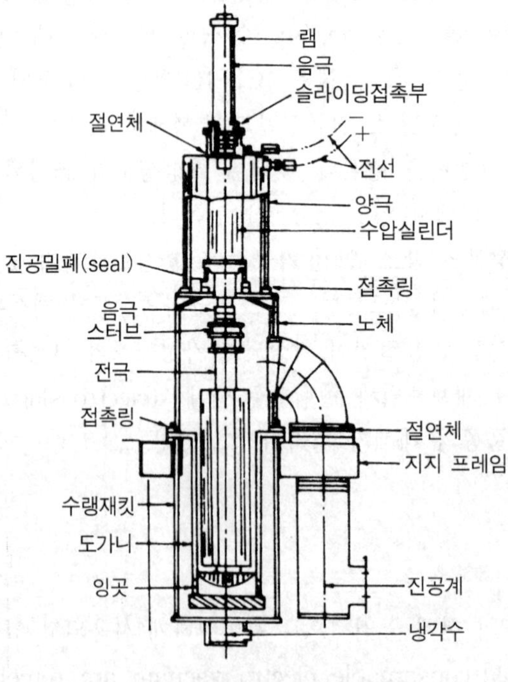

그림 13-9 진공 아크 재용해로

진공 아크 재용해법(VAR)에는 전극이 음극, 주형은 양극의 전류가 사용된다. 정류에는 실리콘 정류기가 채용되고, 직류출력을 조정하는 데는 가포화리액터(saturable reactor)를 설치한다.

상부의 압입봉(stinger rod)은 진공 밀폐부(sealing)를 지나서 진공용기내에 관통하고 있고, 전극승강기 기구에 의하여 상하 이동한다. 상하이동은 아크 길이를 정확히 제어하기 위한 전자제어장치 신호에 의해 이루어진다.

용해중에는 용융풀(pool)표면과 전극과의 간격은 품질향상을 위해 균일하게 유지하는 것이 요구되므로 아크길이와 아크 전압의 직선관계를 이용해서 아크 전압과 설정전압의 차가 영이 되도록 전극을 구동한다. 진공배기계는 유압회전펌프, 기계적 증압기, 유압확산펌프와 조합하여 도달 진공도는 약 10^{-3}Pa (10^{-5}Torr), 용해중에는 10^{-1}~10^{-2}Pa(10^{-3}~10^{-4}Torr)로 유지한다.

(2) 조업과 효과

미리 아크로, 고주파유도로, 진공유도로 등에서 용제된 용탕을 재용해하지만 용탕의 품질에는 전극, 노내압력, 용해속도, 아크의 안정성, 용융풀의 깊이 등이 영향을 미친다.

표 13-3 진공 아크 재용해의 조건

앙곳(ingot)			용해시간 ks	전극과 주형의 간격(cm)	전 류 (KA)
지름(m)	길이(m)	질량(kg)			
0.15	1.27	160	7.2	2.5	3.5
0.20	1.10	250	9.9	⬆	4.5
0.30	1.65	850	17.1		7.0
0.40	2.20	2,000	25.2	증가	10.0
0.50	2.75	3,950	32.4	⬇	13.2
0.60	3.30	6,800	39.6		17.0
0.75	4.15	13,300	50.4	5.0	23.0

압입봉 선단에 스터브(stub)라 부르는 접속용구를 갖추어 그 하부의 전극 상부를 진공아크용접한다. 주형저부에는 스타팅 블록(starting block) 또는 깨끗한 칩을 설치하고 전극과 주형의 간격을 확인하고 나서 배기하고, 진공도에 도달한 다음 용해를 개시한다. 초기는 저전류이지만 용융풀이 형성되어 아크가 안정이 되면 최고 전류까지 증가하게 된다. 이 일례는 표 13-3에 나타낸 것과 같고, 잉곳 지름 D(m)와 표준용해전류 I(A)의 사이에는 $I = 3\times10^4 D^{1.5} + 1.65\times10^3$의 관계가 있다. 또한 용해속도는 전류치에 대충

비례하고, 그 상수는 0.5~0.7이다. 망간(Mn)은 용해시에 증발하기 때문에 그 증발량에 대응해서 전극 중에 망간을 많이 넣는다.

또한 이곳은 진공 중에서 응고하기 때문에 기포를 생성하기 쉽고, 전극 중의 산소를 낮은 수준으로 놓아두던가 선삭, 연삭, 숏 블라스트(shot blast) 등으로 표면의 녹(scale)을 제거해둘 필요가 있다. 용해가 종료하면 전류값을 내려 용융풀을 얕게 해서 상부수축공을 경감한다.

진공 아크 재용해법에 의하면 용강 중의 수소(H), 산소(O), 질소(N) 등의 가스 성분이 감소하지만 용강 중의 질소와 결합하기 쉬운 원소를 포함하면 탈질소 효과는 현저하지 않다. 또한 불순물이나 개재물도 감소해서 기계적 성질이 개선된다. 적용 강종은 고급강 뿐만 아니라 대형 단조강에도 적용하며 초내열합금은 진공유도 용해법(VIM)과 진공 재용해법(VAR)의 2중 용해공정으로 제조되는 것이 많다.

3. 진공탈탄법

레이들정련법의 일종으로 1966~1967년에 독일 Edelstahlwerk Witten사에서 개발되었던 고크롬용강의 진공탈탄법(VOD법, vacuum oxygen decaburization)이다. 다른 말로 비텐(Witten)법이라 하며 스테인리스강의 진공탈탄법으로서 널리 보급되어 전세계에 20기 정도, 일본에도 (40~60)×10^3kg용량의 것이 6기가 가동되고 있고, 전로 또는 아크로와 조합해서 사용되고 있다.

원리는 진공용기내의 레이들 저부로부터 아르곤가스를 취입하면서 산소취입창(lance)으로 용강을 탈탄한다. 또한 보통의 진공 탈가스법과 비교해 볼 때 용강 중의 N을 제거하기 쉽다. 스테인리스강을 품질면으로 보면 페라이트계 스테인리스강은 오스테나이트계 스테인리스강과 달리 응력부식 균열을 일으키지 않는다고 하는 장점이 있지만 내식성, 인성, 가공성 등에서 열세하기 때문에 극저탄소([%C]<100ppm), 저질소([%N]<50ppm)가 요망되고, 이것에 수반하여 진공탈탄법의 개량기술이 개발되고 있다. 플라즈마 아크재용해법과 전자빔 용해법(electro beam melting)이 있지만, 고가이므로 아직 대량생산에는 부적당하다.

진공탈탄법의 개량으로서 예를 들면 용강내 탄소가 1~2%에서 0.01%까지의 제1기는 보통의 감압하에서 산소취정을 행하고, 이후의 제2기는 고진공하에서 아르곤가스에 의한 강한 교반을 하여 진공탈탄하는 강력진공탈탄법(SS-VOD)이 있다. 탈탄과 병행해서 탈질소가 진행하지만 제2기에는 질소의 흡수를 억제하도록 해야 한다. 현재 오스테나이트계 스테인리스강에 대하여는 보통의 전로와 진공배기계를 직결하는 형식도 있다.

(1) 설 비

소위 레이들 탈가스법과 유사하지만, 진공조의 윗덮개에서 O형의 링(O-ring)을 통하여 산소취정용의 랜스가 승강하도록 설치되고 있는 것과 진공조내에서 격렬하게 탈탄을 행하기 위해 대량의 CO를 배기함으로써 배기능력을 증강하는 점이 다르다. 그 개략도는 그림 13-10과 같으며, 레이들의 저부로부터 다공성 플러그(porous plug) 등에 의해서 아르곤 가스를 취입한다. 그 위치는 용강의 혼합특성을 고려해서 중심에서 반지름 방향으로 약간 떨어져 있다. 또한 산소취입창은 수냉비소모형과 보통의 파이프 또는 파이프에 내화물을 도포한 소모형이 있다.

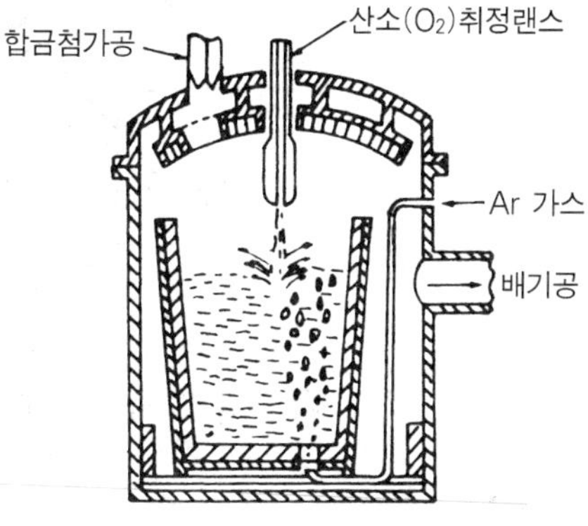

그림 13-10 VOD설비의 개략도

(2) 조업과 효과

보통은 아크로, 전로 또는 그 조합으로 용강내 탄소함량 0.4~0.5%까지 산화정련을 행하고서 출강한다. 진공탈탄용 레이들에 출강할 때에 슬랙이 혼합하지 않도록 연구할 필요가 있고, 출강하기 전에 제재한다든가 슬랙과 함께 출강하여 레이들에서 진공탈탄용 레이들에 용강을 옮기는 식으로 제재한다. 레이들을 진공조내에 있는 아르곤가스를 저부로부터$(0.17\sim 1.33)\times 10^{-3}m^3/s$의 정도로 취입하면서 감압한다. 6단 증기분사기(steam ejector)를 사용하는 경우, 도달진공도는 25Pa(0.2Torr)정도이다. 산소취정시의 진공도는 CO가스 발생에 의한 비등(boiling)상황에 따라 13~1.3KPa(100~10Torr)으로 조절한다.

그간의 용강 중의 탄소농도의 추이는 진공도, 배기가스량, 배기가스 연속분석 등에 의하여 판정된다. 탈탄반응의 진행과 함께 작동을 펌프 단수를 높여서 약 60분(3.6ks)에 걸쳐서 산소취정이 종료했던 시점에서 펌프를 전면 작동해서 CO가스발생이 이루어지기까지 진공탈가스를 행한다. 그 최종단계에 있는 용강 중의 탄소와 크롬 농도의 관계를 그림 13-11과 같이 나타내었다. 그 외에 아르곤가스 교반을 계속하면서 탈산제를 첨가해서, 필요에 대응한 합금류를 첨가해서 처리가 완료된다.

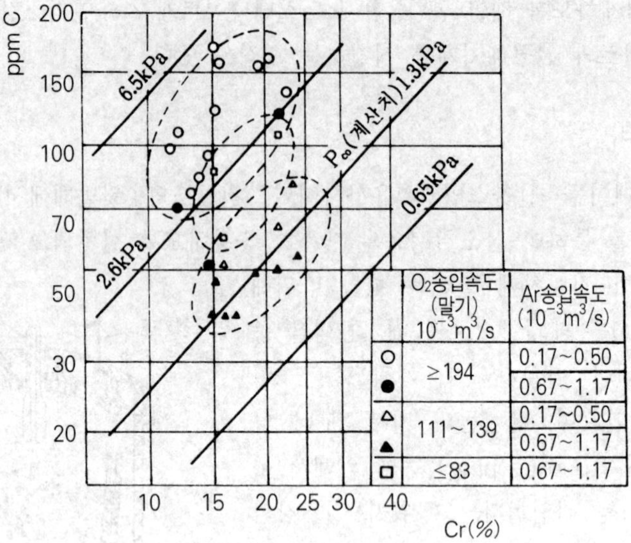

그림 13-11 VOD법에 따른 산소취입 후의 용강 중의 탄소 함유율과 크롬함유율과의 관계

진공탈탄법에서 중요한 것은 아크로와 전로에서의 탄소함유량을 정확하게 조정하는 것이다. 탄소함유량을 대기 중에서 낮게 하면 크롬손실이 증가하며 또한 탄소함유량이 높아지면 진공탈탄처리의 시간이 길어지기 때문에 크롬회수율과 생산능률의 균형을 고려해야 한다.

이 방법에서 극저탄소와 저질소를 달성하기 위해서는 탄소의 경우 크롬의 도달함량이 낮고 용강온도가 높을 수록 낮게 되지만 아르곤가스에 의한 용강 교반의 상태, 탈탄말기의 산소공급속도를 적정치로 유지하는 것이 필요하고, 질소의 경우에는 저탄소 영역에의 질소흡수를 억제하면서 공기누설량을 감소시키는 밀폐(sealing), 적정한 진공도의 채택, 아르곤과 같은 희석가스의 이용이 연구되고 있다.

근래 해수처리의 시설, 해양구조물, 냉각수의 해수화 등의 수요증가로 염소이온이 존재하는 곳에서 충분한 특성을 발휘할 수 있는 스테인리스강이 요구되고 있다. 이를 위해서는 염소이온에 의한 응력부식균열을 일으키는 페라이트계 스테인리스강의 기계적성질을 개선하기 위해 ([%C]+[%N])<100ppm까지 정련할 수 있는 강력진공탈탄법의 기술이 이용될 수 있다.

13.4 진공처리 방법

금속을 진공 중에서 용해 주조함으로써 기대할 수 있는 성질과 품질의 향상은 대단하다. 그러나 주조품에 대한 적용은 통상의 단조재나 압연재를 위한 주괴를 만들 때와 비교하여 상당한 제약을 받는다. 예를 들면 진공탱크내에 주물사를 만든 주형을 넣어서 주입하는 것은 많은 문제가 있고 특히 대형의 경우 곤란하다. 또 소형의 경우 이외에는 진공용해로에서 진공주조를 실행히는 것은 불가능하다. 따라서 대형주조품에 대해서는 주입전에 용탕에 진공처리를 하여 대기 중 또는 다른 불활성 가스 중에서 주입하는 방법을 채용할 수밖에 없다. 용해로에서 받은 용탕을 진공처리하여 주형에 주입하는 것은 대규모로 실시되고 있으므로 주로 철강의 경우에 대하여 몇 가지 방법을 설명하기로 한다.

1. 진공 레이들 탈가스

그림 13-12와 같이 레이들 자체에 뚜껑을 덮고 진공펌프로 배기하면서 직접 용해로에서 용탕을 받는 방법으로 설비가 비교적 간단하며, 처리 후 레이들에서 작은 주조품을 다수 주입하는 것이 가능하다.

그러나 용탕을 레이들에 받을 때 온도강하가 크고 적정주입온도를 얻기가 어렵다.

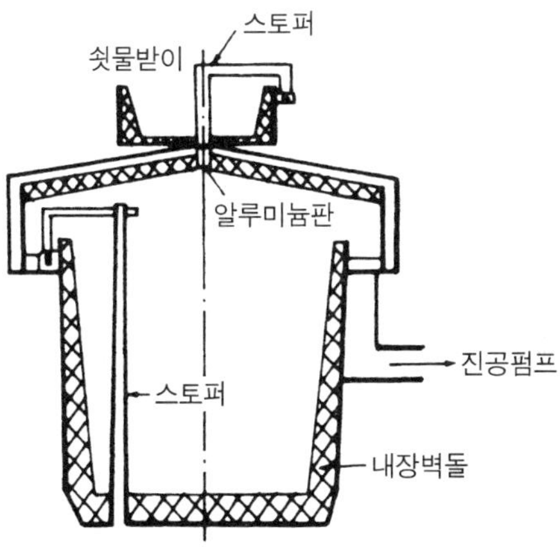

그림 13-12 진공 레이들 탈가스법

2. 레이들 탈가스

용탕을 받은 레이들을 진공탱크내에 넣거나 또는 그 상부를 밀폐한 후 배기하고 진공처리하는 방법으로 그림 13-13 및 그림 13-14와 같다.

이 방법에서는 진공처리 후 주입하는 것은 진공 레이들 탈가스법과 같은 이점이 있으나 용탕의 레이들내 체류시간이 길고 그간의 온도강하가 크다는 점과 탈가스 중 용탕이 끓기 때문에 넘치지 않게 하기 위해 레이들의 깊이를 깊게 하고 용탕면보다 낮게 레이들 상부 테두리에 여유를 주어야 하는 결점이 있다. 또 레이들 밑바닥에 가까운 용탕은 자체 정압이 크기 때문에 탈가스 하기가 어려워 그림 13-15와 같이 용탕 중에 아르곤 가스 등을 불어 넣어 교반하면서 탈가스하는 방법도 있다.

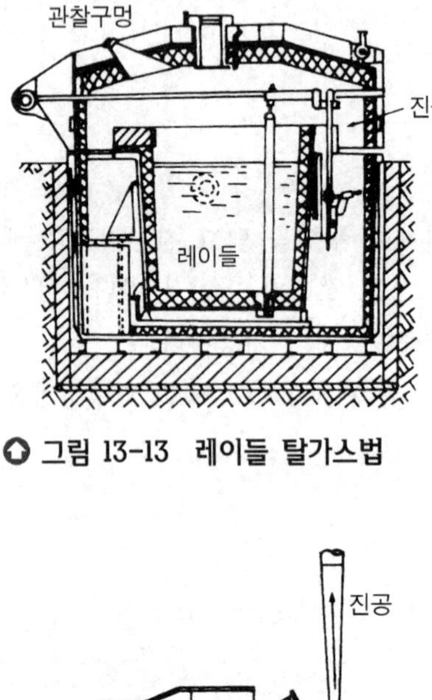

그림 13-13 레이들 탈가스법

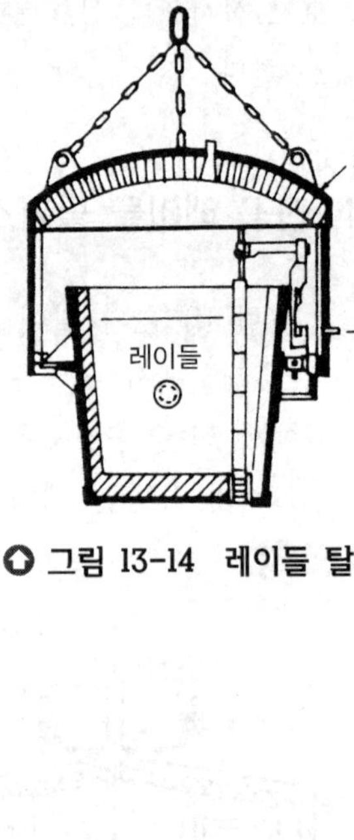

그림 13-14 레이들 탈가스법

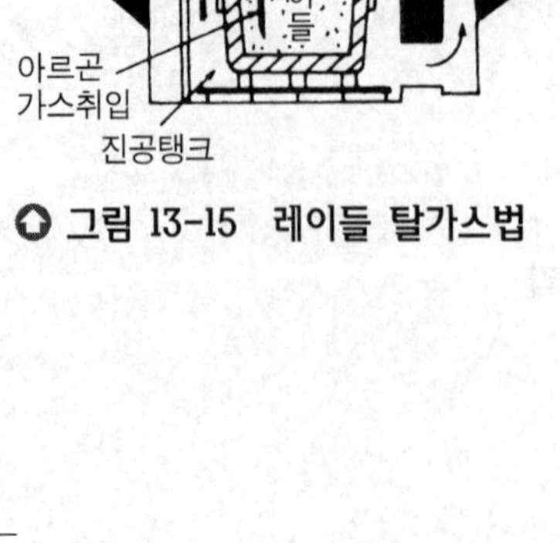

그림 13-15 레이들 탈가스법

3. 이중 레이들 탈가스

그림 13-16과 같이 제1의 레이들에 보통으로 용탕을 받고 이것을 진공탱크 내에 넣어 제2의 레이들에 유적상(流適狀)으로 주입하는 방법이다. 이 방법은 용탕이 유적상으로 되면서 제2의 레이들에 준비되므로 탈가스 효과는 양호하나 용탕의 표면적이 크게 되므로 복사열의 방열이 크고 용탕의 온도강하가 심하며 이후의 주입온도 조절이 곤란하다. 이 때문에 그림 13-17과 같이 제1레이들과 제2의 레이들 사이에서 아크가열하는 방법도 고려되고 있다.

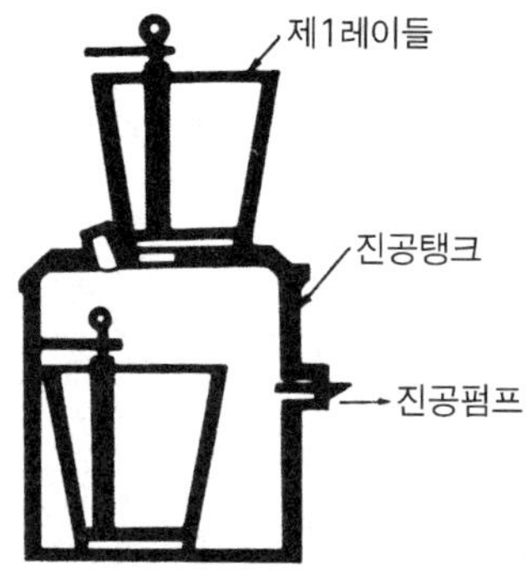

⊙ 그림 13-16 이중 레이들 탈가스법

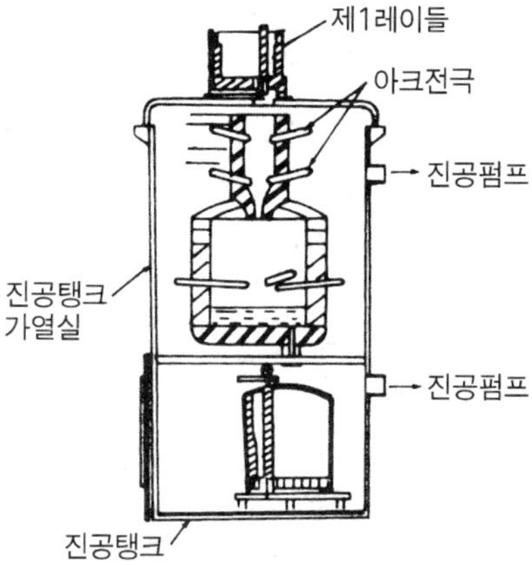

⊙ 그림 13-17 이중 레이들 탈가스법

4. 연속 탈가스

그림 13-18과 같이 쇳물받이가 진공으로 되어 있어서 주형에 주입 직전 진공처리되므로 주조품의 주입에는 최적이라고 할 수 있으나, 진공부분과 탕구부분 사이의 구조나 용탕의 유량조절 등에 상당한 문제가 있다고 할 수 있다.

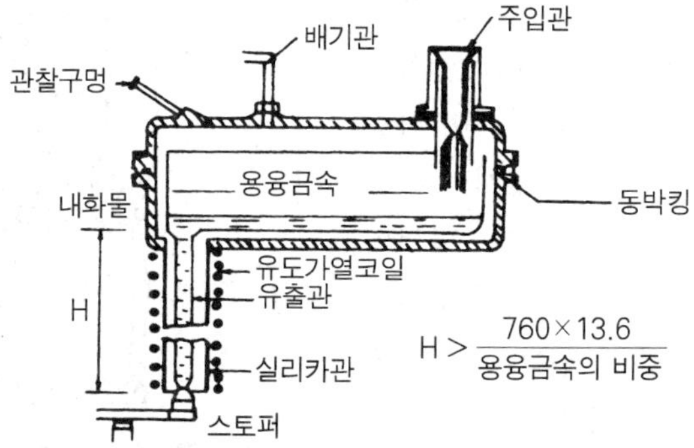

⊙ 그림 13-18 연속 탈가스법

5. 기타의 방법

이상의 각 방법은 주형에 주입되기 전 용탕의 진공 탈가스 방법 중 실용중이거나 또는 비교적 실용성이 있는 것이며, 이 밖에도 주조품에 대하여 용탕의 진공 탈가스의 처리방법으로서 장래 적용 가능하다고 생각되는 방법으로 다음과 같은 것이 있다.

(1) 진공흡상법

그림 13-19의 (a)와 같이 저부에 흡상관을 가진 진공용기를 레이들 상부에 두고, 흡상관을 용탕에 담그고 진공용기를 배기시키면 용탕은 대기압에 상당하는 높이까지 용기내에 빨아 올려 탈가스된다. 따라서 진공용기를 약간 들어올리면 그림 13-19 (b)의 용기내의 용탕을 레이들에 되돌린다. 이것을 반복하여 탈가스한다.

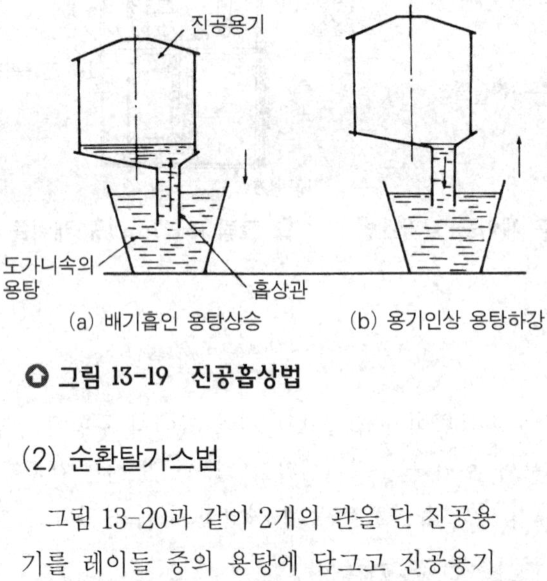

그림 13-19 진공흡상법

(2) 순환탈가스법

그림 13-20과 같이 2개의 관을 단 진공용기를 레이들 중의 용탕에 담그고 진공용기를 배기하면서 용탕을 빨아올리는 동시에 다른 쪽 관으로부터 아르곤가스를 취입하면 용탕이 진공기와 레이들 사이의 2개의 관을 통하여 순환되면서 탈가스하게 하는 방법이다. 이들 방법은 온도의 조절, 내화재에 의한 용탕의 오염, 처리시간의 문제 등이 있기 때문에 주조품에 대하여 현재로서는 즉시 적용하기 어렵다고 할 수 있다.

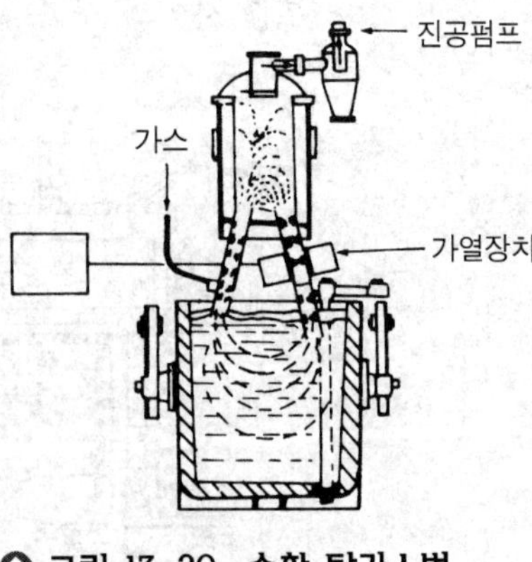

그림 13-20 순환 탈가스법

13.5 진공처리의 효과

주조품에 적용되는 진공처리는 대부분이 대기용해-진공주조, 대기용해진공처리대기주조 또는 진공주조의 방법이 있다. 그러나 진공주조는 진공탱크내에 주형을 놓고 이 속에서 주입하여야 하기 때문에 문제가 많다. 또 비철금속에서는 진공주조를 대규모로 하지 않는다. 현재 공업적으로 비교적 많이 실시되고 있는 방법은 철강의 대기용해진공처리 대기주입방법이다.

여기서는 주로 강괴의 경우에 대한 진공처리의 효과에 대하여 언급하기로 한다.

1. 탈가스량

각종 진공처리법에 따른 수소, 질소, 산소 등의 감소상황은 표 13-4와 같다. 즉 처리 방법에 따라 다소 틀리나 용강의 경우 수소는 35~60% 제거할 수 있다. 산소는 강종 특히 탄소량, 탈탄제의 종류 및 양에 의해 제거되는 양이 변화한다. 그러나 방법과 강종에 따라서는 절반이하로 낮추는 것이 용이하다.

표 13-4 각종 진공처리에 의한 가스량의 변화

처리방법	진공압(mmHg)	재 질	수소량(ppm)		산소량(ppm)		질소량(ppm)	
			처리전	처리후	처리전	처리후	처리전	처리후
진공레이들 탈가스법	2~20	중탄소강	2.3~3.8	1.3~2.6	38~72	18~31	80~90	70~80
		저합금강	2.6~4.1	1.3~2.6	50~120	16~56	80~90	70~80
레이들 탈가스법	2~11	레일강	1.9~6.9	0.6~3.6			–	–
이중레이들 탈가스법	2~30	저합금강	2.5~6.5	1.6~3.3	40~80	21~30	80~90	
진공흡상법	1~10	저탄소강	3.0~6.5	2.0~2.5	180~220	50~70	–	70~80
순 환 탈가스법	2~5	중탄소강	5.8~6.7	3.6~4.1	산화물량 350ppm부터 150ppm으로 감소		–	–
		저합금강	5.9~6.7	3.8~4.3			–	–
	0.15~0.9	저탄소강	3.7~7.3	0.8~3.7	60~200	20~30	–	–
		극저탄소강	3.1~7.0	1.4~3.0	150~350	50~100	50~70	50~70

또 산화물에 대해서는 철이나 망간 등 산화물의 제거는 용이하나 알루미늄 산화물의 제거는 곤란하다. 질소는 크게 제거되지 않고 최대 10~15%로 잔류되어 있다.

2. 주괴의 내부상태와 기계적 성질

진공처리한 주조품의 내부상태나 기계적 성질을 조사한 보고는 철강의 주조품에서도 거의 없다. 이 때문에 기존에 알려진 대형 강괴의 내부상태나 기계적 성질의 결과로부터 진공처리한 주조품의 내부상태나 기계적 성질에 대하여 다음과 같이 추정할 수 있다.

① 보통 주입하는 것보다 수소, 산소 및 질소량이 낮으며 제품의 내부와 외부와의 차이가 적다.

② 내부의 황 그밖의 성분의 편석은 진공처리의 유무에 따라 본질적으로 변하지 않으나, 이들의 편석부에서 볼 수 있는 미세한 공극(空隙)은 상당히 향상된다. 이 때문에 초음파 탐상에 따라 발견되는 결함이 감소한다.

③ 진공탈가스에 따른 강재의 기계적 성질에 대하여 인장강도, 항복강도는 다소 향상되고 연신율과 단면수축률은 대단히 향상한다. 또 저온에서의 충격치도 개선된다. 그 일례를 보면 그림 13-21과 같다. 즉 연신율이 평균 5~10%, 단면수축률이 평균 10~15% 향상된다.

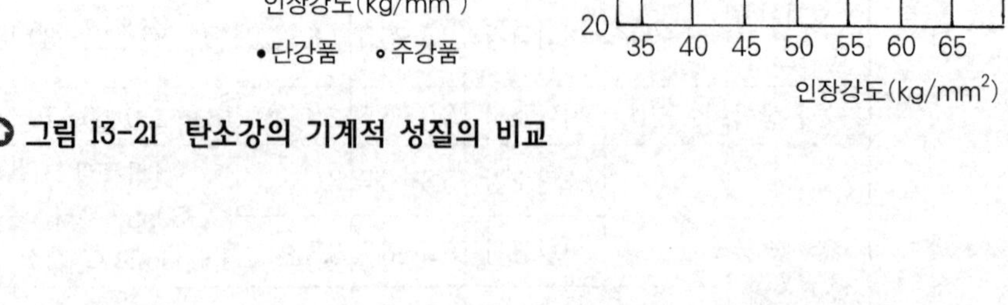

그림 13-21 탄소강의 기계적 성질의 비교

13.6 진공설비

진공설비의 주체인 진공펌프의 발달에 따라 용탕의 진공처리가 가능하게 되었으며 대량의 용탕을 단시간내에 처리할 필요 때문에 진공펌프의 성능은

① 배기량이 큰 것
② 배기속도가 대단히 큰 것
③ 건설 설비가 싼 것
④ 취급, 유지가 용이한 것 등을 들 수 있다.

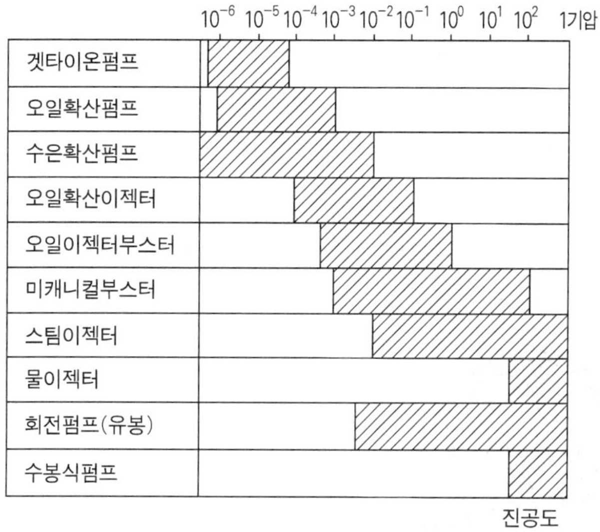

그림 13-22 각종 펌프의 진공도

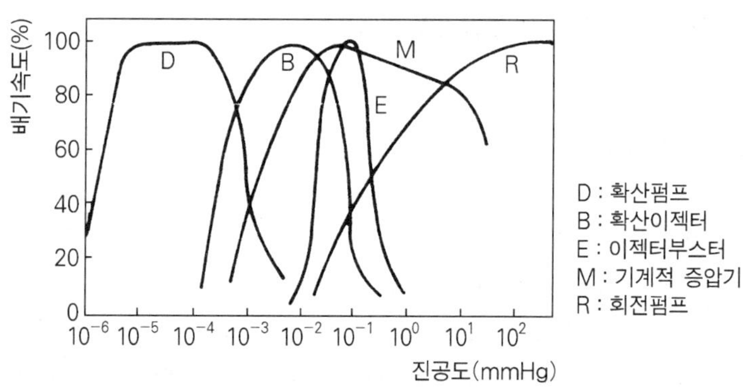

그림 13-23 각종 펌프의 배기속도

용탕의 진공처리는 통상 10mmHg 이하에서 실시되며 각종 진공펌프의 진공도 및 그의 배기 속도는 각각 그림 13-22, 그림 13-23과 같다. 즉 종래의 회전펌프라면 10mmHg 이하의 배압에서는 배기속도가 저하하지 않는 진공 범위에서는 오일 이젝터(oil ejector)펌프의 배압으로는 너무 높다. 이 결점은 기계적 증압기(mechanical booster)나 다단 증기분사기(steam ejector)가 제작되어 보완되었으며 용탕의 진공처리용 펌프로 널리 쓰이고 있다.

1. 기계적 증압기

이것은 종래에는 송풍기로 사용되어 왔다. 그림 13-24와 같이 2개의 누에고치형 회전자(rotor)가 반대방향으로 회전하고 있다.

이 펌프는 그 구조상 진동이 적고 기계적으로 안정되고 고속회전이 가능하기 때문에 소형이지만 대용량의 것이 만들어진다. 그러나 구조상 먼지에 대하여 약하기 때문에 배기가스 중에 분진이 많은 진공처리에 사용할 경우 집진기를 펌프 앞에 설치하는 것이 보통이다.

한편 이 펌프는 작동유를 사용하지 않기 때문에 진공분위기 속에는 기름을 함유하지 않는 이점이 있다.

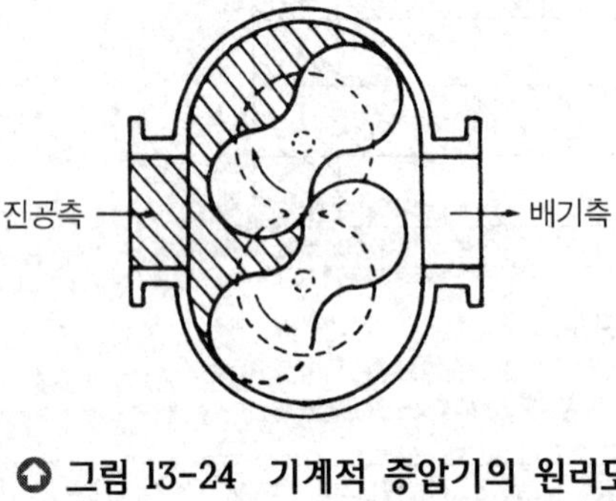

그림 13-24 기계적 증압기의 원리도

2. 증기분사기

증기분사기는 처음 증기터빈의 복수기 배기펌프로 만들어진 것이나 최근 석유공업의 정유탑 배기펌프로서 많이 이용되고 있다.

구조는 그림 13-25와 같이 노즐로부터 고속도로 분사된 증기가 흡입기체와 혼합하여 diffuser를 통과할 때 속도에너지로 변화하여 배기작용을 하는 것이다.

보통 2단 이상의 분사기를 직렬로 하여 도달 진공도와 배기속도를 증가시킨다.

이와 같은 경우에는 보통 중간에 응축기(condenser)를 놓고 냉각수로 냉각하여 분사증기를 복수(復水)한다.

그림 13-26은 6단 증기분사기의 계통도를 나타낸 것이다.

증기분사기는 기계적 증압기에 비하여 구조가 간단하고 분진과 먼지에 대하여 강하고 유지가 용이하기 때문에 대규모의 설비, 가령 철강의 진공처리용 등에 최근 많이 사용되고 있다.

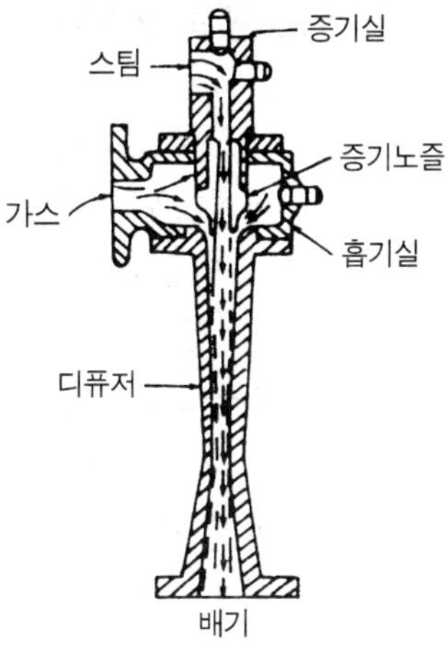

그림 13-25 증기분사기의 노즐

한편 다량의 증기와 물을 용이하게 얻을 수 있는 제강공장에 이용하면 유리하다. 또 수증기를 사용하므로 용탕 중에 들어가지 않게 하는 설비가 필요하다.

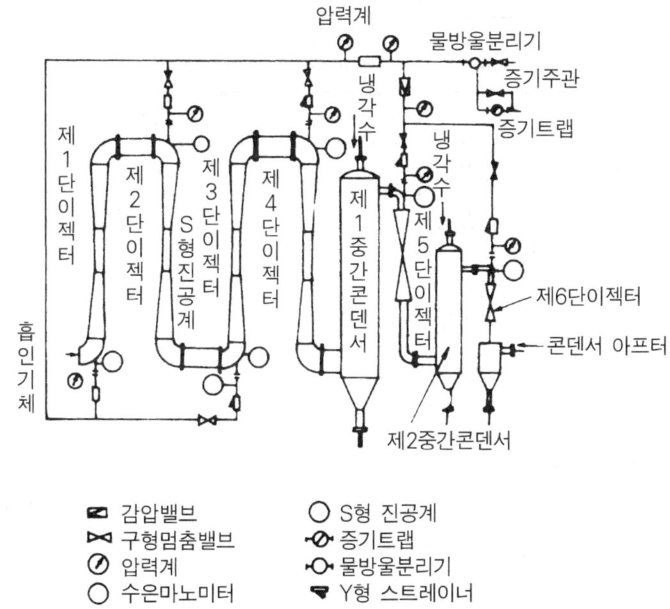

그림 13-26 다단 증기분사기의 계통도

3. 진공계측기

진공도의 측정에는 여러 가지 진공계가 사용되고 있다. 진공계는 원리상 역학적으로 직접 압력을 알 수 있는 방식과 각종 물성이 압력으로 변화하는 것을 이용하여 변화된 물성을 측정하므로써 간접적으로 압력을 알 수 있는 방식이 있다. U자관 압력계나 Macleod진공계 등은 전자에, Knudsen게이지, Pirani게이지, 전리 진공계, 필립스게이지 등이 후자에 속한다.

각종 진공계에서 사용되는 압력범위를 표시하면 그림 13-27과 같다. 그림에서 보는 바와 같이 용탕의 진공처리에 사용되는 10^{-2}~10mmHg의 진공범위를 정확히 측정할 수 있는 진공계는 적다.

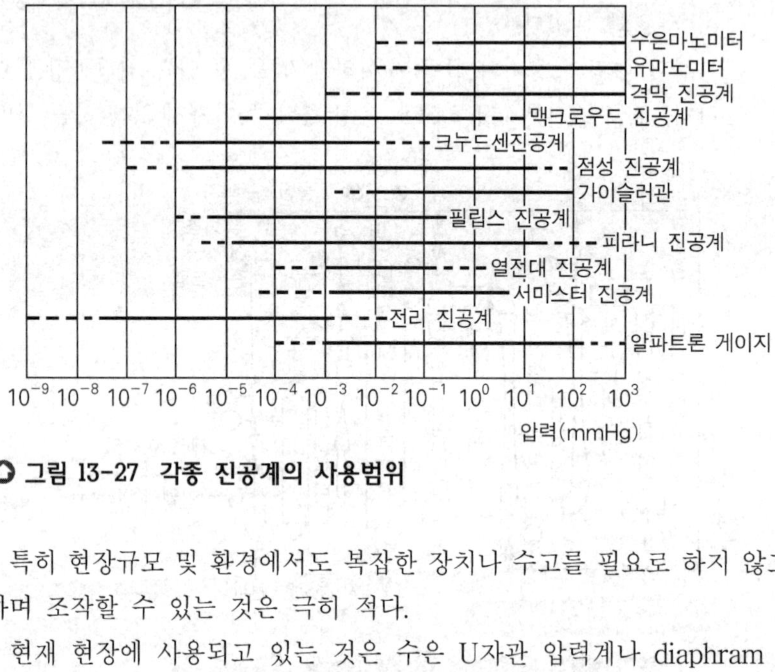

그림 13-27 각종 진공계의 사용범위

특히 현장규모 및 환경에서도 복잡한 장치나 수고를 필요로 하지 않고 작동하며 조작할 수 있는 것은 극히 적다.

현재 현장에 사용되고 있는 것은 수은 U자관 압력계나 diaphram gauge 등의 기계적 진공계로서 1mmHg 부근을 정확히 측정하는 것은 모두 곤란하며 또한 많은 문제가 있다. 그러나 최근 특히 주목할만한 것으로 Alphatron 진공계가 있다. 이것은 기체의 전리를 이용한 전리진공계의 일종이나 기체분자를 전리하기 때문에 전자의 흐름 대신 Rd의 α선을 사용하고 있으므로 재래의 열음극 형식 전리진공계의 결함을 충분히 보완하고 있다. 그러나 방사성 물질을 사용하기 때문에 특별한 주의가 필요하다. 측정은 10^{-4}mmHg부터 1,000mmHg까지를 비교적 정밀하게 측정할 수 있다. 이 때문에 최근에는 현장 진공처리장치의 진공계로 많이 사용되기 시작하였다.

최신특수주조

제 14장

초급냉응고법

초급냉응고법은 용융된 금속을 열전도도가 높은 매체를 통해 초당 백만 °C의 빠른 속도로 냉각시킴으로써 비평형상 재료를 제조하는 방법으로써 새로운 기능을 가지는 재료를 개발하거나 최종 제품에 가까운 형상(near-net-shape)으로 성형함으로써 많은 제조공정을 생략할 수 있다는 점에서, thin slab연주기로부터 시작해서 혁신적인 연속주조기의 개발이 이루어지고 있다. 이중에서 특히 두께가 얇은 strip을 얻는 방법으로 단롤법(single roll method)이 많이 활용되고 있다. 단롤법이란 고속회전하고 있는 롤의 표면에 용융금속을 분사시키고, 롤 위에서 급냉응고시켜 박대(thin strip)를 얻는 방법으로서, 이 단롤법을 이용하여 처음 얻을 수 있던 박대는 판폭이 겨우 수 mm이며, 판두께가 약 수십 정도였다. 광폭의 박대는 PFC(planar flow casting)법이라고 불리는 새로운 주조방법이 개발됨으로써 얻어졌으며, 현재는 미국의 Allied Signal Inc. 등에서 판폭이 약 200mm 이상, 판두께가 30 정도인 아모르퍼스(비정질)박대가 생산되고 있다. 비정질 합금 및 박대의 이용에 대해서는 지금까지 여러 분야에서 검토되어, 변압기 및 전자기기 부품용 비정질 자성용 박대, 브리에징용 Ni 및 Cu계 접합박대, 센서 및 차폐잴 등에서 실용화되어 있으며 그 수요가 점증하는 추세에 있다.

14.1 급냉응고방법

급냉응고에 의하면 결정립이 미세화, 고용한도(solid solubility limits)의 상승, 준안전상의 출현, 비정질의 제조 등을 기대할 수 있어, 자성, 내식성, 내열성, 강도 등을 가지는 새로운 기능재료 개발이 발전해 오고 있다.

리본, 세선, 블록, 분말 등의 제품·형상별 각종 공정의 예, 냉각방법, 냉각속도를 표 14-1에 나타낸다.

표 14-1 각종 급냉 응고 Process의 분류

제품형상	Process의 예	주요한 냉각방법	냉각속도 $V/K \cdot s^{-1}$
ribbon	• 단 Roll법 —FJM법(free jet melt spinning) —PFC법(planar flow casting) —Melt overflow법 —Melt drag법 • 쌍 Roll법 —수직법 —경사법 • Spray roll법	고체접촉냉각 고체접촉냉각 고체접촉냉각	$10^4 \sim 10^7$ $10^4 \sim 10^7$ $10^4 \sim 10^6$
세선, wire	용탕추출법 회전수중방사법 Taylor법 Melt overflow법	고체접촉냉각 액체 냉각 기체 또는 액체 냉각 고체접촉냉각	$10^4 \sim 10^6$ $10^3 \sim 10^5$ $10^2 \sim 10^5$ $10^4 \sim 10^6$
block	Spray성형법 Spray단조법(Ospray법) Spray peening법	기체냉각	$10^2 \sim 10^5$
분말	Water atomizing법 Gas atomizing법 초음속 atomizing법 RSR법 회전전극법 회전액 atomizing법 Roller atomzing법, 충격 atomizing(단 Roll법)	액체냉각 기체냉각 기체냉각 기체냉각 기체 또는 고체접촉냉각 액체냉각 액체 또는 고체접촉냉각 고체접융냉각	$\sim 10^5$ $\sim 10^5$ $\sim 10^5$ $\sim 10^5$ $\sim 10^5$ $\sim 10^5$ $\sim 10^4$ $\sim 10^7$
표면처리	전자 beam glazing Laster glazing 표면 합금화법	자기냉각	$10^4 \sim 10^8$

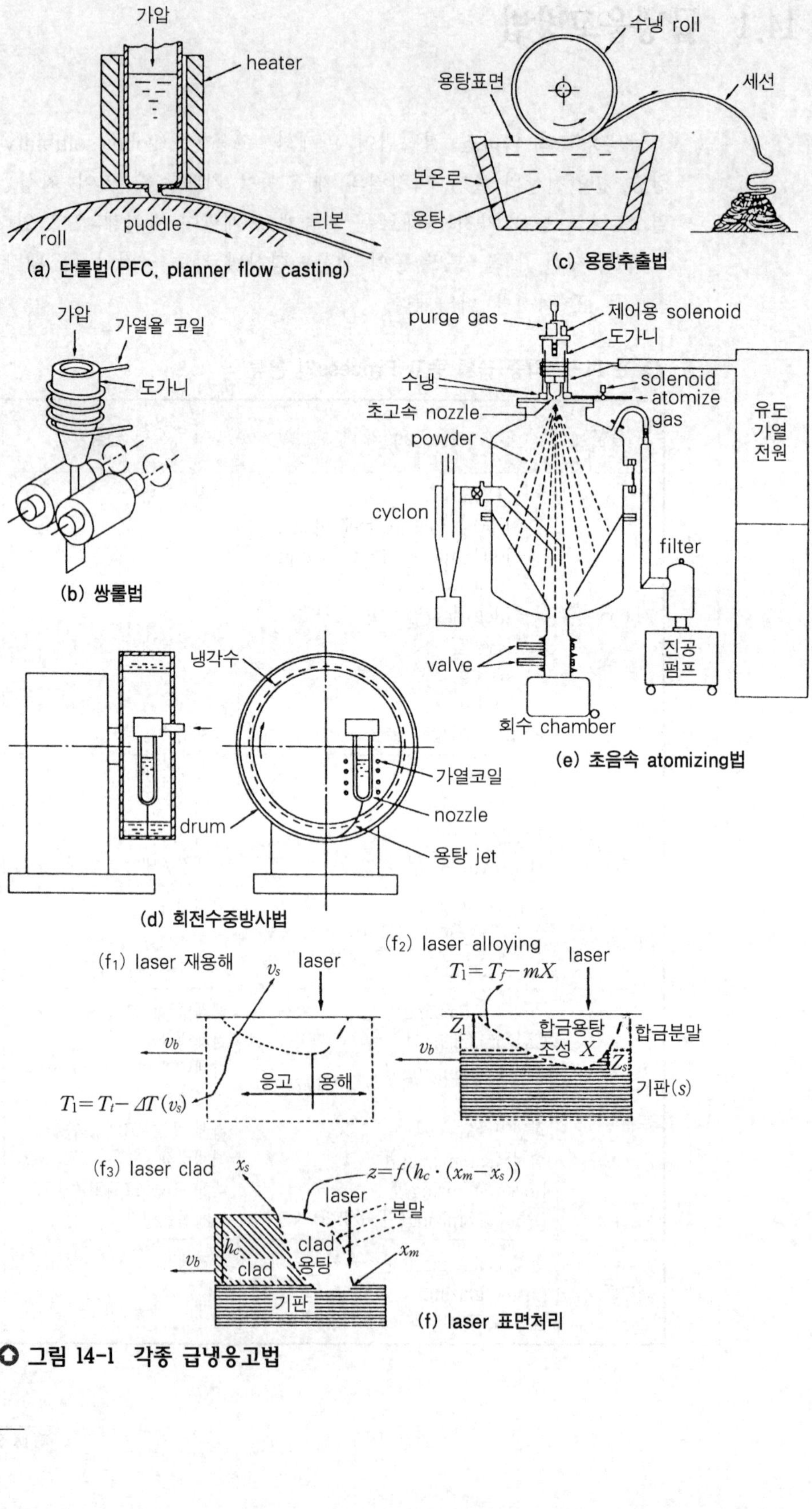

그림 14-1 각종 급냉응고법

표에서 보는 바와 같이 single roll 및 twin roll법, 용탕 추출법, 회전 수중 방사법, 초음파 atomize, laser나 전자 beam조사에 의한 표면처리의 모식도를 그림 14-1에 나타냈다. 냉각속도는 각종 방법의 최대치로서, laser나 전자 beam조사에 의한 표면개질처리에 있어서는 10^8K/s, single roll, twin roll 등의 리본제조에 있어서는 10^7K/s, 각종 분말제조법에 있어서는 10^5K/s에 달한다.

single roll 및 twin roll 법은 표면성상이 양호한 리본을 만들어 낼 수 있는 가장 기본적인 급냉응고법이다. 특히 single roll법은 용탕을 연속적으로 분사하고 roll을 고속회전시키는 방법으로 일정한 품질을 갖는 리본을 연속적으로 얻을 수 있음을 최초로 보여 주었다. 이는 Duwez 등의 급냉응고법의 연구 시작시의 piston anvil법, hammer quenching법에 의한 불연속적인 제법과는 확실히 다른 새로운 방법으로 현재에도 급냉응고법의 중심적 process이다.

용탕추출법은 단섬유인 wire를 싼 값으로 만드는 방법으로, 용탕의 공급을 롤(roll)회전으로 지원받고 있는 것이 흥미롭다.

회전수중방사법은 드럼을 회전시키는 것으로, 물(혹은 다른 용매)을 원심력으로 드럼 내면에 뿌리고 수중에 용탕을 분사하는 것으로 원형 단면의 세선을 얻는 독특한 방법이다.

Atomizing법은 분무기와 같은 모양으로 용융금속을 가스에 의해서 분말화시키는 방법으로서 가스의 공급속도를 고속으로 하여 미세한 분말을 얻는 방법이다.

Spray법 또한 Atomizing법과 유사하게 용탕을 가스에 의해 분말화해서 roll과 같은 형상위에 얇게 분산시켜서 제품을 얻는 방법이다.

Laser quenching에 의한 표면처리는 표면경화, alloying, clad화 할 수 있는 방법으로 냉각속도가 아주 큰 process이다.

14.2 Planar Flow Casting(PFC)법에 의한 박대(thin slab · strip) 제조

PFC법은 박대(thin slab strip)를 용융금속으로부터 직접 제조하는 기술로서, crucible tip의 구멍을 긴 직사각형의 슬릿(slit)형으로 가공한 후 회전하는 롤과 tip이 거의 밀착한 상태에서 용융금속을 분사하는 방법이다. 이 경우 제조되는 리본의 폭은 약 2inch 이상 가능하며 슬릿길이와 거의 같은 상태로 유지된다, 이 방법은 단롤법 중 crucible tip과 롤과의 간격이 상당히 큰 상태에서 구형의 구멍을 통하여 용융금속을 분사시켜 약 3~4mm폭의 리본을 제조하는 CBMS(Chill Block Melt Spinning)법을 개조한 것으로서, 실험실에서는 합금의 용해시 회전롤과 crucible의 간격을 크게 유지시켰다가 용융금속의 분사시에만 간격을 줄이도록 고안한 장치를 사용하고 있다.

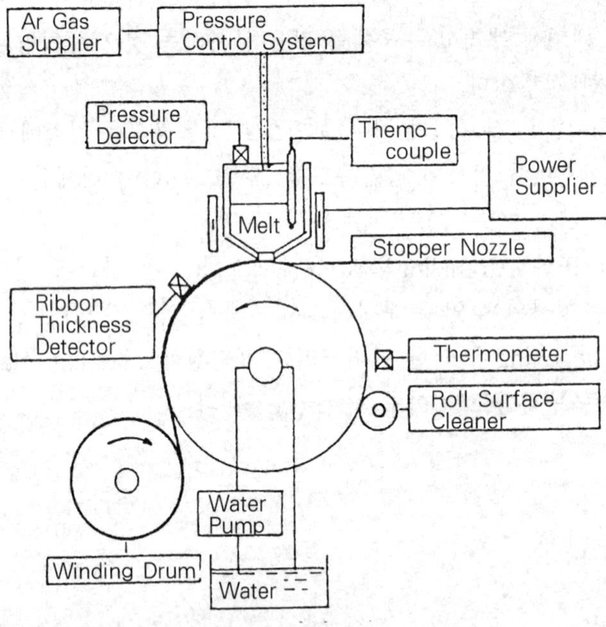

그림 14-2 스트립 제조장치 개략도

그림 14-2는 스트립 제조장치의 개략도를 나타낸 것으로서, melt puddle(롤 표면위에 형성된 응고전의 용탕 웅덩이)이 CBMS법에서는 롤 표면위로의 용탕분사량과 롤 회전속도에 의해 주로 조절되지만 PFC법에서는 용융금

속의 crucible tip과 롤사이의 간격에 의해 지지된다. 따라서, 응고된 스트립의 윗표면은 CBMS의 경우 자유 응고된 표면이지만 PFC법에서는 tip의 표면에 의해 리본 윗표면의 상태가 결정된다. 이에 비해 실제 조업에서는 crucible외에 턴디시를 사용하여 스트립이 연속으로 제조되며, 이때 턴디시 내의 용융금속의 비중에 따라 분사압력이 일정하도록 조절된다.

일반적으로 PFC법으로 광폭의 비정질을 제조하기 위해서는 다음의 3가지 사항이 중요하다.

① crucible의 노즐설계
② 롤의 회전속도와 용융금속의 분사량 제어
③ 노즐과 롤과의 간격조절

위의 공정변수들이 잘 조절될 경우에는 용융금속의 분사시 melt puddle이 안정해지고 리본의 특성제어가 가능해진다. 그러나 각 공정변수들은 상호 유기적인 관계를 가지고 있으므로 최적조건을 잡기 위해서는 전체적인 조업조건들의 각 영향을 파악해야 하며, 이에 따른 이론적 정립이 수반되어야 한다.

그림 14-3은 2는 PFC법으로 리본이 제조될 때의 노즐팁의 형상과 롤과의 관계를 나타낸 것으로서, melt puddle의 안정화가 스트립제조에 있어 중요한 역할을 한다.

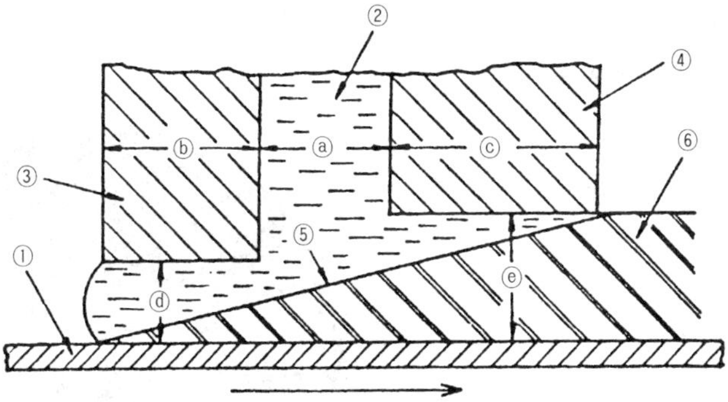

① Cu-Be chill substrate(moving roll)
② 용융된 금속　　③ 1st lip
④ 2nd lip　　⑤ 응고계면
⑥ 응고된 리본
ⓐ : slit의 폭　　ⓑ : Nozzle lip의 1st lip 두께
ⓒ : Nozzle tip의 2nd lip 두께　　ⓓ : 1st lip과 롤과의 gap
ⓔ : 2nd lip과 롤과의 gap

그림 14-3 노즐팁 형상과 롤 표면과의 용탕응고관계

노즐 슬릿의 폭(a)는 용융금속의 양과 흐름을 조절하게 되므로 응고되는 리본의 양과 일치하도록 결정해야 하며, 롤의 회전속도는 균일한 두께의 비정질 박막이 얻어지도록 정해야 한다. 또한 노즐 팁의 1st lip과 2nd lip의 두께는 용융금속의 안정에 큰 영향을 미치는 요소이다. 1st lip이 너무 얇으면 lip이 용융금속을 지지해 주지 못하므로 분사시 용융금속이 1st lip 방향으로 흘러나갈 염려가 있으며 너무 두꺼우면 off-center mounting(노즐을 롤 정점으로부터 앞부분에 위치시켜 용탕의 분사각도를 조절하는 방법)을 택할 경우 노즐팁과 롤과의 간격을 줄일 수 없는 단점이 생기므로 lip의 두께는 슬릿폭의 1.5~3배가 적합하다. 2nd lip에 있어서는 두께가 너무 얇으면 역시 용융금속을 지지해 주지 못하고 응고된 리본의 윗면의 표면상태를 조절하지 못하게 되며, 너무 두꺼우면 그림 14-3 2의 응고계면(5)와 2nd lip이 겹치게 되어 리본 제조시 tip의 심한 마모현상이 발생하게 된다. 한편, 노즐팁과 롤의 간격에 있어서는 간격이 리본두께보다 작을 경우에는 응고계면과 노즐 사이에 마찰이 생기고, 너무 크면 용융금속의 흐름을 조절하기 어렵게 된다. 또한 용융금속의 흐르는 속도는 2nd lip과 응고된 리본 사이의 점성유동에 의해 주로 결정되며 슬릿폭에 의해 주로 결정되는 것은 아니다.

PFC법의 성공은 용융금속이 롤의 표면에 완전히 접촉(wetting)되는 것을 전제로 하고 있는데, 용융금속의 얇은 층은 롤의 표면과 완전히 접촉되지 않으므로 상업적으로 유용하지 않은 구멍이 많이 포함된 스트립이 제조된다. 이러한 현상은 진공이외의 분위기, 예를 들어 Ar, N_2 또는 공기 중에서 자주 발생되며 롤의 높은 회전속도에 의해 리본제조에 악영향을 미칠 수 있다. 일반적으로 진공에서 작업할 때에는 용탕과 롤 표면과의 접촉이 좋아져서 냉각속도가 증가하게 된다. 그러나, 진공도가 너무 높은 경우에는 롤 표면에 스트립이 달라붙을 우려가 있으므로 적당한 진공도를 유지하여야 한다. 그림 14-4는 3은 PFC법으로 제조된 두께 약 30의 비정질 스트립을 보여주고 있다.

그림 14-4 PFC법으로 제조된 비정질 스트립

14.3 Thin strip의 광폭화 방안

PFC법으로 얻어지는 광폭스트립에 있어 용탕의 안정한 흐름과 제어를 위해서는 다공노즐을 사용하는 것이 매우 유리하다. 특히 현재 생산되는 폭 20 cm 이상의 스트립은 단일 슬릿 모양의 노즐로는 안정한 스트립 제조가 어렵다. 대량생산에 있어 다공노즐을 이용해 PFC법에서와 같은 평평한 박대를 얻기 위해서는, 노즐 슬릿의 형상과 개수 및 간격 등이 최적화되어야 한다. 퍼들의 형상을 안정시키기 위해서는 슬릿에서 분출하는 용융시료의 양을 박대의 판폭 방향에서 가능한 한 균일하게 하는 것이 중요하다. 이 점에서, 예를 들어 그림 14-5 4에 나타낸 것 같은 슬릿형상을 가지는 다공노즐이 유효하다. 결국, 이러한 슬릿을 사용하면 퍼들 일체화에 악영향을 미치지 않고, 용융시료의 분출량을 박대의 판폭방향에서 균일하게 유지할 수 있기 때문이다. 그림 14-5 4에 나타내었듯이 노즐슬릿의 형상에 있어서는, 슬릿 형태의 중요 요소로써 새롭게 슬릿의 경사 가 더해진다. 각종의 요소 중 슬릿의 롤 회전방향의 길이 a와 슬릿의 경사 를 변화시킨 각종 노즐을 이용한 주조실험에 의하면, 박대의 두께와 함께 박대의 자유표면에서의 요철 정도에 차이가 나는 것이 발견된다. 따라서, 균일한 두께의 박대를 얻기 위해서는 그림 14-5 4의 a, b, c와 및 L의 길이를 적당히 조절하는 것이 중요하다.

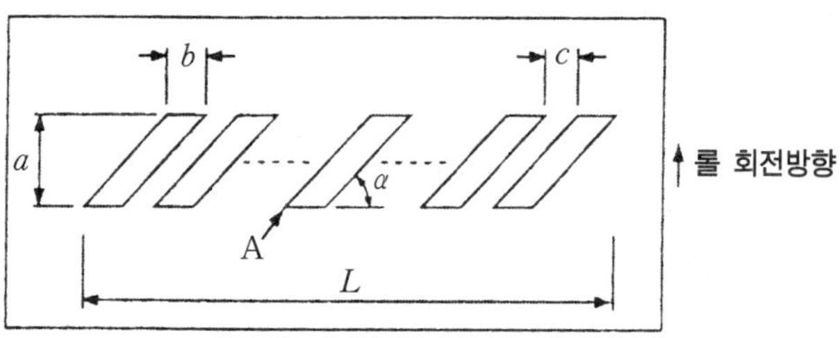

a, b, c : slit의 치수 및 간격, α : slit의 경사도, L : slit의 전체길이

그림 14-5 광폭의 스트립을 제조하기 위한 노즐 팁 형상

14.4 Thick strip 제조

비정질 박대를 100정도의 두께로 제조하기 위한 주조방법에서는 그림 14-6에 나타내었듯이 멀티슬릿 노즐을 이용하는 것이 유리하다. 멀티슬릿 노즐은 같은 길이의 여러 개 슬릿을 작은 간격으로 배열한 노즐이다. 이러한 노즐을 이용하는 멀티슬릿법에서는 PFC법에 비해 새로 2개의 제조요소가 더해진다. 그것은 서로 이웃하는 슬릿의 간격과 슬릿의 총 개수(다중도)이다. 이웃하는 슬릿의 간격은 냉각속도에 영향을 주는 중요 요소이며, 슬릿의 총 개수는 박대의 판 두께에 관한 인자이다. 비정질이 형성되는 합금의 경우 슬릿간격에 따라 실험한 X선 회절 결과에 의하면, 박대의 롤표면은 슬릿 간격이 2mm 이하인 때 비정질 구조를 갖게 되지만, 3mm가 되면 예리한 결정립 피크가 나타나고, 4mm에서는 비정질패턴은 거의 없어져 예리하고 큰 피크만 나오게 된다. 한편 자유표면은 롤 측면만큼 현저하진 않지만, 슬릿 간격 4mm에서 결정화된 피크들이 발견된다. 이와 같이, 슬릿 간격은 냉각속도를 결정하는 중요한 요소이므로, 합금의 종류와 슬릿 폭 등에 대해 적절한 범위를 설정하지 않으면 안된다.

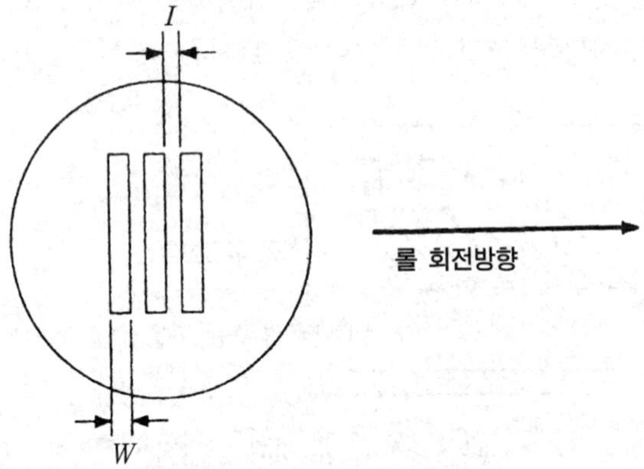

I: 노즐의 slit 폭, W: Multislit의 간격

그림 14-6 Thick Strip 제조를 위한 멀티슬릿의 모식도

한편, 슬릿 총 개수는 박대의 판 두께에 관련되는데, 겹치는 슬릿의 수를 늘림으로써 박대의 판 두께는 급격히 증가한다. 따라서, 멀티슬릿법에 의해 슬릿 총 개수 및 롤 표면 속도를 적절하게 선택하면, 판 두께 100정도까지 스트립의 두께 증가가 가능하다. 멀티슬릿법에 있어 thick strip이 얻어지는 이유는, 퍼들 내의 응고속도가 빨라지기 때문이라고 추정된다. 그림 14-7 은 폭이

25mm인 스트립을 제조할 경우 슬릿폭을 0.4mm, 슬릿간격을 1mm로 고정하여 실험한 결과로서, 슬릿의 다중도와 스트립의 두께에 따른 냉각속도의 변화를 보여주고 있는데, 같은 판 두께에 대해 슬릿 다중도가 증가하는 만큼 평균냉각속도는 증가하고, 같은 냉각속도일 때 슬릿 다중도가 증가하는 만큼 판 두께는 증가하게 되는 것으로 분석된다.

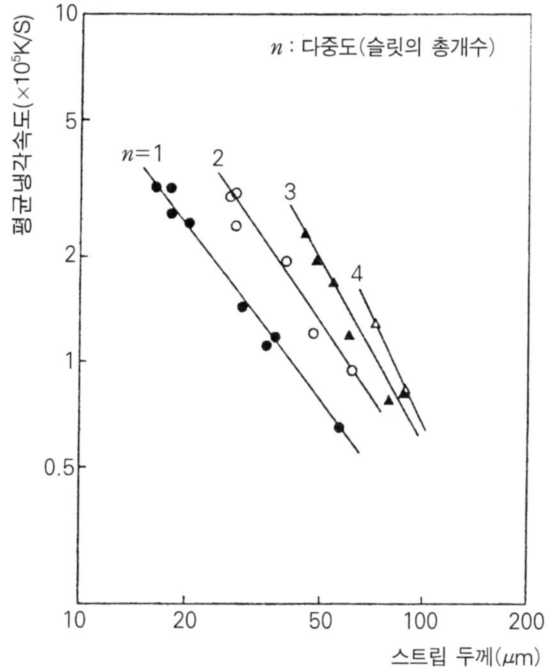

그림 14-7 슬릿의 다중도와 스트립 두께에 따른 평균냉각속도의 변화

Index

가

나

다

라

마

바

사

아

자

차

카

타

파

하

영문색인

지 무 성

독일 아헨공과대학 금속공학과 Diplom
독일 아헨공과대학 금속공학과 Doctor
독일 아헨공과대학 주조연구소 연구원
현) 수원과학대학교 신소재응용과 교수

구민사 Technology Computer

최신 특수주조

2003년 1월 15일 초 판 인쇄
2003년 1월 20일 초 판 발행
2004년 1월 20일 재 판 발행
2010년 1월 5일 제4판 발행
2013년 1월 5일 제5판 발행

저 자 : 지 무 성
발행자 : 조 규 백

발행처 : 도서출판 구민사

서울특별시 영등포구 영등포4가 104-1번지
동서빌딩 604호
TEL (02) 701-7421, 2
FAX (02) 3273-9642
Http://www.kuhminsa.co.kr
등록 제14-29호 (1980년 2월 4일)

ISBN 978-89-7074-647-0 93550

값 23,000원